建筑工程项目部高级管理人员岗位丛书

项目商务经理岗位实务知识

建筑工程项目部高级管理人员岗位丛书编委会　组织编写

张　巍　张庆丰　主编

中国建筑工业出版社

图书在版编目(CIP)数据

项目商务经理岗位实务知识/张巍等主编. —北京：中国建筑工业出版社，2008
（建筑工程项目部高级管理人员岗位丛书）
ISBN 978-7-112-10296-9

Ⅰ.项… Ⅱ.张… Ⅲ.建筑工程-项目管理 Ⅳ.TU71

中国版本图书馆 CIP 数据核字(2008)第 131066 号

本书是建筑工程项目部高级管理人员岗位丛书的一本，是项目部商务经理的岗位指南，阐述了项目商务经理应该掌握的各种知识和能力，主要从工程经济、概预算与工程量清单、招标投标、合同管理、索赔管理、造价管理等方面介绍了商务经理应该具备的专业方面的素质。内容包括：工程经济分析，工程概预算与工程量，建筑工程招标投标，建筑工程合同管理，建筑工程索赔管理，建筑工程施工阶段的造价控制等。本书可供项目商务经理岗位培训和平时学习参考使用，也可作为施工企业商务主管人员以及合同员、造价员等经营管理人员的参考用书。

* * *

责任编辑：刘　江　岳建光
责任设计：赵明霞
责任校对：兰曼利　陈晶晶

建筑工程项目部高级管理人员岗位丛书
项目商务经理岗位实务知识
建筑工程项目部高级管理人员岗位丛书编委会　组织编写
张　巍　张庆丰　主编

*

中国建筑工业出版社出版、发行(北京西郊百万庄)
各地新华书店、建筑书店经销
北京天成排版公司制版
北京同文印刷有限责任公司印刷

*

开本：787×1092 毫米　1/16　印张：19¾　字数：487 千字
2008 年 10 月第一版　2008 年 10 月第一次印刷
印数：1—3000 册　定价：**42.00** 元
ISBN 978-7-112-10296-9
(17099)

版权所有　翻印必究
如有印装质量问题，可寄本社退换
(邮政编码　100037)

前　言

　　企业是从事生产流通以及提供劳务的营利性经济组织。建筑企业是专门直接从事建筑产品生产，提供建筑安装劳务的，在国家领导下独立经营的具有法人性质的经济组织。它是在社会主义条件下，建筑劳动者与生产资料相结合的主要形式，是组成现代国民经济的具体单位。

　　商务经理作为建筑企业工程项目领导班子的一员，在工程建设全过程中起着十分重要的作用。为了能够更好地从事工程商务活动，商务经理应该具备全方面的能力：应该具有编审工程项目投资估算和项目建议书、可行性研究报告，并对工程项目进行财务经济评价的能力；应该具有对工程项目设计、施工方案进行技术经济分析、论证和优化的能力；应该具有编审工程概预算书、招标工程标底、投标报价和对标书进行分析、评定的能力；应该具有编审工程施工合同、合理确定工程变更价款、合理解决合同纠纷、编审工程索赔资料的能力；应该具有编审工程项目建设投资计划，在工程项目建设全过程中对工程造价实施控制和管理，编审工程结(决)算书的能力。

　　商务经理还必须具有技术技能、人文技能和观念技能。技术技能是指能使用由经验、教育及训练上的知识、方法、技能及设备，来达到特定任务的技能。人文技能是指与人共事的能力和判断力。观念技能是指了解整个组织及自己在组织中的地位和能力，使自己不仅能按本身所属的群体目标行事，而且能按整个组织的目标行事。

　　本书主要从工程经济、概预算与工程量清单、招标投标、合同管理、索赔管理、造价管理等方面介绍了商务经理应该具备的专业方面的素质。除了专业素质，商务经理还应该具有良好的思想品德和职业道德，要能以公正的态度维护有关各方合理的经济利益，绝对不能以权谋私。当然作为商务经理还应该具备其他各种基本能力：要有健康的身体来适应紧张繁忙的工作，要有肯于钻研和积极进取的精神，要有良好的语言表达能力、良好的交际能力等等。

　　本书由张巍、张庆丰主编，在编写时参阅了大量相关的图书及有关定额资料，在此对有关编者表示谢意。在编写过程中得到了有关同仁的大力支持、热心指点和帮助。仅向所有给予本书关心和帮助的人们致以衷心的感谢！

　　本书是建筑工程项目部高级管理人员岗位丛书的一本，是项目部商务经理的岗位指南，当然也适合施工企业商务主管人员以及合同员、造价员等经营管理人员参考使用。由于工程建设具有复杂性、定额与预算实务具有地方性，加上手头资料和知识水平的局限性，错误与缺陷难以避免，不妥之处敬请广大热心读者给予批评指正！

目　　录

第一章　工程经济分析 ………………………………………………………………… 1
　第一节　概述 …………………………………………………………………………… 1
　第二节　资金的时间价值 ……………………………………………………………… 2
　　一、资金时间价值的概念 …………………………………………………………… 2
　　二、利息与利率 ……………………………………………………………………… 2
　　三、现金流量及现金流量表 ………………………………………………………… 5
　　四、资金时间价值的计算公式 ……………………………………………………… 6
　　五、名义利率与有效利率 …………………………………………………………… 8
　　六、贷款利息计算 …………………………………………………………………… 9
　第三节　建设项目的经济评价 ………………………………………………………… 10
　　一、基础财务报表的编制 …………………………………………………………… 11
　　二、财务盈利能力分析指标 ………………………………………………………… 13
　　三、财务清偿能力分析指标 ………………………………………………………… 18
　　四、不确定性分析 …………………………………………………………………… 20
　　五、销售收入与成本费用估算 ……………………………………………………… 30
　第四节　价值工程 ……………………………………………………………………… 35
　　一、价值工程及其工作程序 ………………………………………………………… 35
　　二、对象选择及信息资料收集 ……………………………………………………… 37
　　三、功能的系统分析 ………………………………………………………………… 40
　　四、功能评价 ………………………………………………………………………… 42
　第五节　工程中的经济分析应用 ……………………………………………………… 50
　　一、工程设计中的经济分析 ………………………………………………………… 50
　　二、工程施工中的经济分析 ………………………………………………………… 57
　第六节　综合案例 ……………………………………………………………………… 64
第二章　工程概预算与工程量 ………………………………………………………… 85
　第一节　建筑安装工程定额 …………………………………………………………… 85
　　一、定额的含义、性质、分类 ……………………………………………………… 85
　　二、施工定额 ………………………………………………………………………… 86
　　三、预算定额 ………………………………………………………………………… 89
　　四、概算定额 ………………………………………………………………………… 91
　　五、概算指标 ………………………………………………………………………… 91
　　六、工期定额 ………………………………………………………………………… 92
　第二节　施工图预算的编制依据、程序及计算步骤、原则 ………………………… 92

目　录

　　　一、施工图预算的编制依据 …………………………………… 92
　　　二、施工图预算的编制程序 …………………………………… 93
　　　三、工程量计算的原则 ………………………………………… 94
　　　四、工程量计算步骤 …………………………………………… 95
　　第三节　一般建筑工程工程量的计算 ……………………………… 95
　　　一、建筑面积计算规则 ………………………………………… 95
　　　二、建筑物檐高及层高的计算 ………………………………… 98
　　　三、工程量计算实例 …………………………………………… 100
　　第四节　建设项目工程量清单 ……………………………………… 104
　　　一、工程量清单概述 …………………………………………… 104
　　　二、工程量清单计价模式下价格的构成框架 ………………… 107
　　　三、工程量清单的编制 ………………………………………… 108
　　　四、工程量清单计价实例 ……………………………………… 116
　　第五节　综合案例 …………………………………………………… 118
第三章　建筑工程招标投标 ……………………………………………… 128
　　第一节　招标投标概述 ……………………………………………… 128
　　　一、招标投标的定义 …………………………………………… 128
　　　二、招标投标的意义 …………………………………………… 128
　　　三、开展招标投标活动的原则 ………………………………… 129
　　　四、我国工程建设项目招标的范围 …………………………… 130
　　　五、工程建设招标分类 ………………………………………… 131
　　　六、工程建设招标方式 ………………………………………… 132
　　　七、工程建设承包合同类型的选择 …………………………… 134
　　　八、招标投标程序 ……………………………………………… 137
　　　九、违反招标投标法的法律责任 ……………………………… 150
　　第二节　施工招标投标管理 ………………………………………… 154
　　　一、施工招标分类 ……………………………………………… 154
　　　二、施工招标人应具备的基本条件 …………………………… 156
　　　三、施工投标人应具备的基本条件 …………………………… 156
　　　四、施工招标的前提条件 ……………………………………… 156
　　　五、施工招标资格预审 ………………………………………… 156
　　　六、施工招标文件的编制 ……………………………………… 158
　　　七、标底的编制 ………………………………………………… 160
　　　八、施工投标 …………………………………………………… 162
　　　九、施工招标评标 ……………………………………………… 169
　　第三节　综合案例 …………………………………………………… 173
第四章　建筑工程合同管理 ……………………………………………… 179
　　第一节　施工合同概述 ……………………………………………… 179
　　　一、施工合同基本概念 ………………………………………… 179

二、施工合同签订的依据和条件 …………………………………… 179
　　三、施工合同的特点 ……………………………………………… 180
　第二节　施工合同的主要内容 ………………………………………… 181
　　一、词语涵义及合同文件 ………………………………………… 181
　　二、双方一般责任 ………………………………………………… 185
　　三、施工组织设计和工期 ………………………………………… 186
　　四、质量与检验 …………………………………………………… 189
　　五、安全施工 ……………………………………………………… 191
　　六、合同价款与支付 ……………………………………………… 191
　　七、材料设备供应 ………………………………………………… 195
　　八、设计变更 ……………………………………………………… 196
　　九、竣工验收与结算 ……………………………………………… 197
　　十、违约、索赔和争议 …………………………………………… 199
　　十一、其他 ………………………………………………………… 200
　第三节　工程施工合同的谈判、签订 ………………………………… 202
　　一、工程施工合同的谈判 ………………………………………… 202
　　二、谈判的策略和技巧 …………………………………………… 205
　　三、订立工程合同的基本原则及具体要求 ……………………… 207
　　四、订立工程合同的形式和程序 ………………………………… 208
　　五、工程合同的文件组成及主要条款 …………………………… 209
　　六、合同效力的审查与分析 ……………………………………… 210
　　七、合同内容的审查与分析 ……………………………………… 211
　第四节　工程合同的争议处理 ………………………………………… 212
　　一、工程合同的常见争议 ………………………………………… 212
　　二、工程合同争议的解决方式 …………………………………… 216
　　三、工程合同的争议管理 ………………………………………… 221
　第五节　综合案例 ……………………………………………………… 222
第五章　建筑工程索赔管理 ……………………………………………… 230
　第一节　索赔的基本理论 ……………………………………………… 230
　　一、索赔的含义 …………………………………………………… 230
　　二、索赔的起因 …………………………………………………… 231
　　三、索赔的作用 …………………………………………………… 232
　　四、索赔的分类 …………………………………………………… 232
　第二节　工程常见的索赔问题 ………………………………………… 236
　　一、施工现场条件变化索赔 ……………………………………… 236
　　二、工程范围变更索赔 …………………………………………… 238
　　三、工程拖期索赔 ………………………………………………… 239
　　四、加速施工索赔 ………………………………………………… 240
　第三节　施工索赔管理 ………………………………………………… 242

    一、索赔的依据和证据 …………………………………………………… 242
    二、索赔工作程序 ………………………………………………………… 243
    三、索赔技巧 ……………………………………………………………… 244
    四、索赔管理 ……………………………………………………………… 245
    五、施工索赔需要注意事项 ……………………………………………… 246
  第四节 反索赔 ………………………………………………………………… 249
    一、反索赔的基本概念 …………………………………………………… 249
    二、反索赔内容 …………………………………………………………… 251
  第五节 综合案例 ……………………………………………………………… 263
第六章 建筑工程施工阶段的造价控制 ………………………………………… 275
  第一节 工程变更与合同价款调整 …………………………………………… 275
    一、工程变更概述 ………………………………………………………… 275
    二、工程变更的程序 ……………………………………………………… 275
    三、工程变更的处理 ……………………………………………………… 276
    四、工程变更价款的计算方法 …………………………………………… 277
  第二节 工程索赔与索赔费用的确定 ………………………………………… 279
    一、索赔费用的组成 ……………………………………………………… 279
    二、索赔费用的计算方法 ………………………………………………… 282
    三、工期索赔的计算方法 ………………………………………………… 283
  第三节 建设工程价款结算 …………………………………………………… 284
    一、我国工程价款结算的主要方式 ……………………………………… 284
    二、工程预付款及其计算 ………………………………………………… 285
    三、工程进度款的支付 …………………………………………………… 286
    四、工程保修金(保留款)的预留 ………………………………………… 288
    五、工程竣工结算 ………………………………………………………… 289
    六、工程价款中的价差调整方法 ………………………………………… 290
    七、签证工程款 …………………………………………………………… 291
  第四节 资金使用计划的编制和应用 ………………………………………… 295
    一、编制施工阶段资金使用计划的相关因素 …………………………… 295
    二、施工阶段资金使用计划的作用与编制方法 ………………………… 295
  第五节 竣工决算的编制和竣工后保修费用的处理 ………………………… 299
    一、竣工验收 ……………………………………………………………… 299
    二、竣工决算 ……………………………………………………………… 300
    三、保修费用的处理 ……………………………………………………… 301
参考文献 ………………………………………………………………………… 303

第一章 工程经济分析

企业是从事生产流通以及提供劳务的营利性经济组织。建筑企业是专门直接从事建筑产品生产，提供建筑安装劳务的，在国家领导下独立经营的具有法人性质的经济组织。它是在社会主义条件下，建筑劳动者与生产资料相结合的主要形式，是组成现代国民经济的具体单位。商务经理作为建筑企业工程项目领导班子的一员，在工程建设全过程中起着十分重要的作用。为了能够更好地从事工程商务活动，商务经理应该具备对工程项目进行财务经济评价的能力。

第一节 概 述

在日常生活中，我们对生活中所遇到的事情都要进行选择，譬如采购一样物品，我们总是选择适合自己使用的同时价格又便宜的物品，为此，我们可能要多询问几个商品供应者。同样，在工程实践中，工程技术人员将涉及各种设计方案、工艺流程方案、设备方案的选择，工程管理人员会遇到项目投资决策、生产计划安排和人员调配等问题，解决这些问题也有多种方案。由于技术上可行的各种行动方案可能涉及不同的投资、不同的经常性费用和收益，因此就存在着这些方案是否划算的问题，即需要与其他可能的方案进行比较，判断一个方案是否在经济上更为合理。这种判断不能是无根据的主观臆断，而是需要作出经济分析和研究。如何进行经济分析和研究，就是工程经济所要解决的问题。

工程经济是工程与经济的交叉学科，是研究工程（技术）领域经济问题和经济规律的科学，也就是根据所考察系统的预期目标和所拥有的资源条件，分析该系统的现金流量情况，选择合适的技术方案，以获得最佳的经济效果。工程经济是研究为实现一定功能而提出的在技术上可行的技术方案、生产过程、产品或服务，在经济上进行计算、分析、比较和论证的方法的科学。

商务经理作为工程项目的工程师不同于其他的就业者，他所从事的工作是以技术为手段，把自然资源（矿物、能源、农作物、信息、资金等）转变为有益于人类的产品或服务，满足人们的物质和文化生活的需要。技术的目的是经济性的，而技术生存的基础又是经济性的。工程师的任何工程技术活动，包括工程管理者的决策和管理的职能等，都离不开经济，任何的计划和生产都应被财务化，最终都导向经济目标，并由经济尺度去检查工程技术和工程管理活动的效果。因此，商务经理必须掌握基本的工程经济学原理并付诸实践，以便于掌握技术方案的经济分析与决策方法，树立经济意识。

需要商务经理掌握的工程经济的主要内容包括：资金的时间价值、投资项目经济评价指标与方法、不确定性分析、投资项目可行性研究、设备更新的经济分析、价值工程等。

第二节 资金的时间价值

一、资金时间价值的概念

在工程经济分析中,无论是技术方案所发挥的经济效益或所消耗的人力、物力和自然资源,最后都是以价值形态,即资金的形式表现出来的。换句话说,资金是劳动手段、劳动对象和劳动报酬的价值表现。资金运动反映了物化劳动和活劳动的运动过程,而这个过程也是资金随时间运动的过程。因此,在工程经济分析时,不仅要着眼于方案资金量的大小(资金收入和支出的多少),而且还要考虑资金发生的时间。因为今天可以用来投资的一笔资金,即使不考虑通货膨胀的因素,比起将来同等数量的资金会更有价值。这是由于当前可用的资金能够立即用来投资而带来收益。这就是说,今天的这笔资金在投资的这段时间内产生了增值。而将来可取得的资金,则不能在今天投资。

工程建设消耗的资源可以归结为人力、物力和自然资源,而人力、物力和自然资源最终是以价值形态即资金的形式表现出来。整个建设、经营过程实质上是资金的运动过程,资金的运动反映了物化劳动和活劳动的运动过程。分析项目的经济可行性就是要分析资金的运动效果,既要考虑资金的数量,又要关心资金发生的时间,即关心资金的时间价值。

资金的时间价值是指资金的价值是随时间变化而变化的,是时间的函数,随时间的推移而发生价值的增加,增加的那部分价值就是原有资金的时间价值。资金具有时间价值并不意味着资金本身能够增值,而是因为资金代表一定量的物化产物,并在生产与流通过程中与劳动相结合,才会产生增值。

资金的时间价值是客观存在的,资金的时间价值原理在投资经营过程中应用的基本原则就是要充分利用资金的时间价值并能最大限度地获得资金的时间价值,即如何使资金的流向更加合理和易于控制,从而使有限的资金发挥更大的作用;如何千方百计早期回收资金,如何加速资金周转,提高建设资金的使用效益。任何资金积压和闲置现象都是在损失资金的时间价值。

资金的时间价值与因通货膨胀而产生的货币贬值是性质不同的概念。通货膨胀是指由于货币发行量超过商品流通实际需要量而引起的货币贬值和物价上涨现象。货币的时间价值是客观存在的,是商品生产条件下的普遍规律,是资金与劳动相结合的产物。只要商品生产存在,资金就具有时间价值。但在现实经济活动中,资金的时间价值与通货膨胀因素往往是同时存在的。因此,既要重视资金的时间价值,又要充分考虑通货膨胀和风险价值的影响,以利于正确地投资决策、合理有效地使用资金。

任何技术方案的实施,都有一个时间上的延续过程,由于资金时间价值的存在,使不同时间上发生的现金流量无法直接加以比较。因此,要通过一系列的换算,在同一时点上进行对比,才能符合客观的实际情况。这种考虑了资金时间价值的经济分析方法,使方案的评价和选择变得更加现实和可靠。

二、利息与利率

对于资金时间价值的换算方法与采用复利计算利息的方法完全相同。因为利息就是资金时间价值的一种重要表现形式。而且通常用利息额的多少作为衡量资金时间价值的绝对尺度，用利率作为衡量资金时间价值的相对尺度。

1. 利息

在借贷过程中，债务人支付给债权人超过原借贷款金额（原借贷款金额通常称作本金）的部分，就是利息。即：

$$I = F - P$$

式中　I——利息；
　　　F——目前债务人应付（债券人应收）总金额；
　　　P——本金（借款金额）。

从本质上看，利息是由贷款发生利润的一种再分配。在工程经济研究中，利息常常被看作是资金的一种机会成本。这是因为如果放弃资金的使用权力，相当于失去收益的机会，也就相当于付出了一定的代价。比如资金一旦用于投资，就不能用于现期消费，而牺牲现期消费又是为了能在将来得到更多的消费。从投资者的角度来看，利息体现为对放弃现期消费的损失所作的必要补偿。所以，利息就成了投资分析平衡现在与未来的杠杆，事实上，投资就是为了在未来获得更大的收益而对目前的资金进行的某种安排。显然未来的收益应当超过现在的投资，正是这种预期的价值增长才能刺激人们从事投资。因此，在工程经济学中，利息是指占用资金所付的代价或者是放弃使用资金所得的补偿。

2. 利率

利率就是在单位时间内（如年、半年、季、月、周、日等）所得利息与借贷款金额之比，通常用百分数表示。即：

$$i = \frac{I_t}{P} \times 100\%$$

式中　i——利率；
　　　I_t——单位时间内所得的利息；
　　　P——本金。

用于表示计算利息的时间单位称为计息周期，计息周期通常为年、半年、季、月、周或天。

3. 利息的计算

计算利息的方法有单利法和复利法之分。

当计息周期在一个以上时，就需要考虑单利与复利的问题。复利是对单利而言，是以单利为基础来进行计算的。

(1) 单利法

1) 单利的概念

单利是指在计算利息时，仅用最初本金来计算，而不计算在先前利息周期中所累积增加的利息。

2) 单利的计算

单利的利息计算公式为：

$$I = P \times n \times i$$

单利的本利和计算公式为：

$$F = P \times (1 + n \times i)$$

式中　I——利息；
　　　P——本金；
　　　i——计息期单利利率；
　　　n——计息周期数；
　　　F——本利和（本金与利息之和）。

单利的年利息额仅由本金所产生，其新生利息，不再加入本金产生利息。这不符合客观的经济发展规律，没有反映资金随时都在增值的特点，也即没有完全反映资金的时间价值。因此，在工程经济分析中单利使用较少，通常只适用于短期投资及不超过一年的短期贷款。

【例 1-1】 假设某公司借入的资金 10000 元是以单利计算的，年利率为 6%，第六年偿还。

问题：到期后的本利和为多少？归还利息和本金各为多少？

答案与解析：利用单利的本利和计算公式 $F = P \times (1 + n \times i)$

则 $F = 10000 \times (1 + 6 \times 6\%)$
　　　$= 13600$ 元

其中 10000 元为本金，3600 元为归还利息。

(2) 复利法

1) 复利的概念

在计算利息时，某一计息周期的利息是由本金加上先前计息周期所累积利息总额之和来计算的，这种利息称为复利，也即通常所说的"利生利"。

2) 复利的计算

复利的利息计算公式为：

$$I_t = i \times F_{t-1}$$

第 t 期末的复利本利和计算公式为：

$$F = F_{t-1} \times (1 + i)$$

式中　I_t——第 t 年的利息；
　　　i——计息期复利利率；
　　　F_{t-1}——第 $t-1$ 期末复利本利和；
　　　F——第 t 期末的复利本利和。

【例 1-2】 假设某公司借入的资金 10000 元是以复利计算的，年利率为 6%，第六年偿还。

问题：每年的本利和为多少？

答案与解析：根据复利的利息计算公式和第 t 期末的复利本利和计算公式，各年的计算结果如表 1-1 所示：

本利和计算表　　　　表1-1

年份 n	年初本金 P	当年盈利 I	年末本利和 $F=P+I$
1	10000	10000×6%=600	10000+600=10600
2	10600	10600×6%=636	10600+636=11236
3	11236	11236×6%=674.16	11236+674.16=11910.16
4	11910.16	11910.16×6%=714.61	11910.16+714.61=12624.77
5	12624.77	12624.77×6%=757.49	12624.77+757.49=13382.26
6	13382.26	13382.26×6%=802.94	13382.26+802.94=14185.2

比较以上两例可以看出，同一笔借款，在利率和计息期均相同的情况下，用复利计算出的利息金额数比用单利计算出的利息金额数大。如果本金越大、利率越高、年数越多，两者差距就越大。复利计息比较符合资金在社会再生产过程中运动的实际状况。因此，在工程经济分析中一般采用复利计算。

复利计算有间断式复利和连续式复利。按期(如年、月等)计算复利的方法称为间断式复利；按瞬时计算利息的方法称为连续式复利。在日常使用中，多采用间断式复利，一方面出于习惯，另一方面是因为会计通常在年底计算一年的进出款，按年支付税金、保险和抵押费用，因而间断式复利考虑问题更适宜。常用的间断式复利计算有一次支付情形和等额支付系列情形两种。

三、现金流量及现金流量表

1. 现金流量

在方案的经济分析中，为了计算方案的经济效益，往往把该方案的收入与耗费表示为现金流入与现金流出。方案带来的货币支出称为现金流出，方案带来的现金收入称为现金流入。现金流入表示为"+"，现金流出表示为"-"，现金流入与现金流出的代数和称作净现金流量。现金流入、现金流出及净现金流量统称为现金流量。

2. 现金流量图

对于一个经济系统，其各种现金流量的流向(支出或收入)、数额和发生时间都不尽相同，为了正确地进行工程经济分析计算，有必要借助现金流量图来进行分析。将经济系统的现金流量绘入时间坐标图中，表示出各现金流入、流出与相应时间的对应关系，称为现金流量图。现金流量表示在二维坐标图上。运用现金流量图，就可全面、形象、直观地表达经济系统的资金运动状态，如图1-1所示。

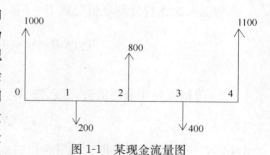

图1-1　某现金流量图

从图中可以看出，第一年年初流入现金1000元，在第二年年初(即第一年年末)流出现金200元，在第三年年初(即第二年年末)流入现金800元，在第四年年初(即第三年年末)流出现金400元，在第五年年初(即第四年年末)流入现金1100元。

四、资金时间价值的计算公式

1. 一次支付复利终值公式(已知 P，求 F)：

$$F = P \times (1+i)^n$$

式中　F——终值(即 n 期末的资金值或本利和)；
　　　P——现值(即现在的资金价值或本金)；
　　　i——计息期复利率；
　　　n——计息的期数。

【例 1-3】 某公司向银行贷款 10 万元，银行年复利利率 8%，请计算 3 年后该公司连本带利一次需支付多少钱？

答案与解析：由题意可知：已知 $P=10$、$i=8\%$，$n=3$；求 F。

根据一次支付复利终值公式 $F=P\times(1+i)^n$

可得 $F=10\times(1+8\%)^3=12.6$ 万元。

2. 一次支付复利现值公式(已知 F，求 P)：

$$P = F \times \frac{1}{(1+i)^n}$$

式中　F——终值(即 n 期末的资金值或本利和)；
　　　P——现值(即现在的资金价值或本金)；
　　　i——计息期复利率；
　　　n——计息的期数。

【例 1-4】 某公司假使想在 5 年末得到 10 万元的资金，银行年复利利率 8%，请问现在该公司需要存入银行多少本金？

答案与解析：由题意可知：已知 $F=10$、$i=8\%$，$n=5$；求 P。

根据一次支付复利现值公式 $P=F\times\dfrac{1}{(1+i)^n}$

可得 $P=10\times\dfrac{1}{(1+8\%)^5}=6.81$ 万元。

3. 等额支付年金终值公式(已知 A，求 F)：

$$F = A \times \frac{(1+i)^n - 1}{i}$$

式中　F——终值(即 n 期末的资金值或本利和)；
　　　A——年金(即发生在某一特定时间序列各计息期末的等额资金序列的价值)；
　　　i——计息期复利率；
　　　n——计息的期数。

【例 1-5】 某公司假使在 5 年内，每年末存入银行 10 万元，银行年复利利率 8%，请计算在 5 年后该公司可得本利和为多少钱？

答案与解析：由题意可知：已知 $A=10$、$i=8\%$，$n=5$；求 F。

根据等额支付年金终值公式 $F=A\times\dfrac{(1+i)^n-1}{i}$

可得 $F=10\times\dfrac{(1+8\%)^5-1}{8\%}=58.67$ 万元。

4. 等额支付年金现值公式（已知 A，求 P）：
$$P=A\times\dfrac{(1+i)^n-1}{i\times(1+i)^n}$$

式中　P——现值（即现在的资金价值或本金）；
　　　A——年金（即发生在某一特定时间序列各计息期末的等额资金序列的价值）；
　　　i——计息期复利率；
　　　n——计息的期数。

【例 1-6】　某公司为了在未来的 5 年当中每年的年末回收资金 2 万元，银行年复利利率 8%，请计算该公司现在需要向银行存入多少钱？

答案与解析：由题意可知：已知 $A=2$、$i=8\%$，$n=5$；求 P。

根据等额支付年金现值公式 $P=A\times\dfrac{(1+i)^n-1}{i\times(1+i)^n}$

可得 $P=2\times\dfrac{(1+8\%)^5-1}{8\%\times(1+8\%)^5}=7.99$ 万元。

5. 等额支付资金回收计算公式（已知 P，求 A）：
$$A=P\times\dfrac{i\times(1+i)^n}{(1+i)^n-1}$$

【例 1-7】　假设某公司投资 10 万元，每年的回收率为 8%，在 5 内收回全部本利，则每年该公司应收回多少钱？

答案与解析：由题意可知：已知 $P=10$、$i=8\%$，$n=5$；求 A。

根据等额支付资金回收计算公式 $A=P\times\dfrac{i\times(1+i)^n}{(1+i)^n-1}$

可得 $A=10\times\dfrac{8\%\times(1+8\%)^5}{(1+8\%)^5-1}=2.5$ 万元。

6. 等额支付偿债资金计算公式（已知 F，求 A）：
$$A=F\times\dfrac{i}{(1+i)^n-1}$$

【例 1-8】　假设某公司想在 5 年年底获得 10 万元，每年存款的金额相同，银行年复利利率 8%，请计算该公司每年应存入银行多少钱？

答案与解析：由题意可知：已知 $F=10$、$i=8\%$，$n=5$；求 A。

根据等额支付偿债资金计算公式 $A=F\times\dfrac{i}{(1+i)^n-1}$

可得 $A=10\times\dfrac{8\%}{(1+8\%)^5-1}=1.71$ 万元。

五、名义利率与有效利率

在实际应用中，计息周期并不一定以一年为一个计息周期，可以按半年计息一次，每季一次或每月一次，在伦敦、纽约、巴黎等的金融市场上，短期利率通常以日计算。因此，同样的年利率，由于计息期数的不同，本金所产生的利息也不同。因而有名义利率和有效利率之分。

单利与复利的区别在于复利法包括了利息的利息。实质上，名义利率和实际利率的关系与单利和复利的关系一样，所不同的是名义利率和实际利率是用在计息周期小于利率周期时。

1. 名义利率

所谓名义利率 r，是指计息周期利率 i 乘以一个利率周期内的计息周期数 m 所得的利率周期利率。即是指按年计息的利率，即计息周期为 1 年。例如，每个计息周期的利率为 3%，计息周期为半年，在这种情况下，即名义利率为 6%。

$$r=i\times m$$

式中　　r——名义利率；

　　　　i——有效年利率；

　　　　m——1 年之中的计息周期数。

2. 实际利率

若用计息周期利率来计算利率周期利率，并将利率周期内的利息再生因素考虑进去，这时所得的利率周期利率称为利率周期有效利率（又称实际利率）。

$$i=\dfrac{F-P}{P}=\dfrac{P\times\left(1+\dfrac{r}{m}\right)^m-P}{P}=\left(1+\dfrac{r}{m}\right)^m-1$$

式中　　r——名义利率；

　　　　i——有效年利率；

　　　　F——期末的本利和；

　　　　P——本金；

　　　　m——1 年之中的计息周期数。

【例 1-9】 假设年利率为 12.48%，按季计息，请计算有效年利率为多少？

答案与解析：由题意已知：$r=12.48\%$、$m=4$，求 i。

根据有效利率计算公式 $i=\dfrac{F-P}{P}=\dfrac{P\times\left(1+\dfrac{r}{m}\right)^m-P}{P}=\left(1+\dfrac{r}{m}\right)^m-1$

可知 $i=(1+12.48\%/4)^4-1=13.08\%$。

六、贷款利息计算

在借贷过程中，借款人不仅要按照借款合同的规定在还款期内如数偿还本金，而且还要根据结息时间和利率定期支付利息。

贷款利息的计算方法有单利法和复利法之分。

1. 单利法计算贷款利息

单利法计算贷款利息时，计算公式为：

$$I = P \times n \times i$$

2. 复利法计算贷款利息

（1）复利法计算贷款利息时，如果贷款总额一次性贷出，利率固定且本息在贷款期末一次付清的贷款，计算公式为：

$$I = P \times [(1+i)^n - 1]$$

（2）当总贷款在贷款期内是分期均衡发放，且本息在还款期内是分期均衡偿还时，利息计算分贷款期贷款利息与还款期贷款利息两种情况进行计算。

1) 贷款期贷款利息计算公式为：

$$I_j = \left(P_{j-1} + \frac{1}{2}A_j\right) \times i$$

式中　I_j——贷款期第 j 期应计贷款利息；

　　P_{j-1}——贷款期第 $j-1$ 期末贷款本息累计额；

　　A_j——贷款期第 j 期贷款额；

　　i——贷款利率。

2) 还款期贷款利息计算公式为：

① 当年初贷款余额大于当年还款能力的情况时：

$$I_j = \left(P'_{j-1} + \frac{1}{2}A'_j\right) \times i$$

② 当年初贷款余额小于当年还款能力的情况时：

$$I_j = \frac{P'_{j-1}}{2} \times i$$

式中　I_j——还款期第 j 期应计贷款利息；

　　P'_{j-1}——还款期第 $j-1$ 期末未还贷款本息余额；

　　A'_j——还款期第 j 期还款额；

　　i——贷款利率。

【例 1-10】 某新建项目，建设期为 3 年，分年均衡进行贷款。第一年贷款 200 万元，第二年贷款 800 万元，第三年贷款 300 万元。年利率为 10%。请计算建设期贷款利息为多少？

答案与解析：根据贷款期贷款利息计算公式 $I_j = \left(P_{j-1} + \frac{1}{2}A_j\right) \times i$

则：第一年贷款利息 =（0+200）×10% = 10 万元；

第二年贷款利息 =（200+10+800÷2）×10% = 61 万元；

第三年贷款利息＝(200＋10＋800＋61＋300÷2)×10％＝122.1万元；

则贷款期贷款利息＝10＋61＋122.1＝193.1万元。

第三节　建设项目的经济评价

建设项目经济评价，主要是指在项目决策阶段的可行性研究和评估中，采用现代经济分析方法，对拟建项目计算期（建设期和生产经营期）内投入产出的诸多经济因素进行调查、预测、研究、计算和论证，比较、选择和推荐最佳方案的过程。经济评价是在完成一项技术方案或同一经济目标后，对所取得的劳动成果与劳动消耗的比较的评价。它的评价结论是项目决策的重要依据。经济评价是项目可行性研究和评估的核心内容，其目的是力求在允许的条件下，使投资项目获得最佳的经济效益。

项目的经济评价分为财务评价和国民经济评价，财务评价是指从项目或企业的财务角度出发，根据国家现行财税制度和价格体系，分析、预测项目投入的费用和产出的效益，考察项目的财务盈利能力、清偿能力以及财务外汇平衡等状况，据以判断建设项目的财务可行性。国民经济评价是从国家整体的角度出发，用影子价格等经济评价参数，分析计算项目需要国家付出的代价和对国家的贡献，考察投资行为的经济合理性和宏观可行性。

项目经济评价采用基本报表及辅助报表两类。

1. 基本报表。有现金流量表（全部投资）、现金流量表（自有资金）、损益表、资金来源与运用表、资产负债表、财务外汇平衡表、国民经济效益费用流量表（全部投资）、国民经济效益费用流量表（国内投资）、经济外汇流量表等表式。

2. 辅助报表。有固定资产投资估算表、流动资金估算表、投资计划与资金筹措表、主要产出物与投入物使用价格依据表、单位产品生产成本估算表、固定资产折旧费估算表、无形与递延资产摊销估算表、总成本费用估算表、产品销售（营业）收入和销售税金及附加估算表、借款还本付息计算表、出口（替代进口）产品国内资源流量表、国民经济评价投资调整计算表、国民经济评价销售收入调整计算表、国民经济评价经营费用调整计算表等表式。

经济效果评价是工程经济分析的核心内容，其目的在于确保决策的正确性和科学性，避免或最大限度地减小投资方案的风险，明了投资方案的经济效果水平，最大限度地提高项目投资的综合经济效益，为项目的投资决策提供科学的依据。因此，正确选择经济效果评价的指标和方法是十分重要的。

经济效果评价的基本方法包括确定性评价方法与不确定性评价方法两类。对同一个项目必须同时进行确定性评价与不确定性评价。经济效果的评价方法，按其是否考虑时间因素又可以分为静态评价方法和动态评价方法。静态评价方法是不考虑货币的时间因素，亦即不考虑时间因素对货币价值的影响，而对现金流量分别进行直接汇总来计算评价指标的方法。静态评价方法的最大特点是计算简便。因此，在对方案进行粗评价，或对短期投资项目进行评价，以及对于逐年收益大致相等的项目，可采用静态评价方法。动态评价方法是把现金流量折现后来计算评价指标。在工程经济分析中，由于时间和利率的影响，对投资方案的每一笔现金流量都应该考虑它发生的时间，以及时间因素对其价值的影响。这种对投资方案的一切现金流量，都考虑它发生的时刻及其时间价值，来进行经济效果评价的方法称为动态评价方法。它能较全面地反映投资方案整个计算期的经济效果。

财务评价是工程经济的核心内容。财务评价是根据国家现行财税制度、价格体系和项目评价的有关规定，从项目的财务角度，分析计算项目的直接效益和直接费用，编制财务报表，计算财务评价指标。通过对项目的盈利能力、偿债能力的分析，考察项目在财务上的可行性，为投资决策提供科学的依据。财务评价主要包括以下几方面内容。

1. 盈利能力分析

主要是考察项目投资的盈利水平，它直接关系到项目投产后能否生存和发展，是评价项目在财务上可行性程度的基本标志。盈利能力的大小是企业进行投资活动的原动力，也是企业进行投资决策时考虑的首要因素，应从两方面进行评价：

（1）项目达到设计生产能力的正常生产年份可能获得的盈利水平，即主要通过计算投资利润率、资本金净利润率等静态指标，考察项目在正常生产年份年度投资的盈利能力以及判别项目是否达到行业的平均水平；

（2）项目整个寿命期间内的盈利水平，即主要通过计算财务净现值、财务内部收益率以及投资回收期等动态和静态指标，考察项目在整个计算期内的盈利能力及投资回收能力，判别项目投资的可行性。

2. 偿债能力分析

主要是考察项目的财务状况和按期偿还债务的能力，它直接关系到企业面临的财务风险和企业的财务信用程度。偿债能力的大小是企业进行筹资决策的重要依据，应从两方面进行评价：

（1）考察项目偿还建设投资国内借款所需要的时间，即通过计算借款偿还期，考察项目的还款能力，判别项目是否能满足贷款机构的要求；

（2）考察项目资金的流动性水平，即通过计算利息备付率、偿债备付率、资产负债率、流动比率、速动比率等各种财务比率指标，对项目投产后的资金流动情况进行比较分析，用以反映项目寿命期内各年的利润、盈亏、资产和负债、资金来源和运用、资金的流动和债务运用等财务状况及资产结构的合理性，考察项目的风险程度和偿还流动负债的能力与速度。

3. 不确定性分析

项目的盈利能力分析和偿债能力分析所用的工程经济要素数据一般是预测和估计的，具有一定的不确定性，因此分析这些不确定因素对经济评价指标的影响，估计项目可能存在的风险，考察项目财务评价的可靠性，这就是投资项目财务评价的不确定性分析。

一、基础财务报表的编制

1. 现金流量表

（1）全部投资现金流量表的编制

1）现金流入为产品销售（营业）收入、回收固定资产余值、回收流动资金三项之和。

2）现金流出包含有固定资产投资、流动资金、经营成本及税金。固定资产投资和流动资金的数额分别取自固定资产投资估算表及流动资金估算表。

3）项目计算期各年的净现金流量为各年现金流入量减对应年份的现金流出量，各年累计净现金流量为本年及以前各年净现金流量之和。

4) 所得税前净现金流量为上述净现金流量加所得税之和，也即在现金流出中不计入所得税时的净现金流量。

(2) 自有资金现金流量表的编制

1) 现金流入各项的数据来源与全部投资现金流量表相同。

2) 现金流出项目包括：自有资金、借款本金偿还、借款利息支出、经营成本及税金。

借款本金偿还由两部分组成：一部分为借款还本付息计算表中本年还本额；一部分为流动资金借款本金偿还，一般发生在计算期最后一年。借款利息支付数额来自总成本费用估算表中的利息支出项。现金流出中其他各项与全部投资现金流量表中相同。

3) 项目计算期各年的净现金流量为各年现金流入量减对应年份的现金流出量。

2. 损益表的编制

损益表编制反映项目计算期内各年的利润总额、所得税及税后利润的分配情况。损益表的编制以利润总额的计算过程为基础。

$$利润总额 = 营业利润 + 投资净收益 + 营业外收支净额$$

$$营业利润 = 主营业务利润 + 其他业务利润 - 管理费 - 财务费$$

$$主营业务利润 = 主营业务收入 - 主营业务成本 - 销售费用 - 销售税金及附加$$

$$营业外收支净额 = 营业外收入 - 营业外支出$$

(1) 产品销售（营业）收入、销售税金及附加、总成本费用的各年度数据分别取自相应的辅助报表。

(2) 利润总额等于产品销售（营业）收入减销售税金及附加减总成本费用。

(3) 所得税 = 应纳税所得额 × 所得税税率。

按现行《工业企业财务制度》规定，企业发生的年度亏损，可以用下一年度的税前利润等弥补，下一年度利润不足弥补的，可以在 5 年内延续弥补，5 年内不足弥补的，用税后利润弥补。

(4) 税后利润 = 利润总额 - 所得税。

(5) 弥补损失主要是指支付被没收的财物损失，支付各项税收的滞纳金及罚款，弥补以前年度亏损。

(6) 税后利润按法定盈余公积金、公益金、应付利润及未分配利润等项进行分配。

1) 表中法定盈余公积金按照税后利润扣除用于弥补损失的金额后的 10% 提取，盈余公积金已达注册资金 50% 时可以不再提取。公益金主要用于企业的职工集体福利设施支出。

2) 应付利润为向投资者分配的利润。

3) 未分配利润主要指向投资者分配完利润后剩余的利润，可用于偿还固定资产投资借款及弥补以前年度亏损。

3. 资金来源与资金运用表的编制

项目资金来源包括：利润、折旧、摊销、长期借款、短期借款、自有资金、其他资金、回收固定资产余值、回收流动资金等；项目资金运用包括：固定资产投资、建设期利息、流动资金投资、所得税、应付利润、长期借款还本、短期借款还本等。

1) 利润总额、折旧费、摊销费数据分别取自损益表、固定资产折旧费估算表、无形及递延资产摊销估算表。

2)长期借款、流动资金借款、其他短期借款、自有资金及"其他"项的数据均取自投资计划与资金筹措表。

3)回收固定资产余值及回收流动资金见全部投资现金流量表编制中的有关说明。

4)固定资产投资、建设期利息及流动资金数据取自投资计划与资金筹措表。

5)所得税及应付利润数据取自损益表。

6)长期借款本金偿还额为借款还本付息计算表中本年还本数;流动资金借款本金一般在项目计算期末一次偿还;其他短期借款本金偿还额为上年度其他短期借款额。

7)盈余资金等于资金来源减去资金运用。

8)累计盈余资金各年数额为当年及以前各年盈余资金之和。

4. 资产负债表的编制

资产负债表综合反映项目计算期内各年末资产、负债和所有者权益的增减变化及对应关系,用以考察项目资产、负债、所有者权益的结构是否合理,进行清偿能力分析。资产负债表的编制依据是"资产=负债+所有者权益"。

(1)资产由流动资产、在建工程、固定资产净值、无形及递延资产净值四项组成。

1)流动资产总额为应收账款、存货、现金、累计盈余资金之和。

2)在建工程是指投资计划与资金筹措表中的年固定资产投资额,其中包括固定资产投资方向调节税和建设期利息。

3)固定资产净值和无形及递延资产净值分别从固定资产折旧费估算表和无形及递延资产摊销估算表取得。

(2)负债包括流动负债和长期负债。流动负债中的应付账款数据可由流动资金估算表直接取得。流动资金借款和其他短期借款两项流动负债及长期借款均指借款余额,需根据资金来源与运用表中的对应项及相应的本金偿还项进行计算。

1)长期借款及其他短期借款余额的计算按下式进行:

$$第\ T\ 年借款余额 = \sum(借款 - 本金偿还)_t \quad (t=1-T)$$

2)按照流动资金借款本金在项目计算期末用回收流动资金一次偿还的一般假设,流动资金借款余额的计算按下式进行:

$$第\ T\ 年借款余额 = \sum(借款)_t \quad (t=1-T)$$

(3)所有者权益包括资本金、资本公积金、累计盈余公积金及累计未分配利润。

5. 财务外汇平衡表的编制

财务外汇平衡表主要适用于有外汇收支的项目,用以反映项目计算期内各年外汇余缺程度,进行外汇平衡分析。

二、财务盈利能力分析指标

1. 净现值(NPV)。净现值是指按行业的基准收益率或设定的折现率,将项目计算期内各年净现金流量折现到建设期初的现值之和。净现值是反映投资方案在计算期内获利能力的动态评价指标。投资方案的净现值是指用一个预定的基准收益率(或设定的折现率)i_c,分别把整个计算期间内各年所发生的净现金流量都折现到投资方案开始实施时的现值之和。

(1)净现值的表达式为:

$$NPV = \sum_{t=0}^{n}(CI-CO)_t(1+i_c)^{-t}$$

式中　NPV——净现值；

　　　n——计算期；

$(CI-CO)_t$——第 1 年的净现金流量；

　　　i_c——行业基准收益率或设定的折现率；

$(1+i_c)^{-t}$——在行业基准收益率或设定的折现率情况下的现值系数。

(2) 净现值是评价项目投资方案盈利能力的重要指标。

1) 如果 $NPV>0$，表明该项目的盈利能力超过了基准收益率或设定的折现率水平，在满足基准收益率要求的盈利之外，还能得到超额收益，故该项目可行。NPV 越高，项目的经济效益越好。其超额部分的现值就是 NPV 值。

2) 如果 $NPV=0$，说明该项目基本能满足基准收益率要求的盈利水平，勉强可行或有待改进。

3) 如果 $NPV<0$，说明项目的盈利能力达不到要求水平，不能满足基准收益率要求的盈利水平，甚至不能收回投资，说明项目是不可行的。

【例 1-11】 某项目拟投资新建一条流水线，预计初始投资 900 万元，使用期为 5 年，新增流水线可使项目每年销售收入增加 513 万元，运营费用增加 300 万元，第 5 年末的残值为 200 万元。项目确定的基准收益率为 10%，请计算该方案的净现值为多少？

答案与解析：根据题意可知该投资方案的现金流量如图 1-2 所示：

由此可以得知该投资方案的净现金流量如图 1-3 所示：

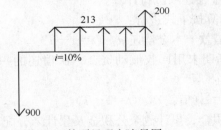
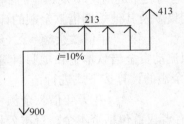

图 1-2　某项目现金流量图　　图 1-3　某项目净现金流量图

则该投资方案的净现金值为：

$$NPV = -900 + 213 \times \frac{(1+i)^4-1}{i \times (1+i)^4} + 413 \times (1+i)^{-5}$$
$$= 31.62(万元)$$

2. 净年值（NAV）

净年值又称等额年值、等额年金，是以一定的基准收益率将项目计算期内净现金流量等值换算而成的等额年值。它与前述净现值（NPV）的相同之处是，两者都要在给出的基准收益率的基础上进行计算；不同之处是，净现值法把投资过程的现金流量化为基准期的现值，而净年值法则是把该现金流量化为等额年值。净现值是项目在计算期内获得的超过基准收益率水平的收益现值,而净年值则是项目在计算期内每期(年)的等额超额收益。由于同一现金流量的现值和等额年值是等价的(或等效的),所以,净现值法与净年值法在方案评价中能得出相同的结论。而在多方案评价时,特别是各方案的计算期不相同时,应用净年值比净现值更为方便。

(1) 净年值的计算公式为:

$$NAV = \left[\sum_{t=1}^{n}(CI-CO)_t(1+i_c)^{-t}\right] \times \frac{i \times (1+i)^n}{(1+i)^n - 1}$$

$$\frac{i \times (1+i)^n}{(1+i)^n - 1} = (A/P, i_c, n)$$

$$NAV = NPV(A/P, i_c, n)$$

式中 $(A/P, i_c, n)$——资本回收系数;
NAV——净年值;
NPV——净现值。

(2) 评价的准则为:

由于$(A/P, i_c, n) > 0$,由上式可以得知,NAV与NPV总是同为正或者同为负,所以两者在评价同一个项目的时候总是一致的。

1) 如果$NAV \geq 0$,表明该项目在经济上是可行的;
2) 如果$NAV < 0$,说明该项目在经济上是不可行的。

3. 投资回收期。投资回收期是最为直观和简单的盈利能力指标,是反映投资方案清偿能力的重要指标,分为静态投资回收期和动态投资回收期。

(1) 静态投资回收期

静态投资回收期是在不考虑资金时间价值的条件下,以项目的净收益回收其全部投资所需要的时间。投资回收期可以自项目建设开始年算起,也可以自项目投产年开始算起,但应予注明。

1) 自建设开始年算起,投资回收期P_t的计算公式为:

$$\sum_{t=0}^{P_t}(CI-CO)_t = 0$$

式中 P_t——静态投资回收期;
CI——现金流入量;
CO——现金流出量;
$(CI-CO)_t$——第t年净现金流量。

静态投资回收期可根据现金流量表计算,计算又分以下两种情况:

① 项目建成投产后各年的净收益(净现金流量)均相同,则静态投资回收期的计算公式为:

$$P_t = \frac{K}{A} = \frac{K}{CI-CO}$$

式中 P_t——静态投资回收期;
K——全部投资;
A——每年的净收益;

CI——现金流入量；

CO——现金流出量。

② 项目建成投产后各年的净收益不相同，则静态投资回收期可根据累计净现金流量来求，也就是在现金流量表中累计净现金流量由负值转向正值之间的年份。其计算公式为：

$$P_t = (累计净现金流量出现正值的年份数 - 1) + \frac{上一年累计净现金流量的绝对值}{出现正值年份的净现金流量}$$

2) 将计算出的静态投资回收期（P_t）与所确定的基准投资回收期（P_c）进行比较：

① $P_t > P_c$，表明项目投资不能在规定的时间内收回，方案是不可行的。

② $P_t \leq P_c$，表明项目投资能在规定的时间内收回，则方案可行。

（2）动态投资回收期

动态投资回收期是把投资项目各年的净现金流量按基准收益率折成现值之后，再来推算投资回收期，这就是它与静态投资回收期的根本区别。动态投资回收期就是净现金流量累计现值等于零时的年份。

1) 计算式。动态投资回收期的计算表达式为：

$$\sum_{t=0}^{P'_t} (CI - CO)_t (1 + i_c)^{-t} = 0$$

式中　P'_t——动态投资回收期；

i_c——基准收益率。

在实际应用中根据项目的现金流量表，用下列近似公式计算：

$$P'_t = (累计净现金流量现值出现正值的年份数 - 1) + \frac{上一年累计净现金流量现值的绝对值}{出现正值年份的净现金流量的现值}$$

2) 将计算出的动态投资回收期（P'_t）与所确定的基准投资回收期（P_c）进行比较：

① $P'_t > P_c$，表明项目投资不能在规定的时间内收回，方案在经济上是不可行的。

② $P'_t \leq P_c$，表明项目投资能在规定的时间内收回并且取得了既定的收益率，则方案在经济上是可行。

4. 财务内部收益率（IRR）

财务内部收益率是指财务净现值恰好等于零时的收益率，也称折现率。

（1）对投资项目内部收益率就是净现值为零时的收益率。计算公式为：

$$NPV(IRR) = \sum_{t=0}^{n} (CI - CO)_t (1 + IRR)^{-t} = 0$$

式中　IRR——内部收益率。

由于 IRR 值可达到的项目净现值等于零，则项目的净年值也必为零。故有：

$$NPV(IRR) = NAV(IRR) = 0$$

内部收益率是一个未知的折现率，求方程式中的折现率需解高次方程，不易求解。在实际工作中，一般是用试算法确定内部收益率 IRR。试算法的基本原理如下：

首先，试用 i_1 计算，若得 $NPV_1 > 0$ 时，再试用 i_2（$i_2 > i_1$），若 $NPV_2 < 0$ 时，则 $NPV = 0$ 时的 IRR 一定在 i_1 至 i_2 之间。此时，可用线性内插法求出 IRR 的近似值，其公

式为：

$$IRR = i_1 + \frac{NPV_1}{NPV_1 + |NPV_2|}(i_2 - i_1)$$

式中　NPV_1——较低折现率 i_1 时的财务净现值（正）；
　　　NPV_2——较高折现率 i_2 时的财务净现值（负）；
　　　i_1——较低折现率，使净现值依然为正值，但其接近于零；
　　　i_2——较高折现率，使财务净现值为负值，但其接近于零。

采用线性内插法计算 IRR 时，其计算精度与(i_2-i_1)的差值大小有关，因为折现率与净现值不是线性关系。两者之间的差距越小，则计算结果就越精确。为保证 IRR 的精度，两者之间的差距一般以不超过 2% 为宜，最大不要超过 5%。

（2）评价准则。

内部收益率计算出来后，与基准收益率进行比较，以便于评价项目的可行性。

1) 若 $IRR > i_c$，则表示项目的收益率超过基准收益率，在经济上可以接受；

2) 若 $IRR = i_c$，则表示项目的收益率恰好等于基准收益率，在经济上勉强可行；

3) 若 $IRR < 0$，则表示项目的收益率未能达到基准收益率，在经济上不应接受，不可行。

【例 1-12】 某项目拟投资新建一条流水线，预计初始投资 900 万元，使用期为 5 年，新增流水线可使项目每年销售收入增加 513 万元，运营费用增加 300 万元，第 5 年末的残值为 200 万元。请用试算法确定内部收益率 IRR 为多少？

答案与解析：由题意可以得知：

$$NPV(i) = -900 + 213 \times \frac{(1+i)^4 - 1}{i \times (1+i)^4} + 413 \times (1+i)^{-5}$$

分别将 $i_1 = 11\%$，$i_2 = 12\%$，代入上面式中计算可得：
$NPV(11\%) = 5.92$ 万元；$NPV(12\%) = -18.7$ 万元。
则根据线性内插法求 IRR 的近似值公式可得：

$$IRR = i_1 + \frac{NPV_1}{NPV_1 + |NPV_2|}(i_2 - i_1) = 11\% + \frac{5.92}{5.92 + |-18.7|} \times (12\% - 11\%) = 11.24\%$$

5. 投资利润率

投资利润率是指项目达到设计生产能力后的一个正常生产年份的年利润总额与项目总投资的比率，它是考察项目单位投资盈利能力的静态指标。对于生产期内各年的利润总额变化幅度较大的项目，应计算生产期年平均利润总额与项目总投资的比率。其计算公式为：

$$投资利润率 = \frac{年利润总额或年平均利润总额}{项目总投资} \times 100\%$$

式中
年利润总额＝年产品销售（营业）收入－年产品销售税金及附加－年总成本费用
年产品销售税金及附加＝年增值税＋年销售税＋年营业税＋年资源税
　　　　　　　　　　　＋年城市维护建设税＋年教育费附加

项目总投资＝固定资产投资＋投资方向调节税＋建设期利息＋流动资金

投资利润率由损益表求得。在财务评价中，将项目的投资利润率与行业平均投资利润率对比，来判别项目单位投资盈利能力是否达到本行业的平均水平。

6. 投资利税率

投资利税率是指项目达到设计生产能力后，一个正常年份的年利税总额或项目生产期内的年平均利税总额与项目总投资的比率。其计算公式为：

$$投资利税率=\frac{年利税总额或年平均利税总额}{项目总投资}\times 100\%$$

式中

年利税总额＝年利润总额＋年销售税金及附加

投资利税率可根据损益表求得。在财务评价中，将投资利税率与行业平均投资利税率对比，以判别单位投资对国家积累的贡献水平是否达到本行业的平均水平。

7. 资本金利润率

资本金利润率是指项目达到设计生产能力后，一个正常年份的年利润总额或项目生产期内的年平均利润总额与资本金的比率，它反映投入项目资本金的盈利能力。其计算公式为：

$$资本金利润率=\frac{年利润总额或年平均利润总额}{资本金}\times 100\%$$

三、财务清偿能力分析指标

1. 资产负债率

资产负债率是企业负债与资产之比，它是反映企业各个时刻所面临的财务风险程度及偿债能力的指标。

$$资产负债率=\frac{负债合计}{资产合计}$$

资产负债率到底多少合适，没有绝对的标准，一般认为在 0.5～0.8 之间是合适的。

2. 流动比率

流动比率是企业各个时刻偿付流动负债能力的指标。

$$流动比率=\frac{流动资产总额}{流动负债总额}$$

由于流动资产总额中包括存货，这些存货在通常情况下也不易立即变现，所以流动比率反映的瞬时偿债能力是含有一定水分的。流动比率一般应为 1.2～2.0。

3. 速动比率

速动比率是企业各个时刻用可以立即变现的货币偿付流动负债能力的指标。一般认为，速动比率应为 1.0～1.2。

$$速动比率=\frac{流动资产总额-存货}{流动负债总额}$$

4. 利息备付率

利息备付率也称已获利息倍数，指项目在借款偿还期内各年可用于支付利息的税息前利润与当期应付利息费用的比值。

第三节 建设项目的经济评价

(1) 计算公式：

$$\text{利息备付率} = \frac{\text{税息前利润}}{\text{当期应付利息费用}}$$

式中

税息前利润＝利润总额＋计入总成本费用的利息费用

当期应付利息＝计入总成本费用的全部利息

利息备付率可以按年计算，也可以按项目的整个借款期计算。

(2) 评价准则：

利息备付率表示使用项目利润偿付利息的保证倍率。对于正常经营的企业，利息备付率应当大于2。否则，表示项目的付息能力保障程度不足。而且利息备付率指标需要将该项目的指标与其他企业项目进行比较来分析决定本项目的指标水平。

5. 偿债备付率

偿债备付率指项目在借款偿还期内，各年可用于还本付息的资金与当期应还本付息金额的比值。

(1) 计算公式：

$$\text{偿债备付率} = \frac{\text{可用于还本付息资金}}{\text{当期应还本付息金额}}$$

式中可用于还本付息的资金包括：可用于还款的折旧和摊销，成本中列支的利息费用，可用于还款的利润等。当期应还本付息的金额包括当期应还贷款本金及计入成本的利息。

偿债备付率可以可以按年计算，也可以按项目的整个借款期计算。

(2) 偿债备付率表示可用于还本付息的资金偿还借款本息的保证倍率。其评价准则为：正常情况下应当大于1，而且应该越高越好。当指标小于1时，表示当年资金来源不足以偿付当期债务，需要通过短期借款偿付已到期债务。

6. 固定资产投资国内借款偿还期

国内借款偿还期是指在国家财税规定及项目具体财务条件下，以项目投产后可用于还款的资金，偿还固定资产投资国内借款本金和建设期利息(不包括已用自有资金支付的建设期利息)所需要的时间。它是反映项目借款偿债能力的重要指标。其表达式为：

$$I_d = \sum_{t=1}^{P_d} R_t$$

式中　I_d——固定资产投资中借款的本金(含建设期利息)；

P_d——借款的偿还期(从借款开始年计算，若从投产年算起时，则应予注明)；

R_t——第 t 年可用于还款的资金，包括利润、折旧、摊销及其他可用于还款资金。

国内借款偿还期是通过借款还本付息计算表、总成本费用估算表、损益表三个表，逐年循环计算求得。

在实际工作中，借款偿还期可直接从财务平衡表推算，以年表示。其具体推算公式如下：

$$P_d = (\text{借款偿还后出现盈余的年份数} - 1) + \frac{\text{当年应偿还借款额}}{\text{当年可用于还款的收益率}}$$

借款偿还期指标适用于计算最大偿还能力、尽快还款的项目，不适用于那些预先给定借款偿还期的项目。对于预先给定借款偿还期的项目应采用利息备付率和偿债备付率指标分析项目的偿债能力。

四、不确定性分析

1. 不确定性分析的概念

不确定性的直接后果是使方案经济效果的实际值与评价值相偏离，从而按评价值作出的经济决策带有风险。为了分析不确定因素对经济评价指标的影响，应根据拟建项目的具体情况，分析各种外部条件发生变化或者测算数据误差对方案经济效果的影响程度，以估计项目可能承担不确定性的风险及其承受能力，确定项目在经济上的可靠性。

不确定性分析包含了不确定性分析与风险分析两项内容，严格来讲，两者是有差异的。其区别就在于一个是不知道未来可能发生的结果，或不知道各种结果发生的可能性，由此产生的问题称为不确定性问题；另一个是知道未来可能发生的各种结果的概率，由此产生的问题称为风险问题。但是从投资项目经济评价的实践角度来看，将两者严格区分开来的实际意义不大。因此在一般情况下，人们习惯于将以上两种分析方法统称为不确定性分析。

2. 不确定性产生的原因

在现实社会里，一个拟建项目的所有未来结果都是未知的。因为影响方案经济效果的各种因素（比如市场需求和各种价格）的未来变化带有不确定性；而且由于测算方案现金流量时各种数据（比如投资额、产量）缺乏足够的信息或测算方法上的误差，使得方案经济效果评价指标值带有不确定性。因此可以说，不确定性是所有项目固有的内在特性。只是对不同的项目，这种不确定性的程度有大有小。一般情况下，产生不确定性或风险的主要原因如下。

(1) 项目数据的统计偏差

这是指由于原始统计上的误差，统计样本点的不足，公式或模型的套用不合理等所造成的误差。比如说项目固定资产投资和流动资金是项目经济评价中重要的基础数据，但在实际中，往往会由于各种原因而高估或低估其数额，从而影响项目评价的结果。

(2) 通货膨胀

由于有通货膨胀的存在，会产生物价的浮动，从而会影响项目评价中所用的价格，进而导致诸如年销售收入、年经营成本等数据与实际发生偏差。

(3) 技术进步

技术进步会引起新老产品和工艺的替代，这样，根据原有技术条件和生产水平所估计出的年销售收入等指标就会与实际值发生偏差。

(4) 市场供求结构的变化

这种变化会影响到产品的市场供求状况，进而对某些指标值产生影响。

(5) 其他外部影响因素

如政府政策的变化，新的法律、法规的颁布，国际政治经济形势的变化等，均会对项目的经济效果产生一定的甚至是难以预料的影响。

3. 不确定性分析的作用、内容和方法

第三节 建设项目的经济评价

不确定性分析是项目经济评价中的一个重要内容。因为前面项目评价都是以一些确定的数据为基础，如项目总投资、建设期、年销售收入、年经营成本、年利率、设备残值等指标值，认为它们都是已知的，是确定的，即使对某个指标值所做的估计或预测，也认为是可靠、有效的。但实际上，由于前述各种影响因素的存在，这些指标值与其实际值之间往往存在着差异，这样就对项目评价的结果产生了影响，如果不对此进行分析，仅凭一些基础数据所做的确定性分析为依据来取舍项目，就可能会导致投资决策的失误。比如说，某项目的标准折现率认定为8%，根据项目基础数据求出的项目的内部收益率为10%，由于内部收益率大于标准折现率，根据方案评价准则自然会认为项目是可行的。但如果凭此就做出投资决策则是欠周到的，因为我们还没有考虑到不确定性问题。如果在项目实施的过程中存在通货膨胀，并且通货膨胀率高于2%，则项目的风险就很大，甚至会变成不可行的。因此，为了有效地减少不确定性因素对项目经济效果的影响，提高项目的风险防范能力，进而提高项目投资决策的科学性和可靠性，除对项目进行确定性分析外，还很有必要进行不确定性分析。

不确定分析方法有：盈亏平衡分析、敏感性分析、概率分析。在具体应用时，要在综合考虑项目的类型、特点，决策者的要求，相应的人力、财力，以及项目对国民经济的影响程度等条件下来选择。一般来讲，盈亏平衡分析只适用于项目的财务评价，而敏感性分析和概率分析则可同时用于财务评价和国民经济评价。

4. 盈亏平衡分析

盈亏平衡分析是在一定市场、生产能力及经营管理条件下，通过对产品产量、成本、利润相互关系的分析，判断企业对市场需求变化适应能力的一种不确定性分析方法，故亦称为量本利分析。在工程经济评价中，这种方法的作用是找出投资项目的盈亏临界点，以判断不确定性因素对方案经济效果的影响程度，说明方案实施的风险大小及投资项目承担风险的能力，为投资决策提供科学依据。

盈亏平衡分析方法粗略地对高度敏感的产量、售价、成本、利润等因素进行分析，会有助于了解项目可能承担的风险程度。此方法计算简单，可直接对项目的关键因素进行分析，因此，至今仍作为项目不确定分析的方法之一而被广泛地采用。

企业的经营活动，通常以生产数量为起点，而以利润为目标。

(1) 基本的损益方程式

量本利相互关系的研究，以成本和产品数量的关系为基础，它们通常被称为成本性态研究。所谓成本性态，是指成本总额对产量的依存关系。在这里，产量是指企业的生产经营活动水平的标志量。当产量变化以后，各项成本有不同的性态，大体上可分为三种：固定成本、变动成本和混合成本。固定成本是不受产量影响的成本，如企业的固定资产折旧等。变动成本是随产量增长而成正比例增长的成本，如材料消耗等。混合成本是随产量增长而增长，但不成正比例变化的成本。混合成本介于固定成本和变动成本之间，可以根据具体情况将其分解成固定成本和变动成本。这样，全部成本都可以分成固定成本和变动成本两部分。

在一定期间把成本分解成固定成本和变动成本两部分后，再把收入和利润加过来，成本、数量和利润的关系就可以统一于一个数学模型。这个数学模型的表达形式为：

$$利润 = 销售收入 - 总成本 - 税金$$

假设产量等于销售量,并且项目的销售收入与总成本均是产量的线性函数,则式中:

销售收入＝单位售价×销量

总成本＝变动成本＋固定成本＝单位变动成本×产量＋固定成本

销售税金＝(单位产品销售税金＋单位产品增值税)×销售量

基本损益方程式为:

$$B = pQ - C_V Q - C_F - tQ$$

式中　B——利润;

　　　p——单位产品售价;

　　　Q——销量或生产量;

　　　t——单位产品销售税金和单位产品增值税;

　　　C_V——单位产品变动成本;

　　　C_F——固定成本。

将销量、成本、利润的关系反映在直角坐标系中,即成为基本的量本利图,如图1-4所示:

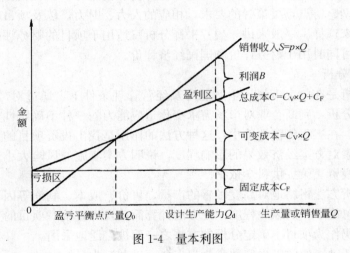

图1-4　量本利图

(2) 盈亏平衡分析

从图1-4可知,销售收入线与成本线的交点是盈亏平衡点,表明企业在此销售量下总收入扣除销售税金后与总成本相等,既没有利润,也不发生亏损。在此基础上,增加销售量,销售收入超过总成本,收入线与成本线之间的距离为利润值,形成盈利区;反之,形成亏损区。

图1-4能清晰地显示企业不盈利也不亏损时应达到的产销量,故又称为盈亏平衡图。用图示表达量本利之间的相互关系,不仅形象直观,一目了然,而且容易理解。

所谓盈亏平衡分析,就是将产量或销售量作为不确定因素,通过计算企业或项目的盈亏平衡点的产量(销售量),据此分析观察项目可以承受多少风险而不致发生亏损。根据生产成本及销售收入与产量(或销售量)之间是否呈线性关系,盈亏平衡分析又可进一步分为线性盈亏平衡分析和非线性盈亏平衡分析。通常只要求线性盈亏平衡分析。

线性盈亏平衡分析的前提条件:

① 生产量等于销售量；
② 生产量变化，单位可变成本不变，从而使总生产成本为生产量的线性函数；
③ 生产量变化，销售单价不变，从而使销售收入为销售量的线性函数；
④ 只生产单一产品，或者生产多种产品，但可以换算为单一产品计算。

项目盈亏平衡点的表达形式有多种，可以用实物产量、单位产品售价、单位产品的可变成本，以及年总固定成本的绝对量表示，也可以用某些相对值表示，例如生产能力利用率。其中以产量和生产能力利用率表示的盈亏平衡点应用最为广泛。

1) 用产量表示的盈亏平衡点 $BEP(Q)$

从图 1-4 中可见，当企业在小于 Q_0 的产量下组织生产，则项目亏损；在大于 Q_0 的产量下组织生产，则项目盈利。显然，产量 Q_0 是盈亏平衡点的一个重要表达形式。就单一产品企业来说，盈亏临界点的计算并不困难，一般是从销售收入等于总成本费用即盈亏平衡方程式中导出。令基本损益方程式中的利润 $B=O$，此时的生产量（或销量）Q_0 即为盈亏临界点生产量。即：

$$BEP(Q)=\frac{年固定总成本}{单位产品销售价格-单位产品可变成本-单位产品销售税金及附加-单位产品增值税}$$

2) 用生产能力利用率表示的盈亏平衡点 $BEP(\%)$

生产能力利用率表示的盈亏平衡点，是指盈亏平衡点销售量占企业正常销售量的比重。所谓正常销售量，是指正常市场和正常开工情况下，企业的销售数量也可以用销售金额来表示。

$$BEP(\%)=\frac{盈亏平衡点销售量}{正常销售量}\times 100\%$$

进行项目评价时，生产能力利用率表示的盈亏平衡点常常根据正常年份的产品产量或销售量、变动成本、固定成本、产品价格和销售税金等数据来计算。即：

$$BEP(\%)=\frac{年固定总成本}{年销售收入-年可变成本-年销售税金及附加-年增值税}\times 100\%$$

两者之间的换算关系为：

$$BEP(Q)=BEP(\%)\times 设计生产能力$$

盈亏平衡点应按项目的正常年份计算，不能按计算期内的平均值计算。

3) 用销售额表示的盈亏平衡点销售额 $BEP(S)$

单一产品企业在现代经济中只占少数，大部分企业产销多种产品。多品种企业可以使用销售额来表示盈亏临界点。

$$BEP(S)=\frac{单位产品销售价格\times 年固定总成本\times 100\%}{单位产品销售价格-单位产品可变价格-单位产品销售税金及附加-单位产品增值税}$$

此公式既可用于单品种企业，也可用于多品种企业。

4) 用销售单价表示的盈亏平衡点 $BEP(P)$

如果按设计生产能力进行生产和销售，BEP 还可以由盈亏平衡点价格 $BEP(P)$ 来表达，即：

$$BEP(P)=\frac{年固定总成本}{设计生产能力}+单位产品可变成本+单位产品销售税金及附加+单位产品增值税$$

盈亏平衡点反映了项目对市场变化的适应能力和抗风险能力。从图 1-4 中可以看出，盈亏平衡点越低,达到此点的盈亏平衡产量和收益或成本也就越少,项目投产后的盈利的可能性越大,适应市场变化的能力越强,抗风险能力也越强。根据经验,若$BER(\%) \leqslant 70\%$则项目相当安全,或者说可以承受较大的风险。

线性盈亏平衡分析方法简单明了,有助于我们尽快地全面把握决策的目的。但这种方法在应用中有一定的局限性,主要表现在实际的生产经营过程中,收益和支出与产品产量之间的关系往往是呈现出一种非线性的关系,而非我们所假设的线性关系。例如,当项目的产量在市场中占有较大的份额时,其产量的高低可能会明显影响市场的供求关系,从而使得市场价格发生变化;根据报酬递减规律,变动成本随着生产规模的不同而与产量呈非线性的关系,在生产中还有一些辅助性的生产费用(通常称为半变动成本)随着产量的变化而呈梯形分布,这时就需要用到非线性盈亏平衡分析方法。

盈亏平衡分析虽然能够度量项目风险的大小,但并不能揭示产生项目风险的根源。虽然我们知道降低盈亏平衡点就可以降低项目的风险,提高项目的安全性,也知道降低盈亏平衡点可采取降低固定成本的方法,但是如何降低固定成本,应该采取哪些可行的方法或通过哪些有效的途径来达到这个目的,盈亏平衡分析并没有给出答案,还需采用其他一些方法来帮助达到这个目的。因此,在应用盈亏平衡分析时,应注意使用的场合及欲达到的目的,以便能够正确地运用这种方法。

【例 1-13】 某项目设计生产能力为年产 100 万件产品,根据资料分析,估计单位产品价格为 100 元,单位产品可变成本为 80 元,固定成本为 450 万元。已知该产品销售税金及附加的合并税率为 5%,请用产量、生产能力利用率、销售额、单位产品价格分别表示项目的盈亏平衡点为多少?

答案与解析:

① 计算 $BEP(Q)$,由公式

$$BEP(Q) = \frac{年固定总成本}{单位产品销售价格-单位产品可变成本-单位产品销售税金及附加-单位产品增值税}$$

可得:$BEP(Q) = \frac{450 \times 10000}{100-80-100 \times 5\%} = 300000(件)$

② 计算 $BEP(\%)$,由公式

$$BEP(\%) = \frac{年固定总成本}{年销售收入-年可变成本-年销售税金及附加-年增值税} \times 100\%$$

可得:$BEP(\%) = \frac{450}{(100-80-100 \times 5\%) \times 100} \times 100\% = 30\%$。

③ 计算 $BEP(S)$,由公式

$$BEP(S) = \frac{单位产品销售价格 \times 年固定总成本 \times 100\%}{单位产品销售价格-单位产品可变价格-单位产品销售税金及附加-单位产品增值税}$$

可得:$BEP(S) = \frac{450 \times 100}{100-80-100 \times 5\%} = 3000(万元)$

④ 计算 $BEP(P)$,由公式

$$BEP(P) = \frac{年固定总成本}{设计生产能力} + 单位产品可变成本+单位产品销售税金及附加+单位产品增值税$$

可得：$BEP(P)=450/100+80+BEP(P)\times 5\%$
则 $BEP(P)=88.95$

5. 敏感性分析

(1) 敏感性分析的概念

投资项目评价中的敏感性分析，是在确定性分析的基础上，通过进一步分析、预测项目主要不确定因素的变化对项目评价指标（如内部收益率、净现值等）的影响，从中找出敏感因素，确定评价指标对该因素的敏感程度和项目对其变化的承受能力。

一个项目在其建设与生产经营的过程中，由于项目内外部环境的变化，许多因素都会发生变化。一般将产品价格、产品成本、产品产量（生产负荷）、主要原材料价格、建设投资、工期、汇率等作为考察的不确定因素。敏感性分析不仅可以使决策者了解不确定因素对评价指标的影响，从而提高决策的准确性，还可以启发评价者对那些较为敏感的因素重新进行分析研究，以提高预测的可靠性。

敏感性分析有单因素敏感性分析和多因素敏感性分析两种。

单因素敏感性分析是对单一不确定因素变化的影响进行分析，即假设各不确定性因素之间相互独立，每次只考察一个因素，其他因素保持不变，以分析这个可变因素对经济评价指标的影响程度和敏感程度。单因素敏感性分析是敏感性分析的基本方法。

多因素敏感性分析是对两个或两个以上互相独立的不确定因素同时变化时，分析这些变化的因素对经济评价指标的影响程度和敏感程度。通常只要求进行单因素敏感性分析。

(2) 敏感性分析的步骤

单因素敏感性分析一般按以下步骤进行。

1) 确定分析指标

分析指标的确定，一般是根据项目的特点、不同的研究阶段、实际需求情况和指标的重要程度来选择，与进行分析的目标和任务有关。

如果主要分析方案状态和参数变化对方案投资回收快慢的影响，则可选用投资回收期作为分析指标；如果主要分析产品价格波动对方案超额净收益的影响，则可选用净现值作为分析指标；如果主要分析投资大小对方案资金回收能力的影响，则可选用内部收益率指标等。

如果在机会研究阶段，主要是对项目的设想和鉴别，确定投资方向和投资机会，此时，各种经济数据不完整，可信程度低，深度要求不高，可选用静态的评价指标，常采用的指标是投资收益率和投资回收期。如果在初步可行性研究和可行性研究阶段，已进入了可行性研究的实质性阶段，经济分析指标则需选用动态的评价指标，常用净现值、内部收益率，通常还辅之以投资回收期。

由于敏感性分析是在确定性经济分析的基础上进行的，一般而言，敏感性分析的指标应与确定性经济评价指标一致，不应超出确定性经济评价指标范围而另立新的分析指标。当确定性经济评价指标比较多时，敏感性分析可以围绕其中一个或若干个最重要的指标进行。

2) 选择需要分析的不确定性因素

影响项目经济评价指标的不确定性因素很多，严格说来，影响方案经济效果的因素都在某种程度上带有不确定性。如投资额的变化，施工周期的变化，销售价格的变化，成本的变化等。但事实上没有必要对所有的不确定因素都进行敏感性分析，而往往是选择一些主要的影响因素。选择需要分析的不确定性因素时主要考虑以下两条原则：第一，预计这些因素在其可能变动的范围内对经济评价指标的影响较大；第二，对在确定性经济分析中采用的该因素的数据的准确性把握不大。

对于一般投资项目来说，通常从以下几方面选择项目敏感性分析中的影响因素：
① 项目投资；
② 项目寿命年限；
③ 经营成本，特别是变动成本；
④ 产品价格；
⑤ 产销量；
⑥ 项目建设年限、投产期限和产出水平及达产期限；
⑦ 基准折现率；
⑧ 项目寿命期末的资产残值。

(3) 确定敏感性因素

由于各因素的变化都会引起经济指标一定的变化，但其影响程度却各不相同。有些因素可能仅发生较小幅度的变化就能引起经济评价指标发生大的变动，而另一些因素即使发生了较大幅度的变化，对经济评价指标的影响也不是太大。我们将前一类因素称为敏感性因素，后一类因素称为非敏感性因素。敏感性分析的目的在于寻求敏感因素。根据分析问题的目的不同，一般可通过两种方法来确定敏感性因素。

1) 相对测定法。即设定要分析的因素均从确定性经济分析中所采用的数值开始变动，且各因素每次变动的幅度(增或减的百分数)相同，比较在同一变动幅度下各因素的变动对经济评价指标的影响，据此判断方案经济评价指标对各因素变动的敏感程度。反映敏感程度的指标是敏感系数(又称灵敏度)，是衡量变量因素敏感程度的一个指标。其数学表达式为：

$$敏感系数(\beta) = \frac{评价指标值变动百分比\ \Delta Y_j}{不确定因素变动百分比\ \Delta F_i}$$

式中　ΔY_j——第 j 个指标受变量因素变化影响的差额幅度(变化率)。

根据不同因素相对变化对经济评价指标影响的大小，可以得到各个因素的敏感性程度排序，据此可以找出哪些因素是最关键的因素。

2) 绝对测定法。即假定要分析的因素均向只对经济评价指标产生不利影响的方向变动，并设该因素达到可能的最差值，然后计算在此条件下的经济评价指标，如果计算出的经济评价指标已超过了项目可行的临界值，从而改变了项目的可行性，则表明该因素是敏感因素。

在实践中，可以把确定敏感因素的两种方法结合起来使用。方案能否接受的根据是各经济评价指标能否达到临界值。例如，使用净现值指标要看净现值是否大于或等于零，使用内部收益率指标要看内部收益率是否达到基准折现率。绝对测定法的一个变通方式是先设定有关经济评价指标为其临界值，如令净现值等于零、令内部收益率等于基准折现率，然后分析因素的最大允许变动幅度，并与其可能出现的最大变动幅度相比较。如果某因素可能出现的变动幅度超过最大允许变动幅度，则表明该因素是方案的敏感因素。

(4) 方案选择

如果进行敏感性分析的目的是对不同的投资项目(或某一项目的不同方案)进行选择,一般应选择敏感程度小、承受风险能力强、可靠性大的项目。

【例1-14】 某投资方案设计年生产能力为10万台,计划总投资1200万元,期初一次性投入,预计产品价格为35元/台,年经营成本为140万元,方案寿命期为10年,到期时预计设备残值收入为80万元,基准折现率为10%,请就投资额、单位产品价格、经营成本等影响因素对该投资方案进行敏感性分析。

答案与解析:选择净现值为敏感性分析的对象,根据净现值的计算公式,可计算出项目在初始条件下的净现值:

$$NPV_0 = -1200 + (35 \times 10 - 140) \times \frac{(1+i)^{10}-1}{i \times (1+i)^{10}} + 40 \times \frac{(1+i)^{10}-1}{i \times (1+i)^{10}}$$

$$= 121.21$$

由于 $NPV_0 > 0$,说明该项目是可行的。

下面对该项目进行敏感性分析。

取定三个因素:投资额、产品价格和经营成本,然后令其逐一在初始值的基础上按 $\pm 10\%$、$\pm 20\%$ 的幅度变化。分别计算相对应的净现值的变化情况,得出结果如表1-2及图1-5所示。

单因素敏感性分析表　　　　　　　表1-2

项目＼变化幅度	-20%	-10%	0	10%	20%	平均+1%	平均-1%
投资额	361.21	241.21	121.21	1.21	-118.79	-9.9%	9.9%
产品价格	-308.91	-93.85	121.21	336.28	551.34	17.75%	-17.75%
经营成本	293.26	207.24	121.21	35.19	-50.83	-7.1%	7.1%

可以看出,在各个变量因素变化率相同的情况下,产品价格的变动对净现值的影响程度最大,当其他因素均不发生变化时,产品价格每下降1%,净现值下降17.75%,并且还可以看出,当产品价格下降幅度超过5.64%时,净现值将由正变负,也即项目由可行变为不可行。对净现值影响较大的因素是投资额,当其他因素均不发生变化时,投资额每增加1%,净现值将下降9.90%,当投资额增加的幅度超过10.10%时,净现值由正变负,项目变为不可行。对净现值影响最小的因素是经营成本,在其他因素均不发生变

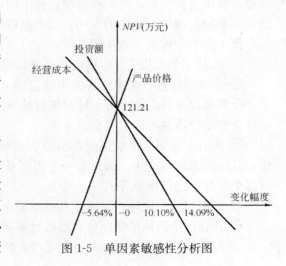

图1-5 单因素敏感性分析图

化的情况下,经营成本每上升1%,净现值下降7.10%,当经营成本上升幅度超过14.09%时,净现值由正变负,项目变为不可行。由此可见,按净现值对各个因素的敏感程度来排序,依次是:产品价格、投资额、经营成本,最敏感的因素是产品价格。因此,从方案决策的角度来讲,应该对产品价格进行进一步更准确的测算,因为从项目风险的角度来讲,如果未来产品价格发生变化的可能性较大,则意味着这一投资项目的风险性亦较大。

敏感性分析是项目经济评价时经常用到的一种方法,它在一定程度上定量描述了不确定因素的变动对项目投资效果的影响,有助于搞清项目对不确定因素的不利变动所能容许的风险程度,有助于鉴别敏感因素,从而能够及早排除那些无足轻重的变动因素,把进一步深入调查研究的重点集中在那些敏感因素上,或者针对敏感因素制定出管理和应变对策,以达到尽量减少风险、增加决策可靠性的目的。但敏感性分析也有其局限性,它不能说明不确定因素发生变动的情况的可能性是大还是小,也就是没有考虑不确定因素在未来发生变动的概率,而这种概率是与项目的风险大小密切相关的。某些因素虽然可能是敏感因素,但在未来发生不利变动的可能性很小,实际上给项目带来的风险并不大;而另外有一些因素,虽然它们不太敏感,不是敏感因素,但由于它们在未来发生不利变化的可能性很大,因而实际上给项目带来的风险可能比敏感因素还要大。对于此类问题,敏感性分析是无法解决的,这要借助于概率分析来解决。

6. 概率分析

(1) 概率分析及其步骤

项目的风险来自影响项目效果的各种因素和外界环境的不确定性。利用敏感性分析可以知道某因素变化对项目经济指标有多大的影响,但无法了解这些因素发生这样变化的可能性有多大,而概率分析可以做到这一点。故有条件时,应对项目进行概率分析。

概率分析又称风险分析,是利用概率来研究和预测不确定因素对项目经济评价指标的影响的一种定量分析方法。一般做法是,首先预测风险因素发生各种变化的概率,将风险因素作为自变量,预测其取值范围和概率分布,再将选定的经济评价指标作为因变量,测算评价指标的相应取值范围和概率分布,计算评价指标的数学期望值和项目成功或失败的概率。利用这种分析,可以弄清楚各种不确定因素出现某种变化,建设项目获得某种利益或达到某种目的的可能性的大小,或者获得某种效益的把握程度。

概率分析一般按下列步骤进行:

① 选定一个或几个评价指标。通常是将内部收益率、净现值等作为评价指标。

② 选定需要进行概率分析的不确定因素。通常有产品价格、销售量、主要原材料价格、投资额以及外汇汇率等。针对项目的不同情况,通过敏感性分析,选择最为敏感的因素作为概率分析的不确定因素。

③ 预测不确定因素变化的取值范围及概率分布。单因素概率分析,设定一个因素变化,其他因素均不变化,即只有一个自变量;多因素概率分析,设定多个因素同时变化,对多个自变量进行概率分析。

④ 根据测定的风险因素取值和概率分布,计算评价指标的相应取值和概率分布。

⑤ 计算评价指标的期望值和项目可接受的概率。

⑥ 分析计算结果,判断其可接受性,研究减轻和控制不利影响的措施。

(2) 决策树法

这是在已知各种情况发生概率的基础上,通过构成决策树来求取净现值的期望值大于等于零的概率,评价项目风险、判断其可行性的决策分析方法。它是直观运用概率分析的一种图解方法。决策树法特别适用于多阶段决策分析。决策树法也可用于判断项目的可行性及所承担的风险的大小。

决策树一般由决策点、机会点、方案枝、概率枝等组成。其绘制方法如下:

首先确定决策点,决策点一般用"□"。表示;然后从决策点引出若干条直线,代表各个备选方案,这些直线称为方案枝;方案枝后面连接一个"○",称为机会点;从机会点画出的各条直线,称为概率枝,代表将来的不同状态,概率枝后面的数值代表不同方案在不同状态下可获得的收益值。为了便于计算,对决策树中的"□"(决策点)和"○"(机会点)均进行编号。编号的顺序是从左到右,从上到下。画出决策树后,就可以很容易地计算出各个方案的期望值并进行比选。

【例 1-15】 某项目有两个备选方案 A 和 B,两个方案的寿命期均为 8 年,生产的产品也完全相同,但投资额及年净收益均不相同。方案 A 的投资额为 600 万元,其年净收益在产品销路好时为 200 万元,销路差时为 −45 万元;方案 B 的投资额为 400 万元,其年净收益在产品销路好时为 120 万元,销路差时为 20 万元,根据市场预测,在项目寿命期内,产品销路好的可能性为 65%,销路差的可能性为 35%。已知标准折现率 $i=10\%$,试根据以上资料对方案进行比选。

答案与解析:

(1) 画出决策树。

根据题意应有一个决策点,两个备选方案,每个方案又面临着两种状态。由此,可画出其决策树,如图 1-6 所示:

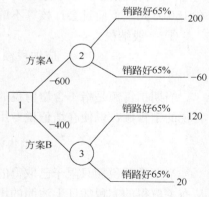

图 1-6 决策树图

(2) 计算各个机会点的期望值:

机会点②的期望值:

$$200 \times \frac{(1+10\%)^8 - 1}{10\% \times (1+10\%)^8} \times 65\% + (-45)$$
$$\times \frac{(1+10\%)^8 - 1}{10\% \times (1+10\%)^8} \times 35\% = 609.52(万元)$$

机会点③的期望值:

$$120 \times \frac{(1+10\%)^8 - 1}{10\% \times (1+10\%)^8} \times 65\% + 20$$
$$\times \frac{(1+10\%)^8 - 1}{10\% \times (1+10\%)^8} \times 35\% = 453.48(万元)$$

(3) 计算各个备选方案净现值的期望值:

方案 A 的净现值的期望值 $=609.52-600=9.52$(万元);

方案 B 的净现值的期望值 $=453.48-400=53.48$(万元)。

因此,应该优先选择方案 B。

五、销售收入与成本费用估算

1. 销售收入

销售(营业)收入是指销售产品或者提供服务取得的收入。在估算销售收入时,需同时估算与销售收入有关的销售税金及附加金额,并计算相应的增值税额。

$$销售收入 = 销售量 \times 单价(含税)$$

2. 销售税金及附加和增值税

产品或劳务取得了销售(营业)收入,就要缴纳相应的税费,包括增值税、消费税、营业税、资源税、城乡维护建设税、教育费附加等。

(1) 增值税

增值税是以商品生产和流通各环节的新增价值或商品附加值为征税对象的一种流转税。凡在中国境内销售货物或提供加工、修理修配劳务以及进口货物的单位和个人,都是纳税人。

1) 税率

增值税税率分为 13% 和 17% 两个档次。销售或进口下列货物,税率为 13%:粮食、食用植物油;自来水、暖气、冷气、热水、煤气、石油液化气、天然气、沼气、居民用煤炭制品;图书、报纸、杂志;饲料、化肥、农药、农机、农膜等。销售或进口其他货物以及提供加工、修理修配劳务,税率为 17%。出口货物税率为零。

2) 应纳税额

增值税采用"价外税"方式,分为一般纳税人和小规模纳税人两类。小规模纳税人是指生产经营规模小,从事生产的年销售额在 100 万元以下以及从事批发或零售的年销售额在 180 万元以下而且会计核算不健全的纳税人;其余的纳税人称为一般纳税人。

① 一般纳税人:

$$应纳税额 = 当期销项税额 - 当期进项税额$$
$$= 当期销售额 \times 税率 - 当期进项税额$$

当期销售额是指不含增值税的销售额。若售价中含增值税,需把含税销售额还原成不含税的销售额,以便在增值税专用发票上分别记上"销售额"和"税金"。即:

$$销售额(不含税) = \frac{含税销售额}{1 + 增值税税率}$$

当期进项税额只限于已取得的、从销售方开具的增值税专用发票上注明的增值税额和从海关取得的完税凭证上注明的增值税额。购进免税农业产品准予抵扣的选项税额,等于买价乘以 10%。

② 小规模纳税人:

$$应纳税额 = 销售额 \times 6\% (不抵扣进项税额)$$
$$进口货物的应纳税额 = (关税完税价格 + 关税 + 消费税) \times 税率$$

(2) 消费税

某些商品除了征收增值税,还要征收消费税,它是对一些特定消费品和消费行为征收的一种税。凡在中国境内生产、委托加工和进口所规定的消费品的单位和个人都是纳税人。

1) 税率

消费税税率分为11类消费品设置：烟30%～45%；酒及酒精5%～25%或220～240元/吨；化妆品30%；护肤护发品17%；贵重首饰及珠宝玉石10%；鞭炮焰火15%；汽油0.2元/升；柴油0.1元/升；汽车轮胎10%；摩托车10%；小汽车3%～8%。

2) 应纳税额

分为从价定率法和从量定额法两种。

① 从价定率法：

从价定率法是采用"价内税"方式，其计税的税基同增值税。

$$应纳税额 = 销售额 \times 税率 = (含消费税价格 \times 销售量) \times 税率$$

② 从量定额法：

$$应纳税额 = 销售量 \times 单位税额$$

(3) 营业税

凡在中国境内提供所规定的劳务、转让无形资产或销售不动产的单位和个人都是纳税人。

1) 税率

分为9类产业设置：交通运输业、建筑业、邮电通信业、文化体育业，税率为3%；金融保险业、服务业、转让无形资产、销售不动产，税率为5%；娱乐业税率为5%～10%。

2) 应纳税额

$$应纳税额 = 营业额 \times 税率$$

(4) 城乡维护建设税

凡在中国境内缴纳增值税、消费税和营业税的单位和个人都是纳税人。

1) 税率

分为三个档次：市区为7%；县、镇为5%；市区、县、镇以外为1%。

2) 应纳税额

$$应纳税额 = (增值税 + 消费税 + 营业税) \times 税率$$

(5) 资源税

凡在中国境内开采矿产品或生产盐的单位和个人都是纳税人。

1) 税率

分为7类资源设置：原油8～30元/吨；天然气2～15元/千立方米；煤炭0.3～5元/吨；黑色金属矿原矿2～30元/吨；有色金属矿原矿0.4～30元/吨；其他非金属矿原矿0.5～20元/吨(或元/立方米)；固体盐10～60元/吨，液体盐2～10元/吨。

2) 应纳税额

$$应纳税额 = 课税数量 \times 单位税额$$

(6) 教育费附加

教育费附加是伴随增值税、消费税、营业税而附加上缴的一个税种。

1) 税率

教育费附加税率为4%。

2) 应纳税额

$$应纳税额 = (增值税 + 消费税 + 营业税) \times 税率$$

应当指出的是城乡维护建设税和教育费附加都属地方税，各地在税率上有不同的规定，计算税金时应以当地规定为准。

3. 成本费用估算

成本是财务评价的前提，是关系到拟建项目未来盈利能力的重要依据，因此应当实事求是地进行估算，力求提高估算的准确度。成本的估算应与销售收入的计算口径对应一致，各项费用应划分清楚，防止重复计算或者低估费用支出。

在技术经济评价中，按财务评价的特定要求，成本按生产要素进行归结，分为总成本费用和经营成本。按成本与产量的关系，分为固定成本和可变成本。

（1）总成本费用

总成本费用是指在一定时期内（一般为一年）为生产和销售产品或提供服务而发生的全部费用，它由制造成本和期间费用两大部分组成。制造成本包括直接材料费、直接燃料和动力费、直接工资、其他直接支出和制造费用；期间费用包括管理费用、财务费用和销售费用。

为了估算简便，财务评价中通常按成本要素进行归结分类估算。归结后，总成本费用由外购原材料费、外购燃料及动力费、工资及福利费、修理费、折旧费、矿山维简费（采掘、采伐项目计算此项费用）、摊销费、财务费用（主要指利息支出）以及其他费用组成。

总成本费用估算表中具体分项成本估算如下：

1）外购原材料费

外购原材料指在生产过程中消耗的各种原料、主要材料、辅助材料和包装物等。按入库价对外购原材料费进行估算，并要估算进项税额。

$$外购原材料费 = 消耗数量 \times 单价（含税）$$

2）外购燃料及动力费

外购燃料及动力指在生产过程中消耗的固体、液体和气体等各种燃料及水、电、蒸汽等。按入库价对外购燃料及动力费进行估算，并要估算进项税额。

$$外购燃料及动力费 = 消耗数量 \times 单价（含税）$$

3）工资及福利费

工资总额按职工定员人数（分为工人、技术人员和管理人员）及人均年工资计算，福利费按工资总额的一定的比例（14%）计算。

$$工资额 = 人数 \times 人均年工资$$

4）修理费

修理费是指为保持固定资产的正常运转和使用，充分发挥其使用效能，对其进行必要修理所发生的费用。

$$修理费 = 固定资产原值（扣除建设期利息）\times 百分比率$$

百分比率的选取应考虑行业和项目特点。一般地，修理费可取固定资产原值（扣除建设期利息）的1%～5%。

5）折旧费

折旧是对固定资产磨损的价值补偿。按照我国的税法，允许企业逐年提取固定资产折旧，并在所得税前列支。一般采用直线法，包括年限平均法和工作量法计提折旧，也允许采用加速折旧的方法（双倍余额递减法、年数总和法）。

① 年限平均法

这种方法是把应提折旧的固定资产总额按规定的折旧年限平均分摊求得每年的折旧额。具有计算简便的特点，是一种常用的计算方法。

$$年折旧率 = \frac{1-预计净残值率}{折旧年限} \times 100\%$$

$$年折旧额 = \frac{固定资产原值-预计净残值}{折旧年限} = 固定资产原值-预计净残值$$

式中　固定资产原值——由工程费用（建筑工程费、设备及工器具购置费、安装工程费）、待摊投资（工程建设其他费用中去掉无形资产和其他资产部分）、预备费和建设期利息构成；

　　　预计净残值率——预计净残值占固定资产原值的百分比率；

　　　折旧年限——选取税法规定的分类折旧年限，也可以选用按行业规定的综合折旧年限计算。房屋、建筑物最低折旧年限为 20 年，保留 1%～5% 的残值；机器设备一般按 10 年折旧，保留 3%～5% 的残值；大型耐用的专用设备可适当增加折旧年限。

② 工作量法

某些固定资产，例如客货运汽车、大型专用设备等，是非常年使用的，可以用实际工作量作为依据计算折旧。

(A) 按照行驶里程计算

$$单位里程折旧额 = 固定资产原值 \times \frac{(1-预计净残值率)}{总行驶里程}$$

$$年折旧额 = 单位里程折旧额 \times 年行驶里程$$

(B) 按照工作小时计算

$$每工作小时折旧额 = 固定资产原值 \times \frac{(1-预计净残值率)}{总工作小时}$$

$$年折旧额 = 每工作小时折旧额 \times 年工作小时$$

(C) 双倍余额递减法

这种方法是在上年末净值的基础上乘以折旧率（常数）求得本年的折旧额。

$$年折旧率 = 2/折旧年额 \times 100\%$$

$$年折旧额 = 年初固定资产净值 \times 年折旧率$$

采用双倍余额递减法折旧时，应当在其固定资产折旧年限到期前 2 年内，将固定资产净值扣除预计净残值后的净额平均分摊进行折旧。

(D) 年数总和法

这种方法是以应提折旧的固定资产总额为基础，乘以年折旧率得到折旧额。年折旧率是一个与年数总和有关的数值，年数越大，折旧率越小，折旧额越低。

$$年折旧率 = \frac{年数反数}{年数总和} \times 100\% = \frac{折旧年限-已使用年限}{折旧年限 \times (折旧年限+1) \div 2} \times 100\%$$

6) 摊销费

摊销费包括无形资产摊销和其他资产摊销两部分。

① 无形资产摊销

无形资产从开始使用之日起，在有效使用期限内平均摊入成本。若法律和合同或者企业申请书中均未规定有效期限或受益年限的，按照不少于10年的期限确定。摊销采用年限平均法，不计残值。

$$年摊销费 = \frac{无形资产原值}{摊销年限}$$

② 其他资产摊销

其他资产包括开办费，从企业开始生产经营月份的次月起，按照不少于5年的期限分期摊入成本。摊销采用年限平均法，不计残值。

$$年摊销费 = \frac{其他资产原值}{摊销年限}$$

7) 财务费用

财务费用是指因筹资而发生的各项费用，包括利息支出（减利息收入）、汇兑损失（减汇兑收益）以及相关的手续费等。在项目的财务评价中，一般只考虑利息支出。利息支出主要由长期借款利息、流动资金借款利息以及短期借款利息组成。

① 长期借款利息

长期借款利息是指对建设期间借款余额（含未支付的建设期利息）应在生产期支付的利息，有等额还本付息方式、等额还本利息照付方式和最大能力还本付息方式三种计算长期借款利息的方法可供选择。无论采取哪种方式，长期借款利息均按年初借款余额全额计息：

$$长期借款利息 = 年初借款余额 \times 年利率$$

② 流动资金借款利息

流动资金借款从本质上说应归类为长期借款，企业往往可能与银行达成共识，按年终偿还、下年初再借的方式处理，并按1年期利率计息。财务评价中，一般设定流动资金借款偿还在计算期最后一年，也可以在还完长期借款后安排。

$$流动资金借款利息 = 流动资金借款额 \times 年利率$$

③ 短期借款利息

项目评价中的短期借款是指生产运营期间为了资金的临时需要而发生的短期借款，其利息计算一般采用1年期利率，按照随借随还的原则处理还款，即当年借款尽可能于下年偿还。

$$短期借款利息 = 短期借款额 \times 年利率$$

8) 其他费用

其他费用由其他制造费用、其他管理费用和其他销售费用三部分组成，是指从制造费用、管理费用和销售费用中分别去除工资及福利费、修理费、折旧费、矿山维简费、摊销费后的其余部分。

① 其他制造费用

$$其他制造费用 = 固定资产原值(扣除建设期利息) \times 百分比率$$

一般地百分比率取1%～10%，但也要结合投资项目和现有企业的实际情况。

另外，其他制造费用的高低与生产中耗用的机物料和低值易耗品关系较大，其取值与生产过程和成本核算方式有关。其他制造费的计算也有按分厂或车间职工工资与福利费之和为基数的，也有按人员定额估算的。所以，在项目评价中也可按行业规定或习惯计取。若引进项目或某些特殊项目固定资产原值相对较高，可取较低的比率；若在原有基础上进行局部挖潜改造的项目，可取一般比率的 0.5～0.8。

② 其他管理费用

$$其他管理费用＝工资及福利费总额×百分比率$$

一般地，百分比率为 150%～300%。若依托老厂进行建设的项目，其费率可取一般数值的 50%～80%；特殊行业其他管理费用的取值可从行业习惯。

③ 其他销售费用

$$其他销售费用＝销售收入×百分比率$$

一般地，百分比率可取 1%～5%。对某些通过技术改造增加产量的项目可减半计算；而某些特殊项目可取一般比率的 2 倍或更高，但要符合有关的税法规定。

(2) 经营成本

经营成本是技术经济评价中特有的概念，应用于现金流量分析中。经营成本是项目总成本费用扣除折旧费、矿山维简费、摊销费和利息支出以后的全部费用。

$$经营成本＝总成本费用－折旧费－维简费－摊销费－利息支出$$

(3) 固定成本

固定成本是指在总成本费用中，在一定生产规模限度内，费用与产量变化无关的部分。如工资及福利费、修理费、折旧费、维简费、摊销费和其他费用，利息支出一般也视为固定成本。

(4) 可变成本

可变成本是指在总成本费用中，费用随产量变化而变化的部分。它可分为两种情况：一种是随产量变化而呈线性变化的费用，称为比例费用，如原材料费、燃料费等。另一种是随产量变化而呈非线性变化的费用，称为半比例费用，如某些动力费、运输费、计时工资的加班费。半比例费用最终可以划分为可变成本和固定成本。

项目财务评价中，一般可进行简化处理，将外购原材料费、外购燃料及动力费作为可变成本，其余的均作为固定成本。

第四节 价 值 工 程

一、价值工程及其工作程序

1. 价值工程及其特点

价值工程又称价值分析。是以提高产品或作业价值为目的，通过有组织的创造性工作，寻求用最低的寿命周期成本，可靠地实现使用者所需功能的一种管理技术。是通过各相关领域的协作，对所研究对象的功能与成本（费用）进行系统分析，不断创新，旨在提高所研究对象价值的思想方法和管理技术，其表达式为：

$$V=F/C$$

式中 V——研究对象的价值；

F——研究对象的功能；

C——研究对象的寿命周期成本(费用)。

由此可见,价值工程涉及价值、功能和寿命周期成本三个基本要素。价值工程具有以下特点:

(1) 价值工程的目标,是以最低的寿命周期成本,使产品具备它所必须具备的功能。产品的寿命周期成本由生产成本和使用及维护成本组成。产品生产成本是指发生在生产企业内部的成本,也是用户购买产品的费用,包括产品的科研、实验、设计、试制、生产、销售等费用及税利等;而产品使用及维护成本是指用户在使用过程中支付的各种费用的总和,它包括使用过程中的能耗费用、维修费用、人工费用、管理费用等,有时还包括报废拆除所需费用(扣除残值)。

在一定范围内,产品的生产成本和使用成本存在此消彼长的关系。随着产品功能水平提高,产品的生产成本 C_1 增加,使用及维护成本 C_2 降低;反之,产品功能水平降低,其生产成本降低,但使用及维护成本会增加。因此,当功能水平逐步提高时,寿命周期成本 $C=C_1+C_2$ 呈马鞍型变化,如图 1-7 所示,寿命周期成本为最小值 C_{min} 时所对应的功能水平是仅从成本方面考虑的最适宜功能水平。从图 1-7 中可以看出,在 F' 产品功能水平较低,此时虽然生产成本较低,但由于不能满足使用

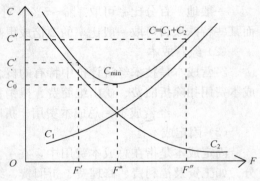

图 1-7 产品功能与成本的关系图

者的基本需要,使用成本较高,寿命周期成本较高;在 F'' 点,虽然使用成本较低,但由于存在着多余的功能,致使生产成本过高,同样,寿命周期成本也较高。只有在 F^* 点,产品功能既能满足用户的需求,又使得寿命周期成本比较低,体现了比较理想的功能与成本之间的关系。

(2) 价值工程的核心,是对产品进行功能分析。价值工程中的功能是指对象能够满足某种要求的一种属性,具体讲,功能就是效用。如住宅的功能是提供居住空间,建筑物基础的功能是承受荷载等等。用户向生产企业购买产品,是要求生产企业提供这种产品的功能,而不是产品的具体结构(或零部件)。企业生产的目的,也是通过生产获得用户所期望的功能,而结构、材质等是实现这些功能的手段。目的是主要的,手段可以广泛地选择。因此,价值工程分析产品,首先不是分析其结构,而是分析其功能。在分析功能的基础之上,再去研究结构、材质等问题。

(3) 价值工程将产品价值、功能和成本作为一个整体同时来考虑。也就是说,价值工程中对价值、功能、成本的考虑,不是片面和孤立的,而是在确保产品功能的基础上综合考虑生产成本和使用成本,兼顾生产者和用户的利益,从而创造出总体价值最高的产品。

2. 提高产品价值的途径

由于价值工程是以提高产品价值为目的,这既是用户的需要,又是生产经营者追求的目标,两者的根本利益是一致的。因此,企业应当研究产品功能与成本的最佳匹配。价值工程的基本原理公式 $V=F/C$,不仅深刻地反映出产品价值与产品功能和实现此功能所耗成本之间的关系,而且也为如何提高价值提供了有效途径。提高产品价值的途径有以下

五种：

(1) 功能提高，成本不变；

(2) 功能不变，成本降低；

(3) 功能提高，成本降低；

(4) 功能稍降，成本大大降低；

(5) 功能大大提高，成本稍有提高。

3. 价值工程的基本工作程序

价值工程的工作过程，实质就是针对产品的功能和成本提出问题、分析问题、解决问题的过程。针对价值工程的研究对象，整个活动是围绕着七个基本问题的明确和解决而系统地展开的。如表1-3所示。

价值工程的基本工作程序表　　　　　　　表1-3

一般程序	实施步骤		问题
	基本步骤	详细步骤	
分析	1. 功能定义	1. 收集情报	1. 这是什么
		2. 功能定义	2. 作用是什么
		3. 功能整理	
	2. 功能评价	4. 功能成本分析	3. 成本是多少
		5. 功能评价	4. 价值是多少
		6. 确定对象范围	
综合	3. 制定改进方案	7. 方案创造	5. 有其他方法实现这项功能
		8. 初步评价	6. 新方案的成本是什么
评价		9. 具体化调查	
		10. 详细评价	7. 新方案能可靠地实现必要的功能吗
决策		11. 提案	

二、对象选择及信息资料收集

1. 对象选择

价值工程是就某个具体对象开展的有针对性的分析评价和改进，有了对象才有分析的具体内容和目标。对企业来讲，凡是为获取功能而发生费用的事物，都可以作为价值工程的研究对象，如产品、工艺、工程、服务或它们的组成部分等。

价值工程的对象选择过程就是逐步收缩研究范围、寻找目标、确定主攻方向的过程。因为生产建设中的技术经济问题很多，涉及的范围也很广，为了节省资金，提高效率，只能精选其中的一部分来实施，并非企业生产的全部产品，也不一定是构成产品的全部零部件。因此，能否正确选择对象是价值工程收效大小与成败的关键。这就需要我们应用一定的原则和方法科学地加以选定。

2. 对象选择的一般原则

价值工程的目的在于提高产品价值，研究对象的选择要从市场需要出发，结合本企业实力，系统考虑。

(1) 一般说来，对象选择的原则有以下几个方面：

① 从设计方面看，对产品结构复杂、性能和技术指标差距大、体积大、重量大的产品进行价值工程活动，可使产品结构、性能、技术水平得到优化，从而提高产品价值。

② 从生产方面看，对量多面广、关键部件、工艺复杂、原材料消耗高和废品率高的产品或零部件，特别是对量多、产值比重大的产品，只要成本下降，所取得的经济效果就大。

③ 从市场销售方面看，选择用户意见多、系统配套差、维修能力低、竞争力差、利润率低的；选择生命周期较长的；选择市场上畅销但竞争激烈的；选择新产品、新工艺等。

④ 从成本方面看，选择成本高于同类产品、成本比重大的，如材料费、管理费、人工费等。推行价值工程就是要降低成本，以最低的寿命周期成本可靠地实现必要功能。

(2) 根据以上原则，对生产企业，有以下情况之一应优先选择为价值工程的对象：

① 结构复杂或落后的产品；

② 制造工序多或制造方法落后及手工劳动较多的产品；

③ 原材料种类繁多和互换材料较多的产品；

④ 在总成本中所占比重大的产品。

(3) 对由各组成部分组成的产品，应优先选择以下部分作为价值工程的对象：

① 造价高的组成部分；

② 占产品成本比重大的组成部分；

③ 数量多的组成部分；

④ 体积或重量大的组成部分；

⑤ 加工工序多的组成部分；

⑥ 废品率高和关键性的组成部分。

3. 对象选择的方法

价值工程对象选择往往要兼顾定性分析和定量分析，因此，对象选择的方法有多种，不同方法适宜于不同的价值工程对象。应根据具体情况选用适当的方法，以取得较好的效果。以下介绍几种常用的方法。

(1) 因素分析法

因素分析法又称经验分析法，是指根据价值工程对象选择应考虑的各种因素，凭借分析人员经验集体研究确定选择对象的一种方法。

因素分析法是一种定性分析方法，依据分析人员经验做出选择，简便易行。特别是在被研究对象彼此相差比较大以及时间紧迫的情况下比较适用。在对象选择中还可以将这种方法与其他方法相结合使用，往往能取得更好效果。因素分析法的缺点是缺乏定量依据，准确性较差，对象选择的正确与否，主要决定于价值工程活动人员的经验及工作态度，有时难以保证分析质量。为了提高分析的准确程度，可以选择技术水平高、经验丰富、熟悉业务的人员参加，并且要发挥集体智慧，共同确定对象。

(2) ABC分析法

ABC分析法，又称重点选择法或不均匀分布定律法，是应用数理统计分析的方法选择对象。这种方法由意大利经济学家帕累托所提出，其基本原理为"关键的少数和次要的多数",抓住关键的少数可以解决问题的大部分。ABC分析法抓住成本比重大的零部件或工序作为研究对象,有利于集中精力重点突破,取得较大效果,同时简便易行,因此广泛为人们所采用。但在实际工作中,有时由于成本分配不合理,造成成本比重不大但用户认为功能重要的对象可能被漏选或排序推后,而这种情况应列为价值工程研究对象的重点。ABC分析法的这一缺点可以通过经验分析法、强制确定法等方法来补充修正。

(3) 强制确定法

强制确定法是以功能重要程度作为选择价值工程对象的一种分析方法。具体做法:先求出分析对象的成本系数、功能系数,然后得出价值系数,以揭示出分析对象的功能与成本之间是否相符。如果不相符,价值低的则被选为价值工程的研究对象。这种方法在功能评价和方案评价中也有应用。强制确定法从功能和成本两方面综合考虑,比较适用、简便,不仅能明确揭示出价值工程的研究对象所在,而且具有数量概念。但这种方法是人为打分,不能准确地反映出功能差距的大小,只适用于部件间功能差别不太大且比较均匀的对象,而且一次分析的部件数目也不能太多,以不超过10个为宜。在零部件很多时,可以先用ABC法、经验分析法选出重点部件,然后再用强制确定法细选;也可以用逐层分析法,从部件选起,然后在重点部件中选出重点零件。

(4) 百分比分析法

这是一种通过分析某种费用或资源对企业的某个技术经济指标的影响程度的大小(百分比),来选择价值工程对象的方法。

(5) 价值指数法

这是通过比较各个对象(或零部件)之间的功能水平位次和成本位次,寻找价值较低对象(零部件),并将其作为价值工程研究对象的一种方法。

4. 信息资料收集

当价值工程活动的对象选定以后,就要进一步开展情报收集工作,这是价值工程不可缺少的重要环节。通过信息资料收集,可以得到价值工程活动的依据、标准和对比的对象;通过对比又可以受到启发,打开思路,可以发现问题,找到差距,以明确解决问题的方向、方针和方法。各部门、各单位要密切配合进行信息资料收集工作,在有限的时间内把生产技术和经营管理的知识、经验、智慧、信息等汇总在一起,才能制定出提高功能、控制成本的最佳方案。

价值工程所需的信息资料,应视具体情况而定。对于产品分析来说,一般应收集以下几方面的资料:

(1) 用户方面的信息资料

收集这方面的信息资料是为了充分了解用户对对象产品的期待、要求。包括用户使用目的、使用环境和使用条件,用户对产品性能方面的要求,操作、维护和保养条件,对价格、配套零部件和服务方面的要求。

(2) 市场销售方面的信息资料

包括产品市场销售量变化情况,市场容量,同行业竞争对手的规模、经营特点、管理水平,产品的产量、质量、售价、市场占有率、技术服务、用户反映等。

(3) 技术方面的信息资料

包括产品的各种功能,水平高低,实现功能的方式和方法。本产品企业产品设计、工艺、制造等技术档案，企业内外、国内外同类产品的技术资料，如同类产品的设计方案、设计特点、产品结构、加工工艺、设备、材料、标准、新技术、新工艺、新材料、能源及三废处理等情况。

(4) 经济方面的信息资料

成本是计算价值的必要依据，是功能成本分析的主要内容。应了解同类产品的价格、成本及构成（包括生产费、销售费、运输费、零部件成本、外构件、三废处理等）。

(5) 本企业的基本资料

包括企业的经营方针，内部供应、生产、组织，生产能力及限制条件，销售情况以及产品成本等方面的信息资料。

(6) 环境保护方面的信息资料

包括环境保护的现状，"三废"状况，处理方法和国家法规标准。

(7) 外协方面的信息资料

包括外协单位状况，外协件的品种、数量、质量、价格、交货期等。

(8) 政府和社会有关部门的法规、条例等方面的信息资料

包括国家有关法规、条例、政策，以及环境保护、公害等等有关影响产品的资料。

三、功能的系统分析

功能分析是价值工程活动的核心和基本内容。它通过分析信息资料，用动词加名称组合的方式简明、正确地表达各对象的功能，明确功能特性要求，并绘制功能系统图，从而弄清楚产品各功能之间的关系，以便于去掉不合理的功能，调整功能间的比重，使产品的功能结构更合理。功能分析包括功能定义、功能整理和功能计量等内容。通过功能分析，回答对象"是干什么用的"提问，从而准确地掌握用户的功能要求。

1. 功能分类

根据功能的不同特性，可将功能以不同的角度进行分类：

(1) 按功能的重要程度分类。产品的功能一般可以分为基本功能和辅助功能两类，基本功能就是要达到这种产品的目的所必不可少的功能，是产品的主要功能，如果不具备这种功能，这种产品就失去其存在的价值。例如，建设工程承重外墙的基本功能是承受荷载，室内间壁墙的基本功能是分隔空间。辅助功能是为了更有效地实现基本功能而附加的功能，是次要功能。如墙体的隔声、隔热就是墙体的辅助功能。

(2) 按功能的性质分类。产品的功能可分为使用功能和美学功能。使用功能是从功能的内涵反映其使用属性。是一种动态功能。美学功能是从产品的外观反映功能的艺术属性，是一种静态的外观功能。建筑产品的使用功能一般包括可靠性、安全性和维修性等，其美学功能一般包括造型、色彩、图案等。无论是使用功能和美学功能，都是通过基本功能和辅助功能来实现的。建筑产品构配件的使用功能和美学功能要根据产品的特点而有所侧重。有的产品应突出其使用功能，例如地下电缆、地下管道等；有的应突出其美学功能，例如塑料墙纸、陶瓷壁画等。

(3) 按用户的需求分类。产品的功能可分为必要功能和不必要功能。必要功能是指用户所要求的功能以及与实现用户所需求功能有关的功能，使用功能、美学功能、基本功能、辅助功能等均为必要功能；不必要功能是不符合用户要求的功能，又包括三类：一是

多余功能,二是重复功能,三是过剩功能。不必要的功能,必然产生不必要的费用,这不仅增加了用户的经济负担,而且还浪费了国家的资源。因此,功能分析是为了可靠地实现必要功能。对这部分功能,无论是使用功能,还是美学功能,都应当充分而可靠地实现,即充分满足用户必不可少的功能要求。

(4) 按功能的量化标准分类。产品的功能可分为过剩功能与不足功能。这是相对于功能的标准而言,从定量角度对功能采用的分类。过剩功能是指某些功能虽属必要,但满足需要有余,在数量上超过了用户要求或标准功能水平。不足功能是相对于过剩功能而言的,表现为产品整体功能或零部件功能水平在数量上低于标准功能水平,不能完全满足用户需要。

总之,用户购买一项产品,其目的不是为了获得产品本身,而是通过购买该项产品来获得其所需要的功能。因此,价值工程中的功能,一般是指必要功能。价值工程对产品的分析,首先是对其功能的分析,通过功能分析,弄清哪些功能是必要的,哪些功能是不必要的,从而在创新方案中去掉不必要的功能,补充不足的功能,使产品的功能结构更加合理,达到可靠地实现使用者所需功能的目的。

2. 功能定义

任何产品都具有使用价值,即功能。功能定义就是以简洁的语言对产品的功能加以描述。这里要求描述的是"功能",而不是对象的结构、外形或材质。通过对功能下定义,可以加深对产品功能的理解,并为以后提出功能代用方案提供依据。功能定义一定要抓住问题的本质,头脑里要问几个为什么?如这是干什么用的,为什么它是必不可少的,没有它行不行,等等。功能定义通常用一个动词和一个名词来描述,不宜太长,以简洁为好。动词是功能承担体发生的动作,而动作的对象就是作为宾语的名词,例如,基础的功能是"承受荷载",这里,基础是功能承担体,"承受"是表示功能承担体(基础)发生动作的动词,"荷载"则是作为动词宾语的名词。但是,并不是只要动词加名词就是功能定义。对功能所下的定义是否准确,对下一步工作影响很大。因此,对功能进行定义需要反复推敲,既要简明准确,便于测定,又要系统全面,一一对应。

3. 功能整理

在进行功能定义时,只是把认识到的功能用动词加名词列出来,但因实际情况很复杂,这种表述不一定都很准确和很有条理,因此,需要进一步加以整理。

(1) 功能整理的目的

功能整理是用系统的观点将已经定义了的功能加以系统化,找出各局部功能相互之间的逻辑关系,并用图表形式表达,以明确产品的功能系统,从而为功能评价和方案构思提供依据。通过功能整理,应满足以下要求:

1) 明确功能范围。搞清楚几个基本功能,这些基本功能又是通过什么功能实现的。

2) 检查功能之间的准确程度。定义下得正确的就肯定下来,不正确的加以修改,遗漏的加以补充,不必要的就取消。

3) 明确功能之间上下位关系和并列关系。即功能之间的目的和手段关系。

按逻辑关系,把产品的各个功能相互联系起来,对局部功能和整体功能的相互关系进行研究,达到掌握必要功能的目的。

(2) 功能整理的一般程序

功能整理的主要任务就是建立功能系统图。因此，功能整理的过程也就是绘制功能系统图的过程，其工作程序如下：

1) 编制功能卡片。把功能定义写在卡片上，每条写一张卡片，这样便于排列、调整和修改。

2) 选出最基本的功能。从基本功能中挑选出一个最基本的功能，也就是最上位的功能(产品的目的)，排列在左边。其他卡片按功能的性质，以树状结构的形式向右排列，并分列出上位功能和下位功能。

3) 明确各功能之间的关系。逐个研究功能之间的关系，也就是找出功能之间的上下位关系。

4) 对功能定义作必要的修改、补充和取消。

5) 把经过调整、修改和补充的功能，按上下位关系，排列成功能系统图。

功能系统图是按照一定的原则和方式将定义的功能连接起来，从单个到局部，再从局部到整体而形成的一个完整的功能体系。

4. 功能计量

功能计量是以功能系统图为基础，依据各个功能之间的逻辑关系，以对象整体功能的定量指标为出发点，从左向右地逐级测算、分析，确定出各级功能程度的数量指标，揭示出各级功能领域中有无功能不足或功能过剩，从而为保证必要功能、剔除过剩功能、补足不足功能的后续活动(功能评价、方案创新等)提供定性与定量相结合的依据。

功能计量又分对整体功能的量化和对各级子功能的量化。

(1) 整体功能的量化。整体功能的计量应以使用者的合理要求为出发点，以一定的手段、方法确定其必要功能的数量标准，它应能在质和量两个方面充分满足使用者的功能要求而无过剩或不足。整体功能的计量是对各级子功能进行计量的主要依据。

(2) 各级子功能的量化。产品整体功能的数量标准确定之后，就可以依据"手段功能必须满足目的功能"要求的原则，运用目的、手段的逻辑判断，由上而下逐级推算、测定各级手段功能的数量标准。各级子功能的量化方法有很多，如理论计算法、技术测定法、统计分析法、类比类推法、德尔菲法等，可根据具体情况灵活选用。

四、功能评价

通过功能分析与整理明确出必要功能后，价值工程的下一步工作就是功能评价。功能评价，即评定功能的价值，是指找出实现功能的最低费用作为功能的目标成本(又称功能评价值)，以功能目标成本为基准，通过与功能现实成本的比较，求出两者的比值(功能价值)和两者的差异值(改善期望值)，然后选择功能价值低、改善期望值大的功能作为价值工程活动的重点对象。功能评价工作可以更准确地选择价值工程的研究对象，同时，通过制定目标成本，有利于提高价值工程的工作效率，并增加工作人员的信心。

1. 功能现实成本 C 的计算

(1) 功能现实成本的计算

功能现实成本的计算与一般的传统成本核算既有相同点，也有不同之处。两者相同点是指它们在成本费用的构成项目上是完全相同的，如建筑产品的成本费用都是由人工费、材料费、施工机械使用费、其他直接费、现场经费企业管理费等构成；而两者的不同之处在于功能现实成本的计算是以对象的功能为单位,而传统的成本核算是以产品或零部件为单位。因此,在计算功能现实成本时,就需要根据传统的成本核算资料,将产品或零部件的现实成本换算成功能的现实成本。具体地讲,当一个零部件只具有一个功能时,该零部件的成本就是它本身的功能成本;当一项功能要由多个零部件共同实现时,该功能的成本就等于这些零部件的功能成本之和。当一个零部件具有多项功能或同时与多项功能有关时,就需要将零部件成本根据具体情况分摊给各项有关功能。表1-4所示即为一项功能由若干零部件组成或一个零部件具有几个功能的情形。

功能实现成本计算表　　　　　　　　　　　　　　　表1-4

零部件			功能区域或功能领域					
序号	名称	成本	F_1	F_2	F_3	F_4	F_5	F_6
1	甲	300	100		100			100
2	乙	500		50	150	200		100
3	丙	60				40		20
4	丁	140	50	40			50	
		C	C_1	C_2	C_3	C_4	C_5	C_6
合计		1000	150	90	250	240	50	220

(2) 成本指数的计算

成本指数是指评价对象的现实成本在全部成本中所占的比率。其计算公式如下:

$$第 i 个评价对象的成本指数 C_1 = \frac{第 i 个评价对象的现实成本 C_i}{全部成本}$$

2. 功能评价值 F 的计算

对象的功能评价值 F(目标成本)、是指可靠地实现用户要求功能的最低成本,它可以理解为是企业有把握,或者说应该达到的实现用户要求功能的最低成本。从企业目标的角度来看,功能评价值可以看成是企业预期的、理想的成本目标值。功能评价值一般以功能货币价值形式表达。功能的现实成本较易确定,而功能评价值较难确定。求功能评价值的方法较多,这里仅介绍功能重要性系数评价法。

功能重要性系数评价法是一种根据功能重要性系数确定功能评价值的方法。这种方法是把功能划分为几个功能区(即子系统),并根据各功能区的重要程度和复杂程度,确定各个功能区在总功能中所占的比重,即功能重要性系数。然后将产品的目标成本按功能重要性系数分配给各个功能区作为该功能区的目标成本,即功能评价值。

(1) 确定功能重要性系数

功能重要性系数又称功能评价系数或功能指数,是指评价对象的功能在整体功能中所占的比率。确定功能重要性系数的关键是对功能进行打分,常用的打分方法有强制打分法(0~1评分法或0~4评分法)、多比例评分法、逻辑评分法、环比评分法等。

1) 环比评分法(DARE法)

这是一种通过确定各因素的重要性系数来评价和选择创新方案的方法。具体做法如下:

① 根据功能系统图(参见图1-8)决定评价功能的级别,确定功能区 F_{A1}、F_{A2}、F_{A3}、

F_{A4},如表 1-5 的第(1)栏。

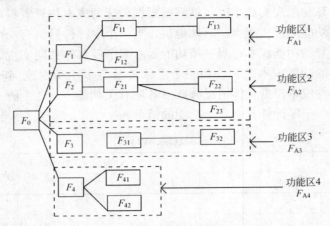

图 1-8 定量评分法确定功能区示意图

② 对上下相邻两项功能的重要性进行对比打分,所打的分作为暂定重要性系数。如表 1-5 中第(2)栏中的数据。假如将 F_{A1} 与 F_{A2} 进行对比,如果 F_{A1} 的重要性是 F_{A2} 的 1.5 倍,就将 1.5 记入第(2)栏内,同样,F_{A2} 与 F_{A3} 对比为 2.0 倍,F_{A3} 与 F_{A4} 对比为 3.0 倍。

功能重要性系数计算表　　　　　　　　　　　　　　　表 1-5

功能区	功能重要性评价		
	暂定重要性系数	修正重要性系数	功能重要性系数
(1)	(2)	(3)	(4)
F_{A1}	1.5	9.0	0.47
F_{A2}	2.0	6.0	0.32
F_{A3}	3.0	3.0	0.16
F_{A4}		1.0	0.05
合　计		19.0	1.00

③ 对暂定重要性系数进行修正。首先将最下面一项功能 F_{A4} 的重要性系数定为 1.0,称为修正重要性系数,填入第(3)栏。由第(2)栏知道,由于 F_{A3} 的暂定重要性是 F_{A4} 的 3 倍,故应得 F_{A3} 的修正重要性系数定为 3.0(=3.0×1.0),而 F_{A2} 为 F_{A3} 的 2 倍,故 F_{A2} 定为 6.0(=3.0×2.0),同理 F_{A1} 的修正重要性系数为 9.0(=6.0×1.5),填入第(3)栏。将第(3)栏的各数相加,即得全部功能区的总得分 19.0。

④ 将第(3)栏中各功能的修证重要性系数除以全部功能总得分 19.0,即得各功能区的重要性系数,填入第(4)栏中。如 F_{A1} 的功能重要性系数为 9.0/19.0=0.47,F_{A2}、F_{A3} 和 F_{A4} 的功能重要性系数依次为 0.32、0.16 和 0.05。

环比评分法适用于各个评价对象之间有明显的可比关系,能直接对比,并能准确地评定功能重要度比值的情况。

2) 强制评分法(FD 法)

包括 0～1 法和 0～4 法两种方法。它是采用一定的评分规则,采用强制对比打分来评定评价对象的功能重要性。

① 0~1 评分法

此评分法是请 5~15 名对产品熟悉的人员参加功能的评价。首先按照功能重要程度一一对比打分，重要的打 1 分，相对不重要的打 0 分，如表 1-6 所示。表 1-6 中，要分析的对象（零部件）自己与自己相比不得分，用"×"表示。最后，根据每个参与人员选择该零部件得到的功能重要性系数 W_i，可以得到该零部件的功能重要性系数平均值 W。

功能重要性系数计算表 表 1-6

零部件	A	B	C	D	E	功能总分	修正总分	功能重要性系数
A	×	1	1	0	1	3	4	0.25
B	0	×	1	0	1	2	3	0.19
C	0	0	×	1	1	2	3	0.19
D	1	1	1	×	1	4	5	0.31
E	0	0	0	0	×	0	1	0.06
合计						11	16	1.00

$$W = \frac{\sum_{i=1}^{k} W_i}{k}$$

式中　k——参加功能评价的人数。

为避免不重要的功能得零分，可将各功能累计得分加 1 分进行修正，用修正后的总分分别去除各功能累计得分即得到功能重要性系数。

② 0~4 评分法

0~1 评分法中的重要程度差别仅为 1 分，不能拉开档次。为弥补这一不足，将分档扩大为 4 级，其打分矩阵仍同 0~1 法。档次划分如下：

F_1 比 F_2 重要得多：F_1 得 4 分，F_2 得 0 分；

F_1 比 F_2 重要：F_1 得 3 分，F_2 得 1 分；

F_1 比 F_2 同等重要：F_1 得 2 分，F_2 得 2 分；

F_1 不如 F_2 重要：F_1 得 1 分，F_2 得 3 分；

F_1 远不如 F_2 重要：F_1 得 0 分，F_2 得 4 分。

强制确定法适用于被评价对象在功能重要程度上的差异不太大，并且评价对象子功能数目不太多的情况。

以各部件功能得分占总分的比例确定各部件功能评价指数：

$$第 i 个评价对象的功能指数 F_1 = \frac{第 i 个评价对象的功能得分值 F_i}{全部功能得分值}$$

如果功能评价指数大，说明功能重要。反之，功能评价指数小，说明功能不太重要。

(2) 确定功能评价值（F）

功能评价值的确定分以下两种情况：

1) 新产品评价设计

一般在产品设计之前，根据市场供需情况、价格、企业利润与成本水平，已初步设计了目标成本。因此，在功能重要性系数确定之后，就可将新产品设定的目标成本（如为

1000元)按已有的功能重要性系数加以分配计算，求得各个功能区的功能评价值，并将此功能评价值作为功能的目标成本，如表1-7所示。

新产品功能评价计算表 表1-7

功能区(1)	功能重要性系数(2)	功能评价值(F) (3)=(2)×1000
F_{A1}	0.45	450
F_{A2}	0.35	350
F_{A3}	0.15	150
F_{A4}	0.05	50
合计	1	1000

如果需要进一步求出各功能区所有各项功能的功能评价值时，刚采取同样的方法，先求出各项功能的重要性系数，然后按所求出的功能重要性系数将成本分配到各项功能，求出功能评价值，并以此作为各项功能的目标成本。

2) 既有产品的改进设计

既有产品应以现实成本为基础求功能评价值，进而确定功能的目标成本。由于既有产品已有现实成本，就没有必要再假定目标成本。但是，既有产品的现实成本原已分配到各功能区中去的比例不一定合理，这就需要根据改进设计中新确定的功能重要性系数，重新分配既有产品的原有成本。从分配结果看，各功能区新分配成本与原分配成本之间有差异。正确分析和处理这些差异，就能合理确定各功能区的功能评价值，求出产品功能区的目标成本。现设既有产品的现实成本为600元，即可计算出功能评价值或目标成本，如表1-8所示。

既有产品功能评价值计算表 表1-8

功能区	功能实现成本 C(元)	功能重要性系数	根据产品实现成本和功能重要性系数重新分配的功能区成本	功能评价值 F(目标成本)	成本降低幅度 $\Delta C = C - F$
	(1)	(2)	(3)=(2)×600	(4)	(5)
F_{A1}	150	0.45	270	150	—
F_{A2}	250	0.35	210	210	40
F_{A3}	90	0.15	90	90	—
F_{A4}	110	0.05	30	30	80
合计	600	1	600	480	120

表1-8中第(3)栏是把产品的现实成本$C=600$，按改进设计方案的新功能重要性系数重新分配给各功能区的结果。此分配结果可能有三种情况：

① 功能区新分配的成本等于现实成本。如F_{A3}就属于这种情况，此时应以现实成本作为功能评价值F。

② 新分配成本小于现实成本。如F_{A2}和F_{A4}就属于这种情况，此时应以新分配的成本作为功能评价值F。

③ 新分配的成本大于现实成本。如F_{A1}就属于这种情况。为什么会出现这种情况，需要进行具体分析。如果是因为功能重要性系数定高了，经过分析后可以将其适当降低。如

因成本确实投入太少,可以允许适当提高一些。

3. 功能价值V的计算及分析

通过计算和分析对象的价值V,可以分析成本功能的合理匹配程度。功能价值V的计算方法可分为两大类——功能成本法与功能指数法。

(1) 功能成本法又称绝对值法,功能成本是通过一定的测算方法,测定实现应有功能所必须消耗的最低成本,同时计算为实现应有功能所耗费的现实成本,经过分析、对比,求得对象的价值系数和成本降低期望值,确定价值工程的改进对象。其表达式如下:

$$\text{第}i\text{个评价对象的价值指数}V=\frac{\text{第}i\text{个评价对象的功能评价值}F}{\text{第}i\text{个评价对象的现实成本}C}$$

一般可采用表1-9进行定量分析。

功能评价值与价值系数计算表 表1-9

序号	项目 子项目	功能重要性系数 (1)	功能评价值 (2)=目标成本×(1)	现实成本 (3)	价值系数 (4)=(2)/(3)	改善幅度 (5)=(3)−(2)
1	A					
2	B					
3	C					
…	…					
合计						

功能的价值计算出来后,需要进行分析,以揭示功能与成本的内在联系,确定评价对象是否为功能改进的重点,以及其功能改进的方向及幅度。

功能的价值系数计算结果有三种情况:

① $V=1$。即功能评价值等于功能现实成本,这表明评价对象的功能现实成本与现实功能所必需的最低成本大致相当。此时评价对象的价值为最佳,无需改进。

② $V<1$。即功能现实成本大于功能评价值。表明评价对象的现实成本偏高,而功能要求不高。这说明一种可能是由于存在过剩的功能,另一种可能是功能虽无过剩,但实现功能的条件或方法不佳,以致使实现功能的成本大于功能的实际需要。这两种可能都应列入功能改进的范围,并且以剔除过剩功能以及降低现实成本为改进方向,使成本与功能比例趋于合理。

③ $V>1$。说明该部件功能比较重要,但分配的成本较少,即功能现实成本低于功能评价值。此时应进行具体分析,功能与成本的分配可能已经比较理想,或者有不必要的功能,或者应该提高成本。

如果出现$V=0$的情况需要进一步分析。如果是不必要的功能,该部件则取消;但如果是最不重要的必要功能,则要根据实际情况处理。

(2) 功能指数法(相对值法)

在功能指数法中,功能的价值用价值指数V_1表示,它是通过评定各对象功能的重要程度,用功能指数来表示其功能程度的大小,然后将评价对象的功能指数与相对应的成本指数进行比较,得出该评价对象的价值指数,从而确定改进对象,并求出该对象的成本改进期望值。其表达式为:

第 i 个评价对象的价值指数 $V_1 = \dfrac{\text{第 } i \text{ 个评价对象的功能指数 } F_1}{\text{第 } i \text{ 个评价对象的成本指数 } C_1}$

根据功能重要性系数和成本系数计算价值指数可以通过列表进行,如表1-10所示:

价值指数计算表 表1-10

零部件名称	功能指数(1)	现实成本(元)(2)	成本指数(3)	价值指数(4)=(1)/(3)
A				
B				
C				
…				
合计	1		1	

价值指数的计算结果有以下三种情况:

① $V=1$。此时评价对象的功能比重与成本比重大致平衡,合理匹配,可以认为功能的现实成本是比较合理的。

② $V<1$。此时评价对象的成本比重大于其功能比重,表明相对于系统内的其他对象而言,目前所占的成本偏高,从而会导致该对象的功能过剩。应将评价对象列为改进对象,改善方向主要是降低成本。

③ $V>1$。此时评价对象的成本比重小于其功能比重。出现这种结果的原因可能有三种:第一,由于现实成本偏低,不能满足评价对象实现其应具有的功能要求,致使对象功能偏低,这种情况应列为改进对象,改善方向是增加成本;第二,对象目前具有的功能已经超过了其应该具有的水平,也即存在过剩功能,这种情况也应列为改进对象,改善方向是降低功能水平;第三,对象在技术、经济等方面具有某些特征。在客观上存在着功能很重要而需要消耗的成本却很少的情况,这种情况一般就不应列为改进对象。

从以上分析可以看出,对产品部件进行价值分析,就是使每个部件的价值系数尽可能趋近于1。换句话说,在选择价值工程对象的产品和零部件时,应当综合考虑价值系数偏离1的程度和改善幅度,优先选择价值系数远小于1且改进幅度大的产品或零部件。

4. 确定对象的改进范围

对象经过以上各个步骤,特别是完成功能评价之后,得到其价值的大小,就明确了改进的方向、目标和具体范围,确定对象改进范围的原则如下:

(1) F/C 值低的功能区域,计算出来的 $V<1$ 的功能区域,基本上都应进行改进,特别是 V 值比1小得较多的功能区域,应力求使 $V=1$。

(2) $C-F$ 值大的功能区域。通过核算和确定对象的实际成本和功能评价值,分析、测算成本改善期望值,从而排列出改进对象的重点及优先次序。成本改善期望值的表达式为:

$$\Delta C = C - F$$

式中 ΔC——成本改善期望值,即成本降低幅度。

当 n 个功能区域的价值系数同样低时,就要优先选择 ΔC 数值大的功能区域作为重点对象。一般情况下,当 ΔC 大于零时,ΔC 大者为优先改进对象。

(3) 复杂的功能区域。复杂的功能区域,说明其功能是通过采用很多零件来实现的。

一般说，复杂的功能区域其价值系数也较低。

综上所述，既有产品功能评价值计算表中第(4)栏的功能评价值总和为 480 元，这可以作为产品改进设计方案的目标成本，而成本降低幅度为：$\sum(C-F)=600-480=120$ 元。

【例 1-16】 某公司承建某市住宅楼工程项目，该公司将工程划分为挖土和基础工程、地下结构工程、主体结构工程、装饰装修工程，并对其进行功能评分，得出了其预算成本（见表 1-11）。项目管理目标责任书中要求该公司降低成本 8%。该公司决定采用价值工程法降低成本。

某项目预算成本表 表 1-11

分部工程	功能评分	预算成本（万元）
挖土和基础工程	12	1650
地下结构工程	14	1500
主体结构工程	36	4880
装饰装修工程	38	5630
合计	100	13660

问题：用价值工程原理可得出的提高价值和降低成本的途径有哪些？本项目各分部工程的评价系数、成本系数和价值系数为多少？用价值工程求出降低成本的工程对象和目标是什么？

答案与解析：

（1）提高价值的途径：

按价值工程的公式 $V=F/C$ 分析，提高价值的途径有 5 条：

① 功能提高，成本不变；

② 功能不变，成本降低；

③ 功能提高，成本降低；

④ 降低辅助功能，大幅度降低成本；

⑤ 功能大大提高，成本稍有提高。

其中第②、③、④条途径也是降低成本的途径。应当选择价值系数、降低成本潜力大的工程作为价值工程的对象，寻求对成本的有效降低。所以价值分析的对象应以下内容为重点：

① 选择数量大、应用面广的构配件；

② 选择成本高的工程和构配件；

③ 选择结构复杂的工程和构配件；

④ 选择体积与重量大的工程和构配件；

⑤ 选择对产品功能提高起关键作用的构配件；

⑥ 选择在使用中维修费用高、耗能量大或使用期的总费用较大的工程和构配件；

⑦ 选择畅销产品，以保持优势，提高竞争力；

⑧ 选择在施工中容易保证质量的工程和构配件；

⑨ 选择施工难度大、多花费材料和工时的工程和构配件；

⑩ 选择可利用新材料、新设备、新工艺、新结构以及在科研上已有先进成果的工程和构配件。

(2) 计算分部工程的评价系数、成本系数和价值系数,见表1-12:

价值计算表   表1-12

分部工程	功能评分	评价系数	预算成本（万元）	成本系数	价值系数	目标成本（万元）	成本降低额（万元）
(1)	(2)	(3)	(4)	(5)	(6)	(7)	(8)
挖土和基础工程	12	0.12	1650	0.12	1	1508.1	141.9
地下结构工程	14	0.14	1500	0.11	1.27	1759.4	−259.4
主体结构工程	36	0.36	4880	0.36	1	4524.2	355.8
装饰装修工程	38	0.38	5630	0.41	0.93	4775.5	854.5
合计	100	1	13660	1		12567.2	1092.8

(3) 用价值工程求出减低成本的工程对象和目标:

项目管理目标责任书中要求该公司降低成本8%,价值为13660×8%=1092.8万元,即目标成本为12567.2万元。按评价系数进行分配,见表1-12中的第(7)列。第(4)列和第(7)列之差填入第(8)列。从第(8)列可以看出,降低成本潜力大的是装饰、装修工程,降低成本目标是854.5万元,占降低成本总任务的78.2%;其次是主体结构工程、挖土和基础。地下结构工程的目标成本比预算成本高,故可不考虑降低成本。

第五节 工程中的经济分析应用

一、工程设计中的经济分析

虽然一般工程的设计费用占其全寿命费用的比例很小,但工程设计方案的好坏对工程经济性影响很大。它不仅影响工程的造价,而且直接关系到将来工程投入使用后运营阶段使用费用的高低,甚至对工程的预期收益都会产生影响。因此,工程设计中的经济分析工作是一项很重要、而且十分有意义的工作。

1. 工业建设设计与工程的经济性关系

(1) 厂区总平面图设计

厂区总平面图设计是否经济合理,对整个工程设计和施工以及投产后的生产经营都有重大影响,正确合理的总平面设计可以大大减少建筑工程量,节约建设用地,节省建设投资,加快建设速度,降低工程造价和生产后的使用成本,并为企业创造良好的生产组织、经营条件和生产环境以及树立良好的企业形象。

1) 总平面图设计的原则包括:

① 在满足施工需要的前提下,尽可能减少施工占用场地,节约用地。优先考虑采用无轨运输,减少占地指标;在符合防火、卫生和安全距离要求并满足工艺要求和使用功能的条件下,应尽量减少建筑物、生产区之间的距离,应尽可能地设计外形规整的建筑,以提高场地的有效使用面积;

② 按功能分区，结合地形地质条件、因地制宜、合理布置车间及设施，在保证施工顺利进行的情况下，尽可能减少临时设施费用；

③ 合理布置厂内运输，合理选择运输方式。最大限度地减少场内运输，特别是减少场内的二次搬运，各种材料尽可能按计划分期分批进场，材料堆放位置尽量靠近使用地点；

④ 合理组织建筑群体。临时设施的布置应便于施工管理，适应于生产生活的需要；

⑤ 要符合劳动保护、安全、防火等要求。

2) 评价总图设计的主要技术经济指标有：

① 建筑系数。即建筑密度，是指厂区内建筑物、构筑物和各种露天仓库及堆场、操作场地等的占地面积与整个厂区建筑用地面积之比。它是反映总平面图设计用地是否经济合理的指标，建筑系数越大，表明布置越紧凑，可以节约用地，减少土石方量，又可缩短管线距离，降低工程造价。

② 土地利用系数。是指厂区内建筑物、构筑物、露天仓库及堆场、操作场地、铁路、道路、广场、排水设施及地上地下管线等所占面积与整个厂区建设用地面积之比，它综合反映出总平面布置的经济合理性和土地利用效率。

③ 工程量指标。它是反映工厂总图投资的经济指标，包括：场地平整土石方量、铁路、道路和广场铺砌面积、排水工程、围墙长度及绿化面积。

④ 运营费用指标。反映运输设计是否经济合理的指标，包括：铁路、无轨道路、每吨货物的运输费用及其经常费用等。

(2) 工业建筑的空间平面设计

1) 合理确定厂房建筑的平面布置

平面布置应满足生产工艺的要求，力求合理地确定厂房的平面与组合形式，各车间、各工段的位置和柱网、走道、门窗等。单厂平面形状越接近方形越经济，尽量避免设置纵横跨，以便采用统一的结构方案，尽量减少构件类型并简化构造。

2) 厂房的经济层数

对于工艺上要求跨度大和层高高，拥有重型生产设备和起重设备，生产时常有较大振动和散发大量热及气体的重工业厂房，采用单层厂房是经济合理的。

对于工艺紧凑的厂房，可采用垂直工艺流程和利用重力运输方式，设备与产品重量不大，并要求恒温条件的各种轻型车间，采用多层厂房。多层厂房具有占地少、可减少基础工程量、缩短运输线路以及厂区的围墙的长度等特点。层数的多少，应根据地质条件、建筑材料的性能、建筑结构形式、建筑面积、施工方法和自然条件(地震、强风)等因素以及工艺要求等具体情况确定。

对于多层厂房的经济层的确定主要考虑两个因素：一是厂房展开面积的大小，展开面积越大，经济层数就越可增加；二是厂房的长度与宽度，长度与宽度越大，经济层数越可增加，造价随之降低。

3) 合理确定厂房的高度和层高

层高增加，墙与隔墙的建造费用、粉刷费用、装饰费用都要增加；水电、暖通的空间体积与线路增加；楼梯间与电梯间设备费用也会增加；起重运输设备及其有关费用都会提高；还会增加顶棚施工费。决定厂房高度的因素是厂房内的运输方式、设备高度和加工尺寸，其中以运输方式选择较灵活。因此，为降低厂房高度、常选用悬挂式吊车、架空运输、皮带输送、落地龙门吊以及地面上的无轨运输方式。

4）柱网选择

对单跨厂房，当柱距不变时，跨度越大则单位面积造价越小，这是因为除屋架外，其他结构分摊在单位面积上的平均造价随跨度增大而减少；对于多跨厂房，当跨度不变时，中跨数量越多越经济，这是因为柱子和基础分摊在单位面积上的造价减少。

5）厂房的体积与面积

在满足工艺要求和生产能力的前提下，尽量减少厂房体积和面积以减少工程量和降低工程造价。为此，要求设计者尽可能地选用先进生产工艺和高效能设备，合理而紧凑地布置总平面图和设备流程图以及运输路线；尽可能把可以露天作业的设备尽量露天而不占厂房的设计方案，提高平面利用率，减少工程量，降低造价。

2. 民用建筑设计与工程经济性的关系

对于民用建筑主要介绍住宅建筑设计参数的经济性问题。

(1) 住宅小区规划设计

我国城市居民点的总体规划一般是按城市居住区、居住小区和住宅组团三级布置，由几个住宅组团组成一个小区，由几个小区组成一个居住区。小区规划设计应根据小区的基本功能要求确定小区各构成部分的合理层次与关系，据此安排住宅建筑、公共建筑、管网、道路及绿地的布局，确定合理的入口与建筑密度、房屋间距与建筑层数，合理布置公共设施项目的规模及其服务半径以及水、电、热、燃气的供应等。

评价小区规划设计的主要技术经济指标见表 1-13。

小区规划设计的主要评价指标　　　　　表 1-13

指标名称	指 标 说 明	备 注
人口毛密度	每公顷居住小区用地上容纳的规划人口数量	居住小区用地包括住宅用地、公建用地、道路用地和公共绿地等四项用地
人口净密度	每公顷住宅用地上容纳的规划人口数量	住宅用地指住宅建筑基底占地及其四周合理间距内的用地
住宅面积毛密度	每公顷居住小区上拥有的住宅建筑面积	
住宅面积净密度	每公顷住宅用地上拥有的住宅建筑面积	住宅建筑总面积与住宅用地的比值
建筑面积毛密度	每公顷居住小区上拥有的各类住宅建筑的总建筑面积	总建筑面积与居住小区用地的比值
住宅建筑净密度	住宅建筑基底总面积与住宅用地的比率	
建筑密度	居住小区内各类建筑的基底总面积与居住小区用地的比率	
绿地率	居住小区用地范围内各类绿地的总和占居住小区用地的比率	
土地开发率	每公顷居住小区用地开发所需的前期工程的测算投资	包括征地、拆迁、补偿、平整场地、敷设外部市政管线设施和道路工程等费用
住宅单方综合造价	每平米住宅建筑面积所需的工程建设的测算综合投资	包括土地开发费用和居住小区用地内的各项工程建设投资及必要的管理费用

(2) 住宅建筑的层数

1) 层数与用地

在多层或高层住宅建筑中,总建筑面积是各层建筑面积的总和,层数越多,单位建筑面积所分摊的房屋占地面积就越少。但随着建筑层数的增加,房屋的总高度也增加,房屋之间的间距必须加大。因此,用地的节约量并不随层数的增加而同比例递增。据实测计算,住宅建筑超过5~6层,节约用地的效果就不明显。

2) 层数与造价

建筑层数对单位建筑面积造价有直接影响,但影响程度对各分部结构却是不同的。屋盖部分,不管层数多少,都共用一个屋盖,并不因层数增加而使屋盖的投资增加。因此,屋盖部分的单位面积造价随层数增加而明显下降。基础部分,各层共用基础,随着层数增加,基础结构的荷载加大,必须加大基础的承载力,虽然基础部分的单位面积造价随层数增加而有所降低,但不如屋盖那样显著。承重结构,如墙、柱、梁等,随层数增加而要增强承载能力和抗震能力,这些分部结构的单位建筑造价将有所提高。门窗、装修以及楼板等分部结构的造价几乎不受层数的影响,但会因为结构的改变而变化。

3) 住宅层数的综合经济分析

住宅层数在一定范围内增加,除了具有降低造价和节约用地的优点外,单位建筑面积的楼内内部和外部的物业管理费用、公用设备费用、供水管道、煤气管道、电子照明和交通等投资和日常运行费用随层数增加而减少。但是,目前黏土砖一般只能达到7.5MPa强度,建7层以上的住宅,须改变承重结构。高层建筑还会因为要经受较强的风荷载和抗震能力,需要提高结构强度,改变结构形式。而且,如果超过7层要设置电梯设备,需要更大的楼内交通面积(过道、走廊)和补充设备(供水设备、供电设备等)。因此,7层以上住宅的工程造价会大幅度增加。

从土地费用、工程造价和其他社会因素综合角度分析,一般来说,中小城市以建造多层住宅较为经济;在大城市可沿主要街道建设一部分高层住宅,以合理利用空间,美化市容;对于土地价格昂贵的地区来讲,高层住宅为主也是比较经济的。当然,在满足城市规划要求等条件下,开发住宅的类型是由房地产开发单位根据市场行情进行经济分析比较后决定的。随着我国居民的生活水平和居住水平的提高,一些城市出现了低密度住宅群。

(3) 住宅的层高

住宅的层高直接影响住宅的造价,因为层高增加,墙体面积和柱体积增加,并增加结构的自重,会增加基础和柱的承载力,并使水卫和电气的管线加长。降低层高,可节省材料,节约能源,有利于抗震,节省造价。同时,降低层高可以减少住宅建筑总高度,缩小了建筑之间的日照距离,所以降低层高还能取得节约用地的效果。但是,层高的确定还要结合人们的生活习惯和国家卫生标准。目前一般住宅的层高为2.8m。

在多层住宅建筑中,墙体所占比重大,是影响造价高低的主要因素之一。衡量墙体比重的大小,常采用墙体面积系数作为指标,其公式为

$$墙体面积系数 = \frac{墙体面积}{建筑面积}$$

墙体面积系数大小与住宅建筑的平面布置、层高、单元组成等均有密切的关系。

(4) 住宅建筑的平面布置

评价住宅平面布置的主要技术经济指标见表1-14。

住宅建筑平面布置的主要技术经济指标　　　　　表1-14

指标名称	计算公式	备注
平面系数	$K_1 = \dfrac{居住面积}{建筑面积}$	居住面积是指住宅建筑中的居室净面积
辅助面积系数	$K_2 = \dfrac{辅助面积}{居住面积}$	辅助面积是指楼梯、走道、卫生间、厨房、阳台、储藏室等的面积
结构面积系数	$K_3 = \dfrac{结构面积}{建筑面积}$	结构面积是指住宅建筑各层平面中墙、柱等结构所占面积
外墙周长系数	$K_4 = \dfrac{建筑物外墙周长}{建筑物的建筑面积}$	

根据住宅建筑平面技术经济指标，住宅建筑平面设计参数的经济性有以下几个方面：

1) 建筑面积相同，住宅建筑平面形状不同，住宅的外墙周长系数也不相同。显然，平面形状越接近方形或圆形，外墙周长系数越小，这种情况下，外墙砌体、基础、内外表面装修等减少，造价降低。考虑到住宅的使用功能和方便性，通常单体住宅建筑的平面形状多为矩形。

2) 住宅建筑平面的宽度。在满足住宅功能和质量的前提下，加大住宅进深（宽度），对降低造价有明显效果，因为进深加大，墙体面积系数相应减少，造价降低。

3) 住宅建筑平面的长度。按设计规范，当房屋长度增加到一定程度时，就要设置带有两层隔墙的变温伸缩缝；当长度超过90m时，就必须有贯通式的过道。这些都要增加造价，所以一般住宅建筑长度以60～80m较为经济，根据户型（每套的户室数及组合）的不同，有2～4个单元。

4) 结构面积系数。是衡量设计方案经济性的一个重要指标。结构面积越小，有效面积就越大。结构面积系数除与房屋结构有关外，还与房屋外形及其长度和宽度有关，同时也与房间平均面积大小和户型组成有关。

3. 设计方案的经济分析与比较

设计方案从纵向（设计深度）上可分为总体设计方案、初步设计方案、技术设计方案、施工图设计方案；从横向可分为：专业工程方案，包括：工艺方案、运输方案、给水系统方案、排水系统方案、供热方案等；建筑构造方案，包括：建筑结构方案、屋盖系统方案、围护结构方案、基础结构方案、内外装饰结构方案、室内设计方案等。

设计方案的经济分析与比较就是利用前面章节介绍的方法处理设计方案的经济比较与选择问题。常用的方法有三种。

(1) 多指标综合评价方法

在设计方案的选择中，采用方案竞选和设计招标方式选择设计方案时，通常采用多指标的综合评价法。采用设计方案竞选方式的一般是规划方案和总体设计方案，通常由有关专家组成专家评审组。专家评审组按照技术先进、功能合理、安全适用、满足节能和环境要求、经济实用、美观的原则，并同时考虑设计进度的快慢、设计单位与建筑师的资历信誉等因素综合评定设计方案优劣，择优确定中选方案。评定优劣时通常以一个或两个主要指标为主，再综合考虑其他指标。

设计招标中对设计方案的选择，通常由设计招标单位组织的评标委员会按设计方案优劣、投入产出经济效益好坏、设计进度快慢、设计资历和社会信誉等方面进行综合评审确定最优标。评标时可根据主要指标再综合考虑其他指标选优的方法，也可采用打分的方法，确定一个综合评价值来确定最优的方案。

(2) 单指标评价方法

单指标可以是效益性指标也可以是费用性指标。效益性指标主要是对于其收益或者功能有差异的多方案的比较选择，可采用互斥方案比选的方法选优。对于专业工程设计方案和建筑结构方案的比选来说，更常见的是，尽管设计方案不同，但方案的收益或功能没有太大的差异，这种情况下可采用单一的费用指标，即采用最小费用法选择方案。

采用费用法比较设计方案也有两种方法：一种是只考察方案初期的一次费用，即造价或投资；另一种方法是考察设计方案全寿命期的费用。设计方案全寿命期费用包括：工程初期的造价(投资)，工程交付使用后的经常性开支费用(包括经常费用、日常维护修理费用、使用过程中的大修费用和局部更新费用等)以及工程使用期满后的报废拆除费用等。考虑全寿命周期费用是比较全面合理的分析方法，但对于一些设计方案，如果建成后的工程在日常使用费用上没有明显的差异或者以后的日常使用费难以估计时，可直接用造价(投资)来比较优劣。

(3) 价值分析方法

价值分析(即价值工程)法是一种相当成熟和行之有效的管理技术与经济分析方法，一切发生费用的地方都可以用其进行经济分析和方案选择。工程建设需要大量的人、财、物，因而价值工程方法在工程建设领域得到了较广泛的应用，并取得了较好的经济效益。例如上海华东电子设计院承担宝钢自备电厂储灰场长江边围堰设计任务，原设计为土石堤坝，造价在 1500 万元以上，设计者通过对钢渣物理性能和化学成分分析试验，在取得可靠数据以后，经反复计算，证明用钢渣代替抛石在技术上是可行的，并经过试验坝试验。最后工期提前一个月建成了国内首座钢渣黏土夹心坝，建成的大坝稳定而坚固，经受了强台风和长江特高潮位同时的袭击，该方案比原设计方案节省投资 700 多万元。

【例 1-17】 某建设项目由 A、B、C、D、E 五个功能组成。现完成初步设计，项目总投资概算为 6000 万元。项目业主聘请某工程咨询单位进行初步设计的价值工程工作。请回答该单位进行功能评价的过程是怎样的？如果业主想将投资额控制在 5000 万元以下，应如何进行功能调整？

解：该单位在开展价值工程工作中功能评价的具体过程为：

① 对项目各功能重要程度进行评分，确定功能的功能系数。

用 0~1 强制打分法，评分结果见表 1-15：

功能系数评分表　　　　　　　　　　　　　表 1-15

评价对象	A	B	C	D	E	功能得分	修正得分	功能系数
A	×	1	1	0	1	4	5	0.263
B	0	×	0	0	1	2	3	0.158

续表

评价对象	A	B	C	D	E	功能得分	修正得分	功能系数
C	0	1	×	0	1	3	4	0.211
D	1	1	1	×	1	5	6	0.316
E	0	0	0	0	×	0	1	0.052
合计						14	19	1

② 计算成本系数与价值系数。

按初步设计，项目总投资概算为 6000 万元，各功能的投资概算见表 1-16。成本系数与价值系数的计算结果见表 1-16。

成本系数与价值系数的计算表　　表 1-16

评价对象	功能系数(V)	投资概算（万元）	成本系数(C)	价值系数(F)
A	0.263	2100	0.35	0.752
B	0.158	1510	0.252	0.627
C	0.211	1080	0.18	1.172
D	0.316	900	0.15	2.107
E	0.052	410	0.068	0.765
合计	1	6000	1	

③ 按功能系数重新分配总投资概算额，计算各功能块的投资额的变化，见表 1-17。

各功能块投资额的变化表　　表 1-17

对象	功能系数	投资概算	成本系数	价值系数	按功能系数分配概算投资额	应增减概算投资额	按功能系数分配目标投资额	按目标投资额增减投资指标
1	2	3	4	5	$6=2\times6000$	$7=6-3$	$8=2\times5000$	$9=8-3$
A	0.263	2100	0.35	0.752	1578	−522	1315	−785
B	0.158	1510	0.252	0.627	948	−562	790	−720
C	0.211	1080	0.18	1.172	1266	186	1055	−25
D	0.316	900	0.15	2.107	1896	996	1580	680
E	0.052	410	0.068	0.765	312	−98	260	−150
合计	1	6000			6000		5000	

由表中可以看出：A 的功能系数较大，主要应考虑在保持现行设计的功能不变的情况下，通过设计变更、材料代换等，降低其建造成本。

B 的功能系数并不大，也就是它在项目中的功能并不是特别重要，但占据了大量的投资份额，不仅要考虑降低其建造成本，更要考虑减少其功能，使得项目投资能大幅度下降。

D 从功能系数分析，是个重要的功能，但现方案中其所耗费的投资比较低，一种可能是其方案比较合理，建造成本较低；另一种可能是现方案中设计标准偏低，可增加该功能块的投资，提高设计标准，使项目对市场更有吸引力。

若业主希望将投资额控制在 5000 万元以下。按功能系数将其分配到各功能块，目标投资额增减指标见上表中的计算结果。从计算的结果来看，实现投资额降低目标的主要工作对象还是在 A 和 B 两个功能调整上。

4. 最优设计

设计工程师面临的一个重要问题是：一方面既要考虑设计需要实现的功能以及工程安全性和可靠性，另一方面又要考虑工程造价的高低，要在这两者之间进行权衡，即要以最低的费用来实现设计产品的必要的功能，这就是最优设计。最优设计包括两个方面的内容。

(1) 结构设计本身的最优化问题，即设计优化，它是在给定结构类型、材料等的情况下，优化各个组成构件的截面尺寸，使结构最轻或最经济。国家现行的设计标准规范，通常都是在多年实践经验总结、科学实验与研究基础上制定的，具有通用性强、技术先进、经济合理、安全适用、确保质量、便于施工生产等优点。

(2) 最合理的设计标准问题，即对于某个具体工程，确定一个合适的设计标准，使得工程既能满足功能、质量和安全的要求，又能使得预期的工程全寿命期的费用最低。

设计工程师在工程实践中，采用的优化方法通常有以下几种。

(1) 直觉优化。

直觉优化又分直觉选择性优化和直觉判断性优化。前者是设计者在设计过程中根据有限的几个方案，经过初步的分析计算，按照设计指标的好坏选择最佳方案的一种方法；后者是设计者根据经验和直觉知识，不需要通过分析计算就做出判断性选择的一种方法。直觉优化方法是一种重要的简易的方法，但它取决于设计者知识的广泛性、推理能力及丰富的设计技艺。

(2) 试验优化。

当对设计对象的机理不很清楚或对其制造与施工经验不足、各个参数以及设计指标的主次影响难以分清时，试验优化是一种可行的优化设计方法。根据模型试验所得结果，可以寻找出最优方案。

(3) 经济分析比较优化。

即通过经济分析比较的方法，确定最优方案。

(4) 数值计算优化。

数值计算优化是指一些用数学方法寻求最优方案的方法。现代的数值计算优化都是以使用计算机的数值计算为特征的。在工程优化设计中，应用效果较好的是数学规划中的几种方法。

二、工程施工中的经济分析

工程施工中的经济分析主要是施工工艺方案、施工组织方案的技术经济分析评价、比较与选择以及工程施工中采用新工艺、新技术的经济分析评价等。

1. 施工工艺方案的技术经济评价指标

施工工艺方案，是指分部(项)工程的施工方案，如主体结构工程、基础工程、垂直运输、水平运输、构件安装、大体积混凝土浇筑、混凝土输送及模板、脚手架等方案，主要内容包括施工技术方法和相应的施工机械设备的选择等。主要的技术经济评价指标有：

(1) 技术性指标

技术性指标是指各种技术性参数。如模板方案的技术性指标有模板型号、模板的尺寸、模板单件重等。

(2) 消耗性指标

消耗性指标主要反映为完成工程任务所必要的劳动消耗，包括费用消耗指标、实物消耗指标及劳动消耗指标等。主要有：

1) 工程施工成本。一般应用直接费成本进行分析评价，形式上可用总成本、单位工程量成本或单位面积成本等。

2) 主要施工机械设备的选用及需要量。包括配备型号、台数、使用时间、总台班数等。

3) 施工中主要资源需要量。包括施工设施所需的工具与材料（如模板、卡具等）资源、不同施工方案引起的结构材料消耗的增加量、不同施工方案能源消耗量（如电、燃料、水等）。

4) 主要工种工人需要量和劳动消耗量。包括总需要量、月或周平均需要量、高峰需要量等。

(3) 效果（效益）性指标

1) 工程效果指标

① 工程施工工期。具体可用总工期、与工期定额相比的节约工期等指标。

② 工程施工效率。可用进度实物工程量表示，如土方工程可用 $m^3/月$（$m^3/周$、$m^3/台班$、$m^3/工日$或 $m^3/小时$等等）。

2) 经济效果指标

① 成本降低额或降低率。即实施该施工工艺方案后所可能取得的成本降低的额度或程度。

② 材料资源节约额或节约率。即实施该施工工艺方案后所材料资源的可能节约额度或程度。

(4) 其他指标

指上述三类指标之外的其他指标，如采用该工艺方案后对企业的技术装备、素质、信誉、市场竞争力和专有技术拥有程度等方面的影响。这些指标可以是定量的，也可以是定性的。

2. 施工组织方案的技术经济评价指标

施工组织方案是指单位工程以及包括若干个单位工程的建筑群体的施工过程的组织与安排方案，如流水作业方法、平行流水、立体交叉作业方法等，评价施工组织方案的技术经济指标有：

(1) 技术性指标

1) 工程特征指标。如建筑面积、各主要分部分项的工程量等。

2) 组织特征指标。如施工工作面的大小、人员的配备、机械设备的配备、划分的施工段、流水步距与节拍等。

(2) 消耗性指标

1) 工程施工成本。

2) 主要施工机械耗用量。
3) 主要材料资源耗用量。主要是指进行施工过程必须消耗的主要材料资源（如道轨、枕木、模板材料、工具式支撑、脚手架材料等等），一般不包括构成工程实体的材料消耗。
4) 劳动消耗量。可用总工日数、分时期的总工日数、最高峰工日数、平均月工日数等指标表示。

(3) 效果指标
1) 工程效果指标
① 工程施工工期。
② 工程施工效率。
③ 施工机械效率。可用两个指标评价：一是主要大型机械单位工程量（单位面积、单位长度或单位体积等）耗用台班数；二是施工机械利用率，即主要机械在施工现场的工作总台班数与在现场的日历天数的比值。
④ 劳动效率（劳动生产率）。可用3个指标评价：一是单位工程量（单位面积、长度或单位体积等）用工数（如：总工日数/建筑面积）；二是分工种的每工产量（m/工日，m^2/工日，m^3/工日或吨/工日）；三是生产工人的日产值（元/工日）。
⑤ 施工均衡性。可用下列指标评价（系数越大越不均衡）：

$$主要工种工程施工不均衡性系数 = \frac{高峰月工程量}{平均月工程量}$$

$$主要材料资源消耗不均衡性系数 = \frac{高峰月耗用量}{平均月耗用量}$$

$$劳动量消耗不均衡性系数 = \frac{高峰月劳动耗用量}{平均月劳动耗用量}$$

2) 经济效果指标
① 成本降低额或降低率。可用工程施工成本和临时设施成本的节约额或节约率等指标。
② 材料资源节约额或节约率。即实施该施工工艺方案后所采用的材料资源的可能节约额度或程度。
③ 总工日节约额。
④ 主要机械台班节约额。

(4) 其他指标
指上述三项指标之外的其他指标，如投标竞争力、文明工地、环境保护等。

3. 施工方案的经济分析与比较的方法
施工方案包括前述的两大类，具体来说常见的有施工机械的选用、水平运输方案、垂直运输方案、构件吊装方案、基坑支护方案、混凝土浇筑与运输方案、模板方案、脚手架方案、现场平面布置方案、劳动力调配方案、现场机械设备调度方案、施工流水作业方案等等。这些方案的比较选择，一般常见的问题可由施工管理人员根据经验迅速地做出选择，而对于复杂的问题，需要进行分析、评价与比较，才能做出正确的选择。比较与选择的方法有如下几种：

(1) 多指标综合评价法

即根据上述的指标体系,对于具体方案选择多个指标进行综合的评价选择。通常以其中的一个或两个指标为主,再综合考虑其他因素来确定最优方案。如基坑支护方案,既要考虑到采用这种方案施工的安全性和方便性,也要考虑到其经济性。

(2) 单指标评价法

施工方案的比选中,经常用的是单指标评价法,即根据一个单一的效益性指标或者费用性指标比较方案的优劣,其中以最小费用法用得最多。另外,由于施工方案的寿命期通常较短(一般一个合同的工期多在1~2年之内),所以在对施工方案进行比较时,通常不考虑资金的时间价值,用短期方案的比较方法进行比选。

(3) 价值工程方法

价值工程方法作为一个方便实用的经济分析方法,在施工方案的经济分析中也得到较好的应用。利用价值工程方法,可以对建筑材料、构配件及周转性工具材料的代换进行价值分析,也可直接用于方案的经济比较。

【例 1-18】 某厂贮煤槽筒仓工程是我国目前最大的群体钢筋混凝土结构的贮煤仓之一。其外观几何形式是由三组24个直径11m、壁厚200mm的圆形薄壁连体筒仓组成。工程体积庞大,地质条件复杂,施工场地窄小,实物工程量多,工期长,结构复杂。设计储煤量为4.8万t,预算造价近千万元。为保证施工质量,按期完成施工任务,施工单位如何在编制施工组织设计中开展价值工程活动?

答案与解析:

(1) 对象选择

该工程主体由三部分组成:地下基础、地表至16m为框架结构并安装钢漏斗,16m以上为底环梁和筒仓。施工单位对这三部分主体工程分别就施工时间、实物工程量、施工机具占用、施工难度和人工占用等指标进行测算,结果表明筒仓工程在各指标中均占首位,情况如表1-18所示。

某厂贮煤槽筒仓工程各项指标测算表　　　　表1-18

指标(%) ＼ 工程名称	地下基础(%)	框架结构、钢漏斗(%)	底环梁、筒仓(%)
施工时间	15	25	60
实物工程量	12	34	54
施工机具占用	11	33	56
人工占用	17	29	54
施工难度	5	16	79

能否如期完成施工任务的关键,在于能否正确处理筒仓工程面临的问题,能否选择符合本企业技术经济条件的施工方法。总之,筒仓工程是整个工程的主要矛盾,必须全力解决。价值工程人员决定以筒仓工程为研究对象,应用价值工程优化筒仓工程施工组织设计。

(2) 功能分析

在对筒仓工程进行功能分析时，第一步工作是进行功能定义。筒仓的基本功能是提供储煤空间，其辅助功能主要为方便使用和外形美观。

功能分析的第二步工作是进行功能整理。在筒仓工程功能定义的基础上，根据筒仓工程内在的逻辑联系，采取剔除、合并、简化等措施对功能定义进行整理，绘制出筒仓工程功能系统图如图1-9所示。

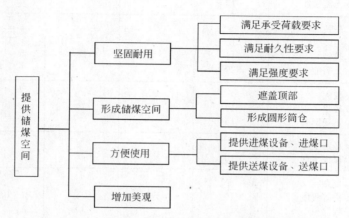

图1-9 某厂贮煤槽筒仓工程功能系统图

（3）功能评价和方案创造

根据功能系统图可以看出，施工对象是混凝土筒仓仓体。在施工阶段应用价值工程不同于设计阶段应用价值工程，重点不在于考虑如何实现形成储煤空间这个功能，而在于考虑怎样实现设计人员已设计出的圆形筒仓。也就是说，采用什么样的施工方法和技术组织措施来保质保量地浇灌混凝土筒仓仓体，是应用价值工程编制施工组织设计中所要研究解决的中心课题。为此，价值工程人员同广大工程技术人员、经营管理人员和施工人员一道，积极思考，大胆设想，广泛调查，借鉴国内外成功的施工经验，提出了大量方案。最后根据既要质量好、速度快，又要企业获得可观经济效益的原则，初步遴选出滑模、翻模、大模板施工方案和合同外包方案作技术经济评价。

（4）施工方案评价

对施工方案进行评价的目的，是发挥优势，克服和消除劣势，做出正确的选择。首先，价值工程人员运用给分定量法进行方案评价，评价情况如表1-19所示。

运用给分定量法进行施工方案评价　　　　　表1-19

指标系数	方案评价		方案			
	评分等级	评分标准	A	B	C	D
施工平台	1. 需要制作 2. 不需要制作	0 10	0	10	10	10
模板	1. 制作专用模板 2. 使用标准模板 3. 不需制作模板	0 10 15	0	10	0	15
千斤顶	1. 需购置 2. 不需购置	0 10	0	10	10	10

续表

指标系数	方案评价		方 案			
	评分等级	评分标准	A	B	C	D
施工人员	1. 多工种多人员 2. 少工种少人员 3. 无需参加	5 10 15	10	5	5	15
施工准备时间	1. 较长 2. 中等 3. 较短 4. 无需准备	5 10 15 20	5	15	10	20
受气候、机械等因素影响	1. 较大 2. 较小 3. 不受影响	5 10 15	5	10	10	15
总体施工时间	1. 拖延工期 2. 保证工期	0 10	10	0	0	0
施工难度	1. 复杂 2. 中等程度 3. 较简单 4. 无难度	5 10 15 20	5	15	10	20
方案总分			35	75	55	105

表 1-19 中的方案 A、B、C、D 分别代表滑模、翻模、大模板施工方案和合同外包方案。计算结果表明：合同外包方案得分最高，其次为翻模和大模板施工方案，得分最低的为滑模施工方案。对得分结果进行分析可以发现，合同外包方案之所以得分最高，是因为它与其他方案比较时，基本上没有费用支出。事实上，虽然在每个指标进行比较时，合同外包方案没有费用支出，但是在向其他单位外包时却要花费总的费用。因此，简单地认为合同外包方案为最优方案是难以令人信服的，表 1-19 中设置的指标体系还不能充分证明合同外包方案和其他三个施工方案孰优孰劣，必须进一步评价。为此，价值工程人员还需用给分定量法进行方案评价，如表 1-20 所示。

运用给分定量法进一步进行施工方案评价　　　　表 1-20

指标体系	方案评价		方 案			
	评分等级	评分标准	A	B	C	D
技术水平	1. 不清楚 2. 清楚	5 10	10	10	10	5
材料	1. 需求量大 2. 需求量小	5 10	10	10	10	5
成本	1. 很高 2. 较低	5 10	10	10	10	5
工程质量	1. 难以保证 2. 保证质量	5 10	10	10	10	5
安全生产	1. 尽量避免事故责任 2. 避免事故责任	5 10	5	5	5	10

续表

指标体系	方案评价 评分等级	评分标准	方案 A	B	C	D
施工力量	1. 需要参加 2. 不需要参加	5 10	5	5	5	10
	方 案 总 分		50	50	50	40

表 1-20 计算结果表明，虽然合同外包方案可以坐享其成，但是权衡利弊还是利用本单位施工力量和生产条件，在保证工程质量和获得利润方面较为有利。因此，应舍弃合同外包方案，选择翻模施工方案。为进一步证明上述评价的准确性，价值工程人员又通过计算各方案的预算成本和确定筒仓工程的目标成本，进而确定各方案的价值指数，以价值指数高低为判别标准来选择最佳施工方案。

通过计算，目标成本为 630 万元，各方案的预算成本及价值指数计算如表 1-21 所示。计算结果表明，翻模施工方案为最优方案。

各方案的预算成本及价值指数比较　　　　表 1-21

方　案	目标成本(元)	预算成本(元)	价　值　指　数
A	6300	＞108301	＜0.88
B		6303465	0.999
C		6607496	0.95
D		＞750000	＜0.84

（5）翻模施工方案的进一步优化

与其他施工方案比较，虽然翻模施工方案较优，但它本身也存在一些问题，仍须改进。价值工程人员针对翻模施工方案存在的多工种、多人员作业和总体施工时间长的问题，运用价值工程进行进一步优化。

经过考察，水平运输和垂直运输使大量人工耗用在无效益的搬运上。为了减少人工耗费而提高工效，进而保证工期，价值工程人员依据提高价值的途径：

1) $\dfrac{成本不增加}{人员减少}$

2) $\dfrac{成本略有增加}{人员减少而工效大大提高}$

3) $\dfrac{成本减少}{人员总数不变而提高工效}$

根据以上途径相应提出三个施工方案：

方案 1：单纯缩减人员；

方案 2：变更施工方案为单组流水作业；

方案 3：采用双组流水作业。

价值工程人员对以上三个方案运用给分定量法进行评价，方案 3 为最优方案，即采用翻模施工方法双组流水作业，在工艺上采用二层半模板二层角架施工。

（6）效果总评

通过运用价值工程,使该工程施工方案逐步完善,施工进度按计划完成,产值大幅度增加,利润大幅度提高,工程质量好,被评为全优工程。从降低成本方面看,筒仓工程实际成本为577.2万元,与原滑模施工方案相比节约133.6万元,比大模板施工方案节约83.5万元,比合同外包方案节约172.8万多元。与翻模施工方案原定预算成本相比,降低53.1万元,降低率为8.4%;与目标成本相比,降低52.8万元,降低率为8.3%,成效显著。

第六节 综 合 案 例

【例1-19】 某业主拟投资建设一个电子产品生产基地。建设项目的基础数据如下:

1. 项目实施计划。该项目的建设期为3年,实施计划进度为:第1年完成项目全部投资的19%,第2年完成项目全部投资的58%,第3年完成项目全部投资的23%,第4年项目投产,投产当年项目的生产负荷达到设计生产能力的75%,第5年项目的生产负荷达到设计生产能力的90%,第6年项目的生产负荷达到设计生产能力。项目的运营期总计为15年。

2. 建设投资估算。本项目工程费与工程建设其他费的估算额为60000万元,预备费(包括基本预备费和涨价预备费)为6000万元。本项目的投资方向调节税率为5%。

3. 建设资金来源。本项目的资金来源为自有资金和贷款。贷款的总额为50000万元,其中外汇贷款为3000万美元。外汇牌价为1美元兑换8元人民币。贷款的人民币部分,从中国建设银行获得,年利率为12%(按季计息)。贷款的外汇部分从中国银行获得,年利率为8%(按年计息)。

4. 生产经营费用估计。建设项目达到设计生产能力以后,全厂定员为1500人,工资和福利费按照每人每年12000元估算。每年的其他费用为1000万元(其中其他制造费用为800万元)。年外购原材料、燃料及动力费估算为20000万元。年经营成本为23000万元,年修理费占年经营成本10%。各项流动资金的最低周转天数分别为:应收账款30天,现金40天,应付账款30天,存货40天。

问题:
1. 请估算建设期贷款利息为多少?
2. 请用分项详细估算法估算拟建项目的流动资金。
3. 请估算拟建项目的总投资为多少?

答案与解析:
1. 建设期贷款利息的计算步骤:
(1) 人民币贷款实际利率计算:

人民币实际利率=(1+名义利率÷年计息次数)^{年计息次数}-1
$$=(1+12\%\div 4)^4-1$$
$$=12.55\%$$

(2) 每年投资的本金数额计算:
人民币部分:

贷款总额为:50000-3000×8=26000万元

第1年:26000×19%=4940万元;

第 2 年：26000×58%=15080 万元；

第 3 年：26000×23%=5980 万元。

美元部分：

贷款总额为：3000 万美元

第 1 年：3000×19%=570 万美元；

第 2 年：3000×58%=1740 万美元；

第 3 年：3000×23%=690 万美元。

(3) 每年应计利息计算：

每年应计利息=(年初借款本利累计额+本年借款额÷2)×年实际利率

1) 根据上面的公式每年人民币建设期贷款利息计算为：

第 1 年贷款利息=(0+4940÷2)×12.55%=309.99 万元；

第 2 年贷款利息=[(4940+309.99)+15080÷2]×12.55%=1605.14 万元；

第 3 年贷款利息=[(4940+309.99+15080+1605.14)+5980÷2]×12.55%
=3128.1 万元；

则人民币贷款利息合计=309.99+1605.14+3128.1=5043.23 万元。

2) 根据上面的公式外币贷款利息计算为：

第 1 年外币贷款利息=(0+570÷2)×8%=22.8 万美元；

第 2 年外币贷款利息=[(570+22.8)+1740÷2]×8%=117.02 万美元；

第 3 年外币贷款利息=[(570+22.8+1740+117.02)+690÷2]×8%
=223.59 万美元；

则外币贷款利息合计=22.8+117.02+223.59=363.41 万美元。

2. 用分项详细估算法估算流动资金步骤：

(1) 应收账款=年经营成本÷年周转次数
=23000÷(360÷30)=1916.67 万元

(2) 现金=(年工资福利费+年其他费)÷年周转次数
=(1500×1.2+1000)÷(360÷40)=311.11 万元

(3) 存货：

1) 外购原材料、燃料=年外购原材料、燃料动力费÷年周转次数
=20000÷(360÷40)=2222.22 万元

2) 在产品=(年工资福利费+年其他制造费+年外购原材料、燃料动力费+年修理费)
÷年周转次数
=(1500×1.2+20000+23000×10%)÷(360÷40)=2677.78 万元

3) 产成品=年经营成本÷年周转次数
=23000÷(360÷40)=2555.56 万元

则存货=2222.22+2677.78+2555.56=7455.56 万元。

(4) 流动资产=应收账款+现金+存货
=1916.67+311.11+7455.56=9683.34 万元

(5) 应付账款=年外购原材料、燃料、动力费÷年周转次数
=20000÷(360÷30)=1666.67 万元

(6) 流动负债＝应付账款＝1666.67万元
(7) 流动资金＝流动资产－流动负债
   ＝9683.34－1666.67＝8016.67万元

3. 根据建设项目总投资的构成内容，拟建项目的总投资计算步骤为：
   项目总投资估算额＝固定资产投资总额＋流动资金
   ＝(工程费＋工程建设其他费＋预备费＋投资方向调节税＋贷款利息)＋流动资金
   ＝[(60000＋6000)×(1＋5%)＋363.41×8＋5043.23]＋8016.67
   ＝85267.27万元

【例1-20】 某业主拟投资建设某市科研基地项目，该项目的基础相关数据如下：

1. 该项目的建设期为2年，运营期为8年，项目固定资产投资总额为3100万元(不含建设期借款利息)，预计其中的90%形成固定资产，其余的10%形成其他资产。

2. 固定资产的折旧年限为10年，按平均年限折旧法计算折旧，残值率为5%，在运营期末回收固定资产余值，其他资产按8年平均摊销。

3. 固定资产投资贷款年利率为10%(按季进行计息)，固定资产投资贷款的还款方式为在生产期6年之中(即从第3年至第8年)，按照每年等额本金偿还法进行偿还。流动资金贷款每年付息，流动资金贷款的年利率为4%。

4. 年销售税金及其附加按销售收入的6%计取，所得税率为33%。行业的基准投资收益率为12%。该建设项目发生的资金投入、收益及成本等相应情况见表1-22。

建设项目资金投入、收益及成本表　　　　表1-22

序号	项目	年份	1	2	3	4~10
1	固定资产投资	自有资金	930	620		
		贷款	930	620		
2	流动资金贷款				300	
3	年销售收入				3040	3800
4	年经营成本				2080	2600

问题：

1. 请按表1-23填制该项目的借款还本付息表。

项目借款还本付息表　　　　表1-23

序号	项目	建设期		生产期					
		1	2	3	4	5	6	7	8
1	年初累计借款								
2	本年新增借款								
3	本年应计利息								
4	本年应还本金								
5	本年应还利息								

2. 请计算各年固定资产折旧费用以及所得税。
3. 请按表1-24填制该项目全部投资的现金流量表。

全部投资现金流量表　　　　　　　　　　　　　　表1-24

序号	项目	建设期		生产期							
		1	2	3	4	5	6	7	8	9	10
	生产负荷			80%	80%	80%	80%	100%	100%	100%	100%
1	现金流入										
1.1	产品销售收入										
1.2	回收固定资产余值										
1.3	回收流动资金										
2	现金流出										
2.1	固定资产投资										
2.2	流动资金										
2.3	经营成本										
2.4	销售税金及附加										
2.5	所得税										
3	净现金流量										
4	折现系数($i_c=12\%$)	0.8929	0.7972	0.7113	0.6355	0.5674	0.5066	0.4523	0.4039	0.3606	0.322
5	折现净现金流量										
6	累计折现净现金流量										

4. 请计算该项目的财务净现值。
5. 从财务评价的角度，请分析该项目的可行性。
6. 以财务净现值为分析对象，对该项目的固定资产投资、销售收入和年经营成本等因素进行单因素敏感性分析。

答案与解析：

1. 计算建设期贷款的利息：

(1)人民币贷款实际利率计算：

$$人民币实际利率=(1+名义利率\div 年计息次数)^{年计息次数}-1$$
$$=(1+10\%\div 4)^4-1$$
$$=10.38\%$$

(2)贷款利息计算：

$$贷款利息=(年初借款本利累计额+本年借款额\div 2)\times 年实际利率$$

第1年贷款利息=$(0+930\div 2)\times 10.38\%=48.27$万元；

第2年贷款利息=$[(930+48.27)+620\div 2]\times 10.38\%=133.72$万元。

(3)根据题意可知，本金偿还自第3年开始，分6年等额偿还计算：

$$每年应还本金=第3年年初累计借款额\div 还款年限$$
$$=1731.99\div 6$$
$$=288.67万元$$

(4)每年年初累计借款额=截止到上年年初新增借款+截止到上年年初应计利息—

上年应还利息－上年应还本金

每年应计利息＝年初借款本利累计额×年实际利率

则可以计算出：

第 2 年年初累计借款额＝930＋48.27＝978.27 万元；

第 3 年年初累计借款额＝930＋48.27＋620＋133.72＝1731.99 万元；

第 3 年应计利息＝1731.99×10.38％＝179.78 万元；

第 4 年年初累计借款额＝1731.99＋179.78－288.67－179.78＝1443.32 万元；

第 4 年应计利息＝1443.32×10.38％＝149.82 万元；

第 5 年年初累计借款额＝1443.32＋149.82－288.67－149.82＝1154.65 万元；

第 5 年应计利息＝1154.65×10.38％＝119.85 万元；

第 6 年年初累计借款额＝1154.6＋119.85－288.67－119.85＝865.98 万元；

第 6 年应计利息＝865.98×10.38％＝89.89 万元；

第 7 年年初累计借款额＝865.98＋89.89－288.67－89.89＝577.31 万元；

第 7 年应计利息＝577.31×10.38％＝59.92 万元；

第 8 年年初累计借款额＝577.31＋59.92－288.67－59.92＝288.64 万元；

第 8 年应计利息＝288.64×10.38％＝29.96 万元。

(5) 则根据以上数据填制该项目的借款还本付息表如表 1-25：

项目借款还本付息表　　　　　　　　表 1-25

序号	项　目	建设期		生　产　期					
		1	2	3	4	5	6	7	8
1	年初累计借款		978.27	1731.99	1443.32	1154.65	865.98	577.31	288.64
2	本年新增借款	930	620						
3	本年应计利息	48.27	133.72	179.78	149.82	119.85	89.89	59.92	29.96
4	本年应还本金			288.67	288.67	288.67	288.67	288.67	288.64
5	本年应还利息			179.78	149.82	119.85	89.89	59.92	29.96

2. (1) 计算固定资产折旧费用：

固定资产的原值＝3100×90％＋48.27＋133.72＝2971.99 万元；

固定资产的残值＝2971.99×5％＝148.6 万元；

根据题意可知固定资产的折旧年限为 10 年，按平均年限折旧法计算折旧，在运营期末回收固定资产余值。

则各年的固定资产折旧费用＝(固定资产的原值－固定资产的残值)÷折旧年限

＝(2971.99－148.6)÷10

＝282.34 万元

(2) 计算无形资产摊销费：

根据题意可知项目固定资产的 10％形成其他资产，其他资产按 8 年平均摊销。

则有摊销费＝3100×10％÷8＝38.75 万元。

(3) 计算各年流动资金借款利息：

根据题意可知流动资金贷款每年付息，流动资金贷款的年利率为 4％。

第六节 综合案例

各年流动资金借款利息＝流动资金贷款额×流动资金贷款年利率
$$=300×4\%$$
$$=12\,万元$$

(4) 计算生产期销售税金及附加：

销售税金及附加＝销售收入×销售税金及附加税率

第 3 年销售税金及附加＝3040×6%＝182.4 万元；

第 4 年销售税金及附加＝3800×6%＝228 万元；

第 5~10 年销售税金及附加＝3800×6%＝228 万元。

(5) 计算利润总额：

利润＝销售收入－总成本费用－销售税金及附加

总成本费用＝经营成本＋折旧费用＋摊销费用＋财务费用

财务费用＝长期借款利息＋流动资金借款利息

第 3 年利润总额＝3040－(2080＋282.34＋38.75＋179.78＋12)－182.4＝264.73 万元；

第 4 年利润总额＝3800－(2600＋282.34＋38.75＋149.82＋12)－228＝489.09 万元；

第 5 年利润总额＝3800－(2600＋282.34＋38.75＋119.85＋12)－228＝519.06 万元；

第 6 年利润总额＝3800－(2600＋282.34＋38.75＋89.89＋12)－228＝549.02 万元；

第 7 年利润总额＝3800－(2600＋282.34＋38.75＋59.92＋12)－228＝578.99 万元；

第 8 年利润总额＝3800－(2600＋282.34＋38.75＋29.96＋12)－228＝608.95 万元；

第 9 年利润总额＝3800－(2600＋282.34＋38.75＋12)－228＝638.91 万元；

第 10 年利润总额＝3800－(2600＋282.34＋38.75＋12)－228＝638.91 万元。

(6) 计算所得税：

所得税＝(销售收入－总成本费用－销售税金及附加)×所得税率
$$=利润总额×所得税率$$

第 3 年所得税总额＝264.73×33%＝87.37 万元；

第 4 年所得税总额＝489.09×33%＝161.4 万元；

第 5 年所得税总额＝519.06×33%＝171.29 万元；

第 6 年所得税总额＝549.02×33%＝181.18 万元；

第 7 年所得税总额＝578.99×33%＝191.07 万元；

第 8 年所得税总额＝608.95×33%＝200.95 万元；

第 9 年所得税总额＝638.91×33%＝210.84 万元；

第 10 年所得税总额＝638.91×33%＝210.84 万元。

(7) 则根据以上数据填制该项目的所得税表如表 1-26：

项目所得税表　　　　　表 1-26

序号	项目	生产期							
		3	4	5	6	7	8	9	10
1	销售收入	3040	3800	3800	3800	3800	3800	3800	3800
2	总成本费用	2592.87	3082.91	3052.94	3022.98	2993.01	2963.05	2933.09	2933.09
2.1	经营成本	2080	2600	2600	2600	2600	2600	2600	2600

续表

序号	项 目	生 产 期							
		3	4	5	6	7	8	9	10
2.2	折旧费用	282.34	282.34	282.34	282.34	282.34	282.34	282.34	282.34
2.3	摊销费用	38.75	38.75	38.75	38.75	38.75	38.75	38.75	38.75
2.4	财务费用	191.78	161.82	131.85	101.89	71.92	41.96	12	12
2.4.1	长期借款利息	179.78	149.82	119.85	89.89	59.92	29.96		
2.4.2	流动资金借款利息	12	12	12	12	12	12	12	12
3	销售税金及附加	182.4	228	228	228	228	228	228	228
4	利润总额	264.73	489.09	519.06	549.02	578.99	608.95	638.91	638.91
5	所得税	87.37	161.4	171.29	181.18	191.07	200.95	210.84	210.84

3. (1) 计算现金流出：

现金流出＝流动资金＋经营成本＋销售税金及附加＋所得税

第 1 年现金流出＝930＋930＝1860 万元；

第 2 年现金流出＝620＋620＝1240 万元；

第 3 年现金流出＝300＋2080＋182.4＋87.37＝2649.77 万元；

第 4 年现金流出＝2600＋228＋161.4＝2989.4 万元；

第 5 年现金流出＝2600＋228＋171.29＝2999.29 万元；

第 6 年现金流出＝2600＋228＋181.18＝3009.18 万元；

第 7 年现金流出＝2600＋228＋191.07＝3019.07 万元；

第 8 年现金流出＝2600＋228＋200.95＝3028.95 万元；

第 9 年现金流出＝2600＋228＋210.84＝3038.84 万元；

第 10 年现金流出＝2600＋228＋210.84＝3038.84 万元。

(2) 根据题意可以得知固定资产余值和流动资金均在计算期最后一年回收。该项目固定资产折旧年限为 10 年，而生产期却是 8 年，因此可以得知生产期末固定资产余值为：

固定资产余值＝固定资产原值－累计已经提取的固定资产折旧额

＝2971.99－282.34×8

＝713.27 万元

(3) 计算净现金流量：

净现金流量＝现金流入－现金流出

第 1 年净现金流量＝0－1860＝－1860 万元；

第 2 年净现金流量＝0－1240＝－1240 万元；

第 3 年净现金流量＝3040－2649.77＝390.23 万元；

第 4 年净现金流量＝3800－2989.4＝856.2 万元；

第 5 年净现金流量＝3800－2999.29＝800.71 万元；

第 6 年净现金流量＝3800－3009.18＝790.82 万元；

第 7 年净现金流量＝3800－3019.07＝780.93 万元；

第 8 年净现金流量＝3800－3028.95＝771.05 万元；

第六节 综 合 案 例

第 9 年净现金流量＝3800－3038.84＝761.16 万元；
第 10 年净现金流量＝4813.27－3038.84＝1774.43 万元。
（4）计算折现净现金流量：

$$折现净现金流量＝净现金流量×折现系数$$

第 1 年净现金流量＝－1860×0.8929＝－1660.79 万元；
第 2 年净现金流量＝－1240×0.7972＝－988.53 万元；
第 3 年净现金流量＝390.23×0.7113＝277.57 万元；
第 4 年净现金流量＝856.2×0.6355＝515.14 万元；
第 5 年净现金流量＝800.71×0.5674＝454.32 万元；
第 6 年净现金流量＝790.82×0.5066＝400.63 万元；
第 7 年净现金流量＝780.93×0.4523＝353.21 万元；
第 8 年净现金流量＝771.05×0.4039＝311.43 万元；
第 9 年净现金流量＝761.16×0.3606＝274.47 万元；
第 10 年净现金流量＝1774.43×0.322＝571.37 万元。
（5）则根据以上数据填制该项目的全部投资现金流量表如表 1-27：

全部投资现金流量表 表 1-27

序号	项 目	建设期		生产期							
		1	2	3	4	5	6	7	8	9	10
	生产负荷			80%	80%	80%	80%	100%	100%	100%	100%
1	现金流入			3040	3800	3800	3800	3800	3800	3800	4813.27
1.1	产品销售收入			3040	3800	3800	3800	3800	3800	3800	3800
1.2	回收固定资产余值										713.27
1.3	回收流动资金										300
2	现金流出	1860	1240								
2.1	固定资产投资	1860	1240								
2.2	流动资金			300							
2.3	经营成本			2080	2600	2600	2600	2600	2600	2600	2600
2.4	销售税金及附加			182.4	228	228	228	228	228	228	228
2.5	所得税			87.37	161.4	171.29	181.18	191.07	200.95	210.84	210.84
3	净现金流量	－1860	－1240	390.23	856.2	800.71	790.82	780.93	771.05	761.16	1774.43
4	折现系数(i_c=12%)	0.8929	0.7972	0.7113	0.6355	0.5674	0.5066	0.4523	0.4039	0.3606	0.322
5	折现净现金流量	－1660.79	－988.53	277.57	515.14	454.32	400.63	353.21	311.43	274.47	571.37
6	累计折现净现金流量	－1660.79	－2649.32	－2371.75	－1856.62	－1402.29	－1001.66	－648.45	－337.02	－62.55	508.82

4. 项目财务净现值可以从上表（全部投资现金流量表）中得出＝508.82 万元。
5. 从财务评价的角度，请分析该项目的可行性。
该项目的财务净现值＝508.82 万元＞0，说明该项目的盈利能力大于行业平均水平，所以该项目从财务评价的角度来讲是可行的。

6. 单因素敏感性分析：

（1）分别为固定资产投资、销售收入和年经营成本，在初始值的基础上按±10%的幅度变动，并计算出相应的净现值。计算结果见表1-28：

各不确定因素变动所对应的财务净现值表　　　表 1-28

项　目	+10%	0	-10%	平均+1%	平均-1%
固定资产投资	243.89	508.82	773.75	-5.21%	+5.21%
销售收入	1959.41	508.82	-941.77	+28.54%	-28.54%
经营成本	-483.69	508.82	1501.33	-19.51%	+19.51%

（2）计算各因素的敏感性因素：

固定资产投资平均+1%的敏感度=[(243.89-508.82)÷508.82]÷10%=-5.21%；

销售收入平均-1%的敏感度=[(-941.77-508.82)÷508.82]÷10%=-28.54%；

固定经营成本平均+1%的敏感度=[(-483.69-508.82)÷508.82]÷10%=-19.51%。

（3）由上可以看出各不确定性敏感度的排序为：销售收入、经营成本、固定资产投资。而最敏感的因素是销售收入。因此从方案决策角度来看应对销售收入进行更准确的测算，使未来的产品销售收入变化的可能性尽可能减少，以降低项目投资风险。

【例 1-21】 某业主拟建设某工业生产项目，该项目的基础数据如下：

1. 该项目建设期为2年，生产期为5年。该项目的固定资产投资估算总额为5600万元，其中：预计形成固定资产5060万元（含建设期贷款利息为60万元），无形资产540万元。固定资产使用年限为10年，残值率为6%，固定资产余值在项目运营期末收回。

2. 无形资产在生产期5年中，均匀摊入成本。该项目的流动资金为1000万元，在项目的生命周期期末收回。

3. 该项目的设计生产能力为年产量13万t，产品售价为500元/t，销售税金及附加的税率为6%，所得税率为33%，行业基准收益率为8%。

4. 项目的资金投入、收益、成本等基础数据，见表1-29。

项目基础数据表　　　表 1-29

序号	年份项目		建设期		生产期		
			1	2	3	4	5～7
1	建设投资	自有资金	2200	340			
		贷款（不含利息）		3000			
2	流动资金	自有资金			400		
		贷款			200	400	
3	年销售量（万吨）				7	10	13
4	年经营成本				1880	2880	3880

5. 还款方式为在生产期5年之中，按照每年等额本金偿还法进行偿还（即从第3年至第7年）。长期贷款利率为7%（按年计息）。流动资金贷款利率为5%（按年计息）。行业的

投资利润率为16%,投资利税率为20%。

问题:

1. 编制项目的还本付息表。
2. 编制项目的总成本费用估算表。
3. 编制项目损益表,并计算项目的投资利润率、投资利税率和资本金利润率。
4. 编制项目的自有资金现金流量表,并计算项目的净现值、静态和动态的项目投资回收期。
5. 从财务评价的角度,分析判断该项目的可行性。

答案与解析:

1.(1)根据题意,还款方式为在运营期5年之中,按照每年等额本金偿还法进行偿还(即从第3年至第7年)。建设期借款利息累计到生产期,故第3年年初累计借款为3060(=3000+60)。可以得知该项目的本金借款偿还从第3年开始分5年等额偿还。

每年应还本金=第3年年初累计借款÷还款年限=3060÷5=612万元

(2)计算每年应计利息:

建设期借款利息累计到生产期,按年实际利率每年计息一次。

每年年初累计借款额=截止到上年年初新增借款+截止到上年年初应计利息
－上年应还利息－上年应还本金

每年应计利息=年初累计借款×年实际利率

根据题意可知第2年的贷款利息为60万元;

第3年年初累计借款额=3000+60=3060万元;

第3年应计利息=3060×7%=214.2万元;

第4年年初累计借款额=3060+214.2－612－214.2=2448万元;

第4年应计利息=2448×7%=171.36万元;

第5年年初累计借款额=2448+171.36－612－171.36=1836万元;

第5年应计利息=1836×7%=128.52万元;

第6年年初累计借款额=1836+128.525－612－128.52=1224万元;

第6年应计利息=1224×7%=85.68万元;

第7年年初累计借款额=1224+85.68－612－85.68=612万元;

第7年应计利息=612×7%=42.84万元。

(3)根据以上计算数据填制该项目还本付息表,见表1-30:

项目还本付息表　　　　　　　　　　表1-30

序号	年份 项目	建设期		生产期				
		1	2	3	4	5	6	7
1	年初累计借款	0	0	3060	2448	1836	1224	612
2	本年新增借款	0	3000	0	0	0	0	0
3	本年应计利息	0	60	214.2	171.36	128.52	85.68	42.84
4	本年应还本金	0	0	612	612	612	612	612
5	本年应还利息	0	0	214.2	171.36	128.52	85.68	42.84

2. (1) 计算折旧费：

根据题意可知固定资产使用年限为 10 年，残值率为 6%，固定资产余值在项目运营期末收回。则

$$年折旧费=[固定资产投资总额\times(1-残值率)]\div使用年限$$
$$=[5060\times(1-6\%)]\div 10$$
$$=475.64 \text{ 万元}$$

(2) 计算年摊销费用：

根据题意可知无形资产在运营期 6 年中，均匀摊入成本。则

$$年摊销费用=无形资产\div摊销年限$$
$$=1000\div 5$$
$$=200 \text{ 万元}$$

(3) 根据以上计算数据填制该项目总成本费用估算表，见表 1-31：

项目总成本费用估算表　　　　　　　　　　表 1-31

序号	年份\项目	生产期				
		3	4	5	6	7
1	经营成本	1880	2880	3880	3880	3880
2	折旧费用	475.64	475.64	475.64	475.64	475.64
3	摊销费用	200	200	200	200	200
4	财务费用	224.2	201.36	158.52	115.68	72.84
4.1	长期借款利息	214.2	171.36	128.52	85.68	42.84
4.2	流动资金借款利息	10	30	30	30	30
5	总成本费用	2779.84	3757	4714.16	4671.32	4628.48

3. (1) 计算年销售收入：

$$年销售收入=当年产量\times产品售价$$

第 3 年销售收入＝7×500＝3500 万元；

第 4 年销售收入＝10×500＝5000 万元；

第 5 年销售收入＝13×500＝6500 万元；

第 6 年销售收入＝13×500＝6500 万元；

第 7 年销售收入＝13×500＝6500 万元。

(2) 计算年销售税金及附加：

$$销售税金及附加=销售收入\times销售税金及附加税率$$

第 3 年销售税金及附加＝3500×6%＝210 万元；

第 4 年销售税金及附加＝5000×6%＝300 万元；

第 5～7 年销售税金及附加＝6500×6%＝390 万元。

(3) 计算利润总额：

$$利润=销售收入-总成本费用-销售税金及附加$$

第 3 年利润总额＝3500－2779.84－210＝510.16 万元；

第六节 综合案例

第 4 年利润总额＝5000－3757－300＝943 万元；
第 5～7 年利润总额＝6500－4714.16－390＝1359.84 万元。
(4) 计算所得税：
$$\text{所得税}＝(\text{销售收入}－\text{总成本费用}－\text{销售税金及附加})\times\text{所得税率}$$
$$＝\text{利润总额}\times\text{所得税率}$$
第 3 年所得税总额＝510.16×33％＝168.35 万元；
第 4 年所得税总额＝943×33％＝311.19 万元；
第 5 年所得税总额＝1359.84×33％＝448.75 万元；
第 6 年所得税总额＝1438.68×33％＝474.77 万元；
第 7 年所得税总额＝1481.52×33％＝488.9 万元。
(5) 计算盈余公积金：
$$\text{盈余公积金}＝\text{税后利润}\times\text{盈余公积金率}＝(\text{利润总额}－\text{所得税})\times\text{盈余公积金率}$$
第 3 年盈余公积金总额＝(510.16－168.35)×10％＝34.18 万元；
第 4 年盈余公积金总额＝(943－311.19)×10％＝63.18 万元；
第 5 年盈余公积金总额＝(1359.84－448.75)×10％＝91.11 万元；
第 6 年盈余公积金总额＝(1438.68－474.77)×10％＝96.39 万元；
第 7 年盈余公积金总额＝(1481.52－488.9)×10％＝99.26 万元。
(6) 计算可供分配利润：
$$\text{可供分配利润}＝\text{税后利润}－\text{盈余公积金}＝\text{利润总额}－\text{所得税}－\text{盈余公积金}$$
第 3 年可供分配利润总额＝(510.16－168.35)－34.18＝307.63 万元；
第 4 年可供分配利润总额＝(943－311.19)－63.18＝568.63 万元；
第 5 年可供分配利润总额＝(1359.84－448.75)－91.11＝819.98 万元；
第 6 年可供分配利润总额＝(1438.68－474.77)－96.39＝867.52 万元；
第 7 年可供分配利润总额＝(1481.52－488.9)－99.26＝893.36 万元。
(7) 根据以上计算数据填制该项目损益表，见表 1-32：

项目损益表　　　　表 1-32

序号	项目 \ 年份	生产期				
		3	4	5	6	7
1	销售收入	3500	5000	6500	6500	6500
2	总成本费用	2779.84	3757	4714.16	4671.32	4628.48
3	销售税金及附加	210	300	390	390	390
4	利润总额	510.16	943	1359.84	1438.68	1481.52
5	所得税	168.35	311.19	448.75	474.77	488.9
6	税后利润	341.8	631.8	911.1	963.9	992.6
7	盈余公积金	34.18	63.18	91.11	96.39	99.26
8	可供分配利润	307.63	568.63	819.98	867.52	893.36

4. 盈利能力的静态指标计算：
(1) 项目投资利润率＝(年平均利润总额÷项目总投资)×100％

年平均利润总额＝∑年利润÷年总数

则年平均利润总额＝(510.16＋943＋1359.84＋1438.68＋1481.52)÷5
　　　　　　　　＝1146.64 万元

项目投资利润率＝[1146.64÷(5060＋540＋1000)]×100%＝17.37%

(2) 项目投资利税率＝(年平均利税总额÷项目总投资)×100%

年平均利税总额＝∑年利税÷年总数

则年平均利税总额＝[(510.16＋943＋1359.84＋1438.68＋1481.52)
　　　　　　　　　＋(210＋300＋390＋390＋390)]÷5
　　　　　　　　＝1482.64 万元

项目投资利税率＝[1482.64÷(5060＋540＋1000)]×100%＝22.47%

(3) 项目资本金利润率＝[年平均利润÷项目资本金总额]×100%
　　　　　　　　　　＝[1146.64÷(2200＋340＋400)]×100%
　　　　　　　　　　＝39%

5. (1) 计算现金流出：

现金流出＝自有资金＋经营成本＋偿还借款＋销售税金及附加＋所得税

偿还借款＝长期借款本金偿还＋长期借款利息偿还＋流动资金本金偿还
　　　　＋流动资金利息偿还

第 1 年现金流出＝2200 万元；

第 2 年现金流出＝340 万元；

第 3 年现金流出＝400＋1880＋612＋214.2＋10＋210＋168.35＝3494.55 万元；

第 4 年现金流出＝2880＋612＋171.36＋30＋300＋311.19＝4304.55 万元；

第 5 年现金流出＝3880＋612＋128.52＋30＋390＋448.75＝5489.27 万元；

第 6 年现金流出＝3880＋612＋85.68＋30＋390＋474.77＝5472.45 万元；

第 7 年现金流出＝3880＋612＋42.84＋30＋390＋488.9＋600＝6043.74 万元。

(2) 根据题意可以得知固定资产余值和流动资金均在计算期最后一年回收。该项目固定资产折旧年限为 10 年，而生产期却是 5 年，因此可以得知生产期末固定资产余值为：

固定资产余值＝年折旧费×5＋残值
　　　　　　＝475.64×5＋5060×6%
　　　　　　＝2681.8 万元

(3) 计算净现金流量：

净现金流量＝现金流入－现金流出

第 1 年净现金流量＝0－2200＝－2200 万元；

第 2 年净现金流量＝0－340＝－340 万元；

第 3 年净现金流量＝3500－3494.55＝5.45 万元；

第 4 年净现金流量＝5000－4304.55＝695.45 万元；

第 5 年净现金流量＝6500－5489.27＝1010.73 万元；

第 6 年净现金流量＝6500－5472.45＝1027.55 万元；

第 7 年净现金流量＝6500＋2681.8＋1000－6043.74＝4133.06 万元。

(4) 计算折现净现金流量：

第六节 综合案例

折现净现金流量＝净现金流量×折现系数

第1年折现净现金流量＝－2200×0.926＝－2037.2万元；
第2年折现净现金流量＝－340×0.857＝－291.38万元；
第3年折现净现金流量＝5.45×0.794＝4.33万元；
第4年折现净现金流量＝695.45×0.735＝511.16万元；
第5年折现净现金流量＝1010.73×0.681＝688.31万元；
第6年折现净现金流量＝1027.55×0.63＝647.36万元；
第7年折现净现金流量＝4133.06×0.584＝2431.71万元。

（5）则根据以上数据填制该项目的现金流量表如表1-33：

自有资金现金流量表　　　　　　　　　　表1-33

序号	项目	建设期		生产期				
		1	2	3	4	5	6	7
1	现金流入			3500	5000	6500	6500	10181.8
1.1	产品销售收入			3500	5000	6500	6500	6500
1.2	回收固定资产余值							2681.8
1.3	回收流动资金							1000
2	现金流出	2200	340	3494.55	4304.55	5489.27	5472.45	6043.74
2.1	自有资金	2200	340	400				
2.2	经营成本			1880	2880	3880	3880	3880
2.3	偿还借款							
2.3.1	长期借款本金偿还			612	612	612	612	612
2.3.2	长期借款利息偿还			214.2	171.36	128.52	85.68	42.84
2.3.3	流动资金本金偿还							600
2.3.4	流动资金利息偿还			10	30	30	30	30
2.4	销售税金及附加			210	300	390	390	390
2.5	所得税			168.35	311.19	448.75	474.77	488.9
3	净现金流量	－2200	－340	5.45	695.45	1010.73	1027.55	4133.06
4	累计净现金流量	－2200	－2540	－2534.55	－1839.1	－838.37	199.18	4332.24
5	折现系数($i_c=8\%$)	0.926	0.857	0.794	0.735	0.681	0.63	0.584
6	折现净现金流量	－2037.2	－291.38	4.33	511.16	688.31	647.36	2431.71
7	累计折现净现金流量	－2037.2	－2328.58	－2324.25	－1813.09	－1124.78	－477.42	1954.29

从表1-33中可以得知净现值为1954.29万元。

项目静态投资回收期计算：

　　　静态投资回收期＝(6－1)＋[(|－838.37|)÷1027.55]＝5.82年

项目动态投资回收期计算：

　　　动态投资回收期＝(7－1)＋[(|－477.42|)÷2431.71]＝6.2年

6. 从财务评价角度，分析和评价该项目的可行性：

因为，项目投资利润率为 17.37%>16%，项目的投资利税率为 22.47%>20%，项目自有资金财务净现值 $NPV=1954.29$ 万元>0，项目在全寿命期的盈利能力大于行业水平。静态投资回收期为 5.82 年，动态投资回收期为 6.2 年。

所以，可以判定该项目从自有资金财务评价的盈利能力指标分析也是可行的。

【例 1-22】 某业主拟投资建设一个生产某种市场比较紧俏的建设项目，以生产国内急需的一种产品。该项目的建设期为 1 年，第 2 年开始投入生产经营，运营期为 8 年。这一建设项目的基础数据如下：

1. 建设期一次性投入固定资产投资额为 1000 万元，全部形成固定资产。固定资产使用期限为 8 年，到期预计净残值为 3%。

2. 项目第 2 年投产，投入流动资金 300 万元，在运营期的前两年均匀投入，运营期末全额回收。

3. 运营期中，正常年份每年的销售收入为 550 万元，经营成本为 120 万元，产品销售税金及附加税率为 6%，所得税税率为 33%，年总成本费用为 300 万元，行业基准收益率 10%，基准投资回收期为 7 年。

4. 运营期的第 1 年生产能力仅仅为设计生产能力的 60%，所以这一年的销售收入与经营成本都按照正常年份的 60% 计算。投产的第 2 年及以后各年均达到设计生产能力。

问题：
1. 请编制该项目全部投资的现金流量表及其延长表。
2. 计算该项目的静态以及动态投资回收期。
3. 计算该项目的财务净现值。
4. 计算项目的内部收益率。
5. 从财务评价的角度，分析拟建项目的可行性。

答案与解析：
1. 该项目全部投资的现金流量表及其延长表见表 1-34：

项目全部投资的现金流量表及其延长表　　　　　表 1-34

序号	项目	合计	建设期 1	生产经营期 2	3	4	5	6	7	8	9
	生产负荷%			60	100	100	100	100	100	100	100
1	现金流入	4510		330	550	550	550	550	550	550	880
1.1	产品销售收入	4180		330	550	550	550	550	550	550	550
1.2	回收固定资产余值	30									30
1.3	回收流动资金	300									300
2	现金流出	2671.68	1000	243.55	332.59	182.59	182.59	182.59	182.59	182.59	182.59
2.1	固定资产投资	1000	1000								
2.2	流动资金	300		150	150						
2.3	经营成本	912		72	120	120	120	120	120	120	120
2.4	销售税金及附加	228		18	30	30	30	30	30	30	30

第六节 综合案例

续表

序号	项目	合计	建设期 1	生产经营期 2	3	4	5	6	7	8	9
2.5	所得税	231.68		3.55	32.59	32.59	32.59	32.59	32.59	32.59	32.59
3	净现金流量	1838.32	−1000	86.45	217.41	367.41	367.41	367.41	367.41	367.41	697.41
4	累计净现金流量		−1000	−913.55	−696.14	−328.73	38.68	406.09	773.5	1140.91	1838.32
5	折现系数($i=10\%$)		0.909	0.826	0.751	0.683	0.621	0.564	0.513	0.467	0.424
6	折现净现金流量	667.76	−909	71.41	163.27	250.94	228.16	207.22	188.48	171.58	295.7
7	累计折现净现金流量		−909	−837.59	−674.32	−423.38	−195.22	12	200.48	372.06	667.76

(1) 运营期销售税金及附加：

销售税金及附加＝销售收入×销售税金及附加税率

第2年销售税金及附加＝500×60%×6%＝18万元；

第3～11年销售税金及附加＝500×100%×6%＝30万元。

(2) 运营期所得税：

所得税＝（销售收入－销售税金及附加－总成本费用－折旧费）×所得税率

每年固定资产折旧额＝1000×（1－3%）÷8＝121.25万元

第2年所得税＝（550×60%－18－300×60%－121.25）×33%＝3.55万元；

第3～11年所得税＝（550－30－300－121.25）×33%＝32.59万元。

2. 根据表中的数据，按以下公式计算该项目的投资回收期：

(1) 该项目的静态投资回收期：

项目静态投资回收期＝（累计净现金流量出现正值的年份－1）＋（出现正值年份上年累计净现金流量绝对值÷出现正值年份当年净现金流量）

从表中数据可以得知该项目的静态投资回收期

＝（5－1）＋（|−328.73|÷367.41）＝4.9年

(2) 该项目的动态投资回收期：

项目动态投资回收期＝（累计折现净现金流量出现正值的年份－1）＋（出现正值年份上年累计折现净现金流量绝对值÷出现正值年份当年折现净现金流量）

从表中数据可以得知该项目的动态投资回收期

＝（6－1）＋（|−195.22|÷207.22）＝5.94年

3. 根据表中的数据，可求出项目的净现值：

$$项目的净现值 = \sum_{t=1}^{n}[(CI-CO)_t \times (1+i_c)^{-t}]$$

$$= \sum_{t=1}^{11}[(CI-CO)_t \times (1+i_c)^{-t}]$$

＝667.76万元

4. 采用试算法求出拟建项目的内部收益率，计算过程步骤如下：

(1) 设定 $IRR_1=20\%$，然后以20%作为设定的折现率，求出各年的折现系数。利用现金流量延长表，计算出各年的折现净现金流量和累计折现净现金流量，从而得到 NPV_1 见表 1-35：

项目现金流量表　　　　　　　　　　　　　　　　　　　表 1-35

序号	项　　目	合计	建设期 1	生产经营期							
				2	3	4	5	6	7	8	9
1	现金流入	4510		330	550	550	550	550	550	550	880
2	现金流出	2671.68	1000	243.55	332.59	182.59	182.59	182.59	182.59	182.59	182.59
3	净现金流量	1838.32	−1000	86.45	217.41	367.41	367.41	367.41	367.41	367.41	697.41
4	累计净现金流量		−1000	−913.55	−696.14	−328.73	38.68	406.09	773.5	1140.91	1838.32
5	折现系数($i=10\%$)		0.909	0.826	0.751	0.683	0.621	0.564	0.513	0.467	0.424
6	折现净现金流量	667.76	−909	71.41	163.27	250.94	228.16	207.22	188.48	171.58	295.7
7	累计折现净现金流量		−909	−837.59	−674.32	−423.38	−195.22	12	200.48	372.06	667.76
8	折现系数($i=20\%$)		0.833	0.694	0.579	0.482	0.402	0.335	0.279	0.233	0.194
9	折现净现金流量	124.17	−833	60	125.88	177.09	147.7	123.08	102.51	85.61	135.3
10	累计折现净现金流量		−833	−773	−647.12	−470.03	−322.33	−199.25	−96.74	−11.13	124.17
11	折现系数($i=25\%$)		0.8	0.64	0.512	0.41	0.328	0.262	0.21	0.168	0.134
12	折现净现金流量	−33.65	−800	55.3	111.31	150.64	120.51	96.26	77.16	61.72	93.45
13	累计折现净现金流量		−800	−744.7	−633.39	−482.75	−362.24	−265.98	−188.82	−127.1	−33.65

（2）再设定 $IRR_2=25\%$，然后以 25% 作为设定的折现率，求出各年的折现系数。同样，利用现金流量延长表，计算出各年的折现净现金流量和累计折现净现金流量，从而得到 NPV_2，见上表。

（3）如果试算结果满足：$NPV_1>0$，$NPV_2<0$，符合插补要求，即可采用插值法计算出拟建项目的内部收益率 IRR。

由表中可知：$IRR_1=20\%$ 时，$NPV_1=124.17$
　　　　　　　$IRR_2=25\%$ 时，$NPV_2=-33.65$

满足试算的条件，可以采用插值法计算拟建项目的内部收益率 IRR。即：

$IRR = IRR_1+(IRR_2-IRR_1)\times[NPV_1\div|NPV_1|+|NPV_2|)]$
$\quad\quad =20\%+(25\%-20\%)\times[124.17\div(|124.17|+|-33.65|)]=23.93\%$。

5. 从财务评价角度，分析和评价该项目的可行性：
项目净现值＝667.76 万元＞0；
该项目内部收益率＝23.93%＞行业基准收益率 10%；
由此可以判定该项目是可行的。

【例 1-23】 某新建项目正常年份的设计生产能力为 50 万件，年固定成本为 300 万元，每件产品销售价预计 50 元，销售税金及附加的税率为 6%，单位产品的可变成本估算额为 30 元。

问题：

1. 对项目进行盈亏平衡分析，计算项目的产量盈亏平衡点和单价盈亏平衡点为多少？
2. 在市场销售良好情况下，正常生产年份的最大可能盈利额为多少？
3. 在市场销售不良情况下，企业欲保证能获年利润 80 万元的年产量应为多少？
4. 在市场销售不良情况下，为了促销，产品的市场价格由 50 元降低 15% 销售时，若欲每年获利润 30 万元的年产量应为多少？
5. 从盈亏平衡分析角度，判断该项目的可行性。

答案与解析：

1. 项目产量盈亏平衡点和单价盈亏平衡点计算步骤如下：

$$产量盈亏平衡点=\frac{固定成本}{[产品单价(1-销售税金及附加税率)]-单位产品可变成本}$$

$$=\frac{300}{50\times(1-6\%)-30}=17.65\ 万件$$

$$单位盈亏平衡点=\frac{固定成本+设计生产能力\times 可变成本}{设计生产能力}+单位产品销售税金及附加$$

$$=39\ 元$$

2. 在市场销售良好情况下，正常年份最大可能盈利额为：

$$最大可能盈利额\ R=正常年份总收益-正常年份总成本$$

$$R=设计能力\times[单价(1-销售税金及附加税率)]-(固定成本$$
$$+设计能力\times 单位可变成本)$$
$$=50\times 50\times(1-6\%)-(300+50\times 30)$$
$$=550\ 万元$$

3. 在市场销售不良情况下，每年欲获 80 万元利润的最低年产量为

$$产量=\frac{利润+固定成本}{单价-销售税金及附加-单位产品成本}$$

$$=\frac{80+300}{50-50\times 6\%-30}=22.35\ 万件$$

4. 在市场销售不良情况下，为了促销，产品的市场价格降低 15% 时，还要维持每年 30 万元利润额的年产量应为：

$$产量=\frac{利润+固定成本}{单价-销售税金及附加-单位产品成本}$$

$$=\frac{30+300}{50\times(1-15\%)-50\times(1-15\%)\times 6\%-30}=33.17\ 万件$$

5. 根据上述计算结果，从盈亏平衡分析角度，判断该项目的可行性。

(1) 本项目产量盈亏平衡点 17.65 万件，而项目的设计生产能力为 50 万件，大于盈亏平衡点产量，可见，项目盈亏平衡点较低，盈利能力和抗风险能力较强。

(2) 本项目单价盈亏平衡点 39 元/件，而项目的预测单价为 50 元/件，高于盈亏平衡点的单价。若市场销售不良，为了促销，产品价格降低在 22% $\left(=\frac{50-39}{50}\right)$ 以内，仍可保本。

(3) 在市场销售不利的情况下，单位产品价格即使降低 15%，只要年产量和销量达到设计生产能力的 66.34%（=33.17/50），仍可保证每年盈利 30 万元。所以该项目获利的机

会比较大。

综上所述,可以判断该项目的盈利能力和抗风险能力均比较强。

【例1-24】 某建筑公司承担了某工程的基坑土方施工。土方量为10000m³,平均运土距离为8km,计划工期为10天,每天一班制施工。该公司现有WY50、WY75、WY100、挖掘机各2台以及5t、8t、10t自卸汽车各10台,主要参数见表1-36、表1-37。

挖掘机主要参数表　　　　　　　　　　　　　　　　表1-36

型号	WY50	WY75	WY100
斗容量(m³)	0.5	0.75	1
台班产量(m³)	480	558	690
台班价格(元/台班)	830	960	1200

自卸汽车主要参数表　　　　　　　　　　　　　　　表1-37

载重能力(t)	5	8	10
运距8km台班产量(m³/台班)	32	51	81
台班单价(元/台班)	600	750	1200

问题:

1. 若挖掘机和自卸汽车按表中型号各取一种,如何组合最经济?则相应的每立方米土方的挖、运直接费为多小?(计算结果保留2位小数)

2. 根据该公司现有的挖掘机和自卸汽车的数量,完成土方挖运任务,每天应安排几台何种型号的挖掘机和几台何种型号的自卸汽车?

3. 根据所安排的挖掘机和自卸汽车数量,该土方工程可在几天内完成?相应的每立方米土方的挖、运直接费为多少?(计算结果保留2位小数)

答案与解析:

1. 以挖掘机和自卸汽车每立方米挖、运直接费最少为原则选择其组合。

(1) 挖掘机:

WY50:830/480=1.73(元/m³);

WY75:960/558=1.72(元/m³);

WY100:1200/690=1.74(元/m³)。

因此取单价为1.72元/m³的WY75的挖掘机。

(2) 自卸汽车:

5t:600/32=18.75(元/m³);

8t:750/51=14.71(元/m³);

10t:1200/81=14.82(元/m³)。

因此取单价为14.71元/m³的8t的自卸汽车。

相应的每立方米土方的挖运直接费为1.72+14.71=16.43(元/m³)。

2. 选择挖掘机和自卸汽车:

(1) 挖掘机选择:

第六节 综 合 案 例

每天需要 WY75 挖掘机的台数土方量为 $10000/(558×10)=1.79$(台),取 2 台。2 台 WY75 挖掘机每天挖掘土方量为 $558×2=1116(m^3)$。

(2) 自卸汽车选择:

1) 按最经济的 8t 自卸汽车每天应配备台数为 $1116/51=21.88$(台)。每天运输土方量为 $51×10=510(m^3)$。每天尚有需运输土方量为 $1116-510=606(m^3)$。

2) 增加配备 10t 或 5t 自卸汽车台数,有两种可行方案:

① 配备 10t 自卸汽车台数$(1116-510)/81=7.48$(台),取 8 台。

② 配备 6 台 10t 自卸汽车、4 台 5t 自卸汽车,每天运输的土方量 $6×81+4×32=614m^3$,满足 $606m^3$。

3. 按 2 台 WY75 型挖掘机的台班产量完成 $10000m^3$ 土方工程所需时间为:$10000/(558×2)=8.96$(天)。则土方可在 9 天内完成。

相应的每立方米土方的挖运直接费为:$(2×960+750×10+6×1200+4×600)×9÷10000=17.12$(元$/m^3$)

【例 1-25】 某建筑公司欲开挖某大模板工艺多层钢筋混凝土结构居住房屋的基坑,总土方量为 $9000m^3$。因场地狭小,挖出的土除就地存放 $1200m^3$ 准备回填外,其余土必须用汽车及时运走。建筑公司根据其现有劳动力和机械设备条件,制定了三种施工方案。

方案一:用 W-100 反铲挖土机开挖,翻斗汽车运土方案。用反铲挖土机开挖,基坑不需要开挖斜道,配合挖土机工作每班需工 2 人,基坑整修需要劳动量 51 工日。反铲挖土机的台班生产率为 $529m^3$。

方案二:采用 W-501 正铲挖土机,斗容量为 $0.5m^3$,该方案需要先开挖一条可供挖土机及汽车出入的斜道,斜道土方量为 $120m^3$,正铲挖土机的生产率为 $518m^3$。配合挖土机需工 2 人,斜道回填需 33 工日、1 个台班,基坑修整需 51 工日。

方案三:采用人工开挖,人工装翻斗车运。需人工开挖两条斜道,以使翻斗车进出,两条斜道土方量 $400m^3$,挖土每班配工 69 人,翻斗车装土每班需配工 36 人,回填斜道需劳动量 150 工日。人工挖土方的产量定额为 $8m^3/$工日。

其中已知:挖土机台班单价 1200 元/台班(含两名操作人员的工资在内);拖车台班单价 1200 元/台班;机械使用费、挖土进场影响的工时按 0.5 台班考虑;拖运费按拖车的 0.5 台班考虑;人工费按 50 元/工日考虑;其他直接费率按 7%、综合费率按 22.5% 考虑。

问题:

请用技术经济比较法来选择合理的施工方案。

答案与解析:

方案一:(1) 工期指标 $T=9000÷529=17$ 天;

(2) 劳动量指标 $P=2×17+2×17+51=119$ 工日;

(3) 成本指标 $C=[17×1200+0.5×1200+0.5×1200+(2×17+51)×50]×(1+7\%)×(1+22.5\%)=33883$ 元。

方案二:(1) 工期指标 $T=9000÷5+120÷518+1=18.5$ 天;

(2) 劳动量指标 $P=2×18.5+2×18.5+33+51=158$ 工日;

（3）成本指标 $C=[18.5\times1200+0.5\times1200+0.5\times1200+(2\times18.5+33+51)\times50]\times(1+7\%)\times(1+22.5\%)=38566$ 元。

方案三：（1）工期指标 $T=(9000+400)\div8\div69=17$ 天；

（2）劳动量指标 $P=(9000+400)\div8+36\times17+150=1937$ 工日；

（3）成本指标 $C=1937\times50$ 元 $\times(1+7\%)\times(1+22.5\%)=126828$ 元。

将以上三种方案有关指标计算结果汇总如表1-38：

方案指标汇总表　　　　　　　表1-38

开挖方案	工期指标 T(天)	劳动量指标 P(工日)	成本指标 C(元)	说　明
方案一	17	119	33851	反铲挖土机
方案二	18.5	154	38566	正铲挖土机
方案三	17	193	126828	人工挖土

从表中各项指标分析比较可以看出方案一各项指标均较优。故施工单位应该采用方案一做为施工方案。

第二章　工程概预算与工程量

商务经理作为工程项目领导班子的一员,在工程建设全过程中起着十分重要的作用。为了能够更好地从事工程商务活动,应该具有编审工程概预算书与工程量清单的能力。需要商务经理掌握的概预算与工程量清单的主要内容包括:建筑安装工程定额;施工图预算的编制依据、程序及计算步骤、原则;一般建筑工程工程量的计算;建设项目工程量清单等等。

第一节　建筑安装工程定额

一、定额的含义、性质、分类

1. 定额的含义

建筑工程定额,是指在一定的生产条件下,生产质量合格的单位产品所需要消耗的人工、材料、机械台班和资金的数量标准。它反映出一定时期的社会劳动生产率水平。

由于工程建设的特点,生产周期长,大量的人力、物力投入以后,需较长时间才能生产出产品。这就必然要求从宏观上和微观上对工程建设中的资金和资源消耗进行预测、计划、调配和控制,以便保证必要的资金和各项资源的供应,以适应工程建设的需要,同时保证资金和各项资源的合理分配和有效利用。要做到这些,就需借助于工程建设定额,利用定额所提供的各类工程的资金和资源消耗的数量标准,作为预测、计划、调配和控制资金和资源消耗的科学依据,力求用最少的人力、物力和财力的消耗,生产出符合质量标准的建筑产品,取得最好的经济效益。

2. 定额的性质

在社会主义市场经济条件下,定额具有科学性、法令性和群众性。

综上所述,定额的科学性是定额法令性的客观依据,而定额的法令性,又是使定额得以贯彻可行的保证,定额的群众性是定额执行的前提条件。

3. 定额的分类

建筑工程定额种类很多,在施工生产中,根据需要而采用不同的定额。建筑工程定额从不同角度分类,如图 2-1 所示。

全国统一定额是指根据全国各专业工程的生产技术与组织管理情况而编制的、在全国范围内执行的定额。如《全国统一建筑工程基础定额》等。

地区统一定额是指由国家授权地方主管部门,结合本地区特点,参照全国统一定额水平制定的、在本地区使用的定额。如《北京市建设工程预算定额》等。

企业定额是指根据企业生产力水平和管理水平制定的内部使用定额。如企业内部《施工定额》等。

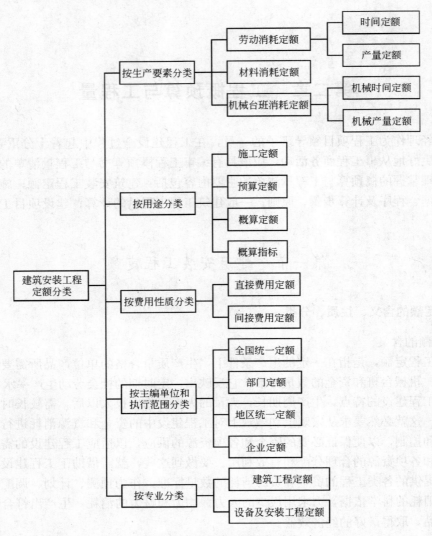

图 2-1 建筑安装工程定额分类

二、施工定额

1. 施工定额的概念

施工定额,是建筑安装工人或工人小组在正常的施工条件下,为完成单位合格产品,所需消耗的劳动力、材料、机械台班的数量标准。施工定额是直接用于施工企业内部的一种定额,它是国家、省、市、自治区业务主管部门或施工企业,在定性和定量分析施工过程的基础上,采用技术测定方法制定,按照一定程序颁发执行的。

施工定额由劳动消耗定额、材料消耗定额和机械台班消耗定额三部分组成。

(1) 劳动消耗定额

劳动消耗定额简称劳动定额又称人工定额,是指在正常的施工技术和组织条件下,完成单位合格产品所必需的劳动消耗量标准。劳动定额的表现形式分为时间定额和产量定额两种。劳动定额反映了大多数企业和职工经过努力能够达到的平均先进水平。

1) 时间定额

时间定额是指在一定的施工技术和组织条件下,某工种、某种技术等级的工人班组,完成符合质量要求的单位产品所必需的工作时间。

时间定额以工日为单位,每个工日现行规定工作时间为 8 小时,计算方法如下:

$$单位产品时间定额(工日)=1/每工产量$$

或 $$单位产品时间定额(工日)=小组成员工日数总和/台班产量(班组完成产品数量)$$

时间定额的计量单位有工日$/m^2$、工日$/m^3$、工日$/t$、工日/块等。

2) 产量定额

产量定额是指在一定的施工技术和组织条件下,某工种、某种技术等级的班组或个人,在单位时间内(工日)完成符合质量要求的产品数量。

产量定额计量单位多种多样如 m/工日、m^2/工日、m^3/日、t/工日、块/工日等。

计算方法如下:

$$每工日产量定额=1/单位产品时间定额(工日)$$

或 $$台班产量定额=小组成员工日数总和/单位产品时间定额(工日)$$

时间定额与产量定额互为倒数,即

$$时间定额×产量定额=1$$

(2) 材料消耗定额

是指在节约和合理使用材料的条件下,生产符合质量标准的单位产品所必须消耗的一定规格的建筑材料、半成品、构(配)件等的数量标准。

材料消耗定额包括材料的净用量和不可避免的材料损耗量。

材料的损耗用材料的损耗率来表示,就是材料损耗量与材料净用量的比例。即

$$材料损耗率=(材料损耗量/材料净用量)×100\%$$

材料消耗量可用下式表示:

$$材料消耗量=材料净用量+材料损耗量$$

或 $$材料消耗量=材料净用量×(1+材料损耗率)$$

(3) 机械台班消耗定额

简称机械台班定额,是在正常的施工条件和合理使用机械的条件下,规定利用某种机械完成单位合格产品所必须消耗的人—机工作时间,或规定在单位时间内,人—机必须完成的合格产品数量标准。

机械台班定额的表现形式分为机械时间定额和机械产量定额两种。

1) 机械时间定额:就是某种机械完成单位合格产品所消耗的时间。

2) 机械产量定额:就是某种机械在单位时间内完成合格产品的数量。

机械时间定额与机械产量定额互为倒数关系。

2. 施工定额的作用

施工定额的作用主要有以下几方面:

(1) 是编制施工组织设计和施工作业计划的依据;

(2) 是签发施工任务书和限额领料单的依据;

(3) 是编制施工预算、实行经济责任制、加强企业成本管理的基础;

(4) 是考核班组、贯彻按劳分配原则和项目承包的依据；
(5) 是施工企业开展社会主义劳动竞赛、提高劳动生产率的重要前提条件；
(6) 是编制预算定额的基础。

3. 施工定额的内容及应用

(1) 施工定额的主要内容

1) 总说明和分册章、节说明

总说明是说明定额的编制依据、适用范围、工程质量要求，各项定额的有关规定及说明，以及编制施工预算的若干说明。

分册章、节说明，主要是说明本册、章、节定额的工作内容、施工方法、有关规定及说明、工程量计算规则等内容。

2) 定额项目表

定额项目表是由完成本定额子目的工作内容、定额表、附注组成。

3) 附录及加工表

附录一般放在定额分册说明之后，包括有名词解释、图示及有关参考资料。例如材料消耗计算附表、砂浆、混凝土配合比表等。

加工表是指在执行某定额时，在相应的定额基础上需要增加工日的数量表。

(2) 施工定额的应用

要正确使用施工定额，首先要熟悉定额编制总说明、册、章、节说明及附注等有关文字说明部分，以了解定额项目的工作内容、有关规定及说明、工程量计算规则、施工操作方法等。施工定额一般可以直接套用，但有时需要换算后才可套用。

1) 直接套用

当工程项目的设计要求与定额项目的内容，规定完全一致时，可以直接套用。

【例 2-1】 某多层混合结构工程，其设计要求与定额项目内容一致的一砖厚内墙 80m³，采用 M5 的水泥砂浆砌筑，现以 2001 年《北京市建筑工程施工预算定额》为例，计算其工料用量。

解：查表 2-1 的子目 4-3 和表 2-2。

施工预算价值：80×174.59＝13967.2(元)

其中：人工费：80×41.97＝3357.6(元)

材料费：80×128.2＝10256(元)

定额用工：80×1.445＝115.6(工日)

材料用量：

标准砖：80×510＝40800(块)

M5 水泥砂浆：80×0.265＝21.2(m³)

砂浆成分(查表 1-3)：

水泥用量：21.2×209＝4430.8(kg)

砂子用量：21.2×1631＝34577.2(kg)

2) 施工定额的换算调整

当设计要求与定额项目内容不一致时，按分册说明、附录等有关规定换算使用。

第一节 建筑安装工程定额

如在分册说明中规定,调制砂浆以搅拌机为准,人力调制时,相应时间定额乘以1.03系数等。若上例中为人力搅拌,其他不变,则调整后的时间定额=原时间定额量×1.03=1.445×1.03=1.488工日/m³。则劳动定额的用工:80×1.488=119.04(工日)。

施工预算定额(节选) (单位:m³) 表2-1

定额编号				4-1	4-2	4-3
项目				砖		
				基础	外墙	内墙
基价(元)				165.13	178.46	174.59
其中	人工费(元)			34.51	45.75	41.97
	材料费(元)			126.57	128.24	128.2
	机械费(元)			4.05	4.47	4.42
	名称	单位	单价(元)	数量		
人工	82002 综合工日	工日	28.24	1.183	1.578	1.445
	82013 其他人工费	元	—	1.1	1.19	1.16
材料	04001 红机砖	块	0.177	523.6	510	510
	81071 M5水泥砂浆	m³	135.21	0.236	0.265	0.265
	84004 其他材料费	元		1.98	2.14	2.1
机械	84023 其他机具费	元		4.05	4.47	4.42

砌筑砂浆配合比表 (单位:m³) 表2-2

项目 材料	单位	单价(元)	混合砂浆					水泥砂浆			勾缝水泥砂浆 1:1
			M10	M7.5	M5	M2.5	M1	M10	M7.5	M5	
合价	元		172.41	159.33	142.33	123.86	107.45	185.35	159	135.21	341.56
水泥	kg	0.366	306	261	205	145	84	346	274	209	826
白灰	kg	0.097	29	64	100	136	197				
砂子	kg	0.036	1600	1600	1600	1600	1600	1631	1631	1631	1090

三、预算定额

1. 预算定额的概念

预算定额是指在正常的施工条件下,完成一定计量单位的分项工程和结构构件的人工、材料和机械台班消耗的数量标准。

建筑安装工程预算定额包括建筑工程预算定额和安装工程预算定额。预算定额和施工定额不同,不具有企业定额的性质,它是一种具有广泛用途的计价定额,但不是惟一的计价定额。

2. 预算定额的作用

(1) 是编制单位估价表的依据;

(2) 是编制施工图预算,编制标底、报价,进行评标、决标的依据;

(3) 是拨付工程款和进行工程竣工结算的依据;

(4) 是编制施工组织设计，进行工料分析，实行经济核算的依据；

(5) 是编制概算定额和概算指标的基础资料。

3. 预算定额的内容

预算定额主要由总说明、建筑面积计算规则、分册说明、定额项目表和附录、附件五部分组成。

(1) 总说明

总说明主要介绍定额的编制依据、编制原则、适用范围及定额的作用等。同时说明编制定额时已考虑和没有考虑的因素、使用方法及有关规定等。

(2) 建筑面积计算规则

建筑面积计算规则规定了计算建筑面积的范围、计算方法，不应计算建筑面积的范围等。建筑面积是分析建筑工程技术经济指标的重要数据，现行建筑面积计算规则，是由国家统一做出的规定。

(3) 分册（章）说明

分册（章）说明主要介绍定额项目内容、子目的数量、定额的换算方法及各分项工程的工程量计算规则等。

(4) 定额项目表

定额项目表是预算定额的主要构成部分，内容包括工程内容、计量单位、项目表等。

定额项目表中，各子目的预算价值、人工费、材料费、机械费及人工、材料、机械台班消耗量指标之间的关系，可用下列公式表示：

$$预算价值＝人工费＋材料费＋机械费$$

其中：

$$人工费＝合计工日×每工日单价$$
$$材料费＝(定额材料用量人材料预算价格)＋其他材料费$$
$$机械费＝定额机械台班用量×机械台班使用费$$

(5) 附录、附件

附录和附件列在预算定额的最后，包括砂浆、混凝土配合比表，各种材料、机械台班单价表等有关资料，供定额换算、编制施工作业计划等使用。

4. 预算定额的应用

使用预算定额以前，首先要认真学习定额的有关说明、规定，熟悉定额；在预算定额的使用中，一般分为定额的套用、定额的换算和编制补充定额三种情况。

(1) 预算定额的直接套用

当分项工程的设计要求与预算定额条件完全相符时，可以直接套用定额。这是编制施工图预算的大多数情况。

(2) 预算定额的换算

当设计要求与定额项目的工程内容、材料规格、施工方法等条件不完全相符，不能直接套用定额时，可根据定额总说明、册说明等有关规定，在定额规定范围内加以调整换算后再套用。

定额换算主要表现在以下几方面：

1) 砂浆强度等级的换算；

2）混凝土强度等级的换算；
3）按定额说明有关规定的其他换算。
(3) 预算定额的补充

当工程项目在定额中缺项，又不属于调整换算范围之内，无定额可套用时，可编制补充定额，经批准备案，一次性使用。

四、概算定额

1. 概算定额的概念

概算定额，亦称扩大结构定额，全称是建筑安装工程概算定额。它是按一定计量单位规定的，扩大分部分项工程或扩大结构部分的人工、材料和机械台班的消耗量标准。

概算定额是在预算定额基础上的综合和扩大，是介于预算定额和概算指标之间的一种定额。它根据施工顺序的衔接和互相关联性较大的原则，确定定额的划分。例如，在1993年《北京市施工预算定额》中列项的砖砌带型基础、一道圈梁（地梁）、基础防潮等子目合并为1996年《北京市建设工程概算定额》中的带型砖基础（带圈梁）一个子目。

2. 概算定额的作用

(1) 是编制设计概算的依据；
(2) 是设计文件的主要组成部分，是控制和确定建设项目造价，实行建设项目包干的依据；
(3) 是控制基本建设项目贷款、拨款和施工图预算及考核设计经济合理性的依据；
(4) 是编制建设工程估算指标的基础。

3. 概算定额的内容

概算定额的主要内容包括总说明、册章节说明、建筑面积计算规则、定额项目表和附录、附件等。定额项目表是概算定额的核心。

4. 概算定额的应用

使用概算定额前，首先要学习概算定额的总说明，册、章说明，以及附录、附件，熟悉定额的有关规定，能正确地使用概算定额。

概算定额的使用方法同预算定额一样，分为直接套用、定额的调整换算和编制补充定额项目等三种情况，这里不再重复。

五、概算指标

1. 概算指标的概念

概算指标是按一定计量单位规定的，比概算定额更加综合扩大的单位工程或单项工程等的人工、材料、机械台班的消耗量标准和造价指标。

概算指标通常以平方米、立方米、座、台、组等为计量单位，因而估算工程造价较为简单。

2. 概算指标的作用

(1) 是编制初步设计概算的主要依据；
(2) 供基本建设计划工作的参考；
(3) 供设计机构和建设单位选厂和进行设计方案比较时的参考；

(4) 是编制投资估算指标的依据。

3. 概算指标的内容及表现形式

概算指标的内容包括总说明、经济指标、结构特征等。

六、工期定额

1. 工期定额的概念

所谓建设工期，一般是指一个建设项目从破土动工之日起到竣工验收交付使用所需的时间。不同的建设项目，工期也不同，即使相同的建设项目，由于管理水平不同及其他外部条件的差异，也可能引起工期的不同。

建设工期定额是指在平均的建设管理水平及正常的建设条件下，一个建设项目从正式破土动工，到工程全部建成、验收合格交付使用全过程所需的额定时间。一般按月数计。

2. 工期定额的作用

(1) 是编制标书、签订建筑安装工程承包合同的依据；
(2) 是提前或者拖延竣工期限、奖罚的依据；
(3) 是工程结算时计算竣工期调价的依据；
(4) 是施工企业编制施工组织设计和栋号承包、考核施工进度的依据。

3. 工期定额的内容

是由总说明、册(章)说明、定额项目等组成。

4. 工期定额的应用

按工程项目的层数、建筑面积等条件，结合总说明、章说明的有关规定，直接套用或乘以相应系数确定工期。单项工程层数超定额规定时工期的计算单项工程层数超出本定额时，工期可按定额中最高相邻层数的工期差值增加。最高相邻层数的工期差位是指最高相邻层所对应的建筑面积的工期差值。

【例 2-2】 某住宅工程为全现浇结构，±0.00 以上共 22 层，建筑面积 27500m²；±0.00 以下 2 层，建筑面积 2500m²。(该工程地处Ⅱ类地区、土壤类别为Ⅲ类土)。请计算工期。

答案及解析：
(1) 查定额编号：(1-15)2 层地下室 3000m² 以内 170 天；
  (1-145)20 层 30000m² 以内 505 天；
  (1-140)18 层 50000m² 以内 475 天。
(2) 计算相邻层数差的工期差值：505－475＝30(天)。
(3) 该工程总工期为：170＋505＋30＝705(天)。

第二节 施工图预算的编制依据、程序及计算步骤、原则

一、施工图预算的编制依据

建筑工程一般都是由土建工程、暖卫工程、电气工程等组成。因此，土建工程、暖卫

工程、电气工程预算的编制要根据不同的预算定额及不同的费用定额标准、文件来进行。通常情况下，在进行施工图预算的编制时应掌握、依据下列文件资料：

1. 施工图纸、有关标准图集

施工图预算的工程量计算是依据施工图纸（是指经过认真会审的施工图纸，包括图中所有的文字说明、技术资料等），有关通用图集和标准图集、图纸会审记录等进行的。因而，施工图纸、有关标准图集是编制施工图预算的重要依据。

2. 建筑工程预算定额及有关文件

建筑工程预算定额及有关文件是编制工程预算计算人工费、材料费、其他直接费及其他有关费用的基本资料和计取的标准。它包括现行的建筑工程预算定额、间接费及其他费用定额、地区单位估价表、材料预算价格、人工工资标准、施工机械台班定额及有关工程造价管理的文件等。

3. 施工组织设计

施工组织设计是确定单位工程进度计划、施工方法或主要技术措施，以及施工现场平面布置等内容的技术文件。这类文件对工程量的计算、定额子目的选套及费用的计取等都有着重要作用。

4. 预算工作手册等辅助资料

预算工作手册是将常用的数据、计算公式和有关系数汇编成册，以备查用。它对于提高工作效率，简化计算过程，快速计算工程量起着不容忽视的作用。

5. 招标文件、工程合同或协议

要详细地阅读招标文件。招标文件中提出的要求以及其他材料要求等是编制施工图预算的依据，建设单位与施工单位签订的合同或协议也是建筑工程施工图预算的依据。

二、施工图预算的编制程序

施工图预算的编制一般应在施工图纸技术交底之后进行，其编制程序如图2-2所示。

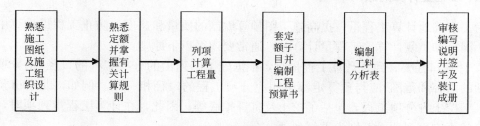

图 2-2 施工图预算的编制程序

1. 熟悉施工图纸及施工组织设计

在编制施工图预算之前，必须熟悉施工图纸，尽可能详细地掌握施工图纸和有关设计资料，熟悉施工组织设计和现场情况，了解施工方法、工序、操作及施工组织、进度。要掌握单位工程各部位建筑概况，诸如层数、层高、室内外标高、墙体、楼板、顶棚材质、地面厚度、墙面装饰等工程的做法，对工程的全貌和设计意图有了全面、详细的了解后，才能正确使用定额，并结合各分部分项工程项目计算相应工程量。

2. 熟悉定额并掌握有关计算规则

建筑工程预算定额有关工程量计算的规则、规定等，是正确使用定额计算定额"三量"的重要依据。因此，在编制施工图预算计算工程量之前，必须弄清楚定额所列项目包括的内容、使用范围、计量单位及工程量的计算规则等，以便为工程项目的准确列项、计算、套用定额子目作好准备。

3. 列项、计算工程量

施工图预算的工程量，具有特定的含义，不同于施工现场的实物量。工程量往往要综合、包括多种工序的实物量。工程量的计算应以施工图及设计文件参照预算定额计算工程量的有关规定列项、计算。

工程量是确定工程造价的基础数据，计算要符合有关规定。工程量的计算要认真、仔细，既不重复计算，又不漏项。计算底稿要清楚、整齐，便于复查。

4. 套定额子目，编制工程预算书

将工程量计算底稿中的预算项目、数量填入工程预算表中，套相应定额子目，计算工程直接费，按有关规定计取其他直接费、现场管理费等，汇总求出工程直接费。

直接费汇总后，即可按预算费用程序表及有关费用定额计取企业管理费、利润和税金，将工程直接费（含其他直接费）、企业管理费、利润、税金汇总后，即可求出工程造价。

5. 编制工料分析表

将各项目工料用量求出汇总后，即可求出用工或主要材料用量。

6. 审核、编写说明、签字、装订成册

工程施工预算书计算完毕后，为确保其准确性，应经有关人员审核后，结合工程及编制情况编写说明，填写预算书封面，签字，装订成册。

土建工程预算、暖卫工程预算、电气工程预算分别编制完成后，由施工企业预算合同部门集中汇总送建设单位签字、盖章、审核，然后才能确定其合法性。

三、工程量计算的原则

为了准确地计算工程量，提高施工图预算编制的质量和速度，防止工程量计算中出现错算、漏算和重复计算。工程量计算时，通常要遵循以下原则：

1. 计算口径要一致。计算工程量时，根据施工图列出的分项工程的口径（指分项工程所包括的内容和范围）应与预算定额中相应分项工程的口径相一致。例如，北京市预算定额中人工挖土方分项工程，包括了挖土及打钎拍底等。因此，在计算工程量列项时，打钎拍底等就不应再列项，否则为重复列项。

2. 工程量计算规则要一致。按施工图纸计算工程量，必须与预算定额工程量的计算规则一致。如砌筑工程，标准砖一砖半的墙体厚度，不管施工图中所标注的尺寸是"360"还是"370"，均应以预算定额计算规则规定的"365"计算。

3. 计量单位要一致。按施工图纸计算工程量时，所列各分项工程的计量单位，必须与定额中相应项目的计量单位一致。例如砖砌墙体工程量的计量单位是立方米（m^3），而不是以平方米（m^2）计。

4. 计算工程量要遵循一定的顺序进行。计算工程量时，为了快速准确，不重不漏，一般应遵循一定的顺序进行。

四、工程量计算步骤

工程量计算可先列出分项工程项目名称、计量单位、工程数量、计算式等，如表 2-3 所示。

工程量计算表　　　　　　　　　　　　　　表 2-3

序号	分项工程名称	计量单位	工程数量	计 算 式

1. 列出分项工程名称。根据施工图纸及定额规定，按照一定计算顺序，列出单位工程施工图预算的分项工程项目名称。

2. 列出计量单位、计算公式。按定额要求，列出计量单位和分项工程项目的计算公式。计算工程量，采用表格形式进行，可使计算步骤清楚，部位明确，便于核对，减少错误。

3. 汇总列出工程数量。计算出的工程量同类项目汇总后，填入工程数量栏内，作为计取工程直接费的依据。

第三节　一般建筑工程工程量的计算

一、建筑面积计算规则

建筑面积又称为建筑展开面积，它是建筑物的水平面积，即外墙以内的面积，其数值是建筑物各层面积的总和。多层建筑物的建筑面积是房屋各层水平面积的总和数，它不但决定于第一层（即底层）建筑面积的大小，而且，还因房屋层数的增多而增大。

建筑面积包括使用面积、辅助面积和结构面积。使用面积是指可直接为生产或生活使用的净面积。辅助面积是指为辅助生产或生活所占净面积的总和。结构面积是指建筑物各层中的墙体、柱等结构在平面布置中所占面积的总和。

在编制建设工程预算时，建筑面积是计取其他直接费（土建工程）等的基数，也是确定工程建设中的重要技术经济指标单方造价（元/m²）的重要指标。即：

$$单方造价(元/m^2) = \frac{工程总价(元)}{建筑面积(m^2)}$$

建筑面积的计算对于评定设计方案的优劣，对于施工企业及建设单位加强科学管理，降低工程造价，提高投资效益等都具有重要的经济意义。建筑面积是进行房地产评估、计算房屋折旧、计算房租等的重要指标。

在编制施工图预算阶段，建筑面积与某些分项工程量的计算有密切关系，如建筑物的场地平整、综合脚手架、楼地面、屋面等分项工程量的计算都与建筑面积有关，同时，也是进行设计技术经济分析的重要依据。正确计算房屋的建筑面积，便于计算有关分项工程的工程量，正确编制概预算。

1. 计算建筑面积的范围

(1) 单层建筑物不论其高度如何，均按一层计算建筑面积。其建筑面积按建筑物外墙勒脚以上结构的外围水平面积计算，并应符合下列规定：单层建筑物高度在 2.20m 及以上者应计算全面积；高度不足 2.20m 者应计算 1/2 面积。利用坡屋顶内空间时净高超过 2.10m 的部位应计算全面积；净高在 1.20m 至 2.10m 的部位应计算 1/2 面积；净高不足 1.20m 的部位不应计算面积。

(2) 单层建筑物内设有局部楼层者，局部楼层的二层及以上楼层，有围护结构的应按其围护结构外围水平面积计算，无围护结构的应按其结构底板水平面积计算。层高在 2.20m 及以上者应计算全面积；层高不足 2.20m 者应计算 1/2 面积。

(3) 多层建筑物首层应按其外墙勒脚以上结构外围水平面积计算；二层及以上楼层应按其外墙结构外围水平面积计算。层高在 2.20m 及以上者应计算全面积；层高不足 2.20m 者应计算 1/2 面积。多层建筑坡屋顶内和场馆看台下，当设计加以利用时净高超过 2.10m 的部位应计算全面积；净高在 1.20m 至 2.10m 的部位应计算 1/2 面积；当设计不利用或室内净高不足 1.20m 时不应计算面积。

(4) 地下室、半地下室（车间、商店、车站、车库、仓库等），包括相应的有永久性顶盖的出入口，应按其外墙上口（不包括采光井、外墙防潮层及其保护墙）外边线所围水平面积计算。层高在 2.20m 及以上者应计算全面积；层高不足 2.20m 者应计算 1/2 面积。

(5) 坡地的建筑物吊脚架空层、深基础架空层，设计加以利用并有围护结构的，层高在 2.20m 及以上的部位应计算全面积；层高不足 2.20m 的部位应计算 1/2 面积。设计加以利用、无围护结构的建筑吊脚架空层，应按其利用部位水平面积的 1/2 计算；设计不利用的深基础架空层、坡地吊脚架空层、多层建筑坡屋顶内、场馆看台下的空间不应计算面积。

(6) 建筑物的门厅、大厅按一层计算建筑面积。门厅、大厅内设有回廊时，应按其结构底板水平面积计算。层高在 2.20m 及以上者应计算全面积；层高不足 2.20m 者应计算 1/2 面积。

(7) 建筑物间有围护结构的架空走廊，应按其围护结构外围水平面积计算。层高在 2.20m 及以上者应计算全面积；层高不足 2.20m 者应计算 1/2 面积。有永久性顶盖无围护结构的应按其结构底板水平面积的 1/2 计算。

(8) 立体书库、立体仓库、立体车库，无结构层的应按一层计算，有结构层的应按其结构层面积分别计算。层高在 2.20m 及以上者应计算全面积；层高不足 2.20m 者应计算 1/2 面积。

(9) 有围护结构的舞台灯光控制室，应按其围护结构外围水平面积计算。层高在 2.20m 及以上者应计算全面积；层高不足 2.20m 者应计算 1/2 面积。

(10) 建筑物外有围护结构的落地橱窗、门斗、挑廊、走廊、檐廊，应按其围护结构外围水平面积计算。层高在 2.20m 及以上者应计算全面积；层高不足 2.20m 者应计算 1/2 面积。有永久性顶盖无围护结构的应按其结构底板水平面积的 1/2 计算。

(11) 有永久性顶盖无围护结构的场馆看台应按其顶盖水平投影面积的 1/2 计算。

(12) 建筑物顶部有围护结构的楼梯间、水箱间、电梯机房等，层高在 2.20m 及以上者应计算全面积；层高不足 2.20m 者应计算 1/2 面积。

(13) 设有围护结构不垂直于水平面而超出底板外沿的建筑物，应按其底板面的外围水平面积计算。层高在 2.20m 及以上者应计算全面积；层高不足 2.20m 者应计算 1/2 面积。

(14) 建筑物内的室内楼梯间、电梯井、观光电梯井、提物井、管道井、通风排气竖井、通风道、附墙烟囱应按建筑物的自然层计算。

(15) 雨篷结构的外边线至外墙结构外边线的宽度超过 2.10m 者，应按雨篷结构板的水平投影面积的 1/2 计算。

(16) 有永久性顶盖的室外楼梯，应按建筑物自然层的水平投影面积的 1/2 计算。

(17) 建筑物的阳台均应按其水平投影面积的 1/2 计算。

(18) 有永久性顶盖无围护结构的车棚、货棚、站台、加油站、收费站等，应按其顶盖水平投影面积的 1/2 计算。

(19) 高低联跨的建筑物，应以高跨结构外边线为界分别计算建筑面积；其高低跨内部连通时，其变形缝应计算在低跨面积内。

(20) 以幕墙作为围护结构的建筑物，应按幕墙外边线计算建筑面积。

(21) 建筑物外墙外侧有保温隔热层的，应按保温隔热层外边线计算建筑面积。

(22) 建筑物内的变形缝，应按其自然层合并在建筑物面积内计算。

2. 不计算建筑面积的范围

(1) 建筑物通道(骑楼、过街楼的底层)。

(2) 建筑物内的设备管道夹层。

(3) 建筑物内分隔的单层房间，舞台及后台悬挂幕布、布景的天桥、挑台等。

(4) 屋顶水箱、花架、凉棚、露台、露天游泳池。

(5) 建筑物内的操作平台、上料平台、安装箱和罐体的平台。

(6) 勒脚、附墙柱、垛、台阶、墙面抹灰、装饰面、镶贴块料面层、装饰性幕墙、空调外机搁板(箱)、飘窗、构件、配件、宽度在 2.10m 及以内的雨篷以及与建筑物内不相连通的装饰性阳台、挑廊。

(7) 无永久性顶盖的架空走廊、室外楼梯和用于检修、消防等的室外钢楼梯、爬梯。

(8) 自动扶梯、自动人行道。

(9) 独立烟囱、烟道、地沟、油(水)罐、气柜、水塔、贮油(水)池、贮仓、栈桥、地下人防通道、地铁隧道。

3. 建筑面积计算实例

【例 2-3】 某建筑物的阳台示意图如图 2-3 所示，已知 $a=2m$、$b=10m$、$c=2m$、$d=11m$，求该半凸半凹阳台的建筑面积为多少？

解：$S=[(a \times b)+(c \times d)] \div 2=(2 \times 10+2 \times 11) \div 2=21(m^2)$。

【例 2-4】 某单层建筑物楼层示意图如图 2-4 所示，已知底层建筑面积为 $200m^2$，局部二层建筑面积为 $20m^2$，求带有局部楼层的单层建筑物的建筑面积的工程量。

解：$S=$底层建筑面积$+$局部二层建筑面积$=200+20=220(m^2)$。

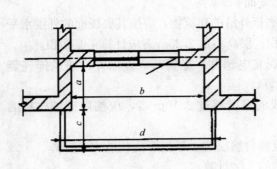

图 2-3 半凸半凹阳台示意图

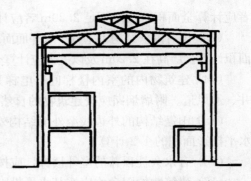

图 2-4 单层建筑设有部分楼层示意图

【例 2-5】 某高低联跨的单层建筑物示意图如图 2-5 所示,已知中间高跨的建筑面积为 120m²,两侧低跨的建筑面积分别为 40m²,求高低联跨的单层建筑物的建筑面积的工程量。

解:$S=$ 高跨建筑面积 + 低跨建筑面积 $= 120+40+40 = 200(m^2)$。

【例 2-6】 某雨篷示意图如图 2-6 所示,已知 $A = 2600mm$、$B = 1600mm$,求独立柱的雨篷建筑面积的工程量。

解:$S = 2.6 \times 1.6 \div 2 = 2.08(m^2)$。

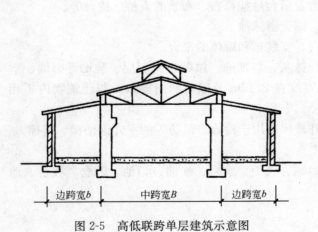

图 2-5 高低联跨单层建筑示意图

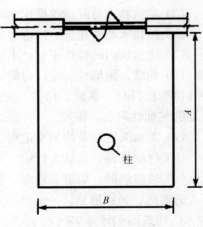

图 2-6 某雨篷示意图

二、建筑物檐高及层高的计算

1. 建筑物檐高的计算方法

(1) 有挑檐者,从室外设计地坪标高算至挑檐下皮的高度,如图 2-7 所示。

(2) 有女儿墙者,从室外设计地坪标高算至屋顶结构板上皮标高,如图 2-8 所示。

(3) 坡屋面或其他曲面屋顶,从室外设计地坪算至墙(承屋架的墙)的轴线(或中心线)与屋面板交点的高度,如图 2-9 所示。

第三节 一般建筑工程工程量的计算

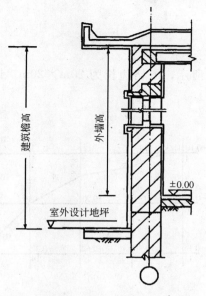

图 2-7 挑檐高度示意图

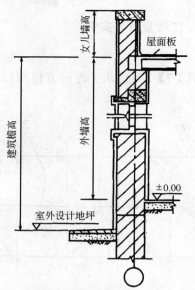

图 2-8 女儿墙高度示意图

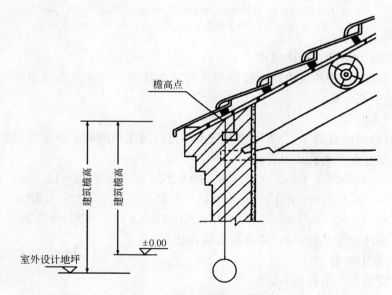

图 2-9 坡屋面高度示意图

(4) 阶梯式建筑物檐高,按高层的建筑物计算檐高。
(5) 突出屋面的水箱间、电梯间及楼阁等均不计算檐高。

2. 建筑物层高的计算

预算定额的层高是计算结构工程工程量的主要依据。层高计算:

(1) 建筑物的首层层高,按室内设计地坪标高至首层顶部的结构层(楼板)顶面的高度。

(2) 其余各层的层高,均为上下结构层顶面标高之差。

三、工程量计算实例

【例 2-7】 某建筑工程的方格网如图 2-10(a)所示,方格边长为 20m×20m。试计算挖、填总土方工程量。

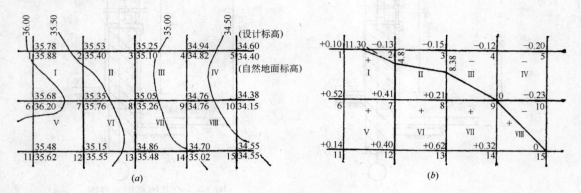

图 2-10 方格网计算法图例

注:其中(a)方格角点标高、方格编号、角点编号图;(b)零线、角点挖、填高度图;
Ⅰ、Ⅱ、Ⅲ……————方格编号;1、2、3……————角点号

解:① 划分方格网、标注高程

根据图 2-10(a)方格各点的设计标高和自然地面标高,计算方格各点的施工高度,标注于图 2-10(b)中左上角。

② 计算零点位置

从图 2-10(b)中可看出 1-2、2-7、3-8 三条方格边两端角的施工高度符号不同,说明此方格边上有零点存在。由公式可得:

1-2 线 $x_1=[h_1/(h_1+h_2)]\times a=[0.13/(0.10+0.13)]\times 20=11.30$m

2-7 线 $x_1=[h_1/(h_1+h_2)]\times a=[0.13/(0.41+0.13)]\times 20=4.81$m

3-8 线 $x_1=[h_1/(h_1+h_2)]\times a=[0.15/(0.21+0.15)]\times 20=8.33$m

将各零点标注于图 2-10(b),并将零点线连接起来。

③ 计算土方工程量

方格Ⅰ 底面为三角形和五边形

三角形 200 土方量 $V_填=-(0.13/6)\times 11.30\times 4.81=-1.18$m³

五边形 16700 土方量 $V_挖=(20^2-1/2\times 11.30\times 4.81)\times [(0.1+0.52+0.41)/5]=76.8$m³

方格Ⅱ 底面为二个梯形

梯形 2300 土方量 $V_填=-20/8\times (4.81+8.33)\times (0.13+0.15)=-9.2$m³

梯形 7800 土方量 $V_挖=20/8\times (15.19+11.67)\times (0.41+0.21)=41.63$m³

方格Ⅲ 底面为一个梯形和一个三角形

梯形 3400 土方量 $V_填=-20/8\times (8.33+20)(0.15+0.12)=19.12$m³

三角形 800 土方量 $V_挖=[(11.67\times 20)/6]\times 0.21=8.17$m³

方格Ⅳ、Ⅴ、Ⅵ、Ⅶ底面均为正方形

正方形 45910 土方量　$V_{填} = -[(20×20)/4]×(0.12+0.20+0+0.23) = 55.0 \text{m}^3$
正方形 671112 土方量　$V_{挖} = [(20×20)/4]×(0.52+0.41+0.14+0.40) = 147.0 \text{m}^3$
正方形 781213 土方量　$V_{挖} = [(20×20)/4]×(0.41+0.21+0.40+0.62) = 164.0 \text{m}^3$
正方形 891314 土方量　$V_{挖} = [(20×20)/4]×(0.21+0+0.62+0.32) = 1115.0 \text{m}^3$
方格Ⅷ　底面为二个三角形
三角形 91015 土方量　$V_{填} = -0.23/6 × 20 × 20 = -15.33 \text{m}^3$
三角形 91415 土方量　$V_{挖} = 0.32/6 × 20 × 20 = 21.33 \text{m}^3$
④ 汇总全部土方工程量
全部挖方量　$\sum V_{挖} = 76.80 + 41.63 + 8.17 + 147 + 164 + 115 + 21.33 = 573.93 \text{m}^3$
全部填方量　$\sum V_{填} = -1.18 - 9.20 - 19.12 - 55.0 - 15.33 = -99.83 \text{m}^3$

【例 2-8】 某工程的基础平面图如图 2-11 所示，求条形基础工程量。

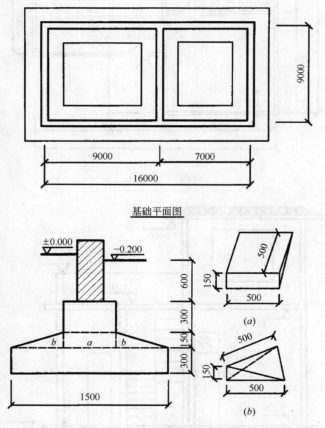

图 2-11　某工程基础平面示意图

解：混凝土条形基础工程量 $= [0.5 × 3 × 0.3 + (1.5 + 0.5) × 0.15 ÷ 2 + 0.5 × 0.3]$
　　　　　　　　　　　　$× [16 × 2 + 9 × 2 + (9 - 1.5)]$
　　　　　　　　　　$= 0.75 × 57.5$
　　　　　　　　　　$= 43.125 (\text{m}^3)$

丁字角计算：

(a)：$0.5 \times 0.5 \times 0.15 \div 2 = 0.019 (m^3)$

(b)：$0.15 \times 0.5 \div 2 \times 0.5 \div 3 = 0.0063 (m^3)$

$V_\text{总} = 43.125 + 0.019 \times 2 + 0.0063 \times 2 \times 2 = 43.1882 (m^3)$

【例 2-9】 图 2-12 所示为某建筑的示意图，求外墙脚手架工程量（施工中一般使用钢管脚手架）及内墙脚手架工程量。

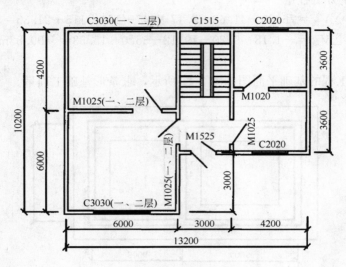

某建筑平面图

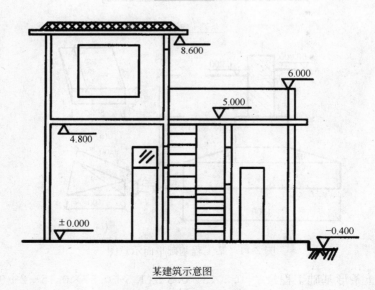

某建筑示意图

图 2-12 某建筑示意图

答案与解析：外墙脚手架工程量 $= [(13.2+10.2) \times 2 + 0.24 \times 4] \times (4.8+0.4) +$

第三节 一般建筑工程工程量的计算

$$(7.2\times3+0.24)\times1.2+[(6+10.2)\times2+0.24\times4]\times4$$
$$=248.35+26.21+133.44$$
$$=408(m^2)$$

内墙脚手架工程量：

单排脚手架工程量 $=[(6-0.24)+(3.6\times2-0.24)\times2+(4.2-0.24)1\times4.8$
$$=(5.76+13.92+3.96)\times4.8$$
$$=113.47(m^2)$$

里脚手架工程量 $=5.76\times3.6=20.74(m^2)$

【例 2-10】 某平屋面找坡示意图如图 2-13 所示，请计算屋面找坡工程量。

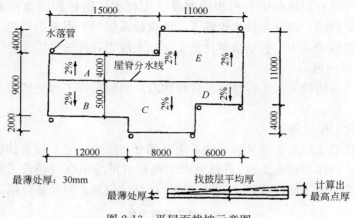

图 2-13 平屋面找坡示意图

答案与解析：（1）计算加权平均厚度

A 区：面积：$15\times4=60m^2$

平均厚度：$4\times2\%\times1/2+0.03=0.07m$

B 区：面积：$12\times5=60m^2$

平均厚度：$5\times2\%\times1/2+0.03=0.08m$

C 区：面积：$8\times(5+2)=56m^2$

平均厚度：$7\times2\%\times1/2+0.03=0.1m$

D 区：面积：$6\times(5+2-4)=18m^2$

平均厚度：$3\times2\%\times1/2+0.03=0.06m$

E 区：面积：$11\times(4+4)=88m^2$

平均厚度：$8\times2\%\times1/2+0.03=0.11m$

加权平均厚度 $=(60\times0.07+60\times0.08+56\times0.1+18\times0.06+88\times0.11)\div$
$$(60+60+56+18+88)=0.09m$$

（2）屋面找坡工程量

$V=$屋面面积$\times$加权平均厚度$=282\times0.09=25.36m^3$

第四节 建设项目工程量清单

一、工程量清单概述

1. 工程量清单和工程量清单计价的定义

工程量清单是表现拟建工程的分部分项工程项目、措施项目、其他项目名称和相应数量的明细清单,包括分部分项工程量清单、措施项目清单、其他项目清单。工程量清单计价是指投标人完成由招标人提供的工程量清单所需的全部费用,包括分部分项工程费、措施项目费、其他项目费和规费、税金。工程量清单计价方法,是在建设工程招标投标中,招标人或委托具有资质的中介机构编制反映工程实体消耗和措施性消耗的工程量清单,并作为招标文件的一部分提供给投标人,由投标人依据工程量清单自主报价的计价方式。在工程招标投标中采用工程量清单计价是国际上较为通行的做法。

2. 工程量清单的内容

按照国家标准《建设工程工程量清单计价规范》的要求,工程量清单主要包括以下几部分内容组成:

(1) 分部分项工程量清单

分部分项工程量清单是工程量清单的最主要部分,反映拟建工程实体部分的工程项目及其特征、数量,具体可见表2-4。分部分项工程量清单应根据《建设工程工程量清单计价规范》附录规定的统一项目编码、项目名称、计量单位和工程计量规则进行编制。

分部分项工程量清单　　　　　　　　表2-4

工程名称:　　　　　　　　　　　　　　　　　第　页　共　页

序　号	项目编码	项目名称	计量单位	工程数量

《建设工程工程量清单计价规范》项目设置的原则是"四统一",具体要求如下:

1) 项目编码

项目编码以五级设置,用十二位阿拉伯数字表示。一、二、三、四级编码统一;第五级编码由工程量清单编制人区分具体工程的清单项目特征而分别编码。

第一级编码表示附录顺序码,两位数字。建筑工程为01,装饰装修工程为02,安装工程为03,市政工程为04,园林绿化为05,矿山工程为06。

第二级编码表示专业工程顺序码,两位数字;第三级编码表示分部工程顺序码,两位数字;第四级编码表示分项工程顺序码,三位数字;第五级编码表示具体工程量清单项目顺序码,三位数字。

2) 项目名称

项目名称为分部分项工程项目名称,是形成分部分项工程量清单名称的基础,在此增填相应项目特征,即为清单项目名称。分项工程项目名称一般以工程实体而命名。项目名称如有缺项,招标人可按相应的原则进行补充,并报当地工程造价管理部分备案。项目特征是对项目的准确描述,是影响价格的因素,是设置具体清单项目的依据。项目特征按不同的工程部位、施工工艺或材料品种、规格等分别列项。凡是项目特征中没有描述到的其他独有特征,由清单编制人视项目具体情况确定,以准确描述清单项目为准。

3)计量单位

计量单位应采用基本单位,除各专业另有特殊规定外均按以下单位计量:以重量计算的项目计量单位是吨或千克;以体积计算的项目计量单位是立方米;以面积计算的项目计量单位是平方米;以长度计算的项目计量单位是米;以自然计量单位计算的项目计量单位是个、套、块、樘、组、台等等;没有具体数量的项目是宗、项等。各专业有特殊计量单位的另外加以说明。

4)工程数量

工程数量的计算主要通过工程量计算规则计算得到,而工程量计算规则是由《建设工程工程量清单计价规范》规定的。除另有说明外,所有清单项目的工程量应以实体工程量为准,并以完成后的净值计算;在进行投标报价时,应在综合单价中考虑施工中的各种损耗和需要的附加量。

(2)措施项目清单

措施项目是指为完成工程项目施工,发生于该工程施工前和施工过程中技术、生活、安全等方面的非工程实体项目。措施项目应根据拟建工程的具体情况,参照《建设工程工程量清单计价规范》表中内容列表,见表2-5,规范中未列入的项目,可以根据工程需要进行补充。

措施项目一览表　　　　　　　　　　表 2-5

序　号	项　目　名　称
1. 通用项目	
1.1	环境保护
1.2	文明施工
1.3	安全施工
1.4	临时设施
1.5	夜间施工
1.6	二次搬运
1.7	大型机械设备进出场及安拆
1.8	混凝土、钢筋混凝土模板及支架
1.9	脚手架
1.10	已完工程及设备保护
1.11	施工排水、降水
2. 建筑工程	
2.1	垂直运输机械
3. 装饰装修工程	
3.1	垂直运输机械
3.2	室内空气污染测试

续表

序 号	项 目 名 称
4. 安装工程	
4.1	组装平台
4.2	设备、管道施工的安全、防冻和焊接保护措施
4.3	压力容器和高压管道的检验
4.4	焦炉施工大棚
4.5	焦炉烘炉、热态工程
4.6	管道安装后的充气保护措施
4.7	隧道内施工的通风、供水、供气、供电、照明以及通信设施
4.8	现场施工围栏
4.9	长输管道临时水工保护措施
4.10	长输管道施工便道
4.11	长输管道跨越或穿越施工措施
4.12	长输管道地下穿越地上建筑物的保护措施
4.13	长输管道工程施工队伍调遣
4.14	格架式抱杆
5. 市政工程	
5.1	围堰
5.2	筑岛
5.3	现场施工围栏
5.4	便道
5.5	便桥
5.6	洞内施工的通风、供水、供气、供电、照明以及通信设施
5.7	驳岸块石清理
6. 矿山工程	
6.1	特殊安全技术措施
6.2	前期上山道路
6.3	作业平台
6.4	防洪工程
6.5	凿井措施
6.6	临时支护措施

(3) 其他项目清单

其他项目是指完成工程项目施工，发生的除分部分项工程项目和措施项目外的项目。其他项目清单应根据拟建工程的具体情况进行确定，主要有招标人部分的预留金、材料购置费和投标人部分的总承包服务费、零星工作项目等。招标人指定分包的工程，可按招标人给定造价，作为暂定金额放在招标人部分。

二、工程量清单计价模式下价格的构成框架

工程量清单由业主或受其委托具有工程造价咨询资质的中介机构，按照工程量清单计价规范和招标文件的有关规定，根据施工设计图纸及施工现场实际情况，将拟建招标工程全部项目和内容按工程部位性质等列在清单上作为招标文件的组成部分，供投标单位逐项填价的文件，是投标单位投标报价的依据。

1. 定额计价模式的费用

工程量清单计价模式，其费用构成与定额计价模式费用构成具有相当大的差异。定额计价模式费用构成包括：

（1）直接费。是由直接工程费和措施费组成。其中，直接工程费包括人工费、材料费（消耗的材料费总和）和机械使用费。

（2）间接费。包括规费和施工管理费。

（3）利润。

（4）税金。

定额计价模式下的建筑安装工程费用构成见表2-6。

建筑安装工程费用项目组成 表2-6

建筑安装工程费用	直接费	直接工程费	1. 人工费	计入分部分项工程费（综合单价）
			2. 材料费	
			3. 施工机械使用费	
		措施费	1. 环境保护	计入措施项目费
			2. 文明施工	
			3. 安全施工	
			4. 临时设施	
			5. 夜间施工	
			6. 二次搬运	
			7. 大型机械设备进出场及安拆	
			8. 混凝土、钢筋混凝土模板及支架	
			9. 脚手架	
			10. 已完工程及设备保护	
			11. 施工排水、降水	
	间接费	规费	1. 工程排污费	计入规费
			2. 工程定额测定费	
			3. 社会保障费	
			（1）养老保险费	
			（2）失业保险费	
			（3）医疗保险费	
			4. 住房公积金	
			5. 危险作业意外伤害保险	

			1. 管理人员工资	
建筑安装工程费用	间接费	企业管理费	2. 办公费	计入分部分项工程费(综合单价)
			3. 差旅交通费	
			4. 固定资产使用费	
			5. 工具用具使用费	
			6. 劳动保险费	
			7. 工会经费	
			8. 职工教育经费	
			9. 财产保险费	
			10. 财务费	
			11. 税金	
			12. 其他	
	利润			
	税金			计入税金

2. 工程量清单计价模式的费用

工程量清单计价模式的费用构成包括分部分项工程费、措施项目费、其他项目费以及规费和税金。

(1) 分部分项工程费

分部分项工程费是指完成在工程量清单列出的各分部分项清单工程量所需的费用。包括：人工费、材料费(消耗的材料费总和)、机械使用费、管理费、利润以及风险费。

(2) 措施项目费

措施项目费是由"措施项目一览表"确定的工程措施项目金额的总和。包括：人工费、材料费、机械使用费、管理费、利润以及风险费。

(3) 其他项目费

其他项目费是指预留金、材料购置费(仅指由招标人购置的材料费)、总承包服务费、零星工作项目费的估算金额等的总和。

(4) 规费

规费是指政府和有关部门规定必须交纳的费用的合计。

(5) 税金

税金是指国家税金法规定的应计入建筑安装工程造价内的营业税、城市维护建设税及教育费附加费用等的总和。

工程量清单下的费用构成见图 2-14。

三、工程量清单的编制

工程量清单根据计价规范规定，由分部分项工程量清单、措施项目清单、其他项目清单组成。这三种清单的性质各有不同，分别介绍。

第四节 建设项目工程量清单

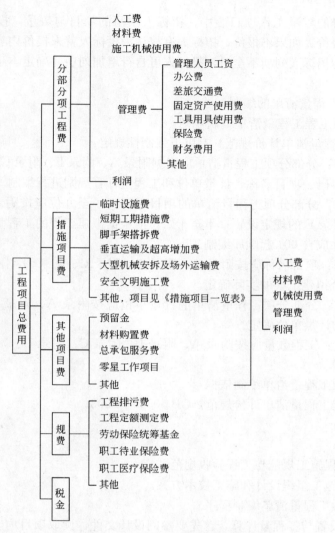

图 2-14 工程量清单下的费用构成

分部分项工程量清单为不可调整的闭口清单,投标人对招标文件提供的分部分项工程量清单必须逐一计价,对清单所列内容不允许作任何更改变动。投标人如果认为清单内容有不妥或遗漏,只能通过质疑的方式由清单编制人作统一的修改更正,并将修正后的工程量清单发往所有投标人。

措施项目清单为可调整清单,投标人对招标文件中所列项目,可根据企业自身特点作适当的变更增减。投标人要对拟建工程可能发生的措施项目和措施费用作通盘考虑,清单计价一经报出,目前被认为是包括了所有应该发生的措施项目的全部费用。如果报出的清单中没有列项,且施工中又必须发生的项目,业主有权认为,其已经综合在分部分项工程量清单的综合单价中。将来措施项目发生时投标人不得以任何借口提出索赔与调整。

其他项目清单由招标人部分、投标人部分等两部分组成。招标人填写的内容随招标文件发至投标人或标底编制人,其项目、数量、金额等投标人或标底编制人不得随意改动。

由投标人填写部分的零星工作项目表中，招标人填写的项目与数量，投标人不得随意更改，且必须进行报价。如果不报价，招标人有权认为投标人就未报价内容要无偿为自己服务。当投标人认为招标人列项不全时，投标人可自行增加列项并确定本项目的工程数量及计价。

1. 分部分项工程量清单的编制
(1) 分部分项工程工程量清单编制规则

《建设工程工程量清单计价规范》有以下强制性规定：

3.2.2 条规定：分部分项工程量清单应根据附录 A、附录 B、附录 C、附录 D、附录 E 规定的统一项目编码、项目名称、计量单位和工程量计算规则进行编制。

3.2.3 条规定：分部分项工程量清单的项目编码，一至九位应按附录 A、附录 B、附录 C、附录 D、附录 E 的规定设置；十至十二位应根据拟建工程的工程量清单项目名称由其编制人设置，并应自 001 起顺序编制。

3.2.4 条规定：项目名称应按附录 A、附录 B、附录 C、附录 D、附录 E 的项目名称与项目特征并结合拟建工程的实际确定。

3.2.5 条规定：分部分项工程量清单的计量单位应按附录 A、附录 B、附录 C、附录 D、附录 E 规定的计量单位确定。

3.2.6 条规定：工程数量应按附录 A、附录 B、附录 C、附录 D、附录 E 中规定的工程量计算规则计算。

(2) 分部分项工程量清单编制依据
1)《建设工程工程量清单计价规范》GB 50500—2003；
2) 招标文件；
3) 设计文件；
4) 有关的工程施工规范与工程验收规范；
5) 拟采用的施工组织设计和施工技术方案。

(3) 分部分项工程量清单编制程序

清单项目的设置与工程量计算，首先要参阅设计文件，读取项目内容，对照计价规范项目名称，以及用于描述项目名称的项目特征，确定具体的分部分项工程名称。然后设置项目编码，项目编码前九位取自于项目名称相对应的计价规范。后三位按计价规范统一规范项目名称下不同的分部分项工程，自 001 起顺序设置。再按计价规范中的计量单位确定分部分项工程的计量单位。继而按计价规范规定的工程量计算规则，读取设计文件数据计算工程数量。最后参考计价规范中列出的工程内容，组合分部分项工程量清单的综合工程内容。

招标文件在清单设置时的作用。工程范围，工作责任的划分一般是通过招标文件来规定。例如，塔器设备安装，塔器设备的到货状态，是分片、分段，还是整体到货等可在招标文件中获取。

在清单设置时，施工组织设计和施工技术方案可提供分部分项工程的施工方法，清楚分部分项工程概貌。例如，塔器设备安装，通过施工方案可得知塔器是整体吊装，还是在基础上分片、分段组装。整体吊装时是用吊耳吊装还是捆绑吊装。施工组织设计及施工技术方案是分部分项工程内容综合不可缺少的参考资料。

工程施工规范及竣工验收规范,可提供生产工艺对分部分项工程的品质要求,可为分部分项工程综合工程内容列项,以及综合工程内容的工程量计算提供数据和参考,因而决定了分部分项工程实施过程中必须要进行的工作。例如,在塔器设备焊接过程中,是否要做焊缝热处理、压力试验的等级要求等。

(4) 分部分项工程量清单设置

附录 A,建筑工程工程量清单项目及计算规则,包括了土石方工程、地基与桩基础工程、砌筑工程、混凝土及钢筋混凝土工程、厂库房大门、特种门、木结构工程、金属结构工程、屋面及防水工程、防腐隔热保温工程,共八章,45 节,177 个项目。

分部分项工程量清单设置举例:

A.1.1 土方工程

从设计文件和招标文件可以得知与分部分项工程相对应的计价规范条目,按照对应条目中开列的项目特征,查阅地质资料、招标文件、设计文件,可对项目名称进行详细的描述。如土壤类别、运土距离、开挖深度等。

【例 2-11】 某工程示意图如图 2-15 所示,请编制本工程的挖基础土方工程分部分项工程量清单。

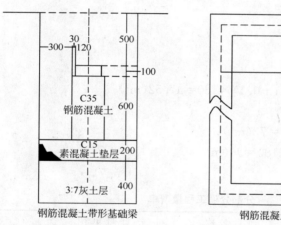
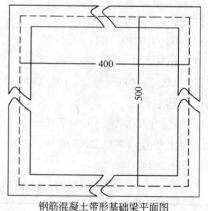

图 2-15 某工程示意图

答案与解析:

根据示意图可以得知:

垫层宽度 300×2+400=1000(mm);

挖土深度 500+100+600+200+400=1800(mm);

地梁基础总长度 51×2+39×2=180(m);

查阅施工组织设计弃土距离 4km;

查阅地质资料土壤类别为三类土。

分部分项工程量清单设置:

项目名称:挖基础土方;

项目编码:010101003001;

项目特征描述：三类土、带形基础、垫层宽度1m、挖土深度1.8m、弃土距离4km；
计量单位：m³；
工程数量计量：$1 \times 1.8 \times 180 = 324 (m^3)$。
填制表格（表2-7）。

分部分项工程量清单　　　　　　　　　　　　　　　　　　表 2-7

序号	项目编码	项目名称	计量单位	工程数量
1	010101003001	挖基础土方 三类土 带形基础 垫层宽1m 挖土深度1.8m 弃土距离4km	m³	324

A.4.1 现浇混凝土基础

本钢筋混凝土工程为C35钢筋混凝土带形基础梁。

垫层：3:7 灰土 400mm；

垫层：C15 素混凝土 200mm；

分部分项工程量设置：

项目名称：C35 带形基础梁；

项目编码：010401001001；

计量单位：m³；

工程数量：$(0.4 \times 0.6 + 0.24 + 0.1) \times 180 = 47.52 (m^3)$。

综合工程内容：

3:7 灰土垫层 $1 \times 0.4 \times 180 = 72 (m^3)$；

C15 素混凝土垫层 $1 \times 0.2 \times 180 = 36 (m^3)$。

填制表格（表2-8）。

分部分项工程量清单　　　　　　　　　　　　　　　　　　表 2-8

序号	项目编码	项目名称	计量单位	工程数量
1	010401001001	C35 钢筋混凝土带形基础梁 3:7 灰土垫层 C15 素混凝土垫层	m³	47.52

2. 措施项目清单的编制

(1) 措施项目清单的编制规则

《建设工程工程量清单计价规范》有以下规定：

3.3.1 措施项目清单应根据拟建工程的具体情况，参照表3.3.1列项。

3.3.2 编制措施项目清单，出现表3.3.1未列项目，编制人可作补充。

(2) 措施项目清单的编制依据

1) 拟建工程的施工组织设计；

2) 拟建工程的施工技术方案;
3) 与拟建工程相关的工程施工规范与工程验收规范;
4) 招标文件;
5) 设计文件。

(3) 措施项目清单的设置

措施项目清单的设置,首先要参考拟建工程的施工组织设计,以确定环境保护、文明安全施工、材料的二次搬运等项目。

其次参阅施工技术方案,以确定夜间施工、大型机具进出场机安拆、混凝土模板与支架、脚手架、施工排水降水、垂直运输机械、组装平台、大型机具使用等项目。参阅相关的施工规范与工程验收规范,可以确定施工技术方案没有表述的,但是为了实现施工规范与工程验收规范要求而必须发生的技术措施;招标文件中提出的某些必须通过一定的技术措施才能实现的要求;设计文件中一些不足以写进技术方案的但是要通过一定的技术措施才能实现的内容(见表2-9)。

措施项目清单及其列项条件 表2-9

序号	措施项目名称	措施项目发生的条件
1	环境保护	正常情况下都要发生
2	文明施工	
3	安全施工	
4	临时设施	
5	材料二次搬运	
6	脚手架	
7	已完工程及设备保护	
8	夜间施工	拟建工程有必须连续施工的要求,或工期紧张有夜间施工的倾向
9	混凝土、钢筋混凝土模板及支架	拟建工程中有混凝土及钢筋混凝土工程
10	施工排水降水	依据水文地质资料,拟建工程的地下施工深度低于地下水位
11	大型机械设备进出场及安拆	施工方案中有大型机具的使用方案,拟建工程必须使用大型机具
12	垂直运输机械	施工方案中有垂直运输机械的内容、施工高度超过5m的工程
13	室内空气污染测试	使用挥发性有害物资的材料
14	组装平台	拟建工程中有钢结构、非标设备制作安装、工艺管道预制安装
15	设备、管道施工安全防冻	设备、管道冬季施工,易燃易爆、有毒有害环境施工,对焊接质量要求较高的工程
16	压力容器和高压管道的检验	工程中有三类压力容器制作安装,有超过10MPa的高压管道的敷设
17	焦炉施工大棚	焦炉施工方案要求
18	焦炉烘炉、热态工程	
19	管道安装充气保护	设计及施工规范要求、洁净度要求较高的管线

续表

序号	措施项目名称	措施项目发生的条件
20	隧道内施工的通风、供水、供气、供电、照明及通讯	隧道施工方案要求
21	现场施工围栏	招标文件及施工组织设计要求,拟建工程有需要隔离施工的内容
22	长输管线临时水工保护设施	长输管线涉水敷设
23	长输管线施工便道	一般长输管道工程均需要
24	长输管线穿跨越施工措施	长输管道穿跨越铁路、公路、河流
25	长输管线穿越地上建筑物的保护措施	长输管道穿越有地上建筑物的地段
26	长输管线施工队伍调遣	长输管道工程均需要
27	格架式抱杆(大型吊装机具)	施工方案要求,>40t设备的安装
28	市政工程(略)	参阅市政工程施工方案

3. 其他项目清单的编制

(1) 其他项目清单的编制规则

计价规范 3.4.1 条规定,"其他项目清单应根据拟建工程的具体情况,参照下列内容列项:预留金、材料购置费、总承包服务费、零星工作项目费等。"

3.4.2 条规定,"零星工作项目表应根据拟建工程的具体情况,详细列出人工、材料、机械的名称、计量单位和相应数量,并随工程量清单发至投标人。"

3.4.3 条规定,"编制其他项目清单,出现 3.4.1 条未列项目,编制人可作补充。"

(2) 其他项目清单的编制

其他项目清单由招标人部分、投标人部分等两部分内容组成,见表 2-10。

其他项目清单计价表　　　　　　　　　表 2-10

序号	项 目 名 称	金额(元)
1	招标人部分	
1.1	预留金	
1.2	材料购置费	
1.3	其他	
	小计	
2	投标人部分	
2.1	总包服务费	
2.2	零星工作费	
2.3	其他	
	小计	
	合计	

1) 招标人部分

预留金,主要考虑可能发生的工程量变更而预留的金额。此处提出的工程量的变更主要是指工程量清单漏项,或有误引起的工程量的增加和施工中的设计变更引起的标准提高或工程量的增加等。

材料购置费，是指在招标文件中规定的，由招标人采购的拟建工程材料费。

这两项费用均应由清单编制人根据业主意图和拟建工程实况计算出金额填制表格。

预留金的计算，应根据设计文件的深度、设计质量的高低、拟建工程的成熟程度来确定其额度。设计深度深，设计质量高，已经成熟的工程设计，一般预留工程总造价的3%～5%即可。在初步设计阶段，工程设计不成熟的，最少要预留工程总造价的10%～15%。

材料购置费计算：材料购置费=Σ（业主供材料量×到场价）+采购保管费。

招标人部分可增加新的列项。例如，指定分包工程费，由于某分项工程或单位工程，专业性较强，必须由专业队伍施工，即可增加这项费用，费用金额应通过向专业队伍询价（或招标）取得。

2）投标人部分

计价规范中列举了总承包服务费、零星工作项目费等两项内容。如果招标文件对承包商的工作范围还有其他要求，也应将其列项。例如：设备的厂外运输、设备的接、保、检、为业主代培技术工人等。

投标人部分的清单内容设置，除总承包服务费仅需简单列项外，其余内容应该量化的必须量化描述。如设备厂外运输，需要标明设备的台数、每台的规格重量、运距等。零星工作项目表要标明各类人工、材料、机械的消耗量，见表2-11。

零星工作项目表　　　　　　　　　　　表2-11

工程名称：　　　　　　　　　　　　　　　第　页　共　页

序号	名称	计量单位	数量
1	人工		
1.1	高级技术工人	工日	8
1.2	技术工人	工日	30
1.3	力工	工日	50
2	材料		
2.1	电焊条	kg	10
2.2	管材	kg	10
2.3	型材	kg	30
3	机械		
3.1	270t 履带吊	台班	3
3.2	150t 轮胎吊	台班	5
3.3	80t 汽车吊	台班	1

零星工作中的工、料、机计量，要根据工程的复杂程度、工程设计质量的优劣，以及工程项目设计的成熟程度等因素来确定其数量。一般工程以人工计量为基础，按人工消耗总量的1%取值即可。材料消耗主要是辅助材料消耗，按不同专业人工消耗材料类别列项，按人工日消耗量计入。机械列项和计量，除了考虑人工因素外，还要参考各单位工程机械消耗的种类，可按机械消耗总量的1%取值。

四、工程量清单计价实例

【例 2-12】 某办公楼工程按设计要求为保温隔热屋面，具体做法为：3mm 厚麻刀灰隔离层；水泥、粉煤灰、页岩陶粒找坡层；聚苯乙烯泡沫板保温层。根据工程实际情况每平米屋面工程量含量为：3mm 厚麻刀灰隔离层工程量含量为 $0.1m^3$；水泥、粉煤灰、页岩陶粒找坡层工程量含量为 $0.18m^3$；聚苯乙烯泡沫板保温层工程量含量为 $1m^2$。现场经费取 4.8%，企业管理费取 5.65%，利润取 7%。

问题：

请根据以上数据确定保温隔热屋面的综合单价为多少？

答案及解析：

(1) 根据现场实际情况，参照 2001 年北京市建设工程预算定额中 13-141 子目。确定屋面麻刀灰隔离层的综合单价。详细见表 2-12：

屋面麻刀灰隔离层的综合单价计算表　　　　　　　　表 2-12

单位：m^2

序号	项目名称	计算过程	金额(元)
1	人工费	0.064×30.81×(1−0.1873)+0.02=1.62	1.62
2	材料费	0.42	0.42
3	机械使用费	0.2	0.2
4	小计	1+2+3	2.24
5	现场经费	4×4.8%×(1−14.45%)=0.09	0.09
6	企业管理费	(4+5)×5.65%×(1−29.16%)=0.09	0.09
7	利润	(5+6)×7%=0.17	0.17
8	综合单价	5+6+7	2.59

(2) 根据现场实际情况，参照 2001 年北京市建设工程预算定额中 12-18 子目。确定水泥、粉煤灰、页岩陶粒找坡层的综合单价。详细见表 2-13：

水泥、粉煤灰、页岩陶粒找坡层的综合单价计算表　　　　　　　　表 2-13

单位：m^3

序号	项目名称	计算过程	金额(元)
1	人工费	0.809×27.45×(1−0.1873)+1.9=19.95	19.95
2	材料费	246.45	246.45
3	机械使用费	14.57	14.57
4	小计	1+2+3	280.97
5	现场经费	4×4.8%×(1−14.45%)=11.54	11.54
6	企业管理费	(4+5)×5.65%×(1−29.16%)=11.71	11.71
7	利润	(5+6)×7%=21.3	21.3
8	综合单价	5+6+7	325.52

第四节 建设项目工程量清单

(3) 根据现场实际情况，参照 2001 年北京市建设工程预算定额中 12-18 子目。确定聚苯乙烯泡沫板保温层的综合单价。详细见表 2-14：

聚苯乙烯泡沫板保温层的综合单价计算表　　　　　表 2-14

单位：m³

序号	项目名称	计算过程	金额(元)
1	人工费	0.615×28.24×(1−0.1873)+1.83=15.94	15.94
2	材料费	252.1	252.1
3	机械使用费	3.53	3.53
4	小计	1+2+3	271.57
5	现场经费	4×4.8%×(1−14.45%)=11.15	11.15
6	企业管理费	(4+5)×5.65%×(1−29.16%)=11.32	11.32
7	利润	(5+6)×7%=20.58	20.58
8	综合单价	5+6+7	314.62

(4) 根据以上计算数据确定保温隔热屋面的综合单价为：
2.59×1+325.52×0.1+314.62×0.18=91.77(元/m²)。

【例 2-13】 如图 2-16 所示，构造柱总高度为 20m，共 50 根，混凝土强度等级为 C25。现场经费取 4.8%，企业管理费取 5.65%，利润取 7%。

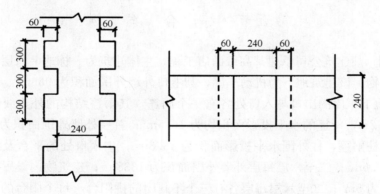

图 2-16　构造柱示意图

问题：
请编制构造柱的工程量清单报价。
答案及解析：
(1) 计算构造柱工程量=(图示柱尺寸宽度+马牙槎咬口)×厚度×图示高度
　　　　　　　　=(0.24+0.06)×0.24×20×50=72m³。
(2) 根据此项目所对应的 2001 年北京市建设工程预算定额中子目 6-21，确定构造柱的综合单价，详见表 2-15。

C25 构造柱的综合单价计算表　　　　　　　　　　表 2-15

单位：m³

序号	项目名称	计算过程	金额（元）
1	人工费	36.01×(1−0.1873)=29.27	29.27
2	材料费	292.96	292.96
3	机械使用费	5.11	5.11
4	小计	1+2+3	327.34
5	现场经费	4×4.8%×(1−14.45%)=13.44	13.44
6	企业管理费	(4+5)×5.65%×(1−29.16%)=13.64	13.64
7	利润	(5+6)×7%=24.75	24.81
8	综合单价	5+6+7	379.23

（3）编制 C25 构造柱分部分项工程量清单报价，详见表 2-16。

分部分项工程量清单报价表　　　　　　　　　　表 2-16

序号	项目编号	项目名称	计量单位	工程数量	金额 综合单价	金额 合价
1	010402001001	构造柱 C25 截面 240mm×240mm	m³	72	379.23 元/m³	27305 元

第五节　综　合　案　例

【例 2-14】 某建筑公司承建某高级酒店工程，主体建筑为一栋地上六层、地下一层的框架结构建筑物。该建筑地下为机动车库，其上口外墙外围面积为 968m²、底板外围面积为 1168m²；地下车库的出口与入口处各有一个雨篷，其雨篷结构的外边线至外墙结构外边线的宽度为 2m，雨篷的水平投影面积均为 16.5m²；首层外墙外围面积为 860m²；主入口处有一个有柱雨篷，柱外围水平投影面积为 18.3m²；主入口处的平台及踏步台阶水平投影面积为 20.6m²；二至六层每层外墙外围面积为 1338m²；建筑物内设置电梯一部，其水平投影面积为 5m²；二至六层每层各有三个不封闭的挑阳台，每个阳台的水平投影面积为 10m²；建筑物出屋面的楼梯间外墙外围水平投影面积为 30m²，电梯机房外墙外围水平投影面积为 35m²。

问题：

1. 该建筑物的建筑面积为多少？
2. 假设已经知道以下资料：

（1）土建专业：直接工程费用为 1000 万元。该工程的取费系数为：措施费用为直接工程费的 4%，间接费用为直接费的 7%，利润按直接费和间接费的 5% 计取，税率为 3.14%。

（2）安装专业：直接费为 350 万元。其中人工费为 35 万元。该工程取费系数为：其他直接费率 10%，现场经费 26%，间接费中企业管理费和财务费用的综合费率为 20%，其他间接费为 6%，利润为 5%，税率为 3.14%。

根据以上数据请分别计算土建和安装专业的单位工程预算费用书。如果土建、水电暖、工具器具、设备购置、设备安装等单位工程造价中占单项工程综合造价的比例分别为 50%、18%、1%、25.5%、5.5%。请确定各项单位工程和整个单项工程综合造价。

答案及解析：

1. 此问主要利用建筑面积计算规则。应当注意：雨篷结构的外边线至外墙结构外边线的宽度 2.1m 以内不计算建筑面积；电梯井按自然层计算建筑面积，但是已经包括在每层的建筑面积中了，并不单独计算；地下室建筑面积是按外墙上口外围的水平面积计算；建筑物的阳台，不论是凹阳台、挑阳台、封闭阳台、不封闭阳台均按其水平投影面积的一半计算。

由此可以得知：

该建筑物的建筑面积 $=968+860+18.3+1338\times5+10\times3\times5\times0.5+30+35=8676.3m^2$。

2. 此问主要利用工程造价的构成及费用计算规则。根据 206 号文：建筑安装工程费由直接费（包括直接工程费和措施费）、间接费（包括规费和企业管理费）、利润、税金组成。

（1）土建专业：

直接工程费：1000 万元；

措施费＝直接工程费×4%
　　　＝1000 万元×4%＝40 万元；

直接费＝直接工程费＋措施费
　　　＝1000 万元＋40 万元＝1040 万元；

间接费＝直接费×7%
　　　＝1040 万元×7%＝72.8 万元；

利润＝（直接费＋间接费）×5%
　　＝（1040 万元＋72.8 万元）×5%＝55.64 万元；

税金＝（直接费＋间接费＋利润）×3.14%
　　＝（1040 万元＋72.8 万元＋55.64 万元）×3.14%＝36.69 万元；

预算造价＝直接费＋间接费＋利润＋税金
　　　　＝1040 万元＋72.8 万元＋55.64 万元＋36.69 万元＝1205.13 万元。

（2）安装专业：

直接费：350 万元；

人工费：35 万元；

其他直接费＝人工费×10%
　　　　　＝35 万元×10%＝3.5 万元；

现场经费＝人工费×26%
　　　　＝35 万元×26%＝9.1 万元；

直接工程费＝直接费＋其他直接费＋现场经费
　　　　　＝350 万元＋3.5 万元＋9.1 万元＝362.6 万元；

间接费(企业管理费、财务费)＝人工费×20%
    ＝35万元×20%＝7万元；
其他间接费＝人工费×6%
    ＝35万元×6%＝2.1万元；
利润＝人工费×5%
    ＝35万元×5%＝1.75万元；
税金＝(直接工程费＋间接费＋其他间接费＋利润)×3.14%
    ＝(362.6万元＋7万元＋2.1万元＋1.75万元)×3.14%＝11.73万元；
预算造价＝直接工程费＋间接费＋利润＋税金
    ＝362.6万元＋7万元＋2.1万元＋1.75万元＋11.73万元＝385.18万元。

(3) 按土建工程预算造价1205.13万元计算：
    单项工程综合预算＝土建单位工程预算造价÷50%
        ＝1205.13万元÷50%＝2410.26万元；
    水电暖工程预算造价＝单项工程综合预算×18%
        ＝2410.26万元×18%＝433.85万元；
    工具器具费用＝单项工程综合预算×1%
        ＝2410.26万元×1%＝241.03万元；
    设备购置费用＝单项工程综合预算×25.5%
        ＝2410.26万元×25.5%＝614.62万元；
    设备安装费用＝单项工程综合预算×5.5%
        ＝2410.26万元×5.5%＝132.57万元。

按专业工程预算造价385.18万元计算：
    单项工程综合预算＝专业单位工程预算造价÷18%
        ＝385.18万元÷18%＝2139.89万元；
    土建工程预算造价＝单项工程综合预算×50%
        ＝2139.89万元×50%＝1069.95万元；
    工具器具费用＝单项工程综合预算×1%
        ＝2139.89万元×1%＝213.99万元；
    设备购置费用＝单项工程综合预算×25.5%
        ＝2139.89万元×25.5%＝545.67万元；
    设备安装费用＝单项工程综合预算×5.5%
        ＝2139.89万元×5.5%＝117.69万元。

【例2-15】 某市科研项目工程采用工程量清单计价的主体总承包总价合同。其工程量清单中相关的数据如下：

1. 对外围钢结构工程作为指定分包，暂定工程造价为150万元，总承包单位对上述工程提供协调以及施工设施的配合费用5万元。

2. 对玻璃幕墙工程作为指定分包，暂定工程造价为300万元，总承包单位对上述工程提供协调以及施工设施的配合费用10万元。

第五节 综合案例

3. 对洁净空调工程作为指定分包，暂定工程造价为 200 万元，总承包单位对上述工程提供协调以及施工设施的配合费用 7 万元。

4. 总承包单位对消防工程（暂定工程造价 200 万元）的承包单位收取提供协调以及施工设施的配合费用 4 万元。

5. 总承包单位对电梯工程（暂定工程造价 300 万元）的承包单位收取提供协调以及施工设施的配合费用 6 万元。

6. 总承包单位对市政配套工程（暂定工程造价 150 万元）的承包单位收取提供协调以及施工设施的配合费用 3 万元。

7. 预留 200 万元作为不可预见费用。

8. 总承包单位勘察现场费用 1 万元。

9. 总承包单位临时设施费用 10 万元。

10. 总承包单位环境保护、安全防护费用费用 5 万元。

问题：

1. 请简述全国统一工程量清单计价由哪些部分组成？

2. 根据全国统一工程量清单计价规则，计算该项目工程量清单中的指定分包金额和总承包服务费用。

3. 请用通用格式列出该项目的措施项目清单与其他项目清单表格。

4. 如果根据招标人的要求，增加一项额外工程，该工程无法用实物量计量和定价。招标人估算该工程需要木工约 100 工日，计 0.45 万元，油漆工约 80 工日，计 0.4 万元；需要零星材料约 0.3 万元；则这部分工作应该如何计价？

答案及解析：

1. 工程量清单计价包括分部分项工程费用、措施项目费用和其他项目费用。

2. 由题意可以知道，外围钢结构工程、玻璃幕墙工程、洁净空调工程为指定分包。则指定分包金额为：

150 万元+300 万元+200 万元=650 万元。

由题意可以知道，总承包单位对外围钢结构工程、玻璃幕墙工程、洁净空调工程、消防工程、电梯工程、市政配套工程收取总承包服务费用。则总承包服务费用为：

5 万元+10 万元+7 万元+4 万元+6 万元+3 万元=35 万元。

3. 措施项目费用是指分部分项工程费以外，为完成该项目施工所必须采取的措施所需要的费用。其他项目费用是指分部分项工程费与措施项目费用以外，该项目工程施工中可能发生的其他费用。该项目的措施项目清单和其他项目清单见表 2-17 和表 2-18。

措施项目清单表　　　　　　　　表 2-17

序　号	项　目　名　称	金额(元)
1	通用项目	
1.1	临时设施费用	100000
1.2	环境保护、安全防护费用	50000
1.3	其他	
	合计	150000

其他项目清单表 表 2-18

序 号	项 目 名 称	金额(元)
1	招标人部分	
1.1	不可预见费用	2000000
1.2	分包费用	6500000
1.3	其他	
2	投标人部分	
2.1	勘察现场费用	10000
2.2	总承包服务费用	350000
2.3	其他	
	合计	8860000

4. 该部分工作属于零星工作项目，应用零星工作项目计价。其中：

木工的综合单价＝4500÷100＝45 元；

油漆工的综合单价＝4000÷80＝50 元；

零星材料费用＝3000 元。

零星工作项目表见表 2-19。

零星工作项目表 表 2-19

工程名称：某市科研项目　　　　　　　　　　　　　　　　　　　　第1页、共1页

序 号	名 称	计量单位	数 量	金额(元)	
				综合单价	合 价
1	人工				
1.1	木工	工日	100	45	4500
1.2	油漆工	工日	80	50	4000
	小计				8500
2	材料				3000
	小计				3000
3	机械				
	小计				
	合计				11500

【例 2-16】 某建筑公司承建某框混结构工程。土方工程由某机械施工公司承包，经审定的施工方案为：采用反铲挖土机挖土，液压推土机推土，平均推土的距离为 50m；为防止超挖和扰动基土，按开挖总土方量的 20% 作为人工清底、修边坡工程量；为确定土方开挖的预算单价，决定采用实测的方法对人工以及机械台班的消耗量进行确定。3 层楼板为空心板，设计要求空心板内穿二芯塑料护套线，需要经过实测编制补充定额单价。经过实测，有关土方开挖和穿护套线的相关数据如下：

1. 土方开挖：

(1) 反铲挖土机纯工作 1 小时的工作量为 56m³，机械利用系数为 0.8，机械幅度差系数为 25%；

(2) 液压推土机纯工作 1 小时的工作量为 92m³，机械利用系数为 0.85，机械幅度差系数为 20%；

（3）人工连续作业挖 1m³ 土方需要基本工作时间为 90 分钟，辅助工作时间、准备预结束工作时间、不可避免中断时间、休息时间分别占工作延续时间的 2%、2%、1.5%、20.5%，人工幅度差系数为 10%；

（4）挖土机、推土机作业时，需要人工进行配合，每个台班配合一个人工；

（5）根据有关资料，当地人工综合日工资标准为 20.5 元，反铲挖土机台班预算单价 789.2 元，推土机台班预算单价 473.4 元。

2．穿护套线：

（1）人工基本用工 1.84 工日/100m，其他用工占总用工的 10%；

（2）材料消耗：护套线预留长度平均 10.4m/100m，损耗率为 1.8%；接线盒 13 个/100m，钢丝 0.12kg/100m；

（3）根据有关资料，当地人工综合日工资标准为 20.5 元，接线盒 2.5 元/个，二芯塑料护套线 2.56 元/m，钢丝 2.8 元/kg，其他材料费 5.6 元/100m。

问题：

请确定土方开挖及空心板内安装二芯护套线的补充定额单价。

答案及解析：

1．确定土方开挖的补充定额单价：

（1）确定反铲挖土机预算台班消耗指标：

$$(1\div56\times8\times0.8)\times(1+25\%)\times80\%=0.00279 \text{ 台班}/m^3；$$

（2）确定液压推土机预算台班消耗指标：

$$(1\div92\times8\times0.85)\times(1+20\%)=0.00192 \text{ 台班}/m^3；$$

（3）确定人工预算工日的消耗指标：

$$\text{工作延续时间}=90\div(1-2\%-2\%-1.5\%-20.5\%)=121.6 \text{ 分钟}/m^3；$$

$$\text{时间定额}=121.6\div(60\times8)=0.25 \text{ 工日}/m^3。$$

则土方人工消耗量 $=0.25\times(1+10\%)\times20\%+0.00279+0.00192=0.05971$ 工日；

（4）确定土方开挖预算单价：

$$0.00279\times789.2+0.00192\times473.4+0.05971\times20.5=4.33 \text{ 元}/m^3。$$

2．确定空心板内安装二芯护套线的补充定额单价：

（1）确定空心板内安装二芯护套线的安装人工费：

根据题意其他用工占总用工的 10%，则人工基本用工占总用工的 90%；

则总用工＝人工基本用工÷90%＝1.84÷90%＝2.044 工日；

则安装人工费＝2.044×20.5＝41.9 元；

（2）确定空心板内安装二芯护套线的安装材料费：

二芯护套线的消耗量＝(100＋10.4)×(1＋1.8%)＝112.39m；

则安装材料费＝112.39×2.56＋13×2.5＋0.12×2.8＋5.6＝326.16 元；

（3）确定空心板内安装二芯护套线的预算单价：

安装预算单价＝安装人工费＋安装材料费＝41.9＋326.16＝368.06 元/100m。

【例 2-17】 某科研基地项目工程于 2004 年 7 月开工，根据地质勘探资料，施工现场需要进行护坡处理。中标工程量清单中未包含此项费用，需要另行上报护坡费用。业主及监理共同确认的护坡施工方案为插筋挂网喷射混凝土支护,具体工作内容包括:插筋的工程量为932m、使用 $\phi 12$ 钢筋 1.68kg/m;挂网的钢筋量为 $\phi 8$ 钢筋 2.64kg/m²,$\phi 12$ 钢筋 11.504kg/m²。经现场测定喷射50mm厚混凝土支护的面积为2100m²。

已知中标工程量清单中的现场经费为 4.11%(已退规费)、企业管理费为 3.36%(已退规费)、利润为 7%。

问题:

请根据工程实际情况,编制护坡工程的综合单价及费用。

答案与解析:

根据现场实际情况,参照2001年北京市建设工程预算定额中 2-50、2-51、2-52 子目。人工单价按《北京工程造价信息》第7期中相应价格 38 元/工日进行计算。

1. 护坡综合单价的确定,详见表2-20、表2-21。

护坡组价明细 (单位:元/m²)　　　　表2-20

项目	组成内容	组 价 计 算			合计
		人工费(元)	材料费(元)	机械费(元)	
		22.39	83.44	19.13	
护坡	喷射混凝土支护厚度平均为50mm	[(0.812−0.054×3)×38+0.71−0.03×3]×(1−0.1873)=20.95	C20豆石混凝土:(0.088−0.011×3)×320=17.6 高压橡胶水管:(0.035−0.005×3)×11.57=0.23 钢筋 $\phi 10$ 内:3.52×2.64=9.29 钢筋 $\phi 10$ 外:3.58×11.504=41.19 其他材料费:11.12−0.67×3=9.11	19.16−0.45×3=17.81	124.96
	插筋	(0.05×38+0.19)×932/2100×(1−0.1873)=1.44	钢筋 $\phi 10$ 外:3.58×1.68=6.02	2.97×932/2100=1.32	

项目取费表　　　　表2-21

序号	名　称	费率(%)	表　达　式	合价(元/m²)
1	定额直接费		直接费	124.96
2	现场经费	4.11	(1)×费率	5.14
3	企业管理费	3.36	(1+2)×费率	4.37
4	利润	7	(1+2+3)×费率	9.41
5	综合单价		1+2+3	143.88

则护坡工程的综合单价为:143.88元/m²。

2. 编制护坡分部分项工程量清单报价表,详见表2-22。

分部分项工程量清单报价表　　　　表2-22

序号	项目编号	项目名称	计量单位	工程数量	金　额	
					综合单价	合　价
1	010203005001	土钉支护 插筋挂网 喷射C20豆石混凝土 50mm厚	m³	2100	143.88元/m³	302148元

第五节 综合案例

3. 编制护坡费用表,详见表2-23。

护坡工程费汇总表　　　　表 2-23

序号	名　　称	金额(元)
1	分部分项工程费	302148
2	规　　费	19057
3	税　　金	10921
4	合　　计	332126

【例 2-18】 某办公楼楼前广场立旗杆,旗杆 C10 混凝土基础尺寸为 3000mm×800mm×300mm,基座为砖砌尺寸为 3500mm×1000mm×300mm,基座面层贴芝麻白 20mm 厚花岗石板,3 根不锈钢管(Cr18Ni19),每根长 12.192m、ϕ63.5、壁厚 1.20mm。根据施工图纸计算出的工程量情况为:土方 0.84m³、回填土 0.64m³、余土运输 0.2m³;混凝土 C10 旗杆基础体积 0.72m³;砖基础砌筑体积 0.60m³;芝麻白花岗石 500mm×500mm 台座面层 6.24m²;3 根不锈钢旗杆 0.93kg/m×36.58m=34.02kg。

问题:

请根据全国统一基础定额编制旗杆的清单报价(现场经费取 26%,企业管理费取 45%,利润取 7%)。

答案及解析:

1. 根据全统基础定额,分步骤进行报价计算。

(1) 挖土方、运土方、回填土:

1) 人工费:挖土方:25 元/工日×0.537 工日/m³×0.84m³=11.28 元;

余土运输:25 元/工日×0.25 工日/m³×0.2m³=1.25 元;

回填土:25 元/工日×0.294 工日/m³×0.64m³=4.7 元;

小计:17.23 元。

2) 机械费:11 元/台班×0.0018 台班/m³×0.84m³=0.02 元;

11 元/台班×0.0798 台班/m³×0.64m³=1.27 元;

小计:1.29 元。

3) 合计:18.52 元。

(2) 混凝土基础:

1) 人工费:25 元/工日×1.058 工日/m³×0.72m³=19.04 元;

2) 材料费:混凝土 140 元/m³×1.015m³/m³×0.72m³=102.31 元;

草袋子:3 元/m³×0.326m²/m³×0.72m³=0.70 元;

水:1.8 元/m³×0.931m³/m³×0.72m³=1.21 元;

小计:104.22 元。

3) 机械费:混凝土搅拌机:96 元/台班×0.039 台班/m³×0.72m³=2.70 元;

振捣器:4.8 元/台班×0.077 台班/m³×0.72m³=0.27 元;

机动翻斗车:48 元/台班×0.078 台班/m³×0.72m³=2.70 元;

小计:5.67 元。

4）合计：128.93 元。

（3）砖基座砌筑：

1）人工费：25 元/工日×2.3 工日/m³×0.6m³＝34.5 元；

2）材料费：水泥砂浆 M5：135 元/m²×0.211m³/m³×0.6m³＝17.09 元；

砖：180 元/千块×0.5541 千块/m³×0.6m³＝59.55 元；

水：1.8 元/m³×0.11m³/m³×0.6m³＝0.12 元；

小计：76.76 元。

3）机械费：压浆搅拌机 200L：49.18 元/台班×0.035 台班/m³×0.6m³＝1.03 元。

4）合计：112.29 元。

（4）台座面层：

1）人工费：25 元/工日×0.253 工日/m³×6.24m³＝39.47 元；

2）材料费：白水泥：0.55 元/kg×0.103kg/m²×0.624m²＝0.35 元；

花岗石：124 元/m²×1.02m²/m²×6.24m³＝789.24 元；

其他材料费：63.14 元；

小计：852.73 元。

3）机械费：压浆搅拌机 200L：49.18 元/台班×0.052 台班/m²×6.24m²＝1.60 元；

石料切割机：52.0 元/台班×0.0201 台班/m²×6.24m²＝6.52 元；

小计：8.12 元。

4）合计：900.32 元。

（5）旗杆制作、安装：

1）人工费：25 元/工日×0.855 工日/kg×34.02kg＝727.18 元。

2）材料费：螺栓：0.65 元/只×0.272 只/kg×34.02kg＝6.02 元；

旗杆球珠：45 元/只×3 只＝135 元；

定滑轮：62 元/个×3 个＝186 元；

铁件：3.2 元/kg×1.567 kg/kg×34.02kg＝53.32 元；

电焊条：5 元/kg×0.4331 kg/kg×34.02kg＝73.68 元；

不锈钢管：600 元/根×3 根＝1800 元；

小计：2254.02 元。

3）机械费：交流电机：54 元/台班×0.12 台班/kg×17.01 kg＝110.22 元。

4）合计：3091.42 元。

（6）旗杆综合：

1）直接费合计：4251.46 元；

其中人工费合计：837.42 元。

2）现场经费：人工费×26％＝217.73 元。

3）企业管理费：人工费×45％＝376.84 元。

4）利润：（直接费＋现场经费＋企业管理费）×7％＝339.22 元。

5）综合单价：5185.27 元÷3＝1728.42 元。

2. 根据以上的计算资料，编制分部分项工程量清单综合单价计算表，详见表 2-24。

第五节 综合案例

分部分项工程量清单综合单价计算表　　　　　　　　　　表 2-24

工程名称：某工程　　　　　　　　　　　　　　　　　　　　计量单位：根
项目编码：020605002001　　　　　　　　　　　　　　　　　工程数量：3
项目名称：金属旗杆　　　　　　　　　　　　　　　　　　　综合单价：1728.42

序号	定额编号	工程内容	单位	数量	其中：(元)						
					人工费	材料费	机械费	现场经费	企业管理费	利润	小计
1	1-8	挖土方(三类土)	m³	0.84	11.28		0.02	2.93	5.08	1.35	20.66
2	1-49	运土方(40m)	m³	0.2	1.25			0.33	0.56	0.15	2.29
3	1-46	回填土	m³	0.64	4.7		1.27	1.22	2.12	0.65	9.96
4	4-60	砖基座砌筑	m³	0.6	34.5	76.76	1.03	8.97	15.53	9.57	146.36
5	5-396	C10 混凝土基础	m³	0.72	19.04	104.22	5.67	4.95	8.57	9.97	152.42
6	1-008(装)	台座面层 20mm 厚芝麻白花岗石板	m³	6.24	39.47	852.73	8.12	10.26	17.76	64.98	993.33
7	6-205(装)	不锈钢旗杆	根	3	727.18	2254.02	110.22	189.07	327.23	252.54	3860.26
8		合计			837.42	3287.73	126.31	217.73	376.84	339.22	5185.27
9		综合单价	根	1	5185.27÷3=1728.42						1728.42

3. 根据分部分项工程量清单综合单价计算表编制分部分项工程量清单计价表。详细内容见表 2-25。

分部分项工程量清单计价表　　　　　　　　　　　　表 2-25

工程名称：某工程

序号	项目编码	项目名称	计量单位	工程数量	金额(元)	
					综合单价	合　价
	020605002001	金属旗杆 C10 混凝土基础 300mm×800mm×300mm 砖基础 3500mm×1000mm×300mm 基座面层 20mm 厚花岗石板 500×500 不锈钢管（Cr18Ni19）每根长 12.19m， ϕ63.5，壁厚 1.2mm	根	3	1728.42	5185.27
		本页小计				5185.27
		合计				5185.27

第三章 建筑工程招标投标

商务经理作为工程项目领导班子的一员,在工程建设全过程中起着十分重要的作用。应该具有编制招标工程标底、投标报价和对标书进行分析、评定的能力。

第一节 招标投标概述

一、招标投标的定义

建设工程实行招标投标制度,是使工程项目建设任务的委托纳入市场机制,通过竞争择优选定项目的工程承包单位、勘察设计单位、施工单位、监理单位、设备制造供应单位等,达到保证工程质量、缩短建设周期、控制工程造价、提高投资效益的目的,由发包人与承包人之间通过招标投标签订承包合同的经营制度。工程建设项目招标投标是市场经济条件下进行工程建设项目的发包与承包过程中所采用的一种交易方式,而工程建设的招标与投标是建设市场中一对相互依存的活动。

建设招标一般是指发包人(即招标人)在发包建设项目之前通过公共媒介告示或直接邀请潜在的投标人,由投标人根据招标文件所设定的以功能、质量、数量、期限及技术要求等主要内容所构成的标的,提出实施方案及报价进行投标,经开标、评标、决标等环节,从众多投标人中择优选定承包人的一种经济活动。工程建设投标是指具有合法资格和能力的投标人根据招标文件要求,提出实施方案和报价,在规定的期限内提交标书,并参加开标,如果中标,则与招标人签订承包协议的经济活动。招标投标实质上是一种市场竞争行为。招标人通过招标活动在众多投标人中选定报价合理、工期较短和信誉良好的承包商来完成工程建设任务。而投标人则通过有选择的投标,竞争承接资信可靠的业主的适当的工程建设项目,以取得较高的利润。

二、招标投标的意义

1. 有利于建设市场的法制化、规范化。

从法律意义上说,工程建设招标投标是招标、投标双方按照法定程序进行交易的法律行为,所以双方的行为都受法律的约束。这就意味着建设市场在招标投标活动的推动下将更趋理性化、法制化和规范化。

2. 形成市场定价的机制,使工程造价更趋合理。

招标投标活动最明显的特点是投标人之间的竞争,而其中最集中、最激烈的竞争则表现为价格的竞争。价格的竞争最终导致工程造价趋于合理的水平。

3. 促进建设活动中劳动消耗水平的降低,使工程造价得到有效的控制。

在建设市场中,不同的投标人其个别劳动消耗水平是不一样的。但为了竞争招标项目、在市场中取胜，降低劳动消耗水平就成了市场取胜的重要途径。当这一途径为大家所重视，必然要努力提高自身的劳动生产率，降低个别劳动消耗水平，进而导致整个工程建设领域劳动生产率的提高、平均劳动消耗水平下降，使得工程造价得到控制。

4. 有力地遏制建设领域的腐败，使工程造价趋向科学。

工程建设领域在许多国家被认为是腐败行为多发区、重灾区。我国在招标投标中采取设立专门机构对招标投标活动进行监督管理，从专家人才库中选取专家进行评标的方法，使工程建设项目承发包活动变得公开、公平、公正，可有效地减少暗箱操作、营私舞弊行为，有力地遏制行贿受贿等腐败现象的产生，使工程造价的确定更趋科学、更加符合其价值。

5. 促进了技术进步和管理水平的提高，有助于保证工程质量、缩短工期。

投标竞争中表现最激烈的虽然是价格的竞争，而实质上是人员素质、技术装备、技术水平、管理水平的全面竞争。投标人要在竞争中获胜，就必须在报价、技术、实力、业绩等诸方面展现出优势。因此，竞争迫使竞争者都必须加大自己的投入，采用新材料、新技术、新工艺，加强企业和项目管理，因而促进了全行业的技术进步和管理水平的提高，进而使我国工程建设项目质量普遍得到提高，工期普遍得以合理缩短。

三、开展招标投标活动的原则

我国招标投标法规定招标投标活动必须遵循公开、公平、公正和诚实信用的原则。

1. 公开

招标投标活动中所遵循的公开原则要求招标活动信息公开，开标活动公开，评标标准公开，定标结果公开。

(1) 招标活动信息公开

招标人进行招标之始，就要将工程建设项目招标的有关信息在招标管理机构指定的媒介上发布，以同等的信息量晓谕潜在的投标人。此信息足以使潜在的投标人作出是否参加投标的判断，并知道如果要想参加投标该怎么做。

(2) 开标活动公开

开标活动公开包括开标活动过程公开和开标程序公开两方面。过程公开，使得所有投标人都能参加开标会，见证整个开标过程。开标程序公开，是指开标前就公布开标程序包括废标认定程序、唱标程序等。

(3) 评标标准公开

评标标准应该在招标文件中载明，以便投标人作相应的准备，以证明自己是最合适的中标人。如果等到开标前再宣布评标标准，就有可能由于这种随机性造成原本是强有力的投标人因准备不当而错失中标的机会，招标人也因此失去最佳的承包人，这样的评标是欠科学的。如果评标标准在开标后宣布，就难免带上某种倾向的烙印，使评标失去公正。

(4) 定标结果公开

招标人根据评标结果，经综合平衡，确定中标人后，应当向中标人发出中标通知书，同时将定标结果通知未中标的投标人。

2. 公平

招标人要给所有的投标人以平等的竞争机会，这包括给所有投标人同等的信息量、同等的投标资格要求,不设倾向性的评标条件,例如不能以某一投标人的产品技术指标作为标的要求,否则就有明显的授标倾向,而使其他投标人处于竞争的劣势。

招标文件中所列合同条件的权利和义务要对等,要体现承发包双方的平等地位。

投标人不得串通打压别的投标人,更不能串通起来抬高报价损害业主的利益。

3. 公正

招标人在执行开标程序、评标委员会在执行评标标准时都要严格照章办事,尺度相同不能厚此薄彼,尤其是处理迟到标、判定废标、无效标以及质疑过程中更要体现公正。

4. 诚实信用

诚实信用是民事活动的基本原则,招标投标的双方都要诚实守信,不得有欺骗、背信的行为。招标人不得搞内定承包人的虚假招标,也不能在招标中设圈套损害承包人的利益。投标人不能用虚假资质、虚假标书投标,投标文件中所有各项内容都要真实。合同签订后,任何一方都要严格、认真地履行。

四、我国工程建设项目招标的范围

1. 必须招标的工程建设项目

依照我国招标投标法及有关规定,在我国境内建设的以下项目必须通过招标投标选择承包人:

(1) 关系社会公共利益、公众安全的基础设施项目。

1) 煤炭、石油、天然气、电力、新能源等能源项目;

2) 铁路、公路、管道、水运、航空以及其他交通运输业等交通运输项目;

3) 邮政、电信枢纽、通信、信息网络等邮电通讯项目;

4) 防洪、灌溉、排涝、引(供)水、滩涂治理、水土保持、水利枢纽等水利项目;

5) 道路、桥梁、地铁和轻轨交通、污水排放及处理、垃圾处理、地下管道、公共停车场等城市设施项目;

6) 生态环境保护项目;

7) 其他基础设施项目。

(2) 关系社会公共利益、公众安全的公用事业项目。

1) 供水、供电、供气、供热等市政工程项目;

2) 科技、教育、文化等项目;

3) 体育、旅游等项目;

4) 卫生、社会福利等项目;

5) 商品住宅,包括经济适用房;

6) 其他公用事业项目。

(3) 使用国有资金投资的项目。

1) 使用各级财政预算资金的项目;

2) 使用纳入财政管理的各种政府性专项建设基金的项目;

3) 使用国有企业事业单位自有资金,并且国有资产投资者实际拥有控制权的项目。

(4) 国家融资的项目。

1) 使用国家发行债券所筹资金的项目;

2) 使用国家对外借款或者担保所筹资金的项目；
3) 使用国家政策性贷款的项目；
4) 国家授权投资主体融资的项目；
5) 国家特许的融资项目。
(5) 使用国际组织或者外国政府贷款资金的项目。
1) 使用世界银行、亚洲开发银行等国际组织贷款资金的项目；
2) 使用外国政府及其机构贷款资金项目；
3) 使用国际组织或者外国政府援助资金项目。

以上范围内总投资超过 3000 万元人民币的各类工程建设项目，包括项目的勘察、设计、施工、监理以及与工程建设有关的重要设备、材料等的采购必须进行招标。另外，总投资虽然低于 3000 万元人民币，但合同估算价达到下列标准之一的也必须进行招标：

(1) 施工单项合同估算价在 200 万元人民币以上的；
(2) 重要设备、材料等货物的采购，单项合同估算价在 100 万元人民币以上的；
(3) 勘察、设计、监理等服务，单项合同估算价在 50 万元人民币以上的。

2. 可以不进行招标的项目

依照我国招标投标法及有关规定，在我国境内建设的以下项目可以不通过招标投标来确定承包人：

(1) 涉及国家安全、国家机密、抢险救灾或者属于利用扶贫资金实行以工代赈、需要使用农民工等特殊情况，不适宜进行招标的项目。
(2) 建设项目的勘察设计，采用特定专利或者专有技术的，或者其建筑艺术造型有特殊要求的，经项目主管部门批准，可以不进行招标。

五、工程建设招标分类

工程建设招标，按标的内容可分建设项目总承包招标，工程勘察设计招标，工程建设施工招标，建设项目材料、设备招标和建设监理招标。

1. 建设项目总承包招标

工程建设项目总承包招标是指从项目建议书开始，包括可行性研究、勘察设计、设备材料采购、工程施工、生产准备、投料试车、直至竣工投产、交付使用的建设全过程招标，常称之为"交钥匙"工程招标。承包商提出的实施方案应是从项目建议书开始到工程项目交付使用的全过程的方案，提出的报价也应是包括咨询、设计服务费和实施费在内的全部费用的报价。总承包招标对投标人来说利润高，但风险也大，因此要求投标人要有很强的技术力量和相当高的管理水平，并有可靠的信誉。在我国也有采用总承包的，但较多的是设计施工总承包。相对而言，设计、施工总承包中的未知因素要少得多，计费也较容易，风险也相对小些。

2. 工程勘察设计招标

工程勘察设计招标是招标人就拟建的工程项目的勘察设计任务发出招标信息或投标邀请，由投标人根据招标文件的要求，在规定的期限内向招标人提交包括勘察设计方案及报价等内容的投标书，经开标、评标，从中择优选定勘察设计单位（即中标单位）的活动。在我国有的设计单位并无勘察能力，所以勘察和设计分别招标也是常见的。一般是设计招标之后，根据设计单位提出的勘察要求再进行勘察招标，或由设计单位承包后，分包给勘察单位，或者设计、勘察单位联合承包。

3. 工程建设施工招标

工程建设施工招标是招标人就建设项目的施工任务发出招标信息或投标邀请，由投标人根据招标文件要求，在规定的期限内提交包括施工方案和报价、工期等内容的投标书，经开标、评标、决标等程序，从中择优选定施工承包人的活动。

根据承担施工任务的范围大小及内容的不同，施工招标又可分为总承包招标、单项工程施工招标、单位工程施工招标及专业工程施工招标等。

4. 设备、材料招标

工程建设项目的设备、材料招标，是一项量大面广的招标工作，是招标人就设备、材料的采购发布信息或发出投标邀请，由投标人投标竞争获得采购合同的活动。但适用招标采购的设备、材料一般都是用量大、价值高、对工程的造价、质量影响大的，并非所有的设备、材料均由招标采购而得。

5. 工程建设监理招标

工程建设监理招标是建设项目的业主为了加强对设计、施工阶段的管理，委托有经验有能力的建设监理单位对建设项目的设计、施工进行监理而发布监理招标信息或发出投标邀请，由建设监理单位竞争承接此建设项目的监理任务的过程。

六、工程建设招标方式

工程建设项目招标的方式主要有公开招标和邀请招标。

1. 公开招标

公开招标是指招标人以招标公告的方式邀请不特定的法人或者其他组织投标。招标的公告必须在国家指定的报刊、信息网络或者其他媒介发布。招标公告应当载明招标人的名称、地址、招标项目的性质、数量、实施地点和时间以及获得招标文件的办法等事项。如果要进行投标资格预审的，则在招标公告中还应载明资格预审的主要内容及申请投标资格预审的办法。公开招标的最大特点是一切有资格的承包商或供应商均可参加投标竞争，都有同等的机会。公开招标的优点是招标人有较大的选择范围，可在众多的投标人中选择报价合理、工期较短、技术可靠、资信良好的中标人。但是公开招标资格审查及评标的工作量大、耗时长、费用高，且有可能因资格审查不严导致鱼目混珠的现象发生，这是需要特别警惕的。

招标人选用了公开招标方式，就不得以不合理的条件限制或者排斥潜在的投标人。例如，不得限制或者排斥本地区、本系统以外的法人或者其他组织参加投标。

2. 邀请招标

邀请招标是指招标人以投标邀请书的方式邀请特定的法人或者其他组织投标。投标邀请书上同样应载明招标人的名称、地址、招标项目性质、数量、实施地点和时间以及获取招标文件的办法等内容。招标人采取邀请招标方式的，应邀请三个以上具备承担招标项目的能力且资信良好的潜在投标人投标。邀请招标虽然能保证投标人具有可靠的资信和完成任务的能力，能保证合同的履行，但由于受招标人自身的条件所限，不可能对所有的潜在投标人都了解，可能会失去技术上、报价上有竞争力的投标人。

邀请招标一般邀请的都是招标人所熟悉的或在本地区、本系统拥有良好业绩、建立了良好形象的投标人，所以较之公开招标的投标人资格审查，工作量就要少得多，招标周期就可缩短，招标费用也可以减少，同时还可减少合同履行过程中承包人违约的风险。因此，在一般工程建设招标中，大量采用的招标方式是邀请招标。

【例 3-1】 2001 年初，某房地产开发公司欲开发新区第三批商品房，是年 4 月，某市电视台发出公告，房地产开发公司作为招标人就该工程向社会公开招标，择其优者签约承建该项目。此公告一发，在当地引起不小反响，先后有二十余家建筑单位投标。A 建筑公司和 B 建筑公司均在投标人之列。A 建筑公司基于市场竞争激烈等因素，经充分核算，在标书中作出全部工程造价不超过 500 万元的承诺，并自认为依此数额，该工程利润已不明显。房地产开发公司组织开标后，B 建筑公司投标数额为 450 万元。两家的投标均低于标底价。最后 B 建筑公司因价格更低而中标，并签订了总价包死的施工合同。该工程竣工后，房地产开发公司与 B 建筑公司实际结算的款额为 510 万元。一个偶然的机会，A 建筑公司接触到 B 建筑公司的一名中层管理人员，在谈到该房地产开发公司的工程招标问题时，B 建筑公司的这名员工透露说，在招标之前，该房地产公司和 B 建筑公司已经进行了多次接触，中标条件是双方议定的，参加投标的其他人都蒙在鼓里。A 建筑公司得知此事后，认为该房地产公司严重违反了法律的有关规定，而且未依照既定标价履约，实际上侵害了自己的权益，遂向法院提起诉讼，要求房地产开发公司赔偿在投标过程中的支出等损失。

问题：
(1)《招标投标法》中规定的招标方式有哪几种？公开招标的特点有哪些？
(2) A 建筑公司的主张能否得到法院的支持？为什么？
(3) 通常情况下，招标人和投标人串通投标的行为有哪些表现形式？

答案与解析：
(1)《招标投标法》中规定的招标方式有公开招标和邀请招标两种。

公开招标的优点是：投标的承包商多、范围广、竞争激烈，业主有较大的选择余地，能获得有竞争性的报价，提高工程质量和缩短工期。其缺点是：由于申请投标人较多，一般要设置资格预审程序，而且评标的工作量也较大，所需招标时间长、费用高。

(2) A 建筑公司的主张应当得到法院的支持。依法律规定，通过招标投标方式签订的建筑工程合同是固定总价合同，其特征在于：通过竞争决定的总价不因工程量、设备及原材料价格等因素的变化而改变，当事人投标标价应将一切因素涵盖，是一种高风险的承诺。当事人自行变更总价就从实质上剥夺了其他投标人公平竞价的权利并势必纵容招标人与投标人之间的串通行为，因而这种行为是违反公开、公平、公正原则的行为，构成对其他投标人权益的侵害，所以 A 建筑公司的主张应予支持。

(3)《招标投标法》中规定，招标人与投标人串通投标的行为表现如下：
1) 招标人在开标前开启投标文件，并将投标情况告知其他投标人，或者协助投标人撤换投标文件，更改报价；
2) 招标人向投标人泄露标底；
3) 招标人与投标人商定，投标时压低或抬高标价，中标后再给投标人或招标人额外补偿；
 4）招标人预先内定中标人；
 5）其他串通投标行为。

七、工程建设承包合同类型的选择

  建筑生产过程是一个极为复杂的社会生产过程。在建筑工程的勘察设计、物资供应、土建和安装工程施工过程中需要订立许多合同。按不同的角度，用不同的方法，可以把这些合同分为不同的类型。合同类型的选择要根据承包内容、承包方式及承包项目的具体情况来定。

  1. 工程建设合同的分类方法
 （1）按承包范围和内容分类
 1）建设项目总承包合同；
 2）项目建设前期咨询合同；
 3）工程勘察设计合同；
 4）工程材料、设备采购合同；
 5）工程施工合同；
 6）建设监理合同。
 （2）按承包方式分类
 1）独立承包合同；
 2）分包合同；
 3）联合承包合同。
 （3）按计价方式分类
 1）总价合同：
 ① 固定总价合同；
 ② 可变总价合同。
 2）单价合同：
 ① 预估工程量单价合同；
 ② 纯单价合同。
 3）成本加酬金合同：
 ① 成本加固定比例酬金合同；
 ② 成本加固定酬金合同；
 ③ 成本加固定酬金及奖罚合同；
 ④ 最高限额成本加固定最高酬金合同。

  在以上合同类型中，承包范围、内容是招标人通过招标文件确定的，承包方式则是投标人所采用的投标策略决定的，基本上是单方行为。这里建设合同类型仅是承包内容、承包方式在合同中的体现。所以合同类型选择的实质是合同计价方式的选择。

  2. 合同类型的选择
 （1）总价合同

总价合同是指事先确定委托承包商实施的全部任务,按全部任务或整个工程计算总价。总价合同的特点是:待实施的工程性质和工程量由双方事先明确商定;价格根据中标的承包商在投标报价中提出的总价确定。

1) 固定总价合同。也叫不变总价合同。这种合同的价格计算是以招标文件中的有关规定和图纸资料、规范为基础,合同总价不能变更。承包商在报价时对一切费用的上升因素都已作了估计并已包含在合同总价之中。合同总价一经双方同意确定之后,承包商就一定要完成合同规定的全部工作,承担一切不可预见的风险责任,而不能因工程量、设备、材料价格、工资等变化而提出调整合同价格。对于业主,则必须按合同总价付给承包商款项而不问实际工程量和成本的多少。但是,如果合同规定的条件,如设计和工程范围发生变化时,才可对总价进行调整。这种合同对于工程造价一次包死,简单省事,使发包人对工程总开支的计划更准确,在施工过程中也可以更有效地控制资金的使用。但对承包商来说,要承担较大的风险,如价格波动、气候条件恶劣、地质地基条件变化及其他意外困难等,所以报价往往较高。它一般适用于工程项目确定、规模不大、结构不甚复杂、工期较短、技术要求明确的工程项目。

2) 可变总价合同。在合同执行过程中,由于通货膨胀而使所使用的工料成本增加,因而可根据合同约定的调价方法对合同总价进行相应的调整。发包人须承担通货膨胀引起的不可预见费用增加的风险。必须注意的是可变总价合同中,必须列有调价条款才可进行调值。可变总价合同一般适用于工程内容和技术经济指标规定明确且工期较长的工程项目。另外,在这类总价合同文件中,一般都订有"机动条款",即规定工程量变更导致总价变更的极限,超过该极限,就必须调整合同价格。

(2) 单价合同

固定单价合同是指合同中确定的各项单价在工程实施期间不因价格变化而调整,而在每月(或每阶段)工程结算时,根据实际完成的工程量结算,在工程全部完成时以竣工图的工程量最终结算工程总价款。在招标前,发包人无需对工程范围作出完整的、详尽的规定,从而可以缩短招标准备时间,能鼓励承包商通过提高工效等手段从成本节约中提高利润,业主只按工程量清单的项目开支,可减少意外开支,只需对少量遗漏的项目在执行合同过程中再报价,结算比较简单。

1) 工程单价合同

以工程量表为基础,以工程单价表为依据来计算合同价格。工程结算的总价为合同价格乘以实际工程量。但是,采用这种合同形式时由于工程量是按实际完成的数量结算,要求实际完成的工程量与原估计的工程量不能相差太大,否则,会造成原定单价的不合理。因此,一般在订立合同时规定,当实际工程量比招标文件所列的工程量相差量超过一定百分比时,双方可以讨论调整单价。承包商和业主都可以保留调整单价的权利。但单价的调整比例最好在订立合同时明确约定,以免以后发生纠纷。

2) 纯单价合同

由发包方向投标人给定发包工程的各分部分项工程及工程范围,只需对这种给定范围的分部分项工程提出报价即可。在这种合同形式下工程结算只需按实际完成工程量计算,不会涉及由于工程量变化太大而需调整单价的问题。这种形式的合同常在只有初步设计尚无施工图的施工招标时采用。对于工程费分摊在许多工种中的复杂工程,或有一些不易计算工程量的项目，采用纯单价合同则会引起一些麻烦与争执。

(3) 成本加酬金合同

成本加酬金合同，其工程成本部分是按现行计价依据计算的、承包商为完成工程项目和合同所规定的任务实际支付的费用，如材料、设备、机具、工资、保险等为工程支付的直接费和间接费。酬金部分则按工程成本乘以通过竞争确定的费率计算，将两者相加，确定出合同价。一般分为以下几种形式。

1) 成本加固定百分比酬金确定的合同价

这种合同价是发包人对承包人支付的人工、材料和施工机械使用费、其他直接费、施工管理费等按实际成本全部据实补偿，同时按照实际成本的固定百分比付给承包商一笔酬金，作为承包商的利润。这种合同价使得工程总造价及付给承包商的酬金随工程成本而水涨船高，不利于鼓励承包方降低成本，很少被采用。

2) 成本加固定金额确定的合同价

这种合同价与上述成本加固定百分比酬金合同价相似。其不同之处仅在于发包人付给承包商的酬金是一笔固定金额的酬金。采用上述两种合同价方式时，为了避免承包商企图获得更多的酬金而对工程成本不加控制，往往在承包合同中规定一些"补充条款"，以鼓励承包商节约资金，降低成本。

3) 成本加奖罚确定的合同价

采用这种合同价，首先要确定一个目标成本，这个目标成本是根据粗略估算的工程量和单价表编制出来的。在此基础上，根据目标成本来确定酬金数额，可以是百分数形式，也可以是一笔固定酬金。然后，根据工程实际成本支出情况另外确定一笔奖金，当实际成本低于目标成本时，承包商除从发包人获得实际成本、酬金补偿外，还可以根据成本降低得到一笔奖金。当实际成本高出目标成本时，承包商仅能从发包方得到成本和酬金的补偿。此外，视实际成本高出目标成本情况，若超过合同价的限额，还要处以一笔罚金。除此之外，还可设工期奖罚。

这种合同形式可以促使承包商降低成本，缩短工期，而且目标成本随着设计的进展而加以调整，承发包双方都不会承担太大风险，故应用较多。

4) 最高限额成本加固定最大酬金确定的合同价

在这种合同价中，首先要确定最高限额成本、报价成本和最低成本，当实际成本没有超过最低成本时，承包商花费的成本费用及应得酬金等都可得到发包人的支付，并与发包人分享节约额；如果实际工程成本在最低成本和报价成本之间，承包商只能得到成本和酬金；如果实际工程成本在报价成本与最高限额成本之间，则只能得到全部成本；当实际工程成本超过最高限额成本时，则超过部分发包人不予支付。这种合同适用于设计已达到一定深度、工作范围已明确的工程。

5) 工时及材料补偿合同

用一个综合的工时费率来计算工作人员在工作完成后的价格并予以支付。这个综合工时费率，包括基本工资、保险、纳税、工具、监督管理、现场办公室各项开支以及利润等，材料则以实际支付材料费为准。这种形式一般用于招标聘请咨询专家或建设监理等。

上述各种不同计价方式合同的采用，主要根据发包时设计文件的准备情况、项目规模、技术复杂程度、工期长短等决定。一项工程招标前，发包人选用适当的合同形式是制定发包策略及发包计划的一个重要组成部分。

八、招标投标程序

工程建设招标投标一般要经历招标准备、招标邀请、发售招标文件、现场勘察、标前会议、投标、开标、评标、定标、签约等过程，如图3-1所示。与邀请招标相比，公开招标程序仅是在招标准备阶段多了发布招标公告，进行资格预审的内容。

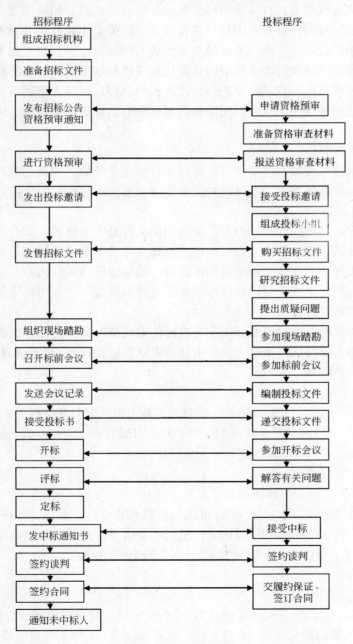

图3-1 公开招标程序

1. 招标准备

招标准备包括三个方面，即招标组织准备、招标条件准备和招标文件准备。

（1）招标组织准备。

招标活动必须有一个机构来组织，这个机构就是招标组织。如果招标人具有编制招标文件和组织评标的能力，则可以自行组织招标，并报建设行政监督部门备案；否则应先选择招标代理机构，与其签订招标委托合同，委托其代为办理招标事宜。

所谓的招标代理机构是具有从事招标代理业务的营业场所和相应的资金，拥有能够编制招标文件和组织评标的相应专业力量，并建有从事相关工作满八年并具有高级职称或者具有同等专业水平的技术、经济等方面的专家组成的评标专家库，且经国务院、省、自治区、直辖市人民政府的建设行政主管部门认定代理资质和取得法人资格的社会中介组织。

无论是自行办理招标事宜还是委托招标代理机构办理，招标人都要组织招标领导班子如招标委员会、招标领导小组等，以便能够对招标中的诸如确定投标人、中标人等重大问题进行决策。

（2）招标条件的准备。

招标项目如果按照国家有关规定需要履行项目审批手续的，应当先履行审批手续取得批准。同时，项目的现场条件、基础资料及资金等也要能满足相应阶段招标的要求。

（3）招标文件的准备。

不同的招标方式和不同的招标内容，招标用的文件是不一样的，如公开招标用的文件准备就包括招标公告、资格预审、投标邀请、招标文件乃至中标通知书等在内的全部文件的准备。而邀请招标用的文件中就不含招标公告、投标资格预审等内容。招标用文件的准备也不一定要全部同时完成，可以随招标工作的进展而跟进，例如中标通知书、落标通知书就可以在评标的同时准备。

招标用文件的核心是发售给投标人作为投标依据的招标文件。招标文件编制的好坏关系招标的成败，要予以特别的重视。最好由具备丰富招标投标经验的工程技术专家、经济专家及法律专家合作编制。

【例 3-2】 某省一级公路某路段全长 224km。本工程采取公开招标的方式，共分 20 个标段，招标工作从 2006 年 7 月 2 日开始，到 8 月 30 日结束，历时 60 天。招标工作的具体步骤如下：

（1）成立招标组织机构。

（2）发布招标公告和资格预审通告。

（3）进行资格预审。7 月 16 日～20 日出售资格预审文件，47 家省内外施工企业购买了资格预审文件，其中的 46 家于 7 月 22 日递交了资格预审文件。经招标工作委员会审定后，45 家单位通过了资格预审，每家被允许投 3 个以下的标段。

（4）编制招标文件。

（5）编制标底。

（6）组织投标。7 月 28 日，招标单位向上述 45 家单位发出资格预审合格通知书。7 月 30 日，向各投标人发出招标文件。8 月 5 日，召开标前会。8 月 8 日组织投标人踏勘现场，解答投标人提出的问题。8 月 20 日，各投标人递交投标书，每标段均有 5 家以上投标人参加竞标。8月21日，在公证员出席的情况下，当众开标。

（7）组织评标。评标小组按事先确定的评标办法进行评标，对合格的投标人进行评分，推荐中标单位和后备单位，写出评标报告。8月22日，招标工作委员会听取评标小组汇报，决定了中标单位，发出中标通知书。

（8）8月30日招标人与中标单位签订合同。

问题：

（1）上述招标工作内容的顺序作为招标工作先后顺序是否妥当？如果不妥，请确定合理的顺序。

（2）工程建设项目施工招标文件一般包括哪些内容？

（3）简述编制投标文件的步骤。

答案与解析：

（1）不妥当。根据《招标投标法》中有关规定，合理的顺序应该是：成立招标组织机构；编制招标文件；编制标底；发布招标公告和资格预审通告；进行资格预审；发放招标文件；组织现场踏勘；召开标前会；接收投标文件；开标；评标；确定中标单位；发出中标通知书；签订承发包合同。

（2）根据《招标投标法》中有关规定，工程建设项目施工招标文件一般包括下列内容：投标邀请书；投标人须知；合同主要条款；投标文件格式；采用工程量清单招标的，应当提供工程量清单；技术条款；设计图纸；评标标准和方法；投标辅助材料等。

（3）根据《招标投标法》中有关规定，编制投标文件的步骤如下：

1）组织投标班子，确定投标文件编制的人员；

2）仔细阅读投标须知、投标书附件等各个招标文件；

3）结合现场踏勘和投标预备会的结果，进一步分析招标文件；

4）校核招标文件中的工程量清单；

5）根据工程类型编制施工规划或施工组织设计；

6）根据工程价格构成进行工程估价，确定利润方针，计算和确定报价；

7）形成投标文件，进行投标担保。

2. 招标邀请

招标方式不同，邀请的程序也不同。公开招标一般要经过招标公告、资格预审、投标邀请等环节。而邀请招标则可直接发出投标邀请书。

（1）招标公告

招标公告由招标人通过国家指定的报刊、信息网络或者其他媒介发布。公告中要载明招标人的名称、地址，招标项目的名称、性质、数量、实施地点和时间，招标工作的时间安排，对投标人资格条件的要求及获取招标文件的办法。如果要进行资格预审的，还应写明申请投标资格预审办法。在不经资格预审而直接发售招标文件的情况下，招标公告可以认为是没有特定潜在投标人的投标邀请书。建设项目的公开招标应在工程建设招标投标有形市场（如建设工程交易中心等）发布信息，同时也可通过报刊、广播、电视等新闻媒介发布公告。进行资格预审的，刊登"资格预审通告"。按规定，有审批程序的，应先报招标投标有权管理部门批准，然后才能对外公布。

(2) 投标资格预审

通过招标公告获得招标信息并有意参加投标竞争者，按照招标公告中关于资格预审要求向招标人申请资格预审，领取资格预审文件，并按资格预审文件的时间、地点及内容要求提交资质证明文件、业绩材料及资格审查表。招标人在对资格材料审查并进行必要的实地考察后，对潜在投标人的履约能力及资信作出综合评价，从中择优选出若干个潜在的投标人，正式邀请其参加投标。招标的内容不同，投标资格预审的内容就会不同；招标的内容相同，但招标对象的规模大小不同，投标资格预审的内容也会有所不同。不过，资格预审的基本内容是一样的，即投标人签约资格和履约能力。

1) 投标资格预审的主要内容包括：

① 签约资格。是指投标人按国家有关规定的承接招标项目必须具备的相应条件，如投标人是否是合法的企业或其他组织，有无与招标工程内容相适应的资质，是否正处于被责令停业或财产被接管、冻结或暂停参加投标的处罚期。

② 履约能力。是指投标人完成招标项目任务的能力，如投标人的财务状况、商业信誉、业绩表现、技术管理水平、人员设备条件、完成类似项目的经验、履行中的合同数量等。

2) 资格预审程序包括以下步骤：

① 资格预审文件的编制与审批

投标资格预审文件包括资格预审通知、资格预审须知、资格预审表等。

(A) 资格预审通知

资格预审通知一般都包含在公开招标的公告中，也就是在招标公告里载明资格预审的内容、索购资格预审文件的时间、地点及提出资格预审申请的最后期限。

(B) 资格预审须知

申请投标人是根据这个须知来填报资格预审表和准备有关文件资料，并最终决定是否申请参加投标的。所以资格预审须知应包括招标人名称、住所、电话，联系人姓名、职务，招标项目详细介绍及招标日程安排，资格预审表的填写说明，对投标人资信、能力的基本要求及递交资格预审申请的时间、地址，有关的资信、业绩、能力的证明文件及资料要求。

(C) 资格预审表

公开招标中招标人面临的潜在投标人少则几个、十几个，多则几十个、上百个。招标人是无法对众多投标人都逐一登门调查的，只能通过资格预审表来了解投标人的情况，审查其投标资格。所以资格预审表的内容要全面、确保足够的信息量，条目的含义要明确，不会发生歧义。主要内容有：

(a) 投标人的名称、住所、电话、地址、网址、资质等级、内部组织结构、法定代表人姓名、职务、联系办法等；

(b) 投标人的财务状况，如注册资本、固定资产、流动资金、上年度产值额、可获得贷款额、能提供担保的银行或法人；

(c) 投标人的人员、设备条件，如与招标项目有关的关键人员一览表(姓名、学历、职称、经验等)、关键设备一览表(名称、性能、原值、已使用年限)、职工总数等；

(d) 投标人的业绩，如投标人近年来在技术、管理、企业信誉、实力方面所取得的成绩，近年来完成的承包项目及履行中的合同项目情况（名称、地址、主要经济技术指标、交付日期、评价、业主名称、电话等），完成类似招标项目的经验；

(e) 投标人在本招标项目上的优势；

(f) 资格预审结论，由招标人在审查结束后填写；

(g) 资格预审表附件，包括：投标人法定资格的证书文件如企业法人营业执照等；投标人资质等级证明文件，如资质等级证书；投标人近几年的财务报表，如资产负债表；证明投标人业绩、信誉、水平的证明文件，如完成项目的质量等级证书、获奖证书、资信等级证书、通过质量认证证书等。

(D) 资格预审评分表

如果资格预审是通过招标领导班子或邀请专家采用评分法来选投标人的，则需要有一个评分表。评分的内容是资格预审表中所列的反映企业资信和能力的内容。招标人根据招标项目的要求确定各评分项目的权重或最高分值，并将每一个评分项目分成若干个评分等级或从最高分到最低分确定若干分值。评分项目的权重或最高分大小是反映该评分项目对确定投标人投标资格的重要程度，而评分等级则反映潜在的投标人对该评分项目的满足程度。

(E) 资格预审合格通知书

对资格预审合格的潜在投标人，要签发资格预审合格通知书，并邀请其参加投标，所以也可称之为投标邀请书。资格预审合格通知书的内容主要告知其资格预审已通过，正式邀请其参加投标，并于何时到何地索购招标文件。

(F) 致谢信

是发给资格预审不合格的资格预审申请人的通知书，主要内容有告知其本次资格预审工作已经结束，投标人已经选定但其未能入选，致以歉意并感谢支持和参与，希望下次有机会合作。

按规定要审批的，编制好的资格预审文件应报招标投标有权管理部门批准。审查的主要内容为招标项目的合法性，对投标人资格要求的合理性、合法性。如国家对投标人的资格条件有规定的，招标人应以此为标准审查投标人的投标资格。国家规定有强制性标准的，投标人必须符合该标准。但招标人不得以不合理的条件限制或者排斥潜在投标人，不得对潜在投标人实行歧视待遇。

② 发布投标资格预审通知

投标资格预审通知应在招标投标有权管理部门指定的媒介及一般的公共媒介上发布，所选的媒介要有足够大的传播面，确保能让招标人所希望范围的潜在投标人获得此信息。一般情况下，投标资格预审通知是包含在公开招标公告中、作为公告的一项内容发布的。

③ 发售资格预审文件

潜在投标人获得招标项目信息后一般要作必要的调查，如对招标人的资信、招标项目背景、实施条件等进行初步的了解并结合自身条件决定是否参与投标。有意参加投标的就按资格预审通知书上规定的时间和地址去申请领取或购买资格预审文件。所以，资格预审通知发布后要做好发售资格预审文件的准备。资格预审文件的发放可以是有偿的，也可以是无偿的，还可以是先收取押金待申请人提交全套的资格预审申请文件后退还押金。无论收费还是收押金都是一个目的：要求申请人事先认真考虑，以免出现索取资格预审文件的很多，提交正式资格预审申请文件的却很少的情况。

④ 申请人填写、递交资格预审申请文件

投标资格预审申请人获得资格预审文件后，应组织力量实事求是地填写并认真地准备好预审表附件。对预审文件中有疑问的，可以向招标人咨询。对于带有普遍性的问题，招标人应同时通知所有获得资格预审文件的申请人。无论是申请人质疑还是招标人的回答或对预审文件的修改、补充，都应以书面形式。申请人完成资格预审表的填写和相关文件、资料的准备后，要写一个致招标人的函件，要求对提交的资格预审表和相关文件资料进行审查，并对其真实性负责。最后不要忘记表示：希望能够通过资格预审，有机会参加投标竞争。一旦投标资格通过预审，一定参加投标。同时还要表示一定尊重招标人的选择，且不要求招标人作出解释。落款由申请人的法定代表人或其代理人签字，并加盖公章。实际上，这是真正意义上的资格审查申请书。

至此，投标资格预审申请文件就编制完成了。按投标资格预审须知上规定的时间地址将资格预审申请文件送达招标人。

⑤ 审查与评议

一般项目招标的投标资格评审工作由招标人内部组成的招标工作班子完成，大项目招标的投标资格评审工作由招标人主持，邀请监理工程师及有关职能管理部门的专家参加，组成评审委员会来完成。招标人首先要对资格预审申请文件的完整性和真实性进行审查，在可能条件下还作一些调查。在此基础上由评审委员会进行评审。评审办法可以事先拟订并在资格预审通知中公布，也可由评审委员会在评审前确定。采取事先拟订办法和资格预审通知一并报批、一并公布的办法更有助于资格预审的公正性。

评审可以采用简单多数法或评分法来确定投标人，但首先要确定计划选多少个申请人参加投标。如果采用评分法还应该确定入选的最低资格评议分。简单多数法是按申请人得票的多少优先入选；而评分法则是按申请人得分高低，从高到低优先入选。但即使名额未满，未达最低资格评议分的申请人，也不得入选。考虑到被批准的投标者不一定都来参加投标这一因素，所以要掌握分寸，不宜过严，选定的投标人一般以 5~9 个为宜。

按规定要报批的，应写成评审报告，附上拟选的投标人一览表报上级审批，并报招标投标管理部门备案。

⑥ 通知资格预审结果

对于获得投标资格者，发给资格预审合格通知书或投标邀请书。对于未能获得投标资格者，发出致谢信。

不进行资格预审的公开招标，将资格审查安排在开标后进行（称资格后审）。这样做要基于一个基本估计，即能满足招标公告中要求的资格条件，且有意参加投标的潜在投标人不会太多，否则开标后的资格审查工作量就会很大，费用也高。不进行资格预审的公开招标，投标人按照招标公告中规定的时间地点直接索购招标文件。

【例 3-3】 某机场改扩建工程项目已经原国家发展计划委员会批准立项，国信招标有限责任公司受机场改扩建工程指挥部委托，对该项目的新航站楼土建工程施工（建筑规模约 2 万 m²）进行国内公开招标。现邀请有投标意向的、具有独立法人资格、工业与民用建筑工程施工一级资质，并最好拥有高寒地区施工经验和民用机场航站楼施工经验的单位持本单位介绍信、营业执照（副本）、资质等级证书和经办人身份证（以上均需原件）按下述要求领取资格预审文件。

(1) 资格预审文件售价：每套1500元人民币（限以现金或支票支付），售后不退。

(2) 资格预审文件发放时间：自2006年5月24日起至2001年6月1日止。每天上午8：30～12：00，下午14：00～17：00（北京时间，节假日照常办公）。

(3) 资格预审文件发放地点：民航某驻贵州办事处。

联系电话：6120××××

联系人：××

(4) 资格预审申请书递交地点及时间：所有申请书必须于2006年6月4日上午8：00～12：00之间送至民航某驻贵州办事处会议室。

招标机构：国信招标有限责任公司

地址：北京市西城区金融街33号××大厦B座622号房间

邮编：100032 传真：(010)8808××××

联系人：××

联系电话：(010)8808××××

日期：2006年5月18日

问题：

(1) 根据《工程建设项目施工招标投标办法》的相关规定，发布资格预审公告通常有哪些做法？

(2) 资格预审主要审查潜在投标人是否符合哪些条件？

(3) 为了保证潜在的投标人有足够的时间获得资格预审文件并准备和提交反馈意见，资格预审文件的发放一般要留有一定的时间。在我国，对于勘察设计或施工招标，一般的时间要求是多少？

答案与解析：

(1) 招标进行资格预审，招标人可以发布资格预审公告。资格预审公告的内容一般和招标公告相似。如《工程建设项目施工招标投标办法》第18条规定，采取资格预审的，招标人可以发布资格预审公告，资格预审公告适用有关招标公告的规定。

发布资格预审公告通常有两种做法。一种做法是在招标公告中写明将进行投标资格预审，并通告领取或购买投标资格预审文件的地点和时间。另一种做法是另行刊登资格预审公告，但一般不再公开发布招标公告。

(2) 资格预审主要审查潜在投标人是否符合下列条件：

1) 具有独立订立合同的权利；

2) 具有履行合同的能力，包括专业、技术资格和能力，资金、设备和其他物质设施状况，管理能力，经验、信誉和相应的从业人员；

3) 没有处于被责令停业，投标资格被取消，财产被接管、冻结，破产状态；

4) 在最近三年内没有骗取中标和严重违约及重大工程质量问题；

5) 法律、行政法规规定的其他资格条件。

(3) 为了保证潜在的投标人有足够的时间获得资格预审文件并准备和提交反馈意见，资格预审文件的发放一般要留有一定的时间。在我国，对于勘察设计或施工招标，一般要求自资格预审文件出售之日起至停止出售之日止，最短不少于5个工作日。

3. 发出投标邀请

无论是公开招标还是邀请招标，被邀请参加投标的法人或者其他组织都不能少于三家，且发出邀请投标的前提都是一样的，即被邀请人的履约能力及资信都是得到招标人认可的。因此，招标人发出投标邀请书必须是严肃的、负责任的行为，一般情况下是不能拒绝被邀请人投标的。

公开招标的投标邀请书是在投标资格预审合格后发出的，所以也可以投标资格预审合格通知书的形式代替。但无论是投标邀请书还是投标资格预审通知书都要简单复述招标公告的内容，并突出关于获取招标文件的办法。在邀请招标的情况下，被邀请人是通过投标邀请书了解招标项目的。所以投标邀请书对项目的描述要详细、准确，保证有必要的信息量，以利于被邀请人决定是否购买招标文件，参加投标竞争。

投标人收到投标邀请书后要以书面形式回复参加投标与否。若决定参加投标，就要立即组成投标班子并开始作投标准备。

4. 发售招标文件

招标文件是投标人编制投标文件、进行报价的主要依据。所以招标文件应当根据招标项目的特点和需要编制。招标文件应当包括招标项目的技术要求、对投标人资格审查的标准、投标报价要求和评标标准等所有实质性要求和条件以及拟签订合同的主要条款。国家对招标项目的技术、标准有规定的，招标人应当按照其规定在招标文件中提出相应要求。

招标项目需要划分标段、确定工期的，招标人应当合理划分标段、确定工期，并在招标文件中载明。招标文件一般都包括投标须知、合同条件、标的说明、技术规范要求、各种文件格式等主要内容。但不同的招标对象，具体内容也不一样。

招标文件的发放有两种形式：一是售给有投标资格的，也即受到投标邀请的投标人。另一种是无偿发给有投标资格的投标人。但习惯做法是收取一定的招标文件押金，待招标结束退还。

投标人收到招标文件，核对无误后要以书面形式确认。投标人要认真研究，若有疑问或不清楚的问题，应在规定的时间里以书面形式要求招标人作澄清解释。招标人对已发出的招标文件进行必要的澄清或者修改的，应当在招标文件要求提交投标文件截止时间至少15日前以书面形式通知所有招标文件收受人。该澄清或者修改的内容为招标文件的组成部分。

5. 组织现场勘察

现场勘察是到现场进行实地考察。投标人通过对招标的工程项目踏勘，可以了解实施场地和周围的情况，获取其认为有用的信息；核对招标文件中的有关资料和数据并加深对招标文件的理解，以便对投标项目作出正确的判断，对投标策略、投标报价作出正确的决定。

招标人在投标须知规定的时间组织投标人自费进行现场踏勘。踏勘人员一般可由投标决策人员、拟派现场实施项目的负责人及投标报价人员组成。现场考察的主要内容包括交通运输条件及当地的市场行情、社会环境条件等。招标人通过组织投标人进行现场踏勘可以有效避免合同履行过程中投标人以不了解现场，或招标文件提供的现场条件与现场实际不符为由推卸本应承担的合同责任。

6. 召开标前会议

标前会议也称投标预备会或招标文件交底会，是招标人按投标须知规定时间和地点召开的会议。标前会议上招标单位除了介绍工程概况外，还可对招标文件中的某些内容加以修改或予补充说明，以及对投标人书面提出的问题和会议上即席提出的问题给予解答。会议结束后，招标人应将会议记录用书面通知的形式发给每一位投标人。

投标人研究招标文件和现场考察后会以书面形式提出某些质疑问题，招标人可以及时给予书面解答，也可以留待标前会议上解答。但标前会上招标人可以和投标人共同商讨招标文件中或编标中遇到的共性问题，并达成共识，形成统一的处理办法或统一的编标口径，这将有利于评标，这也是标前会议的重要之处。

无论是会议纪要还是对个别投标人的问题的回答，都应以书面形式发给每一个获得招标文件的投标人，以保证招标的公平和公正。但对问题的答复不用说明问题的来源。不论招标单位以书面形式向投标单位发放的任何资料文件，还是投标单位以书面形式提出的问题，均应以书面形式予以确认。会议纪要和答复函件形成招标文件的补充文件，是招标文件的组成部分，与招标文件具有同等的法律效力。当补充文件与招标文件的规定不一致时，以补充文件为准。为了使投标单位在编写投标文件时充分考虑招标单位对招标文件的修改或补充内容，以及投标预备会会议记录内容，招标单位可根据情况在标前会上确定延长投标截止时间。

7. 投标

投标人在获得招标文件后要组织力量认真研究招标文件的内容，并对招标项目的实施条件进行调查。在此基础上结合投标人的实际，按照招标文件的要求编制投标文件。投标文件应当对招标文件提出的实质性要求和条件作出响应。招标项目属于建设施工的，投标文件的内容应当包括拟派出的项目负责人与主要技术人员的简历、业绩和拟用于完成招标项目的机械设备等。

投标人根据招标文件载明的项目实际情况，拟在中标后将中标项目的部分非主体、非关键性工作进行分包的，应当在投标文件中载明。

两个以上法人或者其他组织可以组成一个联合体，以一个投标人的身份共同投标。联合体各方均应具备承担招标项目的相应能力。国家有关规定或者招标文件对投标人资格条件有规定的，联合体各方均应当具备规定的相应资格条件。由同一专业的单位组成的联合体，按照资质等级较低的单位确定资质等级。联合体各方应当签订共同投标协议，明确约定各方拟承担的工作和责任，并将共同投标协议连同投标文件一并提交招标人。联合体中标的，联合体各方应当共同与招标人签订合同，就中标项目向招标人承担连带责任。但招标人不得强制投标人组成联合体共同投标，不得限制投标人之间的竞争。

投标人不得相互串通投标报价，不得排挤其他投标人的公平竞争，损害招标人或者其他投标人的合法权益。投标人不得与招标人串通投标，损害国家利益、社会公共利益或者他人的合法权益。投标人不得以低于成本的报价竞标，也不得以他人名义投标或者以其他方式弄虚作假，骗取中标。

投标人应当在招标文件要求提交投标文件的截止时间前，将投标文件送达招标文件规定的投标地点。招标人收到投标文件后，应当签收保存，不得开启。在招标文件要求提交投标文件的截止时间后送达的投标文件，招标人应当拒收。投标人在招标文件要求提交投标文件的截止时间前，可以补充、修改或者撤回已提交的投标文件，并书面通知招标人。

补充、修改的内容为投标文件的组成部分。提交有效投标文件的投标人少于三个的,招标人必须重新组织招标。

【例 3-4】 1999 年 9 月 25 日,某市地震局要建设 1 栋地震监测预报大楼,大楼建筑面积 4000m^2,连体附属三层停车楼 1 座,总造价 2100 万元。工程采用招标方式进行发包。由于地震监测大楼在设计上要求比较复杂,根据当地建设局的建议并经建设单位常委会研究决定,对参加投标单位的主体要求是最低不得低于二级资质。经过公开招标,有 A 和 B 参加了投标,两个投标单位在施工资质、施工力量、施工工艺和水平以及社会信誉上都相差不大,地震局的领导以及招标工作领导小组的成员对究竟选择哪一家作为中标单位也是存在分歧。正在局领导犹豫不决之时,有单位 C 参入其中,C 单位的法定代表人是地震局某主要领导的亲戚,但是其施工资质却是三级,经 C 单位的法定代表人的私下活动,局常委会同意让 C 与 A 联合承包工程,并明确向 A 暗示,如果不接受这个投标方案,则该工程的中标将授予 B 单位。A 为了获得该项工程,同意了与 C 联合承包该工程,并同意将停车楼交给 C 单位施工。于是 A 和 C 联合投标获得成功。A 与地震局签订了《建设工程施工合同》,A 与 C 也签订了联合承包工程的协议。

问题:
(1) 在上述招标过程中,地震局作为该项目的建设单位其行为是否合法?
(2) 从上述背景资料来看,A 和 C 组成的投标联合体是否有效?为什么?

答案与解析:
(1) 不合法。根据《招标投标法》中有关规定,地震局作为该项目的建设单位,为了照顾某些个人关系,指使 A 和 C 强行联合,并最终排斥了 B 可能中标的机会,构成了不正当竞争,违反了《招标投标法》中关于不得强制投标人组成联合体共同投标,不得限制投标人之间的竞争的强制性规定。
(2) A 和 C 组成的投标联合体无效。根据《招标投标法》第三十一条的规定,两个以上法人或者其他组织可以组成一个联合体,以一个投标人的身份共同投标。联合体各方均应当具备承担招标项目的相应能力;国家有关规定或者招标文件对投标人资格条件有规定的,联合体各方均应当具备规定的相应资格条件。由同一专业的单位组成的联合体,按照资质等级较低的单位确定资质等级。本案例中,A 和 C 组成的投标联合体不符合对投标单位主体资格条件的要求,所以是无效的。

8. 开标

开标是同时公开各投标人报送的投标文件的过程。开标使投标人知道其他竞争对手的要约情况,也限定了招标人只能在这个开标结果的基础上评标、定标。这是招标投标公开性、公平性原则的重要体现。

开标应当在招标文件中确定的提交投标文件截止时间的同一时间公开进行,开标地点应当为招标文件中预先确定的地点。所有投标人均应参加开标会议,并邀请项目有关主管部门、当地计划部门、经办银行等代表出席,招标投标管理机构派人监督开标活动。开标时,由投标人或其推选的代表检验投标文件的密封情况。确认无误后,如果有标底应首先公布,然后由工作人员当众拆封,宣读投标人名称、投标价格和投标文件的其他主要内容,这一过程称之为唱标。所有在投标致函中提出的附加条件、补充声明、优惠条件、替代方案等均应宣读。开标过程应当记录,并存档备查。开标后,任何人都不允许更改投标书的内容和报价,也不允许再增加优惠条件。如果招标文件中没有说明评标、定标的原则和方法,则在开标会议上应予以说明,投标书经启封后不得再更改评标、定标的办法。

如果在开标会议上发现有下列情况之一者,应宣布投标书为废标:
(1) 投标书未按招标文件中规定封记;
(2) 逾期送达的标书;
(3) 未加盖法人或委托授权人印鉴的标书;
(4) 未按招标文件的内容和要求编写、内容不全或字迹无法辨认的标书;
(5) 投标人不参加开标会议的标书。
如果是设有标底的招标,则应在拆封投标书之前公布。

9. 评标
(1) 评标组织

评标由招标人依法组建的评标委员会负责。评标委员会由招标人的代表和有关技术、经济等方面的专家组成,其负责人由建设单位法定代表人或授权人担任,成员人数为 5 人以上单数,其中技术、经济等方面的专家不得少于成员总数的 2/3。

评委会应具备以下条件:
1) 熟悉建筑市场和建设工程管理的有关法律、法规、规章和规范标准,有丰富的工程实践经验;
2) 能自觉遵守招标投标工作纪律,廉洁自律,作风正派,秉公办事,敢于坚持真理,抵制不正之风;
3) 技术、经济等专家应当从事相关领域工作满 8 年并具有高级职称或同等专业技术水平。

依法必须进行招标的项目,其技术、经济方面的专家由招标人从国务院有关部门或省、市、自治区、直辖市人民政府有关部门提供的专家名册或者招标代理机构的专家库内的相关专业的专家名单中确定;一般招标项目可以采取随机抽取方式,特殊招标项目可以由招标人直接确定。与招标人有利害关系的人不得进入相关项目的评标委员会,已进入的应当更换,以保证评标的公平性和公正性。评标委员会成员的名单在中标结果确定之前应当保密。

(2) 评标内容

评标一般要经过符合性审查、实质性审查和复审三个阶段,但不实行合理低价中标的评标,可不进行复评。

1) 符合性审查

符合性审查一般由招标工作人员协助评委会完成。重点是审查投标书是否实质上响应了招标文件的要求。主要审查内容包括投标资格(适用于采取资格后审招标的评标)、投标文件完整性、与招标文件有无显著的差异和保留。如果投标文件实质上不响应招标文件的要求,将作无效标处理,不得进行下一阶段的评审,且不允许投标人通过修改或撤消其不符合要求的差异或保留,使之成为实质性响应招标文件的投标书。此外还要审查投标担保的有效性、报价计算的正确性等。对于报价计算错误,通常的修正原则是阿拉伯数字表示的金额与文字大写金额不一致的,以文字表示的金额为准;单价与数量的乘积之和与总价不一致的,以单价计算值为准;标书副本与正本不一致的,以正本为准。计算错误的修改一般由评标委员会负责,但改正后一定要投标人的代表签字确认。投标人拒绝确认,按投标人违约对待,没收其投标保证金。没有通过符合性审查的投标书不得进入下一阶段的评审。

  2) 实质性审查

  这是评标的核心工作,内容包括技术评审和商务评审。对于大型的尤其是技术复杂的招标项目,技术评审和商务评审是分开进行的,且技术评审耗时长。一般中小型招标项目则技术评审和商务评审合在一起进行。

  评审方法可以分为定性评议法和定量评议法。专家定性评议法是由评标委员共同对各标书的各分项进行认真比较分析后,以协商和投票的方式确定中标人。这种方法评标过程简单,在短时间内即可完成,但科学性较差。专家定量评议法是专家在对标书认真审阅的基础上,采用综合评分法或评标价法对各标书的各项内容进行量化比较。综合评分法是指将评审内容分类后分别赋予不同权重,评标委员依据评分标准对各类细分的小项进行相应的打分,最后计算的累计分值反映投标人的综合水平,以得分最高的投标书为最优。评标价法是指评审过程中以该标书的报价为基础,将报价之外需要评定的要素按预先规定的折算办法换算为货币价值,根据对招标人有利或不利的影响及其大小,在投标报价上扣减或增加一定金额,最终构成评标价格。评标价低的标书为优。量化评标中的评价指标量化是一件复杂而困难的工作,定的不好就会导致评标的结论错误,使招标人选不到真正优秀的承包人。目前尚无统一的、公认的科学量化手法。小型招标项目的评标一般采用定性比较法,中型以上项目则一般都采用量化评标法。评标应按招标文件中规定的原则和方法进行。

  ① 技术评审

  技术评审主要由评委中的技术专家负责进行、主要是对投标书的技术方案、技术措施、技术手段、技术装备、人员配置、组织方法和进度计划的先进性、合理性、可靠性、安全性、经济性进行分析评价,这是投标人按期保质保量完成招标项目的前提和保证,必须高度重视。尤其是大型、特大型、非常规、工艺复杂、技术含量高的项目,如果招标文件要求投标人派拟任招标项目负责人参加答辩,评标委员会应组织他们答辩,这对于了解投标人的项目负责人的工作能力、工作经验和管理水平都有好处。没有通过技术评审的标书,不能得标。

  ② 商务评审

  商务评审主要由评委中的经济专家负责进行。主要是对投标报价的构成、计价方式、计算方法、支付条件、取费标准、价格调整、税费、保险及优惠条件等进行评审。在国际工程招标文件中还有报关、汇率、支付方式等也是重要的评审内容。商务评审的核心是评价投标人在履约过程中可能给招标人带来的风险。设有标底的招标评标要参考标底进行。

  3) 复审

  这是经过评审阶段后,择优选出若干个中标候选人,再对他们的投标书作进一步的复查审核,必要时要求投标人对商务内容作进一步的澄清,就技术内容进行答辩,最后评选出中标单位。

  4) 评标报告

汇总技术评审和商务评审的结果，即可得出一个综合评审意见，形成评标报告，交招标人作为最后选择中标人的决策依据。评标报告由评标委员会编写，一般包括评标过程、评标依据、评审内容、评审方法、评审结论、推荐的中标候选人及评委会存在的主要分歧点。中标候选人一般推荐 2～3 家，但要排序，并说明理由。

评标委员会认为必要时可以单独约请投标人对标书中含义不明确的内容作必要的澄清或说明，但澄清或说明不得超出投标文件的范围或改变投标文件的实质性内容。澄清内容也要整理成文字材料，作为投标书的组成部分。如果评标委员会经过评审，认为所有投标都不符合招标文件的要求，可以否决所有投标。出现这种情况后，招标人应认真分析招标文件的有关要求以及招标过程，对招标工作范围或招标文件有关内容作出实质性修改后重新进行招标。评标的过程要保密。评标委员会成员和评标有关的工作人员不得私下接触投标人，不得透露评审、比较标书的情况，不得透露推荐中标候选人的情况以及其他与评标有关的情况。评标委员会成员应当客观、公正地履行义务，遵守职业道德，对所提出的评审意见承担个人责任。

10. 定标

定标是招标人享有的选择中标人的最终决定权、决策权。招标人一般在评标委员会推荐的中标候选人中权衡利弊，作出选择。对于特大型、特复杂且标价很高的招标项目，也可委托咨询机构对评标结果再作评估，在此基础上招标人再作决策。这样做无疑提高了定标的正确性，减少了招标人的风险，但也带来招标时间长、费用大等问题。

对于中、小型招标项目，招标人可以授权评标委员会直接选定中标人。招标人保留定标审批权和中标通知书的签发权。但评委会在评标定标中无明显的失误和不当行为时，招标人应尊重评标委员会的选择。被选定中标的投标书必须是能够最大限度地满足招标文件中规定的各项综合评价标准，或者能够满足招标文件的实质性要求，并且经评审的投标价最低者。但投标报价低于成本价的除外。

招标人不得在评标委员会依法推荐的中标候选人以外确定中标人，也不得在所有投标书被评标委员会依法否决后自行确定中标人，否则所作的中标决定无效，并要被处以中标价千分之五到千分之十的罚款，且责任人将依法受到处罚。

11. 签发中标通知

定标之后招标人应及时签发中标通知书。投标人在收到中标通知书后要出具书面回执，证实已经收到中标通知书。中标通知书的主要内容有中标人名称，中标价，商签合同时间、地点，提交履约保证的方式、时间。中标通知书对招标人和中标人具有法律效力。中标通知书发出后，招标人改变中标结果的，或者中标人放弃中标项目的，应当依法承担法律责任。

12. 提交履约担保，订立书面合同

招标人和中标人应当自中标通知书发出之日 30 日内，按照招标文件和中标人的投标文件订立书面合同。招标人和中标人不得再行订立背离实质性内容的其他协议。

招标文件要求中标人提交履约保证的，中标人应当在双方合同签字前或合同生效前提交。中标人提交了履约担保之后，招标人应将投标保证金或投标保函退还给中标人。履约担保是通过经济形式保证中标人按照合同约定履行义务，完成中标项目，同时保证不将项目主体或关键性的部分分包他人，更不能将中标项目转让他人或肢解后以分包的名义分别转包给他人。中标的投标人向招标人提交的履约担保可由在中国注册的银行出具银行保函。由银行出具的保函一般要求为合同价格的5%；也可由具有独立法人资格的经济实体企业出具履约担保书，履约担保书为合同价格的10%（投标人可任选一种）。投标人应使用招标文件中提供的履约担保格式。如果中标人不按规定执行，不肯提交履约担保、拒签合同，招标人将有充分的理由废除授标，并没收其投标保证金。在中标人按规定提供了履约担保后，招标人应及时将未中标的结果通知其他投标人，并退还他们的投标保证金或投标保函。

中标人按照合同约定或者经招标人同意，可以将中标项目的部分非主体、非关键性工程分包给他人完成。接受分包的人应当具备相应的资格条件，并不得再次分包。中标人应当就分包项目向招标人负责，接受分包的人就分包项目承担连带责任。

依法必须进行招标的项目，招标人应当自确定中标人之日起15日内向有关行政监督部门提交招标投标情况的书面报告。

招标工作报告主要包括以下内容：

1) 招标情况，包括工程说明、工程概况及招标范围等。招标过程包括资金来源及性质、招标方式、刊登招标通告的时间、资格预审情况、发放招标文件情况（有几家投标单位）、现场勘察和投标预备会情况、到投标截止时间递交投标文件的情况；

2) 开标情况，包括开标时间及地点、参加开标会议的单位及人员情况、唱标情况；

3) 评标情况，包括评标委员会的组成及评标委员会人员名单、评标工作的依据、评标方法、评标过程及评标结论、推荐的中标候选人名单；

4) 定标情况，包括定标方法、定标理由及中标单位。

九、违反招标投标法的法律责任

招标投标活动必须依法实施，任何违反《招标投标法》的行为都要承担相应的法律责任。

1. 招标人的责任

1) 必须进行招标的项目不招标，将项目化整为零或以其他任何方式规避招标的，责令限期改正，可以处以项目合同金额千分之五以上千分之十以下的罚款；对全部或部分使用国有资金的项目，可以暂停资金拨付；对单位直接负责的主管人员和其他直接责任人员依法给予处分。

2) 以不合理条件限制或排斥潜在投标人，对潜在投标人实行歧视性待遇，强制投标人组成联合体共同投标，或者限制投标人之间竞争的，责令改正。可以处1万元以上5万元以下的罚款。

3) 向他人透露已获取招标文件潜在投标人的名称、数量或者可能影响公平竞争的有关其他情况，或者泄露标底的，给予警告，可以处1万元以上10万元以下的罚款；对单位直接负责的主管人员和其他直接责任人依法给予处分。构成犯罪的，依法追究刑事责任。如果影响中标结果，中标无效。

4) 违反招标投标法规定的定标程序，与投标人就投标价格、投标方案等实质性内容进行谈判的，给予警告，对单位直接主管人员和其他责任人依法给予处分。如果影响中标结果的，中标无效。

5) 在评标委员会依法推荐的中标候选人之外确定中标人,依法必须进行招标项目在所有投标被评标委员会否决后自行确定中标人的,中标无效,责令改正。可以处中标项目金额千分之五以上千分之十以下的罚款。

2. 投标人的责任

1) 投标人相互串通投标或与招标人串通投标,投标人以向招标人或评标委员行贿的手段谋取中标的,中标无效。处中标项目金额千分之五以上千分之十以下的罚款;对单位直接负责的主管人员和其他直接责任人处以单位罚款数额5%以上10%以下的罚款;有违法所得的,并处以没收违法所得;情节严重的,取消1~2年内参加依法必须进行招标项目的投标资格并予以公告,直至吊销营业执照;构成犯罪的,依法追究刑事责任。给他人造成损失的,依法承担赔偿责任。

2) 以他人名义投标或以其他方式弄虚作假骗取中标的,中标无效。给招标人造成经济损失的,依法承担赔偿责任;构成犯罪的,依法追究刑事责任。有上述行为但未构成犯罪的处中标项目金额千分之五以上千分之十以下的罚款;对单位直接负责的主管人员和其他直接责任人处单位罚款数额5%以上10%以下的罚款;有违法所得的,并处以没收违法所得;情节严重的,取消1~3年内参加依法必须进行招标项目的投标资格并予以公告,直至由工商行政管理机关吊销营业执照。

3) 将中标项目转让给他人,将中标项目肢解后分别转让给他人,将中标项目的部分主体、关键性工作分包给他人或分包人再次分包的,转让分包无效,处转让、分包项目金额千分之五以上千分之十以下的罚款;有违法所得的,没收违法所得,可以责令停业整顿;情节严重的,由工商行政管理机关吊销营业执照。

【例3-5】 某工程的中标单位在投标文件中承诺不分包。但在中标签订合同后即提出分包申请,业主当即批复同意,将包括特大、大、中小桥共9座和6km路基在内的部分主体和关键工程分包给其他单位。

问题:这种做法是否妥当?

答案与解析:

从形式上看,招标人和中标人之间的这种行为是一种对合同条款的变更行为。合同法规定,当事人协商一致,可以变更合同。但前提是不得违反法律法规和社会公共利益。否则是无效的民事行为。

将部分主体和关键工程分包是违反《招标投标法》的行为。因此是一种无效的法律行为。《招标投标法》第48条规定:中标人应当按照合同约定履行义务,完成中标项目。中标人不得向他人转让中标项目,也不得将中标项目肢解后分别向他人转让。中标人按照合同约定或者经招标人同意,可以将中标项目的部分非主体、非关键性工作分包给他人完成。接受分包的人应当具备相应的资格条件,并不得再次分包。中标人应当就分包项目向招标人负责,接受分包的人就分包项目承担连带责任。

对于违法分包,《招标投标法》第58条规定:中标人将中标项目转让给他人的,将中标项目肢解后分别转让给他人的,违反本法规定将中标项目的部分主体、关键性工作分包给他人的,或者分包人再次分包的,转让、分包无效,处转让、分包项目金额千分之五以上千分之十以下的罚款;有违法所得的,并处没收违法所得,可以责令停业整顿;情节严重的,由工商行政管理机关吊销营业执照。

4) 中标人不履行与招标人订立合同的,履约保证金不予退还,给招标人造成的损失超过履约保证金数额的,还应当对超过部分予以赔偿;没有提供履约保证金的,应当对招标人的损失承担赔偿责任,中标人不按照与招标人订立的合同履行义务,情节严重的取消其2~5年内参加依法必须进行招标项目的投标资格并予以公告,直至由工商行政管理机关吊销营业执照。

3. 其他相关人的责任

1) 招标代理机构泄露应当保密的与招标投标活动有关情况和资料的,或者与招标人、投标人串通损害国家利益、社会公共利益或他人合法权益的,处以5万元以上25万元以下的罚款,对单位直接负责的主管人员和其他直接责任人处单位罚款数额5%以上10%以下的罚款;有违法所得的,并处以没收违法所得;情节严重的,暂停直至取消招标代理资格;构成犯罪的,依法追究刑事责任。如果影响中标结果的,中标无效。

2) 评标委员会成员接受投标人的财物或其他好处,评委或参加评标的有关工作人员向他人透露对投标文件的评审和比较、中标候选人的推荐,以及与评标有关的其他情况的,给予警告,没收收受的财物,可以并处3000元以上5万元以下的罚款;对有上述违法行为的评标委员会成员取消担任评标委员的资格,不得再参加任何依法必须进行招标的项目评标;构成犯罪的,依法追究刑事责任。

3) 任何单位违反招标投标法规定,限制或排斥本地区、本系统以外的法人或其他组织投标,为招标人指定招标代理机构,强制招标人委托招标代理机构办理招标事宜,或以其他方式干涉招标投标活动的,对单位直接的主管人员和其他责任人员依法给予警告、记过、记大过的处分。情节较重的,依法给予降级、撤职、开除的处分。个人利用职权进行上述违法行为的,依照上述规定追究责任。

4) 对招标投标活动负有行政监督职责的国家机关工作人员徇私舞弊、滥用职权或玩忽职守,构成犯罪的,依法追究刑事责任;不构成犯罪的,依法给予行政处分。

上述情况中属于中标无效的,应当依据中标条件从其余投标人中重新确定中标人或重新进行招标。

【例3-6】 某省政府欲投资修建一条纵贯全省的高速公路,决定采取分段招标方式选择承包商。其中一段100km的路段因地形简单易于施工而引起了各建筑公司的兴趣。中兴建筑公司已有几个月未接到项目,很想借助这一工程使企业扭亏增盈。该公司的领导对此次招标极为重视,经多方打听,得知本次招标负责人毛某是本公司职员李某的大学同学。于是,中兴建筑公司通过李某以重金(5万元)收买了毛某。毛某答应帮忙,但告知中兴建筑公司,省内还有一家名叫建业建筑公司的投标人是其最大的竞争对手,对方开出的价格(6800万元)和条件非常优惠,建议中兴建筑公司和建业建筑公司先"谈判"一下。

根据毛某提供的情况,中兴建筑公司找到建业建筑公司的老总。经过一番谈判,双方达成协议,约定在这次投标中,建业建筑公司将"全力支持"中兴建筑公司,提高自己的标价,减少提出的优惠条件;作为补偿,中兴建筑公司给建业建筑公司20万元的协助费;双方以后将长期"友好合作"。在投标截止日的前一天,毛某又将其他建筑公司的投标价和投标文件等重要信息悄悄交给李某，李某则立即将这些资料转交给公司的领导。当天，中兴建筑公司从领导到工程技术人员加班加点工作到深夜，终于在投标截止日的上午11时（最后期限为这天的下午1时）递交了投标文件。当众开标、评标的结果是，中兴建筑公司以低于其他投标人的最低投标价（7300万元）和相对更优惠的条件中标。

问题：

（1）毛某的行为违反了哪些法律规定？

（2）中兴建筑公司在本案例中应承担什么责任？

（3）建业建筑公司的行为是否违反法律规定？

答案与解析：

（1）毛某作为招标项目的负责人在工程招标发包过程中，收受了投标人5万元的贿赂，违反了《建筑法》的有关规定。《建筑法》第17条规定：发包单位及其工作人员在建筑工程发包中不得收受贿赂、回扣或者索取其他好处。对于该行为的处罚应依据《建筑法》第68条的规定：在工程发包与承包中索贿、受贿、行贿构成犯罪的，依法追究刑事责任；不构成犯罪的，分别处以罚款，没收贿赂的财物，对直接负责的主管人员和其他直接责任人员给予处分。

毛某向中兴建筑公司透露了建业建筑公司、其他建筑公司的投标价和投标文件等重要信息，建议中兴建筑公司和建业建筑公司先"谈判"一下的行为，违反了《招标投标法》的相关规定。《招标投标法》第5条规定：招标投标活动应当遵循公开、公平、公正和诚实信用的原则；第22条规定：招标人不得向他人透露已获取招标文件的潜在投标人的名称、数量以及可能影响公平竞争的有关招标投标的其他情况。

对于该行为的处罚应依据《招标投标法》第52条的规定：依法必须进行招标的项目的招标人向他人透露已获取招标文件的潜在投标人的名称、数量或者可能影响公平竞争的有关招标投标的其他情况的，或者泄露标底的，给予警告，可以并处一万元以上十万元以下的罚款；对单位直接负责的主管人员和其他直接责任人员依法给予处分；构成犯罪的，依法追究刑事责任。前款所列行为影响中标结果的，中标无效。

《招标投标法》第32条规定：投标人不得与招标人串通投标，损害国家利益、社会公共利益或者他人的合法权益。对于该行为的处罚应依据《招标投标法》第53条的规定：投标人相互串通投标或者与招标人串通投标的，投标人以向招标人或者评标委员会成员行贿的手段谋取中标的，中标无效，处中标项目金额千分之五以上千分之十以下的罚款，对单位直接负责的主管人员和其他直接责任人员处单位罚款数额百分之五以上百分之十以下的罚款；有违法所得的，并处没收违法所得；情节严重的，取消其一年至二年内参加依法必须进行招标的项目的投标资格并予以公告，直至由工商行政管理机关吊销营业执照；构成犯罪的，依法追究刑事责任。给他人造成损失的，依法承担赔偿责任。

（2）中兴建筑公司作为投标人，在工程发包过程中为谋取中标，向招标人行贿的行为，违反了《建筑法》的有关规定。《建筑法》第17条规定：承包单位及其工作人员不得利用向发包单位及其工作人员行贿、提供回扣或者给予其他好处等不正当手段承揽工程。对于该行为的处罚应依据《建筑法》第68条的规定：在工程发包与承包中索贿、受贿、行贿，构成犯罪的，依法追究刑事责任；不构成犯罪的，分别处以罚款，没收贿赂的财物，对直接负责的主管人员和其他直接责任人员给予处分。对在工程承包中行贿的承包单位,除依照前款规定处罚外,可以责令停业整顿,降低资质等级或者吊销资质证书。

为了谋取中标,中兴建筑公司与建业建筑公司经过谈判达成"全力支持"中兴建筑公司协议的行为,违反了《招标投标法》的相关规定。《招标投标法》第32条规定:投标人不得相互串通投标报价,不得排挤其他投标人的公平竞争,损害招标人或者其他投标人的合法权益。对于该行为的处罚应依据《招标投标法》第53条的规定进行。该公司的中标属法定无效。

(3) 建业建筑公司与中兴建筑公司谈判达成"全力支持"中兴建筑公司,提高自己的标价,减少提出的优惠条件并从中兴建筑公司获得20万元的协助费的行为,违反了《招标投标法》第32条的规定,应依据《招标投标法》第53条的规定进行处罚。同时,建业建筑公司与中兴建筑公司串通投标的行为,也是违反《反不正当竞争法》的行为,《反不正当竞争法》第15条规定:投标人不得串通投标,抬高标价或者压低标价。投标人和招标人不得相互勾结,以排挤竞争对手的公平竞争。第27条规定:投标人串通投标,抬高标价或者压低标价;投标人和招标人相互勾结,以排挤竞争对手的公平竞争的,其中标无效。监督检查部门可以根据情节处以1万元以上20万元以下的罚款。《中华人民共和国刑法》第223条规定:投标人相互串通投标报价,损害招标人或者其他投标人利益,情节严重的,处三年以下有期徒刑或者拘役,并处或者单处罚金。投标人与招标人串通投标,损害国家、集体、公民的合法利益的,依照前款的规定处罚。

第二节 施工招标投标管理

施工招标是指招标人通过适当的途径发出确定的施工任务发包的信息,吸引施工企业投标竞争,从中选出技术能力强、管理水平高、信誉可靠且报价合理的承包商,并以签订合同的方式约束双方在施工过程中行为的经济活动。施工招标的最明显特点是发包工作内容明确具体,各投标人编制的投标书在评标中易于横向对比。虽然投标人是按招标文件的工程量表中既定的工作内容和工程量编制报价,但报价高低一般并不是确定中标单位的惟一条件,投标实际上是各施工单位完成该项目任务的技术、经济、管理等综合能力的竞争。

一、施工招标分类

1. 按招标范围分

1) 类型

① 全部工程招标;

② 单位工程招标;

③ 特殊专业工程招际。

2) 划分原则

对于大型工程建设项目的施工招标,有时可以分成几个部分招标,也即分成几个标段招标。这几部分可以同时招标,也可以分批招标;可以由数家承包商分别承包,也可以由一家承包。

全部施工内容只发一个标段招标,即全部工程招标,招标人仅与一个中标人签订合同,施工过程中管理工作比较简单,但有能力参与竞争的投标人较少。如果招标人有足够的管理能力，也可以将全部施工内容分解成若干个单位工程和特殊专业工程分别发包。这样一则可能发挥不同投标人的专业特长，增强投标的竞争性，二则每个独立合同比总承包合同更容易落实，即使出现问题也是局部的，易于纠正或补救。但招标发包的数量多少要适当，标段太多会给招标工作和施工阶段的管理工作带来麻烦或不必要损失。因此，分标段的原则是有利于吸引更多的投标者来参加投标，以发挥各个承包商的特长，降低工程造价，保证工程质量，加快工程进度。同时又要考虑到便于工程管理，减少施工干扰，使工程能有条不紊地进行。

分标段时要考虑的主要因素有：

① 工程特点。准备招标的工程如果场地比较集中，工程量不大，技术上不是特别复杂，一般不用分标。而当工作场面分散，工程量较大，有一些特殊的工程技术要求时，如高速公路、灌溉工程等则可以考虑分标。

② 对工程造价的影响。一般来说，一个工程由一家承包商施工，不但干扰少、便于管理，而且由于临时建筑工程少，人力、机械设备可以统一调配使用，可以获得比较低的工程报价。

但是，如果是一个大型的、复杂的工程项目（如大型水电站工程），则对承包商的施工经验、施工能力、施工设备等方面都要求很高，在这种情况下，如果不分标就可能使有能力参加此项目投标的承包商数大大减少，投标竞争对手的减少，很容易导致报价的上涨，反而不能获得比较合理的报价。

③ 有利于发挥承包商的特长，增加对承包商的吸引力，使更多的承包商来投标。

④ 工地的施工管理问题。在分标时要考虑工地施工管理中时间和空间两个方面的问题，一是工程进度的衔接，二是工地现场的布置和干扰。工程进度的衔接很重要，特别是对"关键线路"上的项目一定要选择施工水平高、能力强、信誉好的承包商，以保证能按期或提前完成任务，防止影响其他承包商的工程进度，以导致索赔。从现场布置角度看，承包商越少越好。分标时一定要考虑施工现场的布置如何减少干扰。对各个承包商的料场分配、附属企业、生活区安排、交通运输甚至弃渣场地等都应作出细致地安排。

⑤ 其他因素。其他影响工程分标的因素也很多，例如资金问题，当资金筹措不足时，只有实行分标，先部分工程招标。又如涉外工程，外汇不足时，必须部分实行国内招标，部分实行国际招标以节省外汇。有时为了照顾本国或本地区的承包商，也会将招标项目分标。

总之，分标时对上述因素要综合考虑，可以拟定几个分标方案，进行综合比较后确定。但根据我国法律法规规定，不允许将单位工程肢解成分部、分项工程进行招标。

2. 按招标方式分

（1）公开招标

公开招标一般都是因为施工项目投资大、技术要求高，原为招标人所了解的圈内潜在投标人数量太小形不成竞争气候或投标条件不理想才采取的。招标为寻求圈外的合适投标人，谋求更优惠的报价，更好的质量和服务而采用公开招标方式。

（2）邀请招标

一般的施工项目都采用邀请招标。主要是招标工作相对公开，招标要简单、省时、省费用且由于对所邀请的投标人都比较了解，从而减少了投标人中标签订合同后不履约的风险。

3. 按投标人来源的地域分

(1) 国际招标

采用国际招标通常是因为施工项目的投资来源于国际性的金融或基金组织(比如世界银行等)或者是因为施工项目巨大或特殊,需要国外的技术和经验。

(2) 国内招标

这是国内最常用的施工招标方式。

二、施工招标人应具备的基本条件

(1) 是法人或依法成立的其他组织;
(2) 有与招标工程相适应的经济、技术管理人员;
(3) 有组织编制招标文件的能力;
(4) 有审查投标单位资质的能力;
(5) 有组织开标、评标、定标的能力。

不具备上述(2)~(5)项条件的建设单位,须委托具有相应资质的中介机构代理招标,建设单位与中介机构签订委托代理招标的协议,并报招标管理机构备案。

三、施工投标人应具备的基本条件

(1) 参加投标的单位至少须满足该工程所要求的资质等级;
(2) 参加投标的施工单位必须具有独立法人资格和相应的施工资质,非本国注册的施工企业应按建设行政主管部门有关管理规定取得施工资质;
(3) 为具有被授予合同的资格,投标单位应提供令招标单位满意的资格文件,以证明其符合投标合格条件和具有履行合同的能力;
(4) 如果是两个或两个以上的法人或其他组织组成的施工联合体,以一个投标人的身份共同投标,必须有联合投标协议,且以较低的资质作为联合体的资质参加投标。

四、施工招标的前提条件

(1) 完成建设用地的征用和拆迁;
(2) 有能够满足施工需要的设计图纸和技术资料;
(3) 建设资金的来源已落实;
(4) 施工现场的前期准备工作如果不包括在承包范围内,应满足"三通一平"的开工条件。

五、施工招标资格预审

由于施工过程长、消耗的资源多(工程项目建设总投资的70%~90%都是在这个建设阶段投入的)、可变化的因素多,而且建设项目的功能和质量是在这个阶段形成的,因此施工承包人的资信、能力和经验就非常重要。

1. 施工招标资格审查表的内容

(1) 法人资格和组织机构。

(2) 财务报表。投标人需要填报的内容包括公司的资产总额（固定资产、流动资产）和负债总额（长期负债、流动负债）、近几年每年承担的建筑工程价值（国内、国外）、目前承担的工程价值、年最大施工能力、近几年经过审计的账目副本（损益表、资产负债表）、能够提供银行资信证明等。

(3) 人员报表，包括公司的人员数量（如技术人员、管理人员、行政人员、工人和其他人员的数量）、主要管理人员和技术人员的情况介绍、目前各类各级可调用人员的数量。

(4) 施工机械设备情况，包括为完成招标工程项目的施工，已有、新购、租赁设备情况的调查；对已有设备按种类、型号分别填写数量、出厂期和价值；与招标工程施工有关的本企业目前闲置设备的调查。

(5) 近几年完成同类工程项目调查，包括项目名称、类别、合同金额、投标人在项目中参与的百分比、合同是否圆满完成等。

(6) 在建工程项目调查。

(7) 分包计划及分包商的资信、能力与业绩。

(8) 其他资格证明，由承包商自由报送所有能表明其能力的各种书面材料。

2. 资格预审方法

(1) 基本条件审查

1) 营业执照，其规定的业务范围是否包括了本招标工程；

2) 资质等级，是否与招标工程的等级相适应；

3) 财务状况，资产负债等指标是否在正常值内；

4) 流动资金，能否满足公司运行及执行合同的需要；

5) 不能分包关键部分或主体工程；

6) 履约情况，有无毁约史及毁约原因。

(2) 强制性条件审查

强制性条件并非是每个招标项目都必须设置的条件。对于大型复杂工程或有特殊专业技术要求的施工招标，通常在资格预审阶段需考察申请投标人是否具有同类工程的施工经验和能力。强制性条件可根据招标工程的施工特点设定具体要求，该项条件不一定与招标工程的实施内容完全相同，只要与本项工程的施工技术和管理能力在同一水平即可。

(3) 资格评分

资格评分是通过根据招标工程的特点设定的评价指标及相对的权重，综合评价投标申请人投标资格的方法，评价分是进行投标人资格比较的依据。设有最低资格分时，当投标申请人的得分低于最低资格分时，就意味着基本条件不合格，首先被排除。只有得分高于最低资格分数线的申请人才能成为投标候选人。招标人从投标候选人中确定投标人的方法一般是按申请人资格评分得分多少，从高到低择优选出5～9家作为投标人。投标人的数量常是在评分前确定的，但在最后选定投标人时对原定的数量作适当调整也是很正常的。例如原计划选6个投标人，可评分出来发现满足最低资格分要求的只有5家，那最多也只能选5家，所以就得把原定计划的6家改成5家。

1) 评价指标

施工对象不同，对施工承包商的资格要求是不一样的，但一般评价的重点是承包商的资信、能力、经验和业绩。

① 资信，包括资质等级、资信等级、企业形象；
② 财务状况，包括每年合同收入、投标财务能力、筹资能力；
③ 技术条件，包括人员设备及管理条件，在建工程数量等；
④ 经验，包括类似工程、类似环境的施工经验；
⑤ 业绩，包括已完成的工程，取得荣誉及企业管理成就。

2) 评价指标的权重及分数分配

评价指标的权重可以有两个方法来体现。一种是通过给定每个指标最高得分值来体现。如取资信15分、财务条件20分、技术能力30分、经验20分、业绩15分，总分100分，对申请人进行评价时，只要根据申请人的实际对照具体指标，衡量其满足情况，完全满足的得此指标的满分，满足50%的，得该指标的一半分。另一种是按各指标在资格评审的重要性情况确定其在评价总分中占的比例。如资信0.15、财务条件0.2、技术能力占0.3、经验占0.2、业绩占0.15。然后用各指标衡量申请人的条件。满足程度与评分尺度一样，如满足程度最好的得10分，则所有指标的最高分都是10分，但由于权重不一样，即使各指标满足程度得分一样，其在评价总分中占的比例是不一样的，如果投标申请人的资信和技术能力各得了8分，而实际的资格分中，资信方面得到的分值是$0.15 \times 8 = 1.2$分，从技术能力方面得到的分是$0.3 \times 8 = 2.4$分。

六、施工招标文件的编制

1. 主要内容

(1) 投标须知：

在投标须知中应写明：招标项目的资金来源；对投标的资格要求；招标文件和投标文件澄清程序；对投标文件的内容、使用语言的要求；投标报价的具体项目范围及使用币种；投标保证金的规定；投标的程序、截止日期、有效期；开标的时间、地点；投标书的修改与撤回的规定；评标的标准及程序等等。

(2) 合同通用条款：

一般采用标准合同文本，如采用国家工商行政管理局和建设部最新颁发的《建设工程施工合同文本》中的"合同条件"。

(3) 合同专用条款：

包括合同文件、双方一般责任、施工组织设计和工期、质量与验收、合同价款与支付、材料和设备供应、设计变更、竣工结算、争议、违约和索赔。

(4) 合同格式：

包括合同协议书格式、银行履约保函格式、履约担保书格式、预付款银行保函格式。

(5) 技术规范：

包括工程建设地点的现场条件、现场自然条件、现场施工条件、本工程采用的技术规范。

(6) 图纸。

(7) 投标文件参考格式。

包括投标书及投标书附录、工程量清单与报价表、辅助资料表、资格审查表（未进行资格预审时采用）。

2. 编制招标文件的要点

(1) 说明评标原则和评价办法。

(2) 投标价格中，一般结构不太复杂或工期在 12 个月以内的工程，可以采用固定价格，考虑一定的风险系数。结构较复杂或大型工程，工期在 12 个月以上的，应采用调整价格。价格的调整方法及调整范围应在招标文件中确定。

(3) 在招标文件中应明确投标价格计算依据，主要有以下方面：工程计价类别，执行的概预算定额及费用定额，执行的人工、材料、机械设备政策性调整文件等，材料、设备计价方法及采购、运输、保管的责任，工程量清单。

(4) 质量标准必须达到国家施工验收规范合格标准，对于要求质量达到优良标准时，应计取补偿费用，补偿费用的计算方法应按国家或地方有关文件规定执行，并在招标文件中明确。

(5) 招标文件中的建设工期应参照国家或地方颁发的工期定额来确定，如果要求的工期比工期定额缩短 20%以上（含 20%）的，应计算赶工措施费。赶工措施费如果计取应在招标文件中明确。

(6) 由于施工单位原因造成不能按合同工期竣工时，计取赶工措施费的须扣除，同时还应赔偿由于误工给建设单位带来的损失。其损失费用的计算方法应在招标文件中明确。

(7) 如果建设单位要求按合同工期提前竣工交付使用，应考虑计取提前工期奖，提前工期奖的计算方法应在招标文件中明确。

(8) 招标文件中应明确投标准备时间，即从开始发放招标文件之日起，至投标截止时间的期限，最短不得少于 20 天。

(9) 在招标文件中应明确投标保证金数额，一般投标保证金数额不超过投标总价的 2%。投标保证金的有效期应超过投标有效期。

(10) 中标单位应按规定向招标单位提交履约担保，履约担保可采用银行保函或履约担保书。履约担保比率一般为：银行出具的银行保函为合同价格的 5%；履约担保书为合同价格的 10%。

(11) 投标有效期的确立应视工程情况而定，结构不太复杂的中小型工程的投标有效期可定为 28 天以内；结构复杂的大型工程投标有效期可定为 56 天以内。

(12) 材料或设备采购、运输、保管的责任应在招标文件中明确。如建设单位提供材料或设备，应列明材料或设备名称、品种或型号、数量，及提供日期和交货地点等；还应在招标文件中明确招标单位提供的材料或设备计价和结算退款的方法。

(13) 关于工程量清单，招标单位按国家颁布的统一工程项目划分，统一计量单位和统一的工程量计算规则，根据施工图纸计算工程量，提供给投标单位作为投标报价的基础。结算拨付工程款时以实际工程量为依据。

(14) 合同专用条款的编写，招标单位在编制招标文件时，应根据《中华人民共和国合同法》、《建设工程施工合同管理办法》的规定和工程具体情况确定"招标文件合同专用条款"内容。

(15) 投标单位在收到招标文件后，若有问题需要澄清，应于收到招标文件后以书面形式向招标单位提出，招标单位将以书面形式或投标预备会的方式予以解答，答复将送给所有获得招标文件的投标单位。

(16) 招标人对已发出的招标文件进行必要的澄清或者修改的,应当在招标文件要求提交投标文件截止时间至少 15 日前,以书面形式通知所有招标文件收受人。该澄清或者修改的内容为招标文件的组成部分。

七、标底的编制

标底是建筑安装工程造价的表现之一,它是由招标单位自行编制或委托具有编制标底资格和能力的中介机构代理编制,并按规定经审定后的招标工程预期价格。

1. 标底的作用。

招标的评标可以采取有标底评标方式,也可以采取无标底评标的方式。但无论评标采用标底与否,标底都具有以下作用:

(1) 标底是招标人为招标工程确定的预期价格。

(2) 是给上级主管部门提供核实建设规模的依据。

(3) 是衡量投标单位标价的准绳。只有有了标底,才能正确判断投标者所投报价的合理性、可靠性。

(4) 是评价的重要尺度。在有标底的招标中,标底是评审投标报价的重要尺度和参考依据。只有制定了科学的标底,才能在定标时作出更正确的选择。

2. 标底的组成内容

(1) 标底的综合编制说明。

(2) 标底价格审定书、标底价格计算书、带有价格的工程量清单、现场因素、各种施工措施费的测算明细以及采用固定价格时的风险系数测算明细等。

(3) 主要材料用量。

(4) 标底附件,如各项交底纪要、各种材料及设备的价格来源、现场地质、水文、地上情况的有关资料、编制标底所依据的施工方案或施工组织设计等。

3. 编制标底的原则

(1) 根据国家公布的统一工程项目划分、统一计量单位、统一计算规则以及施工图纸、招标文件,并参照国家制定的基础定额和国家、行业、地方规定的技术标准规范,以及要素市场价格确定工程量和编制标底。

(2) 按工程项目类别计价。

(3) 标底作为建设单位的期望价格,应力求与市场的时间变化吻合,要有利于竞争和保证工程质量。

(4) 标底应由成本、利润、税金等组成,应控制在批准的总概算及投资包干的限额内。

(5) 标底应考虑人工、材料、设备、机械台班等价格变化因素,还应包括不可遇见费(特殊情况)、预算包干费、措施费(赶工措施费、施工技术措施费)、现场因素费、保险以及采用固定价格的工程风险金等。工程要求优良的还应增加相应的费用。

(6) 一个工程只能编制一个标底。

(7) 标底编制完成后,应密封报送招标管理机构审定。审定后必须及时妥善封存,直至开标时,所有接触过标底价格的人员均负有保密责任,不得泄露。

4. 编制标底的主要依据

根据《建设工程施工招标文件范本》规定，标底的编制依据主要有：
(1) 招标文件的商务条款；
(2) 工程施工图纸、工程量计算规则；
(3) 施工现场地质、水文、地上情况的有关资料；
(4) 施工方案或施工组织设计；
(5) 现行工程预算定额、工期定额、工程项目计价及取费标准、国家或地方价格调整文件规定等；
(6) 招标时建筑安装材料及设备的市场价格。

5. 标底的编制方法

当前，我国建设工程施工招标标底主要采用工料单价法和综合单价法来编制。

(1) 工料单价法

具体做法是根据施工图纸及技术说明，按照预算定额规定的分部分项工程子目，逐项计算出工程量，填入工程量清单内，再套用定额单价（或单位估价）计算出招标项目的全部工程直接费，然后按规定的费用定额确定间接费、利润和税金，还要加上材料调价系数和适当的不可预见费，汇总后即为工程预算总价，也就是标底的基础。

在实施中工料单价法也可采用工程概算定额，对分项工程子目作适当的归并和综合，使标底价格的计算有所简化。采用概算定额编制标底，通常适用于技术设计阶段即进行招标的工程。在施工图设计阶段招标，也可按施工图计算工程量，按概算定额和单价计算直接费，既可提高计算结果的可靠性，又可减少工作量，节省人力和时间。运用工料单价法编制招标工程的标底大多是在工程概算定额或预算的基础上作出的，但它不完全等同于工程概算或施工图预算。

编制一个合理、可靠的标底还必须在此基础上考虑以下因素：

1) 标底必须适应目标工期的要求，对提前工期有所反映。应将目标工期对照工期定额。按提前天数给出必要的赶工费和奖励，并列入标底。

2) 标底必须适应招标人的质量要求，对高于国家验收规范的质量因素有所反映。据某些地区测算，建筑产品从合格到优良，其人工和材料的消耗要使成本相应增加3％～5％左右，因此标底的计算应体现优质优价。

3) 标底必须适应建筑材料采购渠道和市场价格的变化，考虑材料差价因素，并将差价列入标底。

4) 标底必须合理考虑本招标工程的自然地理条件和招标工程范围等因素。将地下工程及"三通一平"等招标工程范围内的费用正确地计入标底价格。由于自然条件导致的施工不利因素也应考虑计入标底。

(2) 综合单价法

采用综合单价法编制标底，其分部分项工程的单价应包括人工费用、材料费、机械费、间接费、有关文件规定的调价、利润、税金以及采用固定价格的风险金等全部费用。综合单价确定后，再与各分部分项工程量相乘汇总，即可得标底价格。

一般住宅和公用设施工程中，以平方米包干为基础编制标底。这种标底主要适用于采用标准图大量建造的住宅工程。一般做法是由地方工程造价管理部门经过多年实践，对不同结构体系的住宅造价进行测算分析，制定每平方米造价包干标准。在具体工程招标时，再根据装修、设备情况进行适当的调整，确定标底综合单价。考虑到基础工程因地基条件不同而有很大差别，平方米造价多以工程的±0以上为对象，基础及地下室仍以施工图预算为基础编制标底，二者之和构成完整标底。

在工业项目工程中，尽管其结构复杂、用途各异，但整个工程中分部工程的构成则大同小异，主要有土方工程、桩基工程、砌筑工程、混凝土及钢筋混凝土工程、防腐防水工程、管道工程、金属结构工程、机电设备安装工程等。按照分部工程分类，在施工图、材料、设备及现场条件具备的情况下，经过科学的测算，可以得出综合单价。有了这个综合单价即可计算出该工业项目的标底。

6. 标底的审定

按照有关规定，标底要送审的应在开标前送招标管理部门或其制定的机构审定。

（1）标底审查时应提交的各类文件

标底报送招标管理机构审查时，应提交工程施工图纸、方案或施工组织设计、填有单价与合价的工程量清单、标底计算书、标底汇总表、标底审定书、采用固定价格的工程的风险系数测算明细，以及现场因素、各种施工措施测算明细、主要材料用量、设备清单等。

（2）标底的审定

1）采用工料单价法编制的标底价格，主要审查以下内容：

① 标底计价内容，包括承包范围、招标文件规定的计价方法及招标文件的其他有关条款。

② 预算内容，包括工程量清单单价、补充定额单价、直接费、其他直接费、有关文件规定的调价、间接费、现场经费、预算包干费、利润、税金、设备费以及主要材料设备数量等。

③ 预算外费用，包括材料、设备的市场供应价格、措施费（赶工措施费、施工技术措施费）、现场因素费、不可预见费（特殊情况）、材料设备差价、对于采用固定价格的工程测算的在施工周期价格波动风险系数等。

2）采用综合单价法编制的标底价格，主要审查以下内容：

① 标底计价内容，包括承包范围、招标文件规定的计价方法及招标文件的其他有关条款。

② 工程量清单单价组成分析，人工、材料、机械台班计取的价格、直接费、其他直接费、有关文件规定的调价、间接费、现场经费、预算包干费、利润、税金、采用固定价格的工程测算的在施工周期价格波动风险系数、不可预见费（特殊情况），以及主要材料数量等。

③ 标底的保密。标底的编制人员应在保密的环境中编制，完成之后应密封送审标底。标底审定完后应及时封存，直至开标。

八、施工投标

1. 施工投标的主要工作

（1）研究招标文件

投标单位报名参加或接受邀请参加某一工程的投标，通过了资格审查，取得招标文件之后，首要的工作就是认真仔细地研究招标文件，充分了解其内容和要求，以便有针对性地安排投标工作。研究招标文件，重点应放在投标者须知、合同条款、设计图纸、工程范围及工程量表上，当然对技术规范要求也要看清楚有无特殊要求。

对于招标文件中的工程量清单，投标者一定要进行校核，因为这直接影响到投标报价及中标机会。例如当投标者大体上确定了工程总报价之后，可适当采用报价技巧如不平衡报价法，对某些项目工程量可能增加的可以提高单价，而对某些工程量估计会减少的可以降低单价。如发现工程量有重大出入的，特别是漏项的，必要时可找业主核对，要求业主认可，并给予书面声明；这对于总价固定合同，尤为重要。

(2) 调查投标环境

所谓投标环境，就是招标工程施工的自然、经济和社会条件，这些条件都是工程施工的制约因素，必然会影响到工程成本，是投标单位报价时必须考虑的，所以在报价前要尽可能了解清楚：

1) 工程的性质与其他工程之间关系；
2) 拟投标的那部分工程与其他承包商或分包商之间的关系；
3) 工地地貌、地质、气候、交通、电力、水源等情况，有无障碍物等；
4) 工地附近有无住宿条件、料场开采条件、其他加工条件、设备维修条件等；
5) 工地所在地的社会治安情况等。

(3) 制定施工方案

施工方案是投标报价的一个前提条件，也是招标单位评标时要考虑的因素之一。施工方案应由投标单位的技术负责人主持制定，主要应考虑施工方法、主要施工机具的配置、各工种劳动力的安排及现场施工人员的平衡、施工进度及分批竣工的安排、安全措施等。施工方案的制定应在技术、工期和质量保证等方面对招标单位有吸引力，同时又有助于降低施工成本。

1) 选择和确定施工方法

根据工程类型，研究可以采用的施工方法。对于一般的土方工程、混凝土工程、房建工程、灌溉工程等比较简单的工程，则结合已有施工机械及工人技术水平来选定施工方法，努力做到节省开支，加快进度。对于大型复杂工程则要考虑几种施工方案，综合比较。如水利工程中的施工导流方式，对工程造价及工期均有很大影响，承包商应结合施工进度计划及施工机械设备能力来研究确定。又如地下开挖工程，开挖隧洞或洞室，则要进行地质资料分析，确定开挖方法（用掘进机还是钻孔爆破法等）以及支洞、斜井数量、位置、出渣方法、通风等。

2) 选择施工设备和施工设施

一般与研究施工方法同时进行。在工程估价过程中还要不断进行施工设备和施工设施的比较，利用旧设备还是采购新设备，在国内采购还是在国外采购，设备的型号、配套、数量(包括使用数量和备用数量)，还应研究哪些类型的机械可以采用租赁办法，特殊的、专用的设备折旧率要单独考虑，订货设备清单中还要考虑辅助和修配用机械及备用零件，在订购外国机械时也应注意这一点。

3) 编制施工进度计划

编制施工进度计划应紧密结合施工方法和施工设备的选定。施工进度计划中应提出各时段内应完成的工程量及限定日期。施工进度计划可用网络进度或线条进度，根据招标文件要求而定。在投标阶段，一般用线条进度即可满足要求。

(4) 投标计算

投标计算是投标单位对承建招标工程所要发生的各种费用的计算。在进行投标计算时，必须首先根据招标文件复核或计算工程量。作为投标计算的必要条件，应预先确定施工方案和施工进度。此外，投标计算还必须与采用的合同形式相协调。报价是投标的关键性工作，报价是否合理直接关系到投标的成败。

(5) 确定投标策略

正确的投标策略对提高中标率并获得较高的利润有重要作用。常用的投标策略有以信誉取胜、以低价取胜、以缩短工期取胜、以改进设计取胜，同时也可采取以退为进策略、以长远发展为目标策略等，可综合考虑企业目标、竞争对手情况、投标策略等多种因素后作出报价等决策。

(6) 编制正式投标书

投标单位应按招标单位的要求编制投标书，并在规定时间内将投标文件投送到指定地点，并参加开标。

2. 报价的计算

(1) 标价的组成

投标单位在针对某一工程项目的投标中，最关键的工作是计算标价。根据《建设工程招标文件范本》，关于投标价格，除非合同中另有规定外，具有标价的工程量清单中所报的单价和合价及报价汇总表中的价格应包括施工设备、劳务、管理、材料、安装、维护、保险、利润、税金、政策性文件规定及合同包含的所有风险、责任等各项费用。投标单位应按招标单位提供的工程量计算工程项目的单价和合价。工程量清单中的每一项均需填写单价和合价，投标单位没有填写出单价和合价的项目将不予支付，并认为此项费用已包括在工程量清单的其他单价和合价中。

(2) 标价的计算依据

1) 招标单位提供的招标文件；

2) 招标单位提供的设计图纸及有关的技术说明书等；

3) 国家及地区颁发的现行建筑、安装工程预算定额及与之相配套执行的各种费用定额等；

4) 地方现行材料预算价格、采购地点及供应方式等；

5) 因招标文件及设计图纸等不明确经咨询后由招标单位书面答复的有关资料；

6) 企业内部制定的有关取费、价格等的规定、标准；

7) 其他与报价计算有关的各项政策、规定及调整系数等。

在标价计算的过程中，对于不可预见费用的计算必须慎重考虑，不要遗漏。

(3) 标价的计算过程

计算标价之前，应充分熟悉招标文件和施工图纸，了解设计意图、工程全貌，同时还要了解并掌握工程现场情况，并对招标单位提供的工程量清单进行审核。工程量确定后，即可进行标价的计算。

1) 标价的计算可以按工料单价法计算，即根据已审定的工程量，按照定额的或市场的单价，逐项计算每个项目的合价，分别填入招标单位提供的工程量清单内，计算出全部工程直接费。再根据企业自定的各项费用及法定税率，依次计算出间接费、利润及税金，得出工程总造价。对整个计算过程，要反复进行审核，保证据以报价的基础和工程总造价的正确无误。

2) 标价的计算也可以按综合单价法计算，即所填入工程量清单的单价，应包括人工费、材料费、机械费、其他直接费、间接费、利润、税金以后材料价差及风险金等全部费用。将全部单价与分部分项工程量相乘汇总后，即得出工程总造价。

3. 报价技巧

(1) 不平衡报价

不平衡报价，指在总价基本确定的前提下，如何调整项目的各个子项的报价，以期既不影响总报价，又在中标后可以获取较好的经济效益。

通常采用的不平衡报价有下列几种情况：

1) 对能早期结账收回工程款的项目(如土方、基础等)的单价可报以较高价，以利于资金周转；对后期项目(如装饰、电气安装等)单价可适当降低。

2) 估计工程量可能增加的项目，其单价可提高；而工程量可能减少的项目，其单价可降低。

上述两点要统筹考虑，对于工程量计算有错误的早期工程，如不可能完成工程量表中的数量，则不能盲目报高单价，需要具体分析后再确定。

3) 图纸内容不明确或有错误，估计修改后工程量要增加的，其单价可提高；而工程内容不明确的，其单价可以降低。

4) 没有工程量而只需填报单价的项目(如疏浚工程中的开挖淤泥工作等)，其单价宜高。这样，既不影响总的投标价，又可多获利。

5) 对于暂定项目，其实施可能性大的项目，价格可定高价；估计该工程不一定实施的项目则可以定低价。

【例 3-7】 某水处理厂项目收到了若干份竞争性的投标。评标小组在讨论中有些委员建议将合同授予评标价次低的投标人，他们认为评标价最低的标的价格只稍微低一点点(不到 1%)，且该投标人对于挖掘工程报价太低。尽管该投标人再次重申了他对该项工程的成本估算无误，而这些人仍认为较低的价格表明在此项建筑工程中缺乏竞争，最终可能出现承包商不能按合同完成工程的风险。由于推荐中标分歧较大，评标小组将其他竞争性投标也加以仔细剖析，结果发现各投标人的挖掘报价差别很大，而评标价最低的投标人对该项挖掘工程的报价并非最低者。

问题：应怎样处理不平衡的投标？

答案与解析：

不平衡的报价或称前重后轻的报价，一般发生在工程投标的投标文件中。这是指与正常的估算相比较，有些分项的投标报价明显过高，而有些则过低的投标文件。投标人采用不平衡的报价的目的一般是通过调整内部各个项目的报价，以期既不提高总报价、不影响中标，又能在结算时得到更理想的经济效益。在评标过程中，有时会发现不平衡的投标。这种情况之所以出现，有时是出于投标人的错误或出于投标人对各项工程分项所谓的风险估计错误，但更多的则是由于投标人想增加其现金流量，从而把实施在先的工程价格加大，或将他认为在实施中工程量将比工程量表所规定的数量更大的工程分项价格加大，以使更早、更多地得到工程费用。投标人对某些分项的报价高于实际成本，为了使投标在总体上有竞争能力，并且赢得合同，投标人也必然对其他的工程分项报价偏低。

如果这类不平衡的情况相当严重，业主就应要求投标人澄清，以便确定其理由是否正当。如果中标人投标文件中有报价严重不平衡的情况。业主也可以要求承包商增加应缴的履约保证金金额，以防今后承包商违约时业主在经济上蒙受更多的损失。如某招标文件就有如下的规定：招标人如发现投标人所报工程量清单的各章之间或工程细目中报价存在严重的不平衡，并经澄清其单价分析资料，仍不能证实其合理性，招标人有权要求投标人（如中标），将履约担保提高到足以保护业主由于中标人违约而引起的财务损失的程度。

另一种合理的解决办法，是在评标时将今后合同实施过程中。对各不同的投标人所应支付的工程费用都按规定的贴现率折算成净现值，然后根据净现值评标价授予合同。这一办法虽然合理，但计算过于繁复，实际上很少使用。

(2) 零星用工（计日工）

零星用工一般可稍高于工程单价表中的人工单价。原因是零星用工不属于承包总价的范围，发生时实报实销，可多获利。

(3) 多方案报价法

若业主拟定的合同条件要求过于苛刻，为使业主修改合同要求，可准备"两个报价"。并阐明按原合同要求规定，投标报价为某一数值；倘若合同要求作某些修改，则投标报价为另一数值，即比前一数值的报价低一定百分点，以此吸引对方修改合同条件。另一种情况是自己的技术和设备满足不了原设计的要求，但在修改设计以适应自己施工能力的前提下仍希望中标，于是可以报一个原设计施工的投标报价（高报价）；另一个则按修改设计后的方案报价，它比原设计施工的标价低得多，以诱导业主采用合理的报价或修改设计。但是，这种修改设计，必须符合设计的基本要求。

(4) 视不同情况对待报价

1) 以下情况下报价可高些

施工条件差的，如场地狭窄，地处闹市的工程；专业要求高的技术密集型工程，而本公司这方面有专业力量，声望也高时；总价低的小工程，以及自己不愿意做而被邀请投标时，不便于不投标的工程；特殊的工程，如港口码头工程、地下开挖工程等；业主对工期要求急的；投标对手少的；支付条件不理想的。

2) 在下列情况下报价应低一些

施工条件好的工程，工作简单、工程量大而一般公司都可以做的工程，如大量的土方工程，一般房建工程等；本公司目前急于打入某一市场、某一地区或虽已在某地区经营多年，但即将面临没有工程的情况，机械设备等无工地转移时；附近有工程而本项目可利用该项工程的劳务、设备时或有条件短期内突击完成的；投标对手多、竞争力强时；非急需工程；支付条件好的，如现汇支付。

4. 报价策略

投标策略是指承包商在投标竞争中的指导思想与系统工作部署及其参与投标竞争的方式和手段。投标策略作为投标取胜的方式、手段和艺术，贯穿于投标竞争的始终，内容十分丰富。在投标与否、投标项目的选择、投标报价等方面，无不包含投标策略。常见的投标策略有：

(1) 增加建议方案

有时招标文件中规定，可以提一个建议方案，即可以修改原设计方案，提出投标者的方案。投标者这时应抓住机会，组织一批有经验的设计和施工工程师，对原招标文件的设计和施工方案仔细研究。提出更为合理的方案以吸引业主，促成自己的方案中标。这种新建议方案可以降低总造价或是缩短工期，或使工程运用更合理。但要注意对原招标方案一定也要报价。建议方案不要写得太具体，要保留方案的技术关键，防止业主将此方案交给其他承包商。同时要强调的是，建议方案一定要比较成熟，有很好的操作性。

(2) 多方案报价法

对于一些招标文件，如果发现工程范围不明确，条款不清楚或很不公正，或技术规范要求过于苛刻时，则要在充分估计投标风险的基础上，按多方案报价法处理，即按原招标文件报一个价，然后再提出，如某某条款作某些变动，报价可降低多少，由此可报出一个较低的价。这样可以降低总价，吸引业主。

(3) 突然袭击法

由于投标竞争激烈，为迷惑对方，有意泄露一点假情报，如不打算参加投标或准备投高报价标，表现出无利可图不想干的假象。然而，到投标截止之前数小时，突然前往投标，并压低投标价，从而使对手措手不及而败北。

(4) 无利润算标

缺乏竞争优势的承包商，在不得已的情况下，只好在算标中根本不考虑利润去夺标。这种办法一般是处于以下条件时采用：

1) 有可能在得标后，将大部分工程分包给索价较低的一些分包商；

2) 对于分期建设的项目，先以低价获得首期工程，而后赢得机会创造第二期工程中的竞争优势，并在以后的实施中赚得利润；

3) 较长时期内，承包商没有在建的工程项目，如果再不得标，就难以维持生存。因此，虽然本工程无利可图，只要能有一定的管理费维持公司的日常运转，就可设法度过暂时的困难，以图将来东山再起。

(5) 低投标价夺标法

这是一种非常手段，如：企业大量窝工，为减少亏损，或为打入某一建筑市场，或为挤走竞争对手保住自己的地盘，于是制定严重亏损标，力争夺标。

【例3-8】 某高层办公楼建筑面积3.5万m^2，地上28层，地下3层，主体结构类型为框架—剪力墙结构，基础采用箱形基础，建设单位并已委托某专业设计单位做了基坑支护方案，采用钢筋混凝土桩悬臂支护。业主进行该工程施工招标时，在招标文件中规定：预付款数额为合同价的10%，在合同签订并生效后10天内支付，上部结构工程完成一半时一次性全额扣回，工程款按季度支付。

某承包商通过资格预审后，购买了招标文件。根据图纸测算和对招标文件的分析，确定该项目总估价为9000万元，总工期为24个月，其中：基础工程估价为1200万元，工期为6个月；上部结构工程估价为4800万元，工期为12个月；装饰和安装工程估价为3000万元，工期为6个月。

投标时，该承包商为发挥自己在深基坑施工的经验，建议建设单位将钢筋混凝土桩悬臂支护改为钢筋混凝土桩悬臂加锚杆支护，并对这两种施工方案进行了技术经济分析和比较，证明钢筋混凝土桩悬臂加锚杆支护不仅能保证施工安全性，减小施工对周边影响，而且可以降低基础工程造价10%。

此外，该承包商为了既不影响中标，又能在中标后取得较好的收益，决定采用不平衡报价法对原估价作适当调整，基础工程调整为1300万元，结构工程调整为5000万元，装饰和安装工程调整为2700万元。

该承包商还考虑到，该工程虽然有预付款，但平时工程款按季度支付不利于资金周转，决定除按上述调整后的数额报价外，还建议业主将支付条件改为：预付款为合同价的5%，工程款按月支付，其余条款不变。

投标文件编制完成后，该承包商将投标文件封装，并在封口处加盖了本单位公章和项目经理签字，在招标文件规定的投标截止时间将投标文件报送业主。

问题：
(1) 招标人对投标单位进行资格预审应包括哪些内容？
(2) 该承包商所运用的不平衡报价法是否恰当？为什么？
(3) 除了不平衡报价法，该承包商还还运用了哪些报价技巧？运用是否得当？
(4) 该承包商递交的投标文件是否有效？为什么？

答案与解析：
(1)《工程建设项目施工招标投标办法》中规定对招标人对投标单位进行资格预审应包括以下内容：投标单位组织与机构和企业概况；近3年完成工程的情况；目前正在履行的合同情况；资源方面，如财务状况、管理人员情况、劳动力和施工机械设备等方面的情况；其他情况(各种奖励和处罚等)。

(2) 恰当。因为该承包商是将属于前期工程的基础工程和主体结构工程的报价调高，而将属于后期工程的装饰和安装工程的报价调低，可以在施工的早期阶段收到较多的工程款，从而可以提高承包商所得工程款的现值；而且，这三类工程单价的调整幅度均在±10%以内，属于合理范围。

(3) 该承包商运用的另外二种投标技巧是多方案报价法和增加建议方案法。增加建议方案法运用得当，通过对两个支护施工方案的技术经济分析和比较(这意味着对两个方案均报了价)，论证了建议方案的技术可行性和经济合理性，对业主有很强的说服力。

多方案报价法运用恰当，因为承包商的报价既适用于原付款条件也适用于建议的付款条件。

(4) 根据《建筑工程设计招标投标管理办法》第16条规定中投标文件作废的相关知识，该承包商递交的投标文件是无效的，应作为废标处理。因为该承包商的投标文件仅有单位公章和项目经理签字，而无法定代表人或其代理人的印鉴，所以应作为废标处理。

5. 投标决策

所谓投标决策，主要包括三方面内容：
(1) 针对项目招标是投标或是不投标；

(2) 倘若去投标，是投什么性质的标；

(3) 投标中标后如何采用以长制短、以优胜劣的策略和技巧。

投标决策的正确与否，关系到能否中标和中标后的效益问题，关系到企业信誉和发展前景，所以必须高度重视。投标决策的核心是在决策者的期望利润和承担风险之间进行权衡，作出选择。这就要求决策者广泛、深入地对业主、项目的自然环境和社会环境、项目建设监理及施工投标的竞争对手进行调研，收集信息，做到知己知彼，才能保证投标决策的正确性。

6. 投标文件的编制

(1) 投标文件的内容

投标文件应严格按照招标文件的各项要求来编制，一般包括下列内容：

1) 投标书；

2) 投标书附录；

3) 投标保证金；

4) 法定代表人授权委托书；

5) 具有标价的工程量清单与报价表；

6) 施工组织设计；

7) 辅助资料表；

8) 资格审查表；

9) 对招标文件中的合同条款内容的确认和响应；

10) 按招标文件规定提交的其他资料。

(2) 投标文件编制的要点

1) 招标文件要研究透彻，重点是投标须知、合同条件、技术规范、工程量清单及图纸。

2) 为编制好投标文件和投标报价，应收集现行定额标准、取费标准及各类标准图集，收集掌握政策性调价文件及材料和设备价格情况。

3) 投标文件编制中，投标单位应依据招标文件和工程技术规范要求，并根据施工现场情况编制施工方案或施工组织设计。

4) 按照招标文件中规定的各种因素和依据计算报价，并仔细核对，确保准确，在此基础上正确运用报价技巧和策略，并用科学方法作出报价决策。

5) 填写各种投标表格。招标文件所要求的每一种表格都要认真填写，尤其是需要签章的一定要按要求完成，否则有可能会因此而导致废标。

6) 投标文件的封装。投标文件编写完成后要按招标文件要求的方式分装、贴封、签章。

九、施工招标评标

1. 施工招标评标指标的设置

(1) 标价

评标时的标价应不简单地等于投标人的报价，而应该是经过折算处理的报价。例如，在一个甲供主材的施工项目招标中，各投标人所报的钢材、水泥及木材的用量不一样，这就需要把所报材料的差量折算成价格加到其报价中去。经这样处理的标价常称评标价。

标价的权重一般都设在0.5以上，但怎样的评标价得最高分是个难题，有以标底为基准的，有以标底和评标价的平均值为基准的，有以投标标价的平均值为基准的，也有以次低标的评标作为基准的。

(2) 施工方案（施工组织设计）

施工方案包含施工方法是否先进、合理，进度计划及措施是否科学、合理、可靠，质量保证措施是否可靠，安全保证措施是否可靠，现场平面布置及文明施工措施是否合理可靠，主要施工机具及劳动力配备是否合理，项目主要管理人员及工程技术人员的数量和资历，施工组织设计是否完整等。此项评价应适当突出关键部位施工方法或特殊技术措施及保证工程质量、工期的措施。

(3) 质量

工程质量应达到国家施工验收规范合格标准或优良标准，必须符合招标文件要求，质量措施是否全面和可行。

(4) 工期

工期必须满足招标文件的要求。

(5) 信誉和业绩

包含近期施工承包合同履约情况，服务态度，是否承担过类似工程，近期获得的优良工程及优质以上的工程情况，经营作风和施工管理情况，是否获得过部、省（自治区、直辖市）、市级的表彰和奖励，企业在社会中的整体形象等。为贯彻信誉好、质量高的企业多得标、得好标的原则，确定评审指标时应适当侧重施工方案、质量和信誉。

2. 评标方法

评标方法可采用评议法、综合评分法和评标价法等。

(1) 评议法

评议法不量化评价指标，通过对投标单位的能力、业绩、财务状况、信誉、投标价格、工期质量、施工方案（或施工组织设计）等内容进行定性分析和比较，进行评议后选择投标单位在各指标都较优良者为中标单位，也可以用表决的方式确定中标单位。这种方法是定性的评价方法，由于没有对备投标书的量化比较，评标的科学性较差。其优点是简单易行，在较短时间内即可完成，一般适用于小型工程或规模较小的改扩建项目招标。

(2) 综合评分法

这种方法是将评审各指标和评标标准在招标文件内规定，开标后按评标程序，根据评分标准，由评委对各投标单位的标书进行评分，最后以总得分最高的投标单位为中标单位。

具体步骤如下：

1) 预先确定好评审内容，首先将要评审的内容划分为若干大类，并根据项目的特点和对承包商要求的重要程度分配分值比重，然后再将各类要素细划成评定小项并确定评分标准。

2) 对投标书评定记分。为了避免打分的随意性，应规定出测量等级，并按统一折算办法来打分。

3) 以累计得分评定投标书的优劣。各项评定内容的得分之和，综合反映了该投标单位的整体素质。

(3) 评标价法

评标价法也称合理低标价法。评标委员会首先通过对备投标书的审查淘汰技术方案不满足基本要求的投标书，然后对基本合格的标书按预定的方法将某些评审要素按一定规则折算为评审价格，加到该标书的报价上形成评标价。以评标价最低的标书为最优（不是投标报价最低）。评标价作为衡量投标人能力高低的量化比较方法，与中标人签订合同时仍以投标价格为准。

可以折算成价格的评审要素一般包括：

1) 投标书承诺的工期提前给项目可能带来的超前收益，以月为单位按预定计算规则折算为相应的货币值，从该投标人的报价内扣减此值；

2) 实施过程中必须发生而标书又属明显漏项部分，给予相应的补项，增加到报价上去；

3) 技术建议可能带来的实际经济效益，按预定的比例折算后，在投标价内减去该值；

4) 投标书内提出的优惠条件可能给招标人带来的好处，以开标日为准，按一定的方法折算后作为评审价格因素之一。

5) 对其他可以折算为价格的要素，按照对招标人有利或不利的原则，增加或减少到投标报价上去。

【例 3-9】 某大型基础设施工程，施工图设计已完成，现进行招标，业主委托某公司进行招标。招标背景如下：

(1) 采用公开招标。

(2) 评标中采用以标底衡量报价得分的综合评分法评标，标底 5000 万，在评分中，设置以下几项指标及分值：报价 50 分；业绩与信誉 15 分；施工管理能力 10 分；施工组织设计 15 分；其他 10 分。同时又规定：若报价超过标底 0%～1%（包括 1%）加 4 分；1%～2%（包括 2%）加 2 分；2%～4%（包括 4%）扣 4 分；若报价低于标底 0%～1%（包括 1%）加 5 分；1%～2%（包括 2%）加 6 分；2%～5%（包括 5%）加 4 分；分数的加与扣是在报价的基础分（50 分）的基础上进行的。综合得分最高的单位为中标单位。

(3) 有 4 家单位投标，其报价如下：A 单位 5150 万；B 单位 5100 万；C 单位 4900 万；D 单位 4800 万。

(4) 评标中各单位的各项指标得分见表 3-1。

各单位各项指标得分表　　　　　　　　　　　表 3-1

项目分值 专家	业绩信誉				施工管理能力				施工组织设计				其他			
	A	B	C	D	A	B	C	D	A	B	C	D	A	B	C	D
1	90	85	95	85	85	80	85	85	95	85	80	85	80	85	95	80
2	90	90	85	80	80	80	80	85	95	80	85	85	80	85	90	85
3	85	80	90	85	90	85	85	80	95	90	85	80	85	80	85	80
4	85	80	85	80	95	85	80	85	95	85	90	85	85	85	80	85
5	85	85	90	90	95	85	80	90	95	90	85	90	90	80	85	80

问题：
(1) 公开招标在招标阶段的第一步是什么？其内容有哪些？
(2) 综合评分法的基本原则是什么？
(3) 根据上述资料试确定中标单位。
(4) 若签订合同，合同价为多少？为什么？

答案与解析：
(1) 公开招标在招标阶段的第一步是发招标公告。其包括的内容有：招标单位的名称；建设项目的资金来源；工程项目概况和本次招标范围的简要介绍；购买资格预审文件的地点、时间和价格等。

(2) 综合评分法的基本原则是：根据招标项目的特点设置评分体系，来评价每个标书的综合得分，综合得分最高的为中标的第一候选人（或中标人）。

(3) A 单位综合得分：报价 $\dfrac{5150-5000}{5000} \times 100\% = 3\%$，

所以得分为 $50-4=46$；

业绩信誉 $\dfrac{90+90+85+85+85}{5} \times \dfrac{15}{100} = 13.05$

施工管理能力 $\dfrac{85+85+90+95+95}{5} \times \dfrac{10}{100} = 9$

施工组织设计 $\dfrac{95+95+95+95+95}{5} \times \dfrac{15}{100} = 14.25$

其他 $\dfrac{80+80+85+85+90}{5} \times \dfrac{10}{100} = 8.4$

综合得分：$46+13.05+9+14.25+8.4=90.7$

B 单位综合得分：

报价 $\dfrac{5100-5000}{5000} \times 100\% = 2\%$，报价得分为 $50+2=52$

业绩信誉 $\dfrac{85+90+80+80+85}{5} \times \dfrac{15}{100} = 12.6$

施工管理能力 $\dfrac{80+80+85+90+85}{5} \times \dfrac{10}{100} = 8.4$

施工组织设计 $\dfrac{85+80+90+90+90}{5} \times \dfrac{15}{100} = 13.05$

其他 $\dfrac{85+85+80+85+80}{5} \times \dfrac{10}{100} = 8.3$

综合得分：$52+12.6+8.4+13.05+8.3=94.35$

C 单位综合得分：

报价 $\dfrac{4900-5000}{5000} \times 100\% = -2\%$ 报价得分为 $50+6=56$

业绩信誉 $\dfrac{95+90+90+90+90}{5} \times \dfrac{15}{100} = 13.65$

施工管理能力 $\dfrac{85+80+85+80+80}{5} \times \dfrac{15}{100} = 8.2$

施工组织设计 $\frac{80+80+85+90+90}{5} \times \frac{15}{100} = 12.75$

其他 $\frac{95+90+85+80+85}{5} \times \frac{10}{100} = 8.7$

综合得分：$56+13.65+8.2+12.75+8.7=99.3$

D单位综合得分：

报价 $\frac{4800-5000}{5000} \times 100\% = -4\%$　　报价得分为 $50+4=54$

业绩信誉 $\frac{85+80+85+80+90}{5} \times \frac{15}{100} = 12.6$

施工管理能力 $\frac{85+85+80+90+90}{5} \times \frac{10}{100} = 8.6$

施工组织设计 $\frac{85+85+85+85+90}{5} \times \frac{15}{100} = 12.6$

其他 $\frac{80+85+80+80+80}{5} \times \frac{10}{100} = 8.1$

综合得分：$54+12.6+8.6+12.6+8.1=95.9$

由以上计算知：C的得分为99.3，最高，故C为中标单位。

（4）合同价为4900万。

按招标投标法规定，招标人在确定中标人时不能就投标报价等实质内容与投标人谈判，而且投标价为中标价，故合同价为中标价4900万。

第三节　综　合　案　例

【例3-10】　某市水库大坝工程是重点建设项目工程，总投资额19000万元。其中对工程概算8600万元的大坝填筑及基础灌浆工程进行招标。本次招标采取了邀请招标的方式，由建设单位自行组织招标。6月中旬，由工程建设单位组建的资格评审小组对申请投标的20家施工企业进行了资格审查。6月20日，建设单位向10家通过资格审查的企业发售了招标文件，并组织了现场勘察和答疑。建设单位于7月16日首次与政府有关部门联系，向政府有关部门发出参加招标活动的邀请。7月18日，由投资方、建设方、技术部门等各方代表参加的评标委员会组成。7月20日13时公开开标。当日下午至次日上午，评标委员会的商务组、技术组对10家投标企业递交的标书进行了审查，并向建设单位按顺序推荐了中标候选人。有关部门派员参与了开标和评标监督。建设单位认为评标委员会推荐的中标候选人不如名单之外的某部水电某局提出的优惠条件好（实际上是垫资施工），决定让某部水电某局中标。但在有关单位的干预和协调下，建设单位最终从评标委员会推荐的中标候选人中选择了承包商。

问题：

根据《工程建设项目施工招标投标办法》的相关规定，你认为该案例招标中有哪些不妥之处？

答案与解析：

(1) 招标范围不符合《招标投标法》的规定

该项目是大型基础设施，属于依法必须招标项目。本项目总投资额 19000 万元，只对投资 8600 万元的大坝填筑及基础灌浆工程进行招标，显然违反了法律关于依法招标项目"包括项目的勘察、设计、施工、监理以及与工程建设有关的重要设备、材料等的采购，必须进行招标"的规定。

(2) 招标方式选择不当

按规定依法招标项目应采用公开招标方式发包，即便不适宜公开招标，选用邀请招标方式也应经法定方式审批，本项目显然未经批准程序。

(3) 自行招标应向有关部门进行备案

根据有关规定："依法必须进行招标的项目，招标人自行办理招标事宜的，应当向有关行政监督部门备案"。行政监督部门根据有关法规，对招标人是否具备自行招标的条件进行监督，确认其是否具备编制招标文件的能力和组织招标的能力。原国家计委《工程建设项目自行招标试行办法》，规定了办理经原国家计委审批项目自行招标的事宜。建设部《房屋建筑和市政基础设施工程施工招标投标管理办法》第 12 条规定：招标人自行办理施工招标事宜的，应当在发布招标公告或者发出投标邀请书的 5 日前，向工程所在地县级以上地方人民政府建设行政主管部门备案。从案例资料看，招标人未做此备案。

(4) 评标委员会组成不合法

由投资方、建设方、技术部门等部门代表参加组成评标委员会的做法，违反了法律规定的评标委员会委员"由招标人从国务院有关部门或者省、自治区、直辖市人民政府有关部门提供的专家名册或者招标代理机构的专家库内的相关专业的专家名单中确定；一般招标项目可以采取随机抽取方式，特殊招标项目可以由招标人直接确定"的规定。

(5) 招标人确定推荐中标人之外的单位中标的做法违反法律规定

《招标投标法》规定：招标人根据评标委员会提出的书面评标报告和推荐的中标候选人确定中标人。国家原计委等部门在《评标委员会和评标方法暂行规定》中进一步明确："使用国有资金投资或者国家融资的项目，招标人应当确定排名第一的中标候选人为中标人。排名第一的中标候选人放弃中标的，因不可抗力提出不能履行合同，或者招标文件规定应当提交履约保证金而在规定的期限内未能提交的，招标人可以确定排名第二的中标候选人为中标人。排名第二的中标候选人因前款规定的同样原因不能签订合同的，招标人可以确定排名第三的中标候选人为中标人"。因此，本项目的中标人只能依法选择评标委员会推荐的第一人，而不能是其他。

【例 3-11】 某长江大桥是三峡工程前期准备工程的关键项目之一，三峡工程施工期间承担左、右岸物资、材料、设备的过江运输任务，也是沟通鄂西南长江南、北公路的永久性桥梁。我国建设大跨度悬索桥经验少，具备该长江大桥施工资质的单位不多，根据这一实际情况，决定采取邀请招标方式选择施工单位。

1993 年 7 月下旬，向甲、乙、丙 3 家承包商发了投标邀请书，三峡总公司组织施工单位考察了施工现场，介绍设计情况，并及时以书面形式回答了施工单位编标期间提出的各类问题。

在离投标截止时间还差 15d 时，三峡公司以书面形式通知甲、乙、丙 3 家承包商，考

第三节 综合案例

虑到该长江大桥关键是技术，技术方案如有失误，费用难以控制，因此将原招标文件中关于评标的内容调整如下：原评标内容总价、单价、技术、资信权数分别由原来的30%、30%、30%、10%依次修正为10%、40%、40%、10%，加大了单价和技术的评分权数。

1993年9月1日至9月10日进行评标工作。评委中邀请了多位国内有影响的桥梁专家参加评标，评标前评标组通过了三峡总公司编写的评标办法，根据施工单位的总报价、主要分项工程的单价、技术方案和资信四方面来评分。

根据专家定量打分和定性的综合评价结果，确定的排队顺序（综合得分从高到低）是：乙、甲、丙。

三峡总公司于1993年9月13日向乙施工单位发出中标通知书，并进行合同谈判。双方认真地讨论了合同条款及合同协议书的有关问题，达成了一致意见，于1993年10月11日签订了施工合同。

问题：

（1）该长江大桥项目采用邀请招标方式且仅邀请3家施工单位投标，是否妥当？为什么？

（2）在何种情形下，经批准可以进行邀请招标？

（3）假设甲、乙、丙各项评标内容得分见表3-2：

各项评标内容得分表　　　　　　　　　　　　　　　　表3-2

投标单位	总价得分	单价得分	技术方案得分	资信得分
甲	95	90	95	93
乙	92	93	96	95
丙	96	90	98	92

请问：总价、单价、技术方案、资信各项评审内容的权数从30%、30%、30%、10%修正为10%、40%、40%、10%时，甲、乙、丙三家施工单位的综合得分会发生怎样变化？

答案与解析：

（1）妥当。因为根据《招标投标法》中有关规定，对于技术复杂的工程，允许采用邀请招标方式，邀请参加投标的单位不得少于3家。

（2）根据《招标投标法》中有关规定，有下列情形之一的，经批准可以进行邀请招标：

1）项目技术复杂或有特殊要求，只有少量几家潜在投标人可供选择的；

2）受自然地域环境限制的；

3）涉及国家安全、国家秘密或者抢险救灾，适宜招标但不宜公开招标的；

4）拟公开招标的费用与项目的价值相比，不值得的；

5）法律、法规规定不宜公开招标的。

（3）总价、单价、技术方案、资信各项评审内容的权数为30%、30%、30%、10%时，甲、乙、丙三家施工单位的综合得分见表3-3。

第三章　建筑工程招标投标

施工单位综合得分表　　　　　　　　　　表 3-3

	甲	乙	丙	权数(%)
总价得分	95	92	96	30
单价得分	90	93	90	30
技术方案得分	95	96	98	30
资信得分	93	95	92	10
总得分	93.3	93.8	94.4	100

总价、单价、技术方案、资信各项评审内容的权数修正为 10%、40%、40%、10% 时，甲、乙、丙三家施工单位的综合得分见表 3-4。

施工单位综合得分表　　　　　　　　　　表 3-4

	甲	乙	丙	权数(%)
总价得分	95	92	96	10
单价得分	90	93	90	40
技术方案得分	95	96	98	40
资信得分	93	95	92	10
总得分	92.8	94.3	94	100

【例 3-12】　某省某市教师进修学校宿舍楼工程建筑面积 4800m²，6 层砖混结构，工程预算造价 280 万元，项目通过招标进行发包。该项目业主发出的中标通知写明中标价为 299 万元。随后业主与中标人签订的施工合同写明价格为 269 万元。

问题：这种做法是否妥当？

答案与解析：

该项目所签合同与中标价格不符，实际上形成了两份价格不一致的合同。即俗称"阴阳合同"或"黑白合同"。这说明招标人和中标人双方当事人在中标以后就合同的实质性内容——价格，进行了协商并达成一致，改变了投标人在投标文件中的要约，也推翻了招标人在中标通知书中的承诺。这一点违反了《招标投标法》关于招标人和中标人应当按照招标文件和中标人的投标文件订立书面合同，且不得再行订立违背合同实质性内容的其他协议的规定。

《招标投标法》第 59 条规定："招标人与中标人不按照招标文件和中标人的投标文件订立合同的，或者招标人、中标人订立背离合同实质性内容的协议的，责令改正；可以处中标项目金额千分之五以上千分之十以下的罚款。"

因此招标人与中标人双方订立的合同，仅仅是将招标文件(含合法澄清、修改内容)、投标文件(含所有合法补充、修改及非实质内容的澄清或说明)的规定、条件、条款以书面文本固定下来，不得要求投标人承担招标文件以外的任务或修改投标文件的实质内容。

国家发展和改革委员会等 8 部委联合发布的《工程建设项目勘察设计招标投标办法》规定：下列情况属于招标人与中标人不按照招标文件和中标人的投标文件订立合同，责令改正，可以处中标项目金额千分之五以上千分之十以下的罚款：

1)招标人以压低勘察设计费、增加工作量、缩短勘察设计周期等作为发出中标通知书的条件;

2)招标人无正当理由不与中标人订立合同的;

3)招标人向中标人提出超出招标文件中主要合同条款的附加条件,以此作为签订合同的前提条件;

4)中标人无正当理由不与招标人签订合同的;

5)中标人向招标人提出超出其投标文件中主要条款的附加条件,以此作为签订合同的前提条件;

6)中标人拒不按照要求提交履约保证金的等情况,属于招标人与中标人不按照招标文件和中标人的投标文件订立合同因不可抗力造成上述情况的,不适用。

原国家发展计划委员会等7部委联合发布的《工程建设项目施工招标投标办法》第59条规定:招标人不得向中标人提出压低报价、增加工作量、缩短工期或其他违背中标人意愿的要求,以此作为发出中标通知书和签订合同的条件。

目前在我国工程招标投标中,建设单位与中标单位或招标代理机构串通,搞虚假招标,明招暗定,签订"黑白合同"的问题相当突出。所谓"黑白合同",就是建设单位在工程招标投标过程中,除了公开签订的合同外,私下与中标单位签订合同,强迫中标单位垫资带资承包、压低工程价款等。本案例就是一个典型的"阴阳合同"。

【例3-13】 某工业项目生产工艺较为复杂,且安装工程投资约占项目总投资的70%,该项目业主对承包方式有倾向性意见,在招标文件中对技术标的评标标准特设"承包方式"一项指标并规定:

① 由安装专业公司和土建专业公司组成联合体招标,得10分;

② 由安装专业公司作总包,土建专业公司作分包,得7分;

③ 由安装公司独立招标,且全部工程均自己施工,得4分。

某安装公司决定参与该项目投标。经分析,在其他条件(如报价、工期等)相同的情况下,上述评标标准使得3种承包方式的中标概率分别为0.6、0.5、0.4。

另经分析,3种承包方式的承包效果、概率和盈利情况见表3-5。

不同承包方式的承包效果、概率和盈利情况表   表3-5

承包方式	效 果	概 率	盈利(万元)
联合体承包	好	0.3	150
	中	0.4	100
	差	0.3	50
总分包	好	0.5	200
	中	0.3	150
	差	0.2	100
独立承包	好	0.2	300
	中	0.5	150
	差	0.3	−50

编制投标文件的费用均为5万元。

问题：

(1) 投标人应当具备的条件有哪些？

(2) 请运用决策树方法决定采用何种承包方式投标。

答案与解析：

(1) 投标人应具备的条件有：应当具备承包招标项目的能力；应当符合招标文件规定的资格条件。

(2) 决策树法计算过程如下：

1) 计算图中各机会点的期望值

点⑤：150×0.3＋100×0.4＋50×0.3＝100（万元）

点②：100×0.6－5×0.4＝58（万元）

点⑥：200×0.5＋150×0.3＋100×0.2＝165（万元）

点③：165×0.5－5×0.5＝80（万元）

点⑦：300×0.2＋150×0.5－50×0.3＝120（万元）

点④：120×0.4－5×0.6＝45（万元）

2) 画出决策树，标明各方案的概率和盈利值，见图3-2。

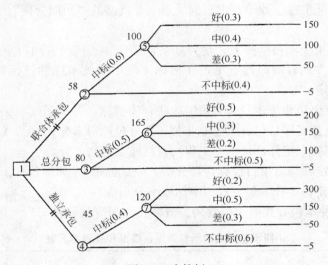

图3-2 决策树

3) 选择最优方案

因为点③期望值最大，故应以安装公司总包、土建公司分包的承包方式投标。

第四章 建筑工程合同管理

商务经理作为工程项目领导班子的一员,在工程建设全过程中起着十分重要的作用。应该具有编审工程施工合同、合理确定工程变更价款、合理解决合同纠纷的能力。需要商务经理掌握的合同知识的主要内容包括:施工合同概述;施工合同的主要内容;工程施工合同的谈判、签订;工程合同的争议处理等等。

第一节 施工合同概述

一、施工合同基本概念

建设工程施工合同又称建筑安装工程承包合同,简称施工合同,是发包人(建设单位或总包单位)和承包人(施工单位)之间,为完成商定的建筑安装工程,明确相互权利、义务关系的协议。承发包双方签订施工合同,必须具备相应资质条件和履行施工合同的能力。对合同范围内的工程实施建设时,发包人必须具备组织协调能力或委托给具备相应资质的监理单位承担;承包人必须具备有关部门核定的资质等级并持有营业执照等证明文件。依据施工合同,承包人应完成发包人交给的建筑安装工程任务,发包人应按合同规定提供必要的施工条件并支付工程价款。

二、施工合同签订的依据和条件

签订施工合同必须依据《合同法》、《建筑法》、《招标投标法》、《建设工程质量管理条例》等有关法律、法规,按照《建设工程施工合同示范文本》的合同条件,明确规定合同双方的权利、义务,并各尽其责,共同保证工程项目按合同规定的工期、质量、造价等要求完成。

签订施工合同必须具备以下条件:
(1) 初步设计已经批准;
(2) 工程项目已列入年度建设计划;
(3) 有能够满足施工需要的设计文件和有关技术资料;
(4) 建设资金和主要建筑材料设备来源已经落实;
(5) 招标投标工程中标通知书已经下达;
(6) 建筑场地、水源、电源、气源及运输道路已具备或在开工前完成等。

只有上述条件成立时,施工合同才具有有效性,并能保证合同双方都能正确履行合同,以免在实施过程中引起不必要的违约和纠纷,从而圆满地完成合同规定的各项要求。

三、施工合同的特点

由于建筑产品是特殊的商品，建筑产品的单件性、建设周期长、施工生产和技术复杂、工程付款和质量认证具有阶段性、受外界自然条件影响大等特点，决定了施工合同不同于其他经济合同，具有自身的特点。

1. 施工合同标的物特殊

施工合同的标的物是特定建筑产品，不同于其他一般商品。首先建筑产品的固定性和施工生产的流动性，是区别于其他商品的根本特点；其次由于建筑产品各有其特定的功能要求，其实物形态千差万别，种类繁多，形成建筑产品的个体性和生产的单件性；再次建筑产品体积庞大、消耗的人力、物力、财力多，一次性投资额大。施工合同标的物的这些特点，必然会在施工合同中表现出来，使得施工合同在明确标的物时，不能像其他合同只简单地写明名称、规格、质量就可以了，而需要将建筑产品的幢数、面积、层数或高度、结构特征、内外装饰标准和设备安装要求等一一规定清楚。

2. 施工合同履行时间长

由于建筑产品体积庞大、结构复杂、施工周期都较长，施工工期少则几个月，一般都是几年甚至十几年，在合同实施过程中不确定影响因素多，受外界自然条件影响大，合同双方承担的风险高，当主观和客观情况变化时，就有可能造成施工合同的变化，因此施工合同的变更较频繁，施工合同争议和纠纷也比较多。

3. 施工合同内容条款多

由于建设工程本身的特殊性和施工生产的复杂性，决定了施工合同必须有很多条款。我国建设工程施工合同示范文本通用条款就有十一大部分共 47 个条款、173 个子款；国际 FIDIC 施工合同通用条件有二十五节共 72 个条款、194 个子款、20 多万个印刷字符。

施工合同一般应具备以下主要内容：

(1) 工程名称、地点、范围、内容，工程价款及开竣工日期。
(2) 双方的权利、义务和一般责任。
(3) 施工组织设计的编制要求和工期调整的处置办法。
(4) 工程质量要求、检验与验收方法。
(5) 合同价款调整与支付方式。
(6) 材料、设备的供应方式与质量标准。
(7) 设计变更。
(8) 竣工条件与结算方式。
(9) 违约责任与处置办法。
(10) 争议解决方式。
(11) 安全生产防护措施等。

此外关于索赔、专利技术使用、发现地下障碍和文物、工程分包、不可抗力、工程保险、合同生效与终止等也是施工合同的重要内容。

4. 施工合同涉及面广

签订施工合同首先必须遵守国家的法律、法规，另外大量其他法规、规定和管理办法，如部门法规、地方法规、定额及相应预算价格、取费标准、调价办法等，也是签订施工合同要涉及的内容。因此承发包双方要熟悉和掌握与施工合同相关的法律、法规和各种规定。此外施工合同在履行过程中，不仅仅是建设单位和施工单位两方面的事，还涉及监理单位、施工单位的分包商、材料设备供应商、保险公司、保证单位等众多参与方。从施工合同监督管理上，还会涉及工商行政管理部门、建设主管部门、合同双方的上级主管部门以及负责拨付工程款的银行、解决合同纠纷的仲裁机关或人民法院，还有税务部门、审计部门及合同公证机关或鉴证机关等机构和部门。

施工合同的这些特点，使得施工合同无论在合同文本结构、还是合同内容上，都要反映适应其特点、符合工程项目建设客观规律的内在要求，以保护施工合同当事人的合法权益，促使当事人严格履行自己的义务和职责，提高工程项目的综合社会经济、效益。

第二节 施工合同的主要内容

在建设工程施工合同经济法律关系中必须包括主体、客体和内容三大要素。施工合同的主体是建设单位(发包人、甲方)和建筑安装施工单位(承包人、乙方)，客体是建筑安装工程项目，内容就是施工合同的具体条款中规定的双方的权利和义务。

《施工合同示范文本》由《协议书》、《通用条款》和《专用条款》三部分组成，并附有三个附件：附件一是《承包人承揽工程项目一览表》，附件二是《发包人供应材料设备一览表》，附件三是《工程质量保修书》。

《协议书》是《施工合同文本》中总纲领性的文件，其主要内容包括工程概况、工程承包范围、合同工期、质量标准、合同价款、组成合同的文件、双方对履行合同义务的承诺以及合同生效等。虽然《协议书》文字量并不大，但它规定了合同当事人最主要的义务，经合同当事人在这份文件上签字盖章，就对双方当事人产生法律约束力，而且在所有施工合同文件组成中它具有最优的解释效力。

《通用条款》共 47 条，是一般土木工程所共同具备的共性条款，具有规范性、可靠性、完备性和适用性等特点，该部分可适用于任何工程项目，并可作为招标文件的组成部分而予以直接采用。

《专用条款》也有 47 条，与《通用条款》条款序号一致，是合同双方根据企业实际情况和工程项目的具体特点，经过协商达成一致的内容，是对《通用条款》的补充、修改，使《通用条款》和《专用条款》成为双方当事人统一意愿的体现。《专用条款》为甲乙双方补充协议提供了一个可供参考的提纲或格式。

一、词语涵义及合同文件

1. 词语涵义

词语涵义是对施工合同中频繁出现、含义复杂、意思多解的词语或术语作出明确的规范表示，赋予特定而且惟一的涵义。这些合同术语的涵义是根据建设工程施工合同的需要而特定的，它可能不同于其他文件或词典内的定义或解释。在施工合同中除专用条款另有约定外，这些词语或术语只能按特定的涵义去理解，不能任意解释。在《通用条款》中共定义了 23 个常用词或关键词。

(1) 通用条款。是根据法律、行政法规规定及建设工程施工的需要订立，通用于建设工程施工的条款。

(2) 专用条款。是发包人与承包人根据法律、行政法规规定，结合具体工程实际，经协商达成一致意见的条款，是对通用条款的具体化、补充或修改。

(3) 发包人。指在协议书中约定，具有工程发包主体资格和支付工程价款能力的当事人以及取得该当事人资格的合法继承人。

(4) 承包人。指在协议书中约定，被发包人接受的具有工程施工承包主体资格的当事人以及取得该当事人资格的合法继承人。

(5) 项目经理。指承包人在专用条款中指定的负责施工管理和合同履行的代表。项目经理是承包人在工程项目上的代表人或负责人，一般由工程项目的项目经理具体负责项目施工。项目经理应按合同约定，以书面形式向工程师送交承包人的要求、请求、通知等，并履行其他约定的义务。项目经理易人时，应提前7天书面通知发包人。在国际工程承包合同中，业主对承包商的项目经理都有年龄、学历、职称、经验等方面的具体要求。

(6) 设计单位。指发包人委托的负责本工程设计并取得相应工程设计资质等级证书的单位。

(7) 监理单位。指发包人委托的负责本工程监理并取得相应工程监理资质等级证书的单位。

(8) 工程师。指本工程监理单位委派的总监理工程师或发包人指定的履行本合同的代表，其具体身份和职权由发包人、承包人在专用条款中约定。

(9) 工程造价管理部门。指国务院各有关部门、县级以上人民政府建设行政主管部门或其委托的工程造价管理机构。我国目前的工程造价管理部门一般是各部门、各地区的专业定额站或工程造价处。

(10) 工程。指发包人、承包人在协议书中约定的承包范围内的工程。一般指永久性工程（包含设备），不包括双方协议书以外的其他工程或临时工程。对于群体工程项目双方应认真填写《承包人承揽工程项目一览表》作为合同附件，以进一步明确承包人承担的单位工程名称、建设规模、建筑面积、结构、层数、跨度、设备安装内容等。

(11) 合同价款。指发包人、承包人在协议书中约定，发包人用以支付承包人按照合同约定完成承包范围内全部工程并承担质量保修责任的款项。双方当事人应在协议书中明确承包范围内的合同价款总额，在专用条款中则应明确本工程合同价款的计价方式，是采用固定价格合同或可调价格合同还是成本加酬金合同；如采用固定价格合同，双方应约定合同价款中包括的风险范围、风险费用的计算方法、风险范围以外合同价款调整方法；如采用可调价格合同，则应约定合同价款调整的方法；如采用成本加酬金合同，则应约定成本的计算依据、范围和方法以及酬金的比例或数额等内容。

(12) 追加合同价款。指在合同履行中发生需要增加合同价款的情况，经发包人确认后按计算合同价款的方法增加的合同价款。

(13) 费用。指不包含在合同价款之内的应当由发包人或承包人承担的经济支出。

(14) 工期。指发包人、承包人在协议书中约定，按总日历天数（包括法定节假日）计算的承包天数。

(15) 开工日期。指发包人、承包人在协议书中约定，承包人开始施工的绝对或相对的日期。

(16)竣工日期。指发包人、承包人在协议书中约定,承包人完成承包范围内工程的绝对或相对的日期。通用条款规定实际竣工日期为工程竣工验收通过,承包人送交竣工验收报告的日期。工程按发包人要求修改后通过竣工验收的,实际竣工日期为承包人修改后提请发包人验收的日期。对于群体工程,应按单位工程分别约定开工日期和竣工日期。

(17)图纸。指由发包人提供或由承包人提供并经发包人批准,满足承包人施工需要的所有图纸(包括配套说明和有关资料)。在专用条款中应明确写明发包人提供图纸的套数、提供的时间,发包人对图纸的保密要求以及使用国外图纸的要求及费用承担。

(18)施工场地。指由发包人提供的用于工程施工的场所以及发包人在图纸中具体指定的供施工使用的任何其他场所。合同双方签订施工合同时,应按本期工程的施工总平面图确定施工场地范围,发包人移交的施工场地必须是具备施工条件、符合合同规定的合格的施工场地。

(19)书面形式。指合同书、信件和数据电文(包括电报、电传、传真、电子数据交换和电子邮件)等可以有形地表现所载内容的形式。

(20)违约责任。指合同一方当事人不履行合同义务或履行合同义务不符合约定所应承担的责任。

(21)索赔。指在合同履行过程中,对于并非自己的过错,而是应由对方承担责任的情况造成的实际损失,向对方提出经济补偿和(或)工期顺延的要求。

(22)不可抗力。指不能预见、不能避免并不能克服的客观情况。

(23)小时或天。本合同中规定按小时计算时间的,从事件有效开始时计算(不扣除休息时间);规定按天计算时间的,开始当天不计入,从次日开始计算。时限的最后一天是休息日或者其他法定节假日,以节假日次日为时限的最后一天,但竣工日期除外。时限的最后一天的截止时间为当日 24 小时。

2. 施工合同文件构成及解释顺序

组成施工合同的文件应能互相解释,互为说明。除专用条款另有约定外,其组成和优先解释顺序如下:

(1)本合同协议书;
(2)中标通知书;
(3)投标书及其附件;
(4)本合同专用条款;
(5)本合同通用条款;
(6)标准、规范及有关技术文件;
(7)图纸;
(8)工程量清单;
(9)工程报价单或预算书。

合同履行中,发包人和承包人有关工程的洽商、变更等书面协议或文件视为本合同的组成部分。上述合同文件应能够互相解释、互为说明。当合同文件中出现矛盾或不一致时,上面的顺序就是合同的优先解释顺序。在不违反法律和行政法规的前提下,当事人可以通过协商变更施工合同的内容,这些变更的协议或文件,其效力高于其他合同文件,且签署在后的协议或文件效力高于签署在前的协议或文件。当合同文件内容出现含糊不清或不相一致时，在不影响工程正常进行的情况下由双方协商解决。双方也可以提请负责监理的工程师作出解释。双方协商不成或不同意负责监理的工程师作出解释时，可按争议的处理方式解决。

3. 合同文件使用的文字、标准和适用法律

合同文件使用汉语语言文字书写、解释和说明。如专用条款约定使用两种以上（含两种）语言文字时，汉语应为解释和说明本合同的标准语言文字。在少数民族地区，双方可以约定使用少数民族语言文字书写和解释、说明本合同。

本合同文件适用国家的法律和行政法规，需要明示的法律、行政法规，由双方在专用条款中约定。

双方在专用条款内约定适用国家标准、规范的名称；没有国家标准、规范但有行业标准、规范的，约定适用行业标准、规范的名称；没有国家和行业标准、规范的，约定适用工程所在地地方标准、规范的名称。发包人应按专用条款约定的时间向承包人提供一式两份约定的标准、规范。国内没有相应标准、规范的，由发包人按专用条款约定的时间向承包人提出施工技术要求，承包人按约定的时间和要求提出施工工艺，经发包人认可后执行。发包人要求使用国外标准、规范的，应负责提供中文译本。因发生的购买、翻译标准、规范或制定施工工艺的费用，由发包人承担。

本款应说明本合同内各工程项目执行的具体标准、规范名称和编号以及发包人提供标准、规范的时间。如一般工业与民用建筑应写明执行下列规范：

(1) 建筑工程

1) 土方工程：建筑地基基础工程施工质量验收规范。

2) 砌砖：砌体工程施工质量验收规范。

3) 混凝土浇筑：混凝土结构工程施工质量验收规范。

4) 粉刷：建筑装饰装修工程质量验收规范。

(2) 安装工程

1) 暖气安装：建筑给水排水及采暖工程施工质量验收规范。

2) 电气安装：建筑电气工程施工质量验收规范。

3) 通风安装：通风与空调工程施工质量验收规范。

4. 图纸

工程施工应当按图施工。在施工合同管理中的图纸是指由发包人提供或由承包人提供并经发包人批准，满足承包人施工需要的所有图纸（包括配套说明和有关资料）。

(1) 发包人提供图纸

在我国目前工程管理体制下，施工图纸一般由发包人委托设计单位完成，施工中由发包人提供图纸给承包人。在图纸管理中，发包人应当完成以下工作：

1) 发包人应按专用条款约定的日期和套数，向承包人提供图纸。

2) 承包人需要增加图纸套数的，发包人应当代为复制，复制费用由承包人承担。发包人代为复制图纸意味着发包人应对图纸的正确性和完备性负责。

3) 发包人对图纸有保密要求的，应承担保密措施费用。

(2) 承包人的图纸管理

1) 承包人应在施工现场保留一套图纸，供工程师及有关人员进行工程检查时使用。

2) 如果发包人对图纸有保密要求的,承包人应在约定保密期限内履行保密义务。
3) 承包人需要增加图纸套数的,应承担图纸复制费用。
4) 承包人未经发包人同意,不得将本工程图纸转给第三人。
5) 工程质量保修期满后,除承包人存档需要的图纸外,应将全部图纸退还给发包人。
6) 如果有些合同约定由承包人完成施工图设计或工程配套设计,则承包人应当在其设计资质允许的范围内,按工程师的要求完成设计,并经工程师确认后才能施工,发生的费用由发包人承担。如果使用国外或境外图纸不能满足施工要求的,双方应在专用条款中约定复制、重新绘制、翻译、购买标准图纸等责任和费用分担方法。

二、双方一般责任

1. 发包人工作

发包人应按专用条款约定的时间和要求,完成以下工作:

(1) 办理土地征用、拆迁补偿、平整施工场地等工作,使施工场地具备施工条件,在开工后继续负责解决以上事项遗留问题。

(2) 将施工所需水、电、电讯线路从施工场地外部接至专用条款约定地点,保证施工期间的需要。

(3) 开通施工场地与城乡公共道路的通道,以及专用条款约定的施工场地内的主要道路,满足施工运输的需要,保证施工期间的畅通。

(4) 向承包人提供施工场地的工程地质和地下管线资料,对资料的真实准确性负责。

(5) 办理施工许可证及其他施工所需证件、批件和临时用地、停水、停电、中断道路交通、爆破作业等的申请批准手续(证明承包人自身资质的证件除外)。

(6) 确定水准点与坐标控制点,以书面形式交给承包人,进行现场交验。

(7) 组织承包人和设计单位进行图纸会审和设计交底。

(8) 协调处理施工场地周围地下管线和邻近建筑物、构筑物(包括文物保护建筑)、古树名木的保护工作,承担有关费用。

(9) 发包人应做的其他工作,双方在专用条款内约定。

发包人不按合同约定完成以上工作,导致工期延误或给承包人造成损失的,发包人应赔偿承包人有关损失,顺延延误的工期。

2. 承包人工作

承包人应按专用条款约定的时间和内容完成以下工作:

(1) 根据发包人委托,在其设计资质等级和业务允许的范围内,完成施工图设计或与工程配套的设计,经工程师确认后使用,发包人承担由此发生的费用。

(2) 向工程师提供年、季、月度工程进度计划及相应进度统计报表。

(3) 根据工程需要,提供和维修非夜间施工使用的照明、围栏设施,并负责安全保卫。

(4) 按专用条款约定的数量和要求,向发包人提供施工场地办公和生活的房屋及设施,发包人承担由此发生的费用。

(5) 遵守政府有关主管部门对施工场地交通、施工噪声以及环境保护和安全生产等的管理规定,按规定办理有关手续,并以书面形式通知发包人,发包人承担由此发生的费用,但因承包人责任造成的罚款除外。

(6) 已竣工工程未交付发包人之前,承包人按专用条款约定负责已完工程的保护工作,保护期间发生损坏,承包人自费予以修复;发包人要求承包人采取特殊措施保护的工程部位和相应的追加合同价款,双方在专用条款内约定。

(7) 按专用条款约定做好施工场地地下管线和邻近建筑物、构筑物(包括文物保护建筑)、古树名木的保护工作。

(8) 保证施工现场清洁符合环境卫生管理的有关规定,交工前清理现场达到专用条款约定的要求,承担因自身原因违反有关规定造成的损失和罚款。

(9) 承包人应做的其他工作,双方在专用条款内约定。

承包人未能履行上述各项义务,造成发包人损失的,承包人赔偿发包人有关损失。

三、施工组织设计和工期

施工组织设计和工期进度控制条款是施工合同中的重要条款,主要是围绕工程项目的进度目标来设置双方当事人的有关责任和义务,要求双方当事人在合同规定的工期内完成各自的工作和施工任务。发包人应当按时做好施工准备工作,如按时提供施工图纸、提交合格的施工现场、按时支付预付款等;承包人则应做好开工前的准备工作,及时安排人员、材料、设备等进场工作,建立和落实进度控制的部门、人员、任务和职能分工,并按照工程师认可的施工进度计划组织施工,确保在合同规定的工期内或工程师同意延长的工期内完成工程项目的施工和竣工;工程师应围绕工程项目的工期总目标和重要里程碑事件的进度目标,运用控制理论和方法,对工程进度的实施状况进行动态监督、控制和管理。

1. 合同工期的约定

施工合同工期是指工程从开工起到完成施工合同专用条款双方约定的全部内容,工程达到竣工验收标准所经历的时间。合同工期是施工合同的重要内容之一,《建设工程施工合同》文本要求双方在协议书中作出明确约定,约定的内容包括开工日期、竣工日期和合同工期的总日历天数。合同工期按总日历天数计算的,应包括法定节假日在内的承包天数。对于群体工程,双方应在合同附件《承包人承揽工程项目一览表》中具体约定不同单位工程的开工日期和竣工日期。对于大型、复杂工程项目,除了约定整个工程的开工日期、竣工日期和合同工期的总日历天数外,还应约定重要里程碑事件的开工与竣工日期,以确保工期总目标的顺利实现。

2. 进度计划

(1) 承包人提交进度计划

承包人应在专用条款约定的日期,向工程师提交施工组织设计和工程进度计划。群体工程中单位工程分期进行施工的,承包人应按发包人提供图纸及有关资料的时间,按单位工程分别编制进度计划,其具体内容双方在专用条款中约定。

(2) 工程师对进度计划的确认

工程师按专用条款约定的时间对承包人提交的进度计划予以确认或提出修改意见,逾期不确认也不提出书面意见的视为同意。工程师对进度计划的确认或者提出修改意见,并不免除承包人施工组织设计和工程进度计划本身的缺陷所应承担的责任。工程师对进度计划予以确认的主要目的,是为工程师的进度控制提供依据。

(3) 工程师对进度计划的检查与监督

承包人必须按工程师确认的进度计划组织施工，接受工程师对进度的检查、监督，检查、监督的依据一般是双方已经确认的月度进度计划。

当工程实际进度与经确认的进度计划不符时，承包人应按工程师的要求提出改进措施，经工程师确认后执行。对于因承包人自身原因造成的工程实际进度与确认的计划进度不符的，所有的后果均应由承包人自行承担，承包人无权就改进措施提出追加合同价款，工程师也不对改进措施的效果负责。如果采用改进措施一段时间后发现工程实际进度仍明显与计划进度不符，则工程师可以要求承包人修改原进度计划，并经工程师确认后执行，但这种确认并不是工程师对工程延期的批准，而仅仅是要求承包人在合理的状态下施工。因此如果承包人按修改后的进度计划施工不能按期竣工的，承包人仍应承担相应的违约责任。

3. 开工及延期开工

(1) 承包人要求的延斯开工

如果是承包人要求的延期开工，则工程师有权批准是否同意延期开工。承包人应当按照协议书约定的开工日期开工。承包人不能按时开工，应当不迟于协议书约定的开工日期前7天以书面形式向工程师提出延期开工的理由和要求。工程师应当在接到延期开工申请后48小时内以书面形式答复承包人。工程师在接到延期开工申请后48小时内不答复，视为同意承包人要求，工期相应顺延。工程师不同意延期开工要求或承包人未在规定时间内提出延期开工要求，工期不予顺延。如果工程师不同意延期要求，工期不予顺延。如承包人未在规定的时间内提出延期开工要求，如在协议书约定的开工日期前4天才提出，工期也不予顺延。

(2) 发包人原因的延期开工

因发包人原因不能按照协议书约定的开工日期开工，工程师应以书面形式通知承包人，推迟开工日期。承包人对延期开工的通知没有否决权，但发包人应赔偿承包人因延期开工造成的损失，并相应顺延工期。

4. 暂停施工

暂停施工的原因较多，主要有以下三种。

(1) 工程师要求的暂停施工

工程师认为确有必要暂停施工时，应当以书面形式要求承包人暂停施工，并在提出要求后48小时内提出书面处理意见。承包人应当按工程师要求停止施工，并妥善保护已完工程。承包人实施工程师作出的处理意见后，可以书面形式提出复工要求，工程师应当在48小时内给予答复。工程师未能在规定时间内提出处理意见，或收到承包人复工要求后48小时内末予答复，承包人可自行复工。如果停工责任在发包人，由发包人承担所发生的追加合同价款，赔偿承包人由此造成的损失，相应顺延工期；反之由承包人承担发生的费用，工期不予顺延。因工程师不及时作出答复，导致承包人无法复工，由发包人承担违约责任。

(2) 因发包人违约导致承包人的主动暂停施工

当发包人出现某些违约情况时，承包人可以暂停施工，这是合同赋予的承包人保护自身权益的有效措施。如发包人不按合同约定及时支付工程预付款、发包人不按合同约定及时支付工程进度款且双方未达成延期付款协议，在承包人发出要求付款通知后仍不付款的，承包人均可暂停施工，由发包人承担相应的违约责任。出现上述情况时，工程师应当尽量督促发包人履行合同，以求减少双方的损失。

(3) 意外事件导致的暂停施工

施工过程中如果出现一些意外情况，如果需要承包人暂停施工的，承包人则应暂停施工，此时工期是否给予顺延，应视风险责任应由谁承担而确定。如发现有价值的文物、发生不可抗力事件等，风险责任应由发包人承担，故应给予承包人顺延工期。

5. 工期延误

承包人应当按合同工期完成工程施工，如果由于承包人自身原因造成工期延误，则应承担违约责任。但在非承包人原因造成工期延误后，竣工日期可以相应顺延。

(1) 工期可以顺延的延误

对以下造成竣工日期推迟的延误，经工程师确认后，工期相应顺延：

1) 发包人未能按专用条款的约定提供图纸及开工条件；
2) 发包人未能按约定日期支付工程预付款、进度款，致使施工不能正常进行；
3) 工程师未按合同约定提供所需指令、批准等，致使施工不能正常进行；
4) 设计变更和工程量增加；
5) 一周内非承包人原因停水、停电、停气造成停工累计超过 8 小时；
6) 不可抗力；
7) 专用条款中约定或工程师同意工期顺延的其他情况。

(2) 工期顺延的确认程序

承包人在以上情况发生后 14 天内，就延误的工期以书面形式向工程师提出报告。工程师在收到报告后 14 天内予以确认，逾期不予确认也不提出修改意见，视为同意顺延工期。经工程师确认的顺延工期应纳入合同总工期，如果承包人不同意工程师的确认结果，则可按合同约定的争议解决方式处理。

6. 工程竣工

(1) 承包人应按期竣工

承包人必须按照协议书中约定的竣工日期或工程师同意顺延的工期竣工。因承包人原因不能按照协议书约定的竣工日期或工程师同意顺延的工期竣工的，承包人承担违约责任。双方应在专用条款中具体约定承包人承担违约责任的计算依据、计算办法、计算公式等内容。

(2) 发包人要求提前竣工

施工中发包人如需提前竣工，应和承包人协商一致后签订提前竣工协议，并修改合同竣工日期。提前竣工协议应包括：

1) 要求提前的时间；
2) 承包人采取的赶工措施；
3) 发包人为赶工提供的条件；
4) 提前竣工所需的追加合同价款；
5) 收益的分享比例和计算方法等。

【例 4-1】 某土建工程项目，经计算定额工期为 1200 天，合同工期为 700 天，合同金额为 1 亿元。合同规定土建工程工期提前 25% 以内的，按土建合同总额的 2% 计算赶工措施费；如再提前，每天应按其合同总额的万分之一加付工期奖，两项费用在签订合同时一次定死。两项费用计算如下：

$$工期提前的工期 = 1200 \times (1 - 25\%) = 900 \text{ 天}$$
$$合同工期 = 700 \text{ 天}$$
$$赶工措施费 = 10000 \times 2\% = 200 \text{ 万}$$
$$工期奖 = (900 - 700) \times 10000 \times 1/10000 = 200 \text{ 万}$$
$$两项合计 = 200 \text{ 万} + 200 \text{ 万} = 400 \text{ 万}$$

四、质量与检验

质量控制是施工合同履行中的重要环节，也是合同双方经常引起争议的条款和内容之一。要求承包人在工程施工、竣工和维修过程中履行质量义务和责任。承包人应按照合同约定的标准、规范、图纸、质量等级以及工程师发布的指令认真施工，并达到合同约定的质量等级。在施工工程中，承包人要随时接受工程师对材料、设备、中间部位、隐蔽工程、竣工工程等质量的检查、验收与监督。

1. 工程质量等级

工程质量应达到协议书约定的质量标准，质量标准的评定以国家或行业的质量检验评定标准为依据。因承包人原因工程质量达不到约定的质量标准，承包人承担违约责任。

2. 检查和返工

承包人应认真按照合同约定的标准、规范和设计图纸要求以及工程师依据合同发出的指令施工，随时接受工程师或其委派人员的检查检验，为检查检验提供便利条件。工程质量达不到约定标准的部分，工程师一经发现，应要求承包人拆除和重新施工，承包人应按工程师的要求拆除和重新施工，直到符合约定标准。因承包人原因达不到约定标准，由承包人承担拆除和重新施工的费用，工期不予顺延。

通用条款规定，工程师的检查检验不应影响施工的正常进行。如果影响施工正常进行，检查检验不合格时，影响正常施工的费用由承包人承担。除此之外影响正常施工的追加合同价款由发包人承担，相应顺延工期。如果因工程师指令失误或其他非承包人原因发生的追加合同价款，由发包人承担。

3. 工程验收

工程验收主要有几种。

（1）中间验收和隐蔽工程验收：

对于隐蔽工程和其他需验收的工程部位，双方可在专用条款中商定验收的部位名称、验收时间和操作程序。工程具备隐蔽条件或达到约定的中间验收部位，承包人进行自检，并在隐蔽或中间验收前 48 小时以书面形式通知工程师验收。通知包括隐蔽和中间验收的内容、验收时间和地点。承包人准备验收记录，验收合格，工程师在验收记录上签字后，承包人可进行隐蔽和继续施工。验收不合格，承包人在工程师限定的时间内修改后重新验收。

工程师不能按时进行验收，应在验收前 24 小时以书面形式向承包人提出延期要求，延期不能超过 48 小时。工程师未能按以上时间提出延期要求，不进行验收，承包人可自行组织验收，工程师应承认验收记录。

经工程师验收，工程质量符合标准、规范和设计图纸等要求，验收后 24 小时后工程师不在验收记录上签字，视为工程师已经认可验收记录，承包人可进行隐蔽或继续施工。

(2) 重新检验：

无论工程师是否参加验收，当其提出对已经隐蔽的工程重新检验时，承包人应按要求进行剥露或开孔，并在检验后重新覆盖或修复。检验合格，发包人承担由此发生的全部追加合同价款，赔偿承包人损失，并相应顺延工期。检验不合格，承包人承担发生的全部费用，工期不予顺延。

(3) 工程试车：

工程试车包括试车的组织责任、试车的程序、试车不合格后责任承担及其处理等内容。

1) 试车的组织责任：

① 设备安装工程具备单机无负荷试车条件，承包人组织试车，并在试车前 48 小时以书面形式通知工程师。通知包括试车内容、时间、地点。承包人准备试车记录，发包人根据承包人要求为试车提供必要条件。试车合格，工程师在试车记录上签字。工程师不能按时参加试车，须在开始试车前 24 小时以书面形式向承包人提出延期要求，延期不能超过 48 小时。工程师未能按以上时间提出延期要求，不参加试车，应承认试车记录。

② 设备安装工程具备无负荷联动试车条件，发包人组织验收，并在试车前 48 小时以书面形式通知承包人。通知包括试车内容、时间、地点和对承包人的要求，承包人按要求做好准备工作。试车合格，双方在试车记录上签字。

③ 投料试车应在工程竣工验收后由发包人负责，如发包人要求在工程竣工验收前进行或需要承包人配合时，应征得承包人同意，另行签订补充协议。

2) 试车不合格的双方责任：

① 由于设计原因试车达不到验收要求，发包人应要求设计单位修改设计，承包人按修改后的设计重新安装。发包人承担修改设计、拆除及重新安装的全部费用和追加合同价款，工期相应顺延。

② 由于设备制造原因试车达不到验收要求，由该设备采购一方负责重新购置或修理，承包人负责拆除和重新安装。若设备由承包人采购的，则由承包人承担修理或重新购置、拆除及重新安装的费用，工期不予顺延；若设备由发包人采购的，发包人承担上述各项追加合同价款，工期相应顺延。

③ 由于承包人施工原因试车达不到验收要求，承包人按工程师要求重新安装和试车，并承担重新安装和试车的费用，工期不予顺延。试车费用除已包括在合同价款之内或专用条款另有约定外，均由发包人承担。

3) 工程师在试车中的责任：

工程师应参加工程试车。如果工程师不能按时参加试车，须在开始试车前 24 小时向承包人提出书面延期要求，延期不能超过 48 小时。工程师未能按以上时间提出延期要求，不参加试车，应承认试车记录。工程师在试车合格后不在试车记录上签字，试车结束 24 小时后，视为工程师已经认可试车记录，承包人可继续施工或办理竣工手续。

(4) 竣工验收。
(5) 工程保修。

五、安全施工

1. 安全施工与检查

承包人应遵守工程建设安全生产有关规定，严格按安全标准组织施工，并随时接受行业安全检查人员依法实施的监督检查，采取必要的安全防护措施，消除事故隐患。由于承包人安全措施不力造成事故的责任和因此发生的费用，由承包人承担。

发包人应对其在施工场地的工作人员进行安全教育，并对他们的安全负责。发包人不得要求承包人违反安全管理的规定进行施工。因发包人原因导致的安全事故，由发包人承担相应责任及发生的费用。

2. 安全防护

承包人在动力设备、输电线路、地下管道、密封防震车间、易燃易爆地段以及临街交通要道附近施工时，施工开始前应向工程师提出安全防护措施，经工程师认可后实施，防护措施费用由发包人承担。实施爆破作业，在放射、毒害性环境中施工（含储存、运输、使用）及使用毒害性、腐蚀性物品施工时，承包人应在施工前14天以书面形式通知工程师，并提出相应的安全防护措施，经工程师认可后实施，由发包人承担安全防护措施费用。

3. 事故处理

发生重大伤亡及其他安全事故，承包人应按有关规定立即上报有关部门并通知工程师，同时按政府有关部门要求处理，由事故责任方承担发生的费用。发包人、承包人对事故责任有争议时，应按政府有关部门的认定处理。

六、合同价款与支付

1. 施工合同价款及调整

（1）施工合同价款的约定

施工合同价款是发包人、承包人在协议书中约定，发包人用以支付承包人按照合同约定完成承包范围内全部工程并承担质量保修责任的款项。合同价款是双方当事人关心的核心条款。招标工程的合同价款由发包人、承包人依据中标通知书中的中标价格在协议书内约定。非招标工程的合同价款由发包人、承包人依据工程预算书在协议书内约定。合同价款在协议书内约定后，任何一方不得擅自改变。

下列三种确定合同价款的方式，双方可在专用条款中约定采用其中的一种：

1) 固定价格合同。双方在专用条款内约定合同价款包含的风险范围和风险费用的计算方法，在约定的风险范围内合同价款不再调整。风险范围以外的合同价款调整方法，应当在专用条款内约定。

2) 可调价格合同。合同价款可根据双方的约定而调整，双方在专用条款内约定合同价款的调整方法。

3) 成本加酬金合同。合同价款包括成本和酬金两部分，双方在专用条款内约定成本构成和酬金的计算方法。

【例 4-2】 2006 年 3 月份，北京某建设工程的建设单位以邀请招标的形式确定了中标单位，甲方希望本工程的合同尽快签署，甲乙双方就合同文件进行了详细的磋商，但是由于设计图纸未到位，双方希望在合同文件中，合同价款以暂定的形式出现，在具体合同条款中明确约定双方认可的计价方式和原则。

计价原则如下：

双方同意待图纸齐备后，以正规施工图纸为依据，以 2001 年北京市建设工程预算定额为计价基数，取费以 2001 年北京市建设工程间接费定额及相关规定确定合同价款。

在合同谈判过程中，甲方为规避风险，提出本工程采用固定总价的合同形式，乙方根据该工程的具体情况，提出本工程适宜采用可调整价格合同形式。

假设本工程合同额为 6000 万元，总工期为 18 个月，工程分两期进行验收，第一期为 10 个月，第二期为 8 个月。在工程实际实施过程中，出现了下列情况：

(1) 工程进行到第 5 个月时，国务院有关部门发出通知，指令压缩国家基建投资，要求某些建设项目暂停施工。该项目属于指令停工下马项目，因此，业主向承包商提出暂时中止合同实施的通知。为此，承包商要求业主承担单方面中止合同给承包商造成的经济损失赔偿责任。

(2) 复工后在工程后期，工地遭到当地百年罕见的台风的袭击，工程被迫暂停施工，部分已完工程受损，现场场地遭到破坏，最终使工期拖延了两个月。为此，业主要求承包商承担工期拖延所造成的经济损失责任和赶工的责任。

问题：

(1) 什么是固定价格合同？其特点是什么？

(2) 简述总价合同和单价合同的特点及其适用范围。

(3) 在给出的假设已知条件的工程合同执行过程中出现的问题应如何处理？

答案与解析：

(1) 固定价格合同，是指在约定的风险范围内价款不再调整的合同。其特点是，在约定的风险范围内，整个工程的合同价款总额确定，各项单价在工程实施期间不再考虑价格变化的调整。因此，订立合同的双方需在专用条款内约定合同价款包含的风险范围、风险费用的计算方法和承包风险范围以外对合同价款影响的调整方法，在约定的风险范围内合同价款不再调整。

(2) 总价合同一般要求投标人按照招标文件要求报一个总价，在这个价格下完成合同规定的全部项目，合同实施过程中的风险由承包人承担。总价合同适用于工程量不太大且能精确计算、工期较短、技术不太复杂、风险不大的项目。单价合同是由投标人根据发包人提供的资料，双方在合同中确定每一单项工程单价，结算则按实际完成工程量乘以每项工程单价计算。单价合同在实施过程中的风险由承发包双方共同承担。单价合同适用范围较宽，其风险可以得到合理的分摊，并且能鼓励承包人通过提高工效等手段从成本节约中提高利润。

(3) 由于国家指令性计划有重大修改或政策上原因强制工程停工，造成合同的执行暂时中止，属于法律上、事实上不能履行合同的除外责任，这不属于业主违约和单方面中止合同，故业主不承担违约责任和经济损失赔偿责任。承包商因遭遇不可抗力（百年罕见的台风）被迫停工，根据合同法规定可以不向业主承担工期拖延的经济责任，业主应给予工期顺延。

【例 4-3】 2004 年 6 月，某市受台风的影响，遭受了 50 年一遇的特大暴雨袭击，造成了一些民用房屋的倒塌。为了对倒房户、重度危房户实行集中安置重建，确保灾后重建顺利开展，市政府及有关部门组成领导小组，决定利用各级财政以及慈善的补助专款，进行统一规划、统一设计、统一征地、统一建设 2 栋住宅楼。投资概算为 1800 万元。为了确保灾后房屋倒塌户在春节前住进新房，该重建工程计划从 8 月 1 日起施工，要求主体工程在 12 月底全部完工。因情况紧急，建设单位邀请本市 3 家有施工经验的一级施工资质企业进行竞标，考虑到该项目的设计与施工必须马上同时进行，采用了成本加酬金的合同形式，通过商务谈判，选定一家施工单位，签订了施工合同。

问题：
(1) 什么是成本加酬金合同？
(2) 本工程采用成本加酬金合同是否合适？说明理由。
(3) 采用成本加酬金合同有何不足之处？
(4) 哪些项目适合采用成本加酬金的合同模式？

答案与解析：
(1) 成本加酬金合同，是由业主向承包商支付建设工程的实际成本，并按事先约定的某种方式支付酬金的合同。
(2) 该工程采用成本加酬金的合同形式是合适的，因为该项目工程非常紧迫，设计图纸未完成，且来不及确定其工程造价。
(3) 采用成本加酬金合同的缺点是：1)工程总价不易控制，业主承担了项目的全部风险；2)承包商往往不注意降低成本；3)承包商的报酬一般比较低。
(4) 成本加酬金合同的适用项目：
1) 需要立即开展工作的项目，如震后的救灾工作；
2) 新型的工程项目，或对项目工程内容及技术经济指标未确定；
3) 项目风险很大。

(2) 可调价格合同中合同价款的调整因素

可调价格合同中合同价款的调整因素包括：
1) 法律、行政法规和国家有关政策变化影响合同价款；
2) 工程造价管理部门公布的价格调整；
3) 一周内非承包人原因停水、停电、停气造成停工累计超过 8 小时；
4) 双方约定的其他因素。

承包人应当在以上情况发生后 14 天内，将调整原因、金额以书面形式通知工程师，工程师确认调整金额后作为追加合同价款，与工程款同期支付。工程师收到承包人通知后 14 天内不予确认也不提出修改意见，视为已经同意该项调整。

2. 预付款

预付款是在工程开工前发包人预先支付给承包人用来进行工程准备的一笔款项。在专用条款中合同双方应明确规定以下问题：

1) 预付款的额度，如为合同额的 5%～15%等。

2) 预付款的支付方式和时间，如根据承包人的年度承包工作量，于每年的 1 月 15 日前按预付款额度比例支付等。

3) 预付款的扣除方式和比例。预付款一般应在工程竣工前全部扣回，可采取当工程进展到某一阶段如完成合同额的 60%～65%时开始起扣，也可从每月的工程付款中扣回。

4) 未按时支付预付款的违约责任。专用条款规定，预付时间应不迟于应当的开工日期前 7 天。发包人不按约定预付，承包人在约定预付时间 7 天后向发包人发出要求预付的通知，发包人收到通知后仍不能按要求预付，承包人可在发出通知后 7 天停止施工，发包人应从约定应付之日起向承包人支付应付款的贷款利息，并承担违约责任。

3. 工程进度款

（1）工程量的确认：

对承包人已完成工程量进行计量、核实与确认，是发包人支付工程款的前提。工程量具体的确认程序如下：

1) 承包人向工程师提交已完工程量报告。承包人应按专用条款约定的时间和要求，向工程师提交已完工程量的报告。

2) 工程师的计量。工程师接到报告后 7 天内按设计图纸核实已完工程量（以下简称计量），并在计量前 24 小时通知承包人，承包人为计量提供便利条件并派人参加。承包人收到通知后不参加计量，计量结果有效，作为工程价款支付的依据。工程师收到承包人报告后 7 天内未进行计量，从第 8 天起，承包人报告中开列的工程量即视为被确认，作为工程价款支付的依据。工程师不按约定时间通知承包人，致使承包人未能参加计量，计量结果无效。对承包人超出设计图纸范围和应承包人原因造成返工的工程量，工程师不予计量。

（2）工程进度款结算方式

合同双方应明确工程款的结算方式是按月支付、按形象进度支付，还是竣工后一次性结算。

1) 按月结算。这是国内外常见的一种工程款支付方式，一般在每个月末，承包人提交已完工程量报告，经工程师审查确认，签发月度付款证书后，由发包人按合同约定的时间支付工程款。

2) 按形象进度结算。这是国内一种常见的工程款支付方式，实际上是按工程形象进度分段结算。当承包人完成合同约定的工程形象进度时，承包人提出已完工程量报告，经工程师审查确认，签发付款证书后，由发包人按合同约定的时间付款。如专用条款中可约定：当承包人完成基础工程施工时，发包人支付合同价款的 20%，完成主体结构工程施工时，支付合同价款的 50%，完成装饰工程施工时，支付合同价款的 15%，工程竣工验收通过后，再支付合同价款的 10%，其余 5%作为工程保修金，在保修期满后返还给承包人。

3) 竣工后一次性结算。当工程项目工期较短、合同价格较低时，可采用工程价款每月月中预支、竣工后一次性结算的方法。

4) 其他结算方式。合同双方可在专用条款中约定经开户银行同意的其他结算方式。

（3）工程进度款支付的程序和责任：

在计量结果确认后 14 天内，发包人应向承包人支付工程款（进度款）。同期用于工程的发包人供应的材料设备价款,以及按约定时间发包人应扣回的预付款,与工程款进度款同期结算。合同价款调整、设计变更调整的合同价款及追加的合同价款、发包人或工程师同意确认的工程索赔款等,也应与工程款(进度款)同期调整支付。发包人超过约定的支付时间不支付工程款(进度款),承包人可向发包人发出要求付款的通知,发包人收到承包人通知后仍不能按要求付款,可与承包人协商签订延期付款协议,经承包人同意后可延期支付。协议应明确延期支付的时间和从计量结果确认后第15天起计算应付款的贷款利息。发包人不按合同约定支付工程款(进度款),双方又未达成延期付款协议,导致施工无法进行,承包人可停止施工,由发包人承担违约责任。

(4) 变更价款的确定。

(5) 竣工结算。

(6) 保修金:

保修金是发包人在应付承包人工程款内扣留的金额,其目的是约束承包人在竣工后履行维修义务。有关保修项目、保修期、保修内容、范围、期限及保修金额等均应在专用条款中约定。保修期满,承包人履行了保修义务,发包人应在保修期满后14天内结算,将剩余保修金和按专用条款约定利率计算的利息一起退还给承包人,不足部分由承包人支付。

七、材料设备供应

1. 发包人供应材料设备

实行发包人供应材料设备的,双方应当约定发包人供应材料设备的一览表,作为本合同附件。一览表应包括发包人供应材料设备的品种、规格、型号、数量、单价、质量等级、提供时间和地点。发包人应按一览表约定的内容提供材料设备,并向承包人提供产品合格证明,对其质量负责。发包人在所供材料设备到货前24小时,以书面形式通知承包人,由承包人派人与发包人共同清点。

发包人供应的材料设备,承包人派人参加清点后由承包人妥善保管,发包人支付相应保管费用。应承包人原因发生丢失损坏,由承包人负责赔偿。发包人未通知承包人清点,承包人不负责材料设备的保管,丢失损坏由发包人负责。如果发包人供应的材料设备与一览表不符时,发包人应承担有关责任。发包人应承担责任的具体内容,双方可根据下列情况在专用条款内约定:

(1) 材料设备单价与一览表不符,由发包人承担所有价差。

(2) 材料设备的品种、规格、型号、质量等级与一览表不符,承包人可拒绝接收保管,由发包人运出施工场地并重新采购。

(3) 发包人供应的材料规格、型号与一览表不符,经发包人同意,承包人可代为调换,由发包人承担相应费用。

(4) 到货地点与一览表不符,由发包人负责运至一览表指定地点。

(5) 供应数量少于一览表约定的数量时,由发包人补齐,多于一览表约定数量时,发包人负责将多出部分运出施工场地。

(6) 到货时间早于一览表约定时间,由发包人承担因此发生的保管费用;到货时间迟于一览表约定的供应时间,发包人赔偿由此造成的承包人损失,造成工期延误的,相应顺延工期。

发包人供应的材料设备使用前，由承包人负责检验或试验，不合格的不得使用，检验或试验费用由发包人承担。发包人供应材料设备的结算方法，双方在专用条款内约定。

2. 承包人供应材料设备

承包人负责采购材料设备的，应按照专用条款约定及设计和有关标准要求采购，并提供产品合格证明，对材料设备质量负责。承包人在材料设备到货前 24 小时通知工程师清点。承包人采购的材料设备与设计或标准要求不符时，承包人应按工程师要求的时间运出施工场地，重新采购符合要求的产品，承担由此发生的费用，由此延误的工期不予顺延。承包人采购的材料设备在使用前，承包人应按工程师的要求进行检验或试验，不合格的不得使用，检验或试验费用由承包人承担。工程师发现承包人采购并使用不符合设计或标准要求的材料设备时，应要求由承包人负责修复、拆除或重新采购，并承担发生的费用，由此延误的工期不予顺延。承包人需要使用代用材料时，应经工程师认可后才能使用，由此增减的合同价款双方以书面形式议定。由承包人采购的材料设备，发包人不得指定生产厂或供应商。

八、设计变更

1. 工程设计变更

（1）发包人对原设计的变更

施工中发包人需对原工程设计进行变更，应提前 14 天以书面形式向承包人发出变更通知。变更超过原设计标准或批准的建设规模时，发包人应报规划管理部门和其他有关部门重新审查批准，并由原设计单位提供变更的相应图纸和说明。

（2）承包人要求对原设计的变更

承包人应当严格按照施工图纸施工，不得随意对原工程设计进行变更。因承包人擅自变更设计发生的费用和由此导致发包人的直接损失，由承包人承担，延误的工期不予顺延。承包人在施工中提出的合理化建议涉及对设计图纸或施工组织设计的变更及对材料、设备的换用，须经工程师同意。若工程师同意设计变更，也须取得有关主管部门的批准，并由原设计单位提供相应的变更图纸和说明。末经同意擅目变更，承包人承担由此发生的费用，并赔偿发包人的有关损失，延误的工期不予顺延。工程师同意采用承包人合理化建议，所发生的费用和获得的收益，发包人、承包人另行约定分担或分享。

（3）设计变更的内容

承包人按照工程师发出的变更通知及有关要求，进行下列需要的变更：

1) 更改工程有关部分的标高、基线、位置和尺寸；
2) 增减合同中约定的工程数量；
3) 改变有关工程的施工时间和顺序；
4) 其他有关工程变更需要的附加工作。

因变更导致合同价款的增减以及造成的承包人损失，由发包人承担，延误的工期相应顺延。

2. 确定变更价款

（1）变更价款的确认程序

设计变更发生后，承包人在工程师变更确定后 14 天内，提出变更工程价款的报告，经工程师确认后调整合同价款。承包人在双方确定变更后 14 天内不向工程师提出变更工程价款报告时，视为该项变更不涉及合同价款的变更。工程师应在收到变更工程价款报告之日起 14 天内予以确认，工程师无正当理由不确认时，自变更工程价款报告送达之日起 14 天后视为变更工程价款报告已经被确认。工程师不同意承包人提出的变更价款，按本通用条款关于争议的约定处理。工程师确认增加的工程变更价款作为追加合同价款，与工程款同期支付。因承包人自身原因导致的工程变更，承包人无权要求追加合同价款。

(2) 变更价款确定方法

1) 合同中已有适用于变更工程的价格，按合同已有的价格计算变更合同价款。

2) 合同中只有类似于变更工程的价格，可以参照类似价格变更合同价款。

3) 合同中没有适用或类似于变更工程的价格，由承包人提出适当的变更价格，经工程师确认后执行。

九、竣工验收与结算

1. 竣工验收

(1) 竣工验收必须具备的条件

1) 完成建设工程设计和合同约定的各项内容；

2) 有完整的技术档案和施工管理资料；

3) 有工程使用的主要建筑材料，建筑构配件和设备的进场试验报告；

4) 有勘察、设计、施工、工程监理等单位分别签署的质量合格文件；

5) 有施工单位签署的工程保修书。

(2) 竣工验收的程序和各方责任

工程具备竣工验收条件，承包人按国家工程竣工验收有关规定，向发包人提供完整的竣工资料和竣工验收报告。双方约定由承包人提供竣工图的，应在专用条款中约定提供的日期和份数。发包人收到竣工验收报告后 28 天内组织有关单位验收，并在验收后 14 天内给予认可或提出修改意见。承包人按要求修改并承担由自身原因造成修改的费用。发包人收到报告后 28 天内不组织验收，或验收后 14 天内不提出修改意见，视为竣工验收报告已被认可，并从第 29 天起承担工程保管及一切意外责任。工程竣工验收通过，承包人送交竣工验收报告的日期为实际竣工日期。工程按发包人要求修改后通过竣工验收的，实际竣工日期为承包人修改后提请发包人验收的日期。因特殊原因，发包人要求部分单位工程或工程部位甩项竣工的，双方另行签订甩项竣工协议，明确双方责任和工程价款的支付方法。工程未经竣工验收或竣工验收未通过的，发包人不得使用。发包人强行使用时，由此发生的质量问题及其他问题，由发包人承担责任。

2. 竣工结算

(1) 承包人递交竣工结算报告及有关责任

工程竣工验收报告经发包人认可后 28 天内，承包人向发包人递交竣工结算报告及完整的结算资料，双方按照协议书约定的合同价款及专用条款约定的合同价款调整内容，进行工程竣工结算。工程竣工验收报告经发包人认可后 28 天内，承包人未能向发包人递交竣工结算报告及完整的结算资料，造成工程竣工结算不能正常进行或工程竣工结算价款不能及时支付，发包人要求交付工程的，承包人应当交付；发包人不要求交付工程的，承包人承担保管责任。

(2) 发包人对竣工结算报告的核实及支付

发包人收到承包人递交的竣工结算报告及结算资料后28天内进行核实，给予确认或者提出修改意见。发包人确认竣工结算报告后通知经办银行向承包人支付工程竣工结算价款。承包人收到竣工结算价款后14天内将竣工工程交付发包人。

(3) 发包人不支付竣工结算价款的违约责任

发包人收到竣工结算报告及结算资料后28天内无正当理由不支付工程竣工结算价款，从第29天起按承包人同期向银行贷款利率支付拖欠工程价款的利息，并承担违约责任。发包人收到竣工结算报告及结算资料后28天内不支付工程竣工结算价款，承包人可以催告发包人支付结算价款。发包人在收到竣工结算报告及结算资料后56天内不支付的，承包人可以与发包人协议将该工程折价，也可以由承包人申请人民法院将该工程依法拍卖，承包人就该工程折价或者拍卖的价款优先受偿。这是《合同法》赋予承包人的法定抵押权，是承包人追索拖欠工程款、保护自身合法利益的有效手段。

3. 质量保修

承包人应按法律、行政法规或国家关于工程质量保修约有关规定，对交付发包人使用的工程在质量保修期内承担质量保修责任。建设工程实行质量保修制度。承包人应在工程竣工验收之前，与发包人签订质量保修书，作为本合同的附件。

质量保修书的主要内容包括：

(1) 工程质量保修范围和内容

质量保修范围包括地基基础工程、主体结构工程、屋面防水工程和双方约定的其他土建工程，以及电气管线、上下水管线的安装工程，供热、供冷系统工程等项目。具体质量保修内容由双方约定。

(2) 质量保修期

质量保修期从工程实际竣工之日算起。分单项竣工验收的工程，按单项工程分别计算质量保修期。根据《建设工程质量管理条例》规定，在正常使用条件下，建设工程的最低保修期为：

1) 基础设施工程、房屋建筑的地基基础工程和主体结构工程，为设计文件规定的该工程的合理使用年限。

2) 屋面防水工程、有防水要求的卫生间、房间和外墙面的防渗漏，为5年。

3) 供热与供冷系统，为2个采暖期、供冷期。

4) 电气管线、给排水管道、设备安装和装修工程，为2年。

其他项目的保修期限由发包人与承包人约定。双方可根据国家有关规定，结合具体工程约定质量保修期。

(3) 质量保修责任

1) 属于保修范围和内容的项目，承包人应在接到修理通知之日后7天内派人修理。承包人不在约定期限内派人修理，发包人可委托其他人员修理，保修费用从质量保修金内扣除。

2) 发生须紧急抢修事故(如上水跑水、暖气漏水漏气、燃气漏气等)，承包人接到事故通知后，应立即到达事故现场抢修。非承包人施工质量引起的事故，抢修费用由发包人承担。

3) 在国家规定的工程合理使用期限内，承包人确保地基基础工程和主体结构的质量。因承包人原因致使工程在合理使用期限内造成人身和财产损害的，承包人应承担损害赔偿责任。

(4) 质量保修金的支付方法

发承包人双方可约定具体工程的质量保修金金额及质量保修金银行的利率。发包人在质量保修期满后14天内，将剩余保修金和利息返还承包人。

十、违约、索赔和争议

1. 违约

(1) 发包人的违约责任

1) 发包人不按合同约定按时支付工程预付款；
2) 发包人不按合同约定支付工程款，导致施工无法进行；
3) 发包人无正当理由不支付工程竣工结算价款；
4) 发包人不履行合同义务或不按合同约定履行义务的其他情况。

合同约定应由工程师完成的工作，工程师没有完成或者没有按照约定完成，给承包人造成损失的，也应由发包人承担违约责任。发包人承担违约责任后，可以根据监理委托合同追究监理单位相应的责任。发生上述情况，由发包人承担违约责任，赔偿因其违约给承包人造成的经济损失，顺延延误的工期。双方应在专用条款内约定发包人赔偿承包人损失的计算方法或者发包人应当支付违约金的数额或计算方法。因此发包人可通过赔偿损失、支付违约金、继续履行合同、顺延工期等方式来承担违约责任。

(2) 承包人的违约责任

1) 因承包人原因不能按照协议书约定的竣工日期或工程师同意顺延的工期竣工；
2) 因承包人原因工程质量达不到协议书约定的质量标准；
3) 承包人不履行合同义务或不按合同约定履行义务的其他情况。

发生上述情况，由承包人承担违约责任，赔偿因其违约给发包人造成的损失。双方应在专用条款内约定承包人赔偿发包人损失的计算方法或者承包人应当支付违约金的数额或计算方法。一方违约后，另一方要求违约方继续履行合同时，违约方承担上述责任后仍应继续履行合同。因此承包人可通过赔偿损失、支付违约金、采取补救措施、继续履行合同等方式来承担违约责任。

(3) 担保方承担责任

如果施工合同双方当事人设定了担保方式，一方违约后，另一方可按照双方约定的担保条款，要求提供担保的第三方承担相应责任。

2. 索赔

索赔是指在合同履行过程中，对于并非自己的过错，而是应由对方承担责任的情况造成的实际损失，向对方提出经济补偿和(或)工期顺延的要求。当一方合同当事人向另一方提出索赔时，要有正当索赔理由，且有索赔事件发生时的有效证据。

通用条款规定，发包人未能按合同约定履行自己的各种义务或发生错误以及应由发包人承担责任的其他情况，造成工期延误和(或)承包人不能及时得到合同价款及承包人的其他经济损失，承包人可按下列程序以书面形式向发包人索赔：

1) 索赔事件发生后 28 天内，向工程师发出索赔意向通知。

2) 发出索赔意向通知后 28 天内，向工程师提出延长工期和（或）补偿经济损失的索赔报告及有关资料。

3) 工程师在收到承包人送交的索赔报告和有关资料后，于 28 天内给予答复，或要求承包人进一步补充索赔理由和证据。

4) 工程师在收到承包人送交的索赔报告和有关资料后 28 天内未予答复或未对承包人作进一步要求，视为该种索赔已经认可。

5) 当该索赔事件持续进行时，承包人应当阶段性向工程师发出索赔意向，在索赔事件终了后 28 天内，向工程师送交索赔的有关资料和最终索赔报告。

如果承包人未能按合同约定履行自己的各项义务或发生错误，给发包人造成经济损失，发包人可按上述条款规定的时限向承包人提出索赔。

3. 争议

发包人、承包人在履行合同时发生争议，可以和解或者要求有关主管部门调解。当事人不愿和解、调解或者和解、调解不成的，双方可以在专用条款内约定以下一种方式解决争议：

第一种解决方式：双方达成仲裁协议，向约定的仲裁委员会申请仲裁；

第二种解决方式：向有管辖权的人民法院起诉。

发生争议后，除非出现下列情况的，双方都应继续履行合同，保持施工连续，保护好已完工程：

1) 单方违约导致合同确已无法履行，双方协议停止施工；

2) 调解要求停止施工，且为双方接受；

3) 仲裁机构要求停止施工；

4) 法院要求停止施工。

十一、其他

1. 工程分包

承包人按专用条款的约定分包所承包的部分工程，并与分包单位签订分包合同。非经发包人同意，承包人不得将承包工程的任何部分分包。承包人不得将其承包的全部工程转包给他人，也不得将其承包的全部工程肢解以后以分包的名义分别转包给他人。

工程分包不能解除承包人任何责任与义务。承包人应在分包场地派驻相应的管理人员，保证本合同的履行。分包单位的任何违约行为或疏忽导致工程损害或给发包人造成其他损失，承包人承担连带责任。

分包工程价款由承包人与分包单位结算。发包人未经承包人同意不得以任何形式向分包单位支付各种工程款项。

2. 不可抗力

不可抗力包括因战争、动乱、空中飞行物体坠落或其他非发包人、承包人责任造成的爆炸、火灾，以及专用条款约定的风、雨、雪、洪、震等自然灾害。双方可根据工程所在地和项目的特点，在专用条款中对适合本工程的不可抗力事件作出具体约定。

不可抗力事件发生后，承包人应立即通知工程师，并在力所能及的条件下迅速采取措施，尽力减少损失，发包人应协助承包人采取措施。工程师认为应当暂停施工的，承包人应暂停施工。不可抗力事件结束后48小时内承包人向工程师通报受害情况和损失情况，及预计清理和修复的费用。不可抗力持续发生，承包人应每隔7天向工程师报告一次受害情况。不可抗力事件结束后14天内，承包人向工程师提交清理和修复费用的正式报告及有关资料。

因不可抗力事件导致的费用及延误的工期由双方按以下方法分别承担：

（1）工程本身的损害、因工程损害导致第三人人员伤亡和财产损失以及运至施工场地用于施工的材料和待安装的设备的损害，由发包人承担。

（2）发包人、承包人人员伤亡由其所在单位负责，并承担相应费用。

（3）承包人机械设备损坏及停工损失，由承包人承担。

（4）停工期间，承包人应工程师要求留在施工场地的必要的管理人员及保卫人员的费用，由发包人承担。

（5）工程所需清理、修复费用，由发包人承担。

（6）延误的工期相应顺延。

3. 保险

工程开工前，发包人为建设工程和施工场地内的自有人员及第三人人员生命财产办理保险，支付保险费用。运至施工场地内用于工程的材料和待安装设备，由发包人办理保险，并支付保险费用。发包人可以将有关保险事项委托承包人办理，费用由发包人承担。承包人必须为从事危险作业的职工办理意外伤害保险，并为施工场地内自有人员生命财产和施工机械设备办理保险，支付保险费用。保险事故发生时，发包人、承包人有责任尽力采取必要的措施，防止或者减少损失。具体投保内容和相关责任，由发包人、承包人在专用条款中约定。

4. 担保

发包人、承包人为了全面履行合同，应互相提供以下担保：

（1）发包人向承包人提供履约担保，按合同约定支付工程价款及履行合同约定的其他义务。

（2）承包人向发包人提供履约担保，按合同约定履行自己的各项义务。

一方违约后，另一方可要求提供担保的第三人承担相应责任。提供担保的内容、方式和相关责任，发包人、承包人除在专用条款中约定外，被担保方与担保方还应签订担保合同，作为本合同的附件。

5. 专利技术及特殊工艺

发包人要求使用专利技术或特殊工艺，应负责办理相应的申报手续，承担申报、试验、使用等费用；承包人提出使用专利技术或特殊工艺，应取得工程师认可，承包人负责办理申报手续并承担有关费用。擅自使用专利技术侵犯他人专利权的，责任者依法承担相应责任。

6. 文物和地下障碍物

在施工中发现古墓、古建筑遗址等文物及化石或其他有考古、地质研究等价值的物品时，承包人应立即保护好现场并于4小时内以书面形式通知工程师，工程师应于收到书面通知后 24 小时内报告当地文物管理部门，发包人、承包人按文物管理部门的要求采取妥善保护措施。发包人承担由此发生的费用，顺延延误的工期。如发现后隐瞒不报，致使文物遭受破坏，责任者依法承担相应责任。

施工中发现影响施工的地下障碍物时，承包人应于 8 小时内以书面形式通知工程师，同时提出处置方案，工程师收到处置方案后 24 小时内予以认可或提出修正方案。发包人承担由此发生的费用，顺延延误的工期。如发现的地下障碍物有归属单位时，发包人应报请有关部门协同处置。

7. 合同解除

发包人、承包人协商一致，可以解除合同。发包人不按合同约定支付工程进度款，双方又未达成延期付款协议，导致施工无法进行，承包人可停止施工，由发包人承担违约责任。如果停止施工超过 56 天，发包人仍不支付工程进度款，承包人有权解除合同。承包人将其承包的全部工程转包给他人或者肢解以后以分包的名义分别转包给他人，发包人有权解除合同。

有下列情形之一的，发包人、承包人可以解除合同：
（1）因不可抗力致使合同无法履行。
（2）因一方违约（包括因发包人原因造成工程停建或续建）致使合同无法履行。

合同一方根据上述规定要求解除合同的，应以书面形式向对方发出解除合同的通知，并在发出通知前 7 天告知对方，通知到达对方时合同解除。对解除合同有争议的，双方可按有关争议的约定处理。

合同解除后，承包人应妥善做好已完工程和已购材料、设备的保护和移交工作，按发包人要求将自有机械设备和人员撤出施工场地。发包人应为承包人撤出提供必要条件，支付以上所发生的费用，并按合同约定支付已完工程价款。已经订货的材料、设备由订货方负责退货或解除订货合同，不能退还的货款和因退货、解除订货合同发生的费用，由发包人承担，因未及时退货造成的损失由责任方承担。除此之外，有过错的一方应当赔偿因合同解除给对方造成的损失。合同解除后，不影响双方在合同中约定的结算和清理条款的效力。

8. 合同生效与终止

双方可在协议书中约定本合同生效方式。

9. 合同份数

本合同正本两份，具有同等效力，由发包人、承包人分别保存一份。本合同副本份数，由双方根据需要在专用条款内约定。

10. 补充条款

双方根据有关法律、行政法规规定，结合工程实际，经协商一致后，可对本通用条款内容具体化、补充或修改，在专用条款内约定。

第三节　工程施工合同的谈判、签订

一、工程施工合同的谈判

1. 谈判的概念

谈判是工程施工合同签订双方对是否签订合同以及合同具体内容达成一致的协商过程。通过谈判，能够充分了解对方及项目的情况，为高层决策提供信息和依据。

2. 谈判的准备工作

谈判活动的成功与否，通常取决于谈判准备工作的充分程度和在谈判过程中策略与技巧的运用。

（1）收集资料

谈判准备工作的首要任务就是要收集整理有关合同对方及项目的各种基础资料和背景材料。这些资料的内容包括对方的资信状况、履约能力、发展阶段、已有成绩等，包括工程项目的由来、土地获得情况、项目目前的进展、资金来源等。这些资料的体现形式可以是我方通过合法调查手段获得的信息，前期接触过程中已经达成的意向书、会议纪要、备忘录、合同等，对方对我方的前期评估印象和意见，双方参加前期阶段谈判的人员名单及其情况等等。

（2）具体分析

在获得了这些基础材料、背景材料的基础上，就可作一定分析。俗话说"知己知彼，百战不殆"，谈判的重要准备工作就是对己方和对方进行充分分析。

1）对己方的分析

签订工程施工合同之前，首先要确定工程施工合同的标的物，即拟建工程项目。发包方必须运用科学研究的成果，对拟建项目的投资进行综合分析、论证和决策。发包方必须按照可行性研究的有关规定，作定性和定量的分析研究、工程水文地质勘察、地形测量以及项目的经济、社会、环境效益的测算比较，在此基础上论证项目在技术上、经济上的可行性，经过方案比较，推荐出最佳方案。依据获得批准的项目建议书和可行性研究报告，编制项目设计任务书并选择建设地点。建设项目的设计任务书和选点报告批准后，发包方就可以进行招标或委托取得工程设计资格证书的设计单位进行设计。随后，发包方需要进行一系列建设准备工作，包括技术准备、征地拆迁、现场的"三通一平"等。一旦建设项目得以确定，有关项目的技术资料和文件已经具备，建设单位便可进入工程招标投标程序，和众多的工程承包单位接触，此时便进入建设工程合同签订前的实质性准备阶段。发包方还应该实地考察承包方以前完成的各类工程的质量和工期，注意考察承包方在被考察工程施工中的主体地位，是总包方还是分包方。不能仅通过观察下结论，最佳的方案是亲自到过去与承包方合作的建设单位进行了解。完成上述工作后，发包方有了非常直接感性的认识，才能够更好地结合承包方递交的投标文件，作出正确的选择。在发包实践中，发包方往往单纯考虑承包方的报价，不全面考察承包方的资质和能力，这只会导致合同无法顺利履行，受损害的还是发包方自己。因此，全面考察选择一个合适的承包方，是发包方最重要的准备工作。

对于承包方而言，在获得发包方发出招标公告或通知的消息后，不应一味盲目地投标，首先应该作一系列调查研究工作，承包方需要了解下列问题：工程建设项目是否确实由发包方立项，项目的规模如何，是否适合自身的资质条件，发包方的资金实力如何，等等。这些问题可以通过审查有关文件，比如发包方的法人营业执照、项目可行性研究报告、立项批复、建设用地规划许可证等加以解决。承包方为了承接项目，往往主动提出某些让利的优惠条件，但是，在项目是否真实，发包方主体是否合法，建设资金是否落实等原则性问题上不能让步，否则，即使在竞争中获胜，即使中标承包了项目，一旦发生问题，合同的合法性和有效性便得不到保证，此种情况下，受损害最大的往往是承包方。

上述对项目可行性的研究和分析关系到项目本身是否有效益以及己方是否有能力投入或承接，该项目是否值得己方投入人力、物力和财力，是否值得与对方进一步谈判，这是一个大方向的分析与决策，一旦发生错误，将导致整个项目上的亏损，甚至危及己方整体利益。

2）对对方的分析

对对方的基本情况的分析主要从以下部分入手：

对对方谈判人员的分析，即了解对手的谈判组由哪些人员组成，了解他们的身份、地位、权限、性格、喜好等，以注意与对方建立良好的关系，发展谈判双方的友谊，争取在到达谈判桌以前就有了亲切感和信任感，为谈判创造良好的氛围。对对方实力的分析，指的是对对方资信、技术、物力、财力等状况的分析。在当今信息时代，很容易通过各种渠道和信息传递手段取得有关资料。外国公司很重视这方面的工作，他们往往通过各种机构和组织以及信息网络，对我国公司的实力进行调研。

实践中，对于承包方而言，一要注意审查发包方是否为工程项目的合法主体。发包方作为合格的施工承发包合同的一方；对拟建项目的地块应持有立项批文、建设用地规划许可证、建设用地批准书、建设工程规划许可证、施工许可证等证件，这在《建筑法》第七条、第八条、第二十二条均作了具体的规定。二要注意调查发包方的资信情况，是否具备足够的履约能力。如果发包方在开工伊始就发生资金紧张问题，就很难保证今后项目的正常进行，就会出现目前建筑市场上屡禁不止的拖欠工程款和垫资施工现象。

对于发包方而言，则须注意承包方是否有承包该工程项目的相应资质。对于无资质证书承揽工程或越级承揽工程或以欺骗手段获取资质证书或允许其他单位或个人使用本企业的资质证书、营业执照的，该施工企业须承担法律责任。对于将工程发包给不具有相应资质的施工企业的，《建筑法》亦规定发包方应承担法律责任。

3）对谈判目标进行可行性分析

分析工作中还包括分析自身设置的谈判目标是否正确合理、是否切合实际、是否能为对方接受，以及对方设置的谈判目标是否正确合理。如果自身设置的谈判目标有疏漏或错误，或盲目接受对方的不合理谈判目标，同样会造成项目实施过程中的无穷后患。在实际操作中，由于建筑市场目前是发包方市场，承包方中标心切，故往往接受发包方极不合理的要求，比如带资垫资、工期极短等，造成其在今后发生回收资金、获取工程款、工期反索赔方面的困难。

4）对双方地位进行分析

对在此项目上与对方相比己方所处的地位的分析也是必要的。这一地位包括整体的与局部的优劣势。如果己方在整体上存在优势，而在局部存有劣势，则可以通过以后的谈判等弥补局部的劣势。但如果己方在整体上已显劣势，则除非能有契机转化这一情势，否则就不宜再耗时耗资去进行无利的谈判。

（3）拟定谈判方案

在上述对己方与对方分析完毕的基础上，可总结出该项目的操作风险、双方的共同利益、双方的利益冲突，以及双方在哪些问题上已取得一致，哪些问题还存在着分歧甚至原则性的分歧等,从而拟定谈判的初步方案,决定谈判的重点,在运用谈判策略和技巧的基础上,获得谈判的胜利。

二、谈判的策略和技巧

谈判是通过不断的会晤确定各方权利、义务的过程,它直接关系到谈判桌上各方最终利益的得失。因此,谈判决不是一项简单的机械性工作,而是集合了策略与技巧的艺术。以下介绍几种常见的谈判策略和技巧。

(1) 掌握谈判议程,合理分配各议题的时间

工程建设这样的大型谈判一定会涉及诸多需要讨论的事项,而各谈判事项的重要性并不相同,谈判各方对同一事项的关注程度也并不相同。成功的谈判者善于掌握谈判的进程,在充满合作气氛的阶段,展开自己所关注的议题的商讨,从而抓住时机,达成有利于己方的协议。而在气氛紧张时,则引导谈判进入双方具有共识的议题,一方面缓和气氛,另一方面缩小双方差距,推进谈判进程。同时,谈判者应懂得合理分配谈判时间。对于各议题的商讨时间应得当,不要过多拘泥于细节性问题。这样可以缩短谈判时间,降低交易成本。

(2) 高起点战略

谈判的过程是各方妥协的过程,通过谈判,各方都或多或少会放弃部分利益以求得项目的进展。而有经验的谈判者在谈判之初会有意识向对方提出苛求的谈判条件。这样对方会过高估计本方的谈判底线,从而在谈判中更多做出让步。

(3) 注意谈判氛围

谈判各方往往存在利益冲突,要兵不血刃即获得谈判成功是不现实的。但有经验的谈判者会在各方分歧严重,谈判气氛激烈的时候采取润滑措施,舒缓压力。在我国最常见的方式是饭桌式谈判。通过餐宴,联络谈判方的感情,拉近双方的心理距离,进而在和谐的氛围中重新回到议题。

(4) 拖延和休会

当谈判遇到障碍,陷入僵局的时候,拖延和休会可以使明智的谈判方有时间冷静思考,在客观分析形势后提出替代性方案。在一段时间的冷处理后,各方都可以进一步考虑整个项目的意义,进而弥合分歧,将谈判从低谷引向高潮。

(5) 避实就虚

谈判各方都有自己的优势和弱点。谈判者应在充分分析形势的情况下,做出正确判断,利用对方的弱点,猛烈攻击,迫其就范,做出妥协。而对于己方的弱点,则要尽量注意回避。

(6) 分配谈判角色

任何一方的谈判团都由众多人士组成,谈判中应利用各人不同的性格特征各自扮演不同的角色。有的唱红脸,积极进攻;有的唱白脸,和颜悦色。这样软硬兼施,可以事半功倍。

(7) 充分利用专家的作用

现代科技发展使个人不可能成为各方面的专家。而工程项目谈判又涉及广泛的学科领域。充分发挥各领域专家的作用,既可以在专业问题上获得技术支持,又可以利用专家的

权威性给对方以心理压力。

在限定的谈判空间和时限中,合理、有效地利用以上各谈判策略和技巧,将有助于获得谈判的优势。

【例4-4】 某年2月28日某世界博览会的建设方A与中标方B就中标合同的签署进行谈判,双方因对合同文本理解、认识不同,使合同谈判受阻。

双方谈判争执焦点:

中标单位B在2月25日的投标书报了一个总价,但在投标截止时间前一小时又书面承诺:总承包价以2月25日报价为基础下浮4.9%。包干。在合同谈判中,建设方提出为保证工程质量,三大材由建设方组织实物供应,中标单位同意。但双方对包干下浮价格范围引起争议:建设方认为其供应的三大材价格,应列为下浮范围。

在合同谈判中,建设方A提出,招标文件中明确提出"工程必须建成优良工程",而中标方投标书提出质量标准为优质工程(应另外增加优质工程奖),因此,工程建成验收被评为优良工程,不应给予奖励。

建设方认为,为保证工程的使用,工程合同工期定为200天,若能按期完成已属创造了奇迹,同时,该世界博览会场地不可提前使用。因此,建设方不要求工期提前,但延期应受罚。承包方提出合同内容应体现奖罚对等,要求提前有奖,延期受罚。

问题:

(1) 招标投标活动中,招标人和投标人之间是否应该进行谈判?

(2) 本案例中涉及的几个问题双方如何解决比较合理?

答案与解析:

(1) 谈判在合同订立过程中是普遍存在而又非常重要的问题。谈判是签订合同的前奏,谈判不仅关系到双方的利益,也关系到合同的履行。发出中标通知书后,法律规定招标人和中标人应当按照招标文件和中标人的投标文件订立书面合同,双方或多或少总会存在一些在招标文件或招标文件中没有包括或意见不同的内容需要交换意见及协商,并以书面方式固定下来,订立合同的过程也是谈判的过程。

决标前的谈判主要有技术性谈判和经济性谈判。决标前的谈判在招标人一方是通过评标委员会来完成。在此阶段,从招标人角度,一是进一步了解和审查候选中标单位的技术方案和措施是否合同可靠,以及准备投入的力量是否足够雄厚,能否保证质量及进度;二是进一步审核报价,并在付款条件、付款期限以及其他优惠条件等方面取得候选中标单位的承诺。从投标人角度,是力求使自己成为中标人并以尽可能的有利条件签订合同;同时候选中标单位还可以探询招标人的意图投其所好,以许诺不涉及投标文件实质性内容发生改变的优惠条件,增强自己的竞争力,争取最后中标。

决标后谈判的目的是将双方在此之前达成的协议具体化和合理化,对全部合同条款予以法律认证,为签署合同协议完成最后的准备工作。决标后的谈判一般涉及合同的商务和技术的所有条款。

(2) 关于合同价格问题,双方应按照中标单位的承诺,总承包价以2月25日报价为基础下浮4.9%作为总价包干价格签定合同。由于三大材由建设方组织实物供应,中标单位也同意,双方应按照公平原则,谈判解决建设方供应的三大材结算价格问题。一般的处理方式为：以为本工程购入材料的原始票据为计算依据，如果建设方供应价格高于中标单位投标文件中相应材料价格，其价差应由建设方承担；如果低于中标单位投标文件中相应材料价格，扣除中标单位保管费用后的差价部分应合理分成。

对于优质优价问题，双方可以在合同中约定基本工程质量标准为"优良工程"，若实际工程质量达到"优质工程"，建设单位给予一定的优质奖励。

本工程的竣工时间是建设单位根据相关客观实际和自身项目情况确定的，本项工程提前竣工，不会使建设单位获得提前收益，反而要增加管理和保养费用。若按招标人建议规定，建设方还要额外支付中标单位提前竣工奖励。因此建设单位必然坚持招标文件的规定。建设单位提出按时竣工不奖励，延期竣工处罚的条件，是行业惯例和保护自己免受损失的手段，并不是不平等条款。

三、订立工程合同的基本原则及具体要求

1. 平等、自愿原则

《合同法》第3条规定："合同当事人的法律地位平等，一方不得将自己的意志强加给另一方。"所谓平等是指当事人之间在合同的订立、履行和承担违约责任等方面都处于平等的法律地位，彼此的权利、义务对等。合同的当事人，无论是法人和其他组织之间，还是法人、其他组织和自然人之间，虽然他们的体制、财力、经济效益、隶属关系各异，但是只要他们以合同主体的身份参加到合同法律关系中，那么他们之间就处于平等的法律地位，法律予以平等的保护。订立工程合同必须体现发包人和承包人在法律地位上完全平等。

《合同法》第4条规定："当事人依法享有订立合同的权利，任何单位和个人不得干预。"所谓自愿原则，是指是否订立合同、与谁订立合同、订立合同的内容以及变更不变更合同，都要由当事人依法自愿决定。订立工程合同必须遵守自愿原则。实践中，有些地方行政管理部门如消防、环保、供气等部门通常要求发包方、总包方接受并与其指定的专业承包商签订专业工程分包合同，发包方、总包方如果不同意，上述部门在工程竣工验收时就会故意找麻烦，拖延验收通过。此行为严重违背了在订立合同时当事人之间应当遵守的自愿原则。

2. 公平原则

《合同法》第5条规定："当事人应当遵循公平原则确定各方的权利和义务。"所谓公平原则是指当事人在设立权利、义务、承担民事责任方面，要公正、公允、合情、合理。贯彻该原则最基本的要求即是发包人与承包人的合同权利、义务、承担责任要对等而不能显失公平。实践中，发包人常常利用自身在建筑市场的优势地位，要求工程质量达到优良标准，但又不愿优质优价；要求承包人大幅度缩短工期，但又不愿支付赶工措施费；竣工日期提前，发包人不支付奖励或奖励很低，竣工日期延迟，发包人却要承包人承担逾期竣工一倍、有时甚至几倍于奖金的违约金。上述情况均违背了订立工程合同时承、发包方应该遵循的公平原则。

3. 诚实信用原则

《合同法》第6条规定："当事人行使权利、履行义务应当遵循诚实信用原则。"诚实信用原则，主要是指当事人在订立、履行合同的全过程中，应当抱着真诚的善意，相互协

作，密切配合，言行一致，表里如一，说到做到，正确、适当地行使合同规定的权利，全面履行合同规定的义务，不弄虚作假、尔虞我诈，不做损害对方和国家、集体、第三人以及社会公共利益的事情。在工程合同的订立过程中，常常会出现这样的情况，经过招标投标过程，发包方确定了中标人，却不愿与中标人订立工程合同，而另行与其他承包商订立合同。发包人此行为严重违背了诚实信用原则，按《合同法》规定应承担缔约过失责任。

4. 合法原则

《合同法》第7条规定："当事人订立、履行合同，应当遵守法律、行政法规……"所谓合法原则，主要是指在合同法律关系中，合同主体、合同的订立形式、订立合同的程序、合同的内容、履行合同的方式、对变更或者解除合同权利的行使等都必须符合我国的法律、行政法规。实践中，下列工程合同，常常因为违反法律、行政法规的强制性规定而无效或部分无效：没有从事建筑经营活动资格而订立的合同；超越资质等级订立的合同；未取得《建设工程规划许可证》或者违反《建设工程规划许可证》的规定进行建设，严重影响城市规划的合同；未取得《建设用地规划许可证》而签订的合同；未依法取得土地使用权而签订的合同；必须招标投标的项目，未办理招标投标手续而签订的合同；根据无效中标结果所订立的合同；非法转包合同；不符合分包条件而分包的合同；违法带资、垫资施工的合同等等。

四、订立工程合同的形式和程序

1. 订立工程合同的形式

《合同法》第10条规定："当事人订立合同，有书面合同、口头形式和其他形式。法律、行政法规规定采用书面形式的，应当采用书面形式。当事人约定采用书面形式的应当采用书面形式。"书面形式是指合同书、信件和数据电文（包括电报、电传、传真、电子数据交换和电子邮件）等可以有形地表现所载内容的形式。工程合同由于涉及面广、内容复杂、建设周期长、标的的金额大，《合同法》第270条规定："工程施工合同应当采用书面形式"。

2. 订立工程合同的程序。

《合同法》第13条规定："当事人订立合同，采取要约、承诺方式。"

（1）要约

要约是希望和他人订立合同的意思表示，该意思表示应当符合下列规定：内容具体、确定；表明经受要约人承诺，要约人即受该意思表示约束。要约邀请不同于要约，要约邀请是希望他人向自己发出要约的意思表示。寄送的价目表、拍卖公告、招标公告、招股说明书、商业广告等为要约邀请。

（2）承诺

承诺是受要约人同意要约的意思表示。承诺应当具备的条件：承诺必须由受要约人或其代理人作出；承诺的内容与要约的内容应当一致；承诺要在要约的有效期内作出；承诺要送达要约人。承诺可以撤回但是不得撤销。承诺通知到达受要约人时生效。不需要通知的，根据交易习惯或者要约的要求作出承诺的行为时生效。承诺生效时，合同成立。

根据《招标投标法》对招标、投标的规定，招标、投标、中标实质上就是要约、承诺的一种具体方式。招标人通过媒体发布招标公告，或向符合条件的投标人发出招标文件，为要约邀请；投标人根据招标文件内容在约定的期限内向招标人提交投标文件，为要约；招标人通过评标确定中标人，发出中标通知书，为承诺；招标人和中标人按照中标通知书、招标文件和中标人的投标文件等订立书面合同时，合同成立并生效。

五、工程合同的文件组成及主要条款

1. 工程合同文件的组成及解释次序

不需要通过招标投标方式订立的工程合同，合同文件常常就是一份合同或协议书，最多在正式的合同或协议书后附一些附件，并说明附件与合同或协议书具有同等的效力。

通过招标投标方式订立的工程合同，因经过招标、投标、开标、评标、中标等一系列过程，合同文件不单单是一份协议书，而通常由以下文件共同组成：

（1）本合同协议书；

（2）中标通知书；

（3）投标书及其附件；

（4）本合同专用条款；

（5）本合同通用条款；

（6）标准、规范及有关技术文件；

（7）图纸；

（8）工程量清单；

（9）工程报价书或预算书。

当上述文件间前后矛盾或表达不一致时，以在前的文件为准。

2. 工程合同的主要条款

一般合同应当具备如下条款：当事人的名称或姓名和住所，标的，数量，质量，价款或者酬金，履行期限、地点和方式，违约责任，争议的解决方法。工程施工合同应当具备的主要条款如下：

（1）承包范围。建筑安装工程通常分为基础工程（含桩基工程）、土建工程、安装工程、装饰工程，合同应明确哪些内容属于承包方的承包范围，哪些内容发包方另行发包。

（2）工期。承发包双方在确定工期的时候，应当以国家工期定额为基础，根据承发包双方的具体情况，并结合工程的具体特点，确定合理的工期；工期是指自开工日期至竣工日期的期限，双方应对开工日期及竣工日期进行精确的定义，否则，日后易起纠纷。

（3）中间交工工程的开工和竣工时间。确定中间交工工程的工期，其需与工程合同确定的总工期相一致。

（4）工程质量等级。工程质量等级标准分为不合格、合格和优良，不合格的工程不得交付使用。承发包双方可以约定工程质量等级达到优良或更高标准，但是，应根据优质优价原则确定合同价款。

（5）合同价款。又称工程造价，通常采用国家或者地方定额的方法进行计算确定。随着市场经济的发展，承发包双方可以协商自主定价，而无需执行国家、地方定额。

（6）施工图纸的交付时间。施工图纸的交付时间，必须满足工程施工进度要求。为了确保工程质量，严禁随意性的边设计、边施工、边修改的"三边"工程。

（7）材料和设备供应责任。承发包双方需明确约定哪些材料和设备由发包方供应，以及在材料和设备供应方面双方各自的义务和责任。

（8）付款和结算。发包人一般应在工程开工前，支付一定的备料款（又称预付款），工程开工后按工程形象进度按月支付工程款，工程竣工后应当及时进行结算，扣除保修金后应按合同约定的期限支付尚未支付的工程款。

（9）竣工验收。竣工验收是工程合同重要条款之一，实践中常见有些发包人为了达到拖欠工程款的目的，迟迟不组织验收或者验而不收。因此，承包人在拟定本条款时应设法预防上述情况的发生，争取主动。

（10）质量保修范围和期限。对建设工程的质量保修范围和保修期限，应当符合《建设工程质量管理条例》的规定。

（11）其他条款。工程合同还包括隐蔽工程验收、安全施工、工程变更、工程分包、合同解除、违约责任、争议解决方式等条款，双方均要在签订合同时加以明确约定。

六、合同效力的审查与分析

合同效力是指合同依法成立所具有的约束力。《合同法》第 8 条规定："依法成立的合同，对当事人具有法律约束力。当事人应当按照约定履行自己的义务，不得擅自变更或解除合同。依法成立的合同，受法律保护。"第 44 条规定："依法成立的合同，自成立时生效。法律、行政法规规定应当办理批准、登记等手续生效的，依照其规定。"有效的工程施工合同，有利于建设工程规范顺利的进行。我国《民法通则》第 58 条和《合同法》第 52 条已对无效合同的认定作了规定，主要为：

（1）一方以欺诈、胁迫的手段订立合同，损害国家利益的；
（2）恶意串通，损害国家、集体或者第三人利益的；
（3）以合法形式掩盖非法目的的；
（4）损害社会公共利益的；
（5）违反法律、行政法规的强制性规定的；
（6）无行为能力人订立的合同或者限制民事行为能力人依法不能独立订立而独立订立的合同；
（7）合同违反国家指令性计划的。

对工程施工合同效力的审查，基本从合同主体、客体、内容三方面加以考察。结合实践情况，现今在工程建设市场上有以下合同无效的情况：

（1）没有经营资格而订立的合同

工程施工合同的签订双方是否有专门从事建筑业务的资格，是合同有效、无效的重要条件之一。

（2）缺少相应资质而签订的合同

建设工程是不动产产品，而不是一般的产品，因此工程施工合同的主体除了具备可以支配的财产、固定的经营场所和组织机构外，还必须具备与建设工程项目相适应的资质条件，而且也只能在资质证书核定的范围内承接相应的建设工程任务，不得擅自越级或超越规定的范围。

（3）违反法定程序而订立的合同

如前所述，订立合同由要约与承诺两个阶段构成。在工程施工合同尤其是总承包合同和施工总承包合同的订立中，通常通过招标投标的程序，招标为要约邀请，投标为要约，中标通知书的发出意味着承诺。

（4）违反关于分包和转包的规定所签订的合同

我国《建筑法》允许建设工程总承包单位将承包工程中的部分发包给具有相应资质条件的分包单位，但是，除总承包合同中约定的分包外，其他分包必须经建设单位认可。而且属于施工总承包的，建筑工程主体结构的施工必须由总承包单位自行完成。也就是说，未经建设单位认可的分包和施工总承包单位将工程主体结构分包出去所订立的分包合同，都是无效的。此外，将建设工程分包给不具备相应资质条件的单位或分包后将工程再分包的，均是法律禁止的。《建筑法》及其他法律、法规对转包行为均作了严格禁止。转包，包括承包单位将其承包的全部建筑工程转包、承包单位将其承包的全部建筑工程肢解以后以分包的名义分别转包给他人。属于转包性质的合同，也因其违法而无效。

（5）其他违反法律和行政法规所订立的合同

如合同内容违反法律和行政法规，也可能导致整个合同的无效或合同的部分无效。例如发包方指定承包单位购入的用于工程的建筑材料、构配件，或者指定生产厂、供应商等，此类条款均为无效。又如发包方与承包方约定的承包方带资垫资的条款，因违反我国《商业银行法》关于企业间借贷应通过银行的规定，亦无效。合同中某一条款的无效，并不必然影响整个合同的有效性。

七、合同内容的审查与分析

合同条款的内容直接关系到合同双方的权利义务，在工程施工合同签订之前，应当严格审查各项合同内容，其中尤应注意如下内容。

1. 确定合理的工期：

对发包方而言，工期过短，则不利于工程质量以及施工过程中建筑半成品的养护；工期过长，则不利于发包方及时收回投资。对承包方而言，应当合理计算自己能否在发包方要求的工期内完成承包任务，否则应当按照合同约定承担逾期竣工的违约责任。作者承办过的某些案例中，承包方并未注意相关约定，而贸然起诉，向发包方追索拖欠的工程款，但发包方却利用承包方逾期竣工提出反诉。有时合同中约定的逾期竣工的违约金数目之巨大，使其索赔额甚至超过了本诉中请求的工程款的数目。

2. 明确双方代表的权限：

合同中通常会明确甲方代表和乙方代表的姓名和职务，但对其作为代表的权限则规定不明。由于代表的行为即代表了发包方和承包方的行为，故有必要对其权利范围以及权利限制作一定约定。例如约定：确认工程量增加、设计变更等事项只需代表签字即发生法律效力，作为双方在履行合同过程中达成的对原合同的补充或修改；而确认工期是否可以顺延则应由甲方代表签字并加盖甲方公章方可生效，此时即对甲方代表的权利作了限制，乙方须明了关于工期顺延问题不仅需要甲方代表的签字，而且需要甲方的公章方为甲方所认可。

3. 明确工程造价或工程造价的计算方法：

工程造价条款是工程施工合同的必备和关键条款，但通常会发生约定不明或设而不定的情况，往往为日后争议与纠纷的发生埋了隐患。而处理这类纠纷，法院或仲裁机构一般委托有权审价单位鉴定造价,势必使当事人陷入旷日持久的诉累,更何况经审价得出的造价亦因缺少有效计算的依据而缺乏准确性,对维护当事人的合法权益极为不利。

4. 明确材料和设备的供应:

由于材料、设备的采购和供应引发的纠纷非常多,故必须在合同中明确约定相关条款,包括发包方或承包商所供应或采购的材料、设备的名称、型号、规格、数量、单价、质量要求、运送到达工地的时间、验收标准、运输费用的承担、保管责任、违约责任等。

5. 明确工程竣工交付使用:

应当明确约定工程竣工交付的标准。如发包方需要提前竣工,而承包商表示同意的,则应约定由发包方另行支付赶工费用或奖励。因为赶工意味着承包商将投入更多的人力、物力、财力,劳动强度增大,损耗亦增加。

6. 明确最低保修年限和合理使用寿命的质量保证。

7. 明确违约责任:

违约责任条款的订立目的在于促使合同双方严格履行合同义务,防止违约行为的发生。发包方拖欠工程款、承包方不能保证施工质量或不按期竣工,均会给对方以及第三人带来不可估量的损失。审查违约责任条款时,要注意:

(1) 对双方的违约责任的约定是否全面。在工程施工合同中,双方的义务繁多,有的合同仅对主要的违约情况作了违约责任的约定,而忽视了违反其他非主要义务所应承担的违约责任。但实际上,违反这些义务极可能影响到整个合同的履行。

(2) 对违约责任的约定不应笼统化,而应区分情况作相应约定。有的合同不论违约的具体情况,统而笼之地约定一笔违约金,这无法与因违约造成的损失额相匹配,从而会导致违约金过高或过低的情形,是不妥当的。应当针对不同的情形作不同的约定,例如质量不符合合同约定标准应当承担的责任、因工程返修造成工期延长的责任、逾期支付工程款所应承担的责任等,衡量标准均不同。

除对合同每项条款均应仔细审查外,签约主体也是应当注意的问题。合同尾部应加盖与合同双方文字名称相一致的公章,并由法定代表人或授权代表签名或盖章,授权代表的授权委托书应作为合同附件。

第四节 工程合同的争议处理

一、工程合同的常见争议

1. 工程价款支付主体争议

施工企业被拖欠巨额工程款已成为整个建设领域中屡见不鲜的事。往往出现工程的发包人并非工程真正的建设单位,并非工程的权利人。在该种情况下,发包人通常不具备工程价款的支付能力,施工单位该向谁主张权利,以维护其合法权益会成为争议的焦点。在此情况下,施工企业应理顺关系,寻找突破口,向真正的发包方主张权利,以保证合法权利不受侵害。

【例4-5】 1992年12月25日某建设发展A公司与中国建筑工程局某建筑公司签订了

《工程承包合同》一份。合同约定：A公司受某市商厦筹建处委托，并征得市建委施工处、市施工招标办的同意，采用委托施工的形式，择定建筑公司为某商厦工程的施工总承包单位。又约定：工程基地面积为8000m²；建筑面积为5万m²；建筑高度为66m；结构层数为现浇框架地上18层，地下2层；施工范围按某市建筑设计院所设计的施工图施工，内容包括土建、装饰及室外总体等。同时，合同就工程开竣工时间、工程造价及调整、工程预付款、工程量的核定确认和工程验收、决算等均作了具体约定。合同签订后，建筑公司即按约组织施工，于1996年12月25日竣工，并在1997年3月8日通过上海市建设工程质量监督总站的工程质量验收。1997年5月，建筑公司与筹建处就工程总造价进行决算，确认该工程总决算价为人民币9000万元；5月30日，又对已付工程款作了结算，确认截止1997年5月30日止，A公司尚欠建筑公司工程款人民币2000万元。后经建筑公司不懈地催讨，至1999年2月9日止，A公司尚欠工程款人民币800万元。

在施工承包合同的履行过程中，A公司曾于1993年12月致函建筑公司：《工程承包合同》的甲方名称更改为筹建处。但经查，筹建处未经上海市工商行政管理局注册登记备案。又查：该商厦的实际主建方为某上市公司（下称B公司）且已于1995年12月17日取得上海市外销商品房预售许可证。1999年7月，建筑公司即以A公司为承包合同的发包人，B公司为该商厦的所有人为由，将两公司作为共同被告向人民法院提起诉讼，要求二公司承担连带清偿责任。庭审中，A公司、B公司对于800万元的工程欠款均无任何异议。

但A公司辩称：A公司为代理筹建处发包，并于1993年12月致函建筑公司，承包合同甲方的名称已改为筹建处；之后，建筑公司一直与筹建处发生关系，事实上已承认该承包合同的发包方的主体变更。同时A公司证实，筹建处为某局发文建立，并非独立经济实体，且筹建处资金来源于B公司。所以，A公司不应承担支付800万元工程款项的义务。

B公司辩称：B公司与建筑公司无法律关系。承包合同的发包人为A公司；工程结算为建筑公司与筹建处间进行，与B公司不存在任何法律上的联系；筹建处有"筹建许可证"，系独立经济实体，应当独立承担民事责任。虽然B公司取得了预售许可，但B公司的股东已发生变化，故现在的公司对之前公司股东的工程欠款不应承担民事责任。庭审上，B公司向法庭出示了一份"筹建许可证"，以证明筹建处依法登记至今未撤销。

建筑公司认为：A公司虽接受委托，与建筑公司签订了承包合同，但征得了市建委施工处、市施工招标办的同意，该承包合同应当有效。而它作为承包合同的发包方，理应承担民事责任。而经查实，筹建处未经上海市工商行政管理局注册登记，它不具备主体资格，所以其无法取代A公司在承包合同中的甲方地位。

对于B公司，虽非承包合同的发包人，但其实际上已取得了该物业，是该商厦的所有权人，为真正的发包方，依法有承担支付工程款项的责任。

一审法院对原、被告出具的承包合同、筹建许可证、预售许可证及相关函件等证据进行了质证，认为：A公司实质上为建设方的代理人，合同约定的权利义务应由被代理人承担，并判由B公司承担支付所有工程欠款的责任。

2. 工程进度款支付、竣工结算及审价争议

尽管合同中已列出了工程量，约定了合同价款，但实际施工中会有很多变化包括设计

变更、现场工程师签发的变更指令、现场条件变化如地质、地形等，以及计量方法等引起的工程数量的增减。这种工程量的变化几乎每天或每月都会发生，而且承包商通常在其每月申请工程进度付款报表中列出，希望得到（额外）付款，但常因与现场监理工程师有不同意见而遭拒绝或者拖延不决。这些实际已完的工程而未获得付款的金额，由于日积月累，在后期可能增大到一个很大的数字，业主更加不愿支付了，因而造成更大的分歧和争议。

在整个施工过程中，业主在按进度支付工程款时往往会根据监理工程师的意见，扣除那些他们未予确认的工程量或存在质量问题的已完工程的应付款项，这种未付款项累积起来往往可能形成一笔很大的金额，使承包商感到无法承受而引起争议，而且这类争议在工程施工的中后期可能会越来越严重。承包商会认为由于未得到足够的应付工程款而不得不将工程进度放慢下来，而业主则会认为在工程进度拖延的情况下更不能多支付给承包商任何款项，这就会形成恶性循环而使争端愈演愈烈。更主要的是，大量的业主在资金尚未落实的情况下就开始工程的建设，致使业主千方百计要求承包商垫资施工、不支付预付款、尽量拖延支付进度款、拖延工程结算及工程审价进程，致使承包商的权益得不到保障，最终引起争议。

【例 4-6】 某建筑公司承建了某酒店工程，与某建设单位签订了一份建筑工程承包合同，工程总造价为 3000 万元，后由于使用功能局部有变动，发生了较大的设计变更，建筑面积扩大，装修标准提高，双方随后于第二年又签订了补充合同，将造价条款约定为"预计 3500 万元……"。该建筑公司按合同约定的时间完工，建设单位前后共支付了工程进度款 2700 万元，随后建筑公司正式办理了验收证书。双方将建筑公司的决算书报送建行审定，建设单位在送审的结算书上写明："坚持按原合同，变更项目按规定结算，其他文件待后协商。"经建行审定，该工程最终造价为 3600 万元，建筑公司要建设单位按审定数字支付剩余的工程款，并承担从竣工日到支付日的未支付款项的利息作为违约金。建设单位对审价结果有异议，并拒绝支付余下的工程款，建筑公司遂向人民法院起诉。

该案经法院一、二审，均以拖欠工程款为案由，判决建设单位败诉，要建设单位支付剩余款项的本金与利息。建设单位不服，继续申诉，省高级人民法院认为该案确有不当之处，予以提审，高院判决书中认为：该案按工程款拖欠纠纷为案由审理不当，因按第一份合同，建设单位已支付完了工程款，不存在拖欠，至于工程设计修改后，造价增加，对增加部分双方有分歧，在最终数量未定之前，不能算建设单位违约，只能算工程款结算纠纷，该案案由应定为工程款结算纠纷，是确认之诉，不是给付之诉，所以违约金不能从竣工之日起算，只能从法院确认之日起算。最后高院将违约金计算时间定为从法院确认造价之日到建设单位支付之日，判决建设单位在此基础上支付施工余款本息。

3. 工程工期拖延争议

一项工程的工期延误，往往是由于错综复杂的原因造成的。在许多合同条件中都约定了竣工逾期违约金。由于工期延误的原因可能是多方面的，要分清各方的责任往往十分困难。我们经常可以看到，业主要求承包商承担工程竣工逾期的违约责任，而承包商则提出因诸多业主方的原因及不可抗力等工期应相应顺延，有时承包商还就工期的延长要求业主承担停工窝工的费用。

【例 4-7】 某建筑公司承建某市涉外科技园基地工程。工程采用 FIDIC 标准合同条件。中标合同价为 5000 万美元，工期 18 个月。合同中约定承包商每超过合同工期一天的赔偿金为 10 万美元/天。工程建设开始后，在基础开挖过程中，发现地质情况复杂，淤泥深度比文件资料中所述数据大得很多，在施工过程中，咨询工程师多次修改图纸，而且推迟交付施工图纸。因此，在工程将近完工时，承包商提出索赔，要求延长工期 6.5 个月，补偿附加开支约 3000 万美元。业主与咨询工程师对该工程进行了分析，根据工程实际情况来看，该工程实际所需工期为 22 个月，工程造价为 7200 万美元。则工期补偿应为 22－18＝4 个月，其余的 2.5 个月工期延长是由承包商自身原因造成的，不应当由业主承担；费用补偿应为 7200－5000＝2200 万美元。

经业主与承包商反复洽商，最后达成索赔与反索赔协议：业主应给予承包商支付索赔款 2200 万美元，批准延长工期 4 个月。承包商应向业主支付工程建设误期赔偿金为 10 万美元×75 天＝750 万美元。则索赔款与反索赔款两相抵偿后，业主一次应向承包商支付索赔款 2200－750＝1450 万美元。

4. 安全损害赔偿争议

安全损害赔偿争议包括相邻关系纠纷引发的损害赔偿、设备安全、施工人员安全、施工导致第三人安全、工程本身发生安全事故等等方面的争议。其中，建筑工程相邻关系纠纷发生的频率已越来越高，其牵涉主体和财产价值也越来越多，业已成为城市居民十分关心的问题。《建筑法》第三十九条为建筑施工企业设定了这样的义务："施工现场对毗邻的建筑物、构筑物和特殊作业环境可能造成损害的，建筑施工企业应当采取安全防护措施。"

5. 合同中止及终止争议

中止合同造成的争议有：承包商因这种中止造成的损失严重而得不到足够的补偿，业主对承包商提出的就终止合同的补偿费用计算持有异议，承包商因设计错误或业主拖欠应支付的工程款而造成困难提出中止合同，业主不承认承包商提出的中止合同的理由，也不同意承包商的责难及其补偿要求等。除非不可抗力外，任何终止合同的争议往往是难以调和的矛盾造成的。终止合同一般都会给某一方或者双方造成严重的损害。如何合理处置终止合同后的双方的权利和义务，往往是这类争议的焦点。

终止合同可能有以下几种情况：

（1）属于承包商责任引起的终止合同

例如业主认为并证明承包商不履约，承包商严重拖延工程并证明已无能力改变局面，承包商破产或严重负债而无力偿还致使工程停滞等等。在这些情况下，业主可能宣布终止与该承包商的合同；将承包商驱逐出工地，并要求承包商赔偿工程终止造成的损失，甚至业主可能立即通知开具履约保函和预付款保函的银行全额支付保函金额；承包商则否定自己的责任，并要求取得其已完工程付款，要求业主补偿其已运到现场的材料、设备和各种设施的费用，还要求业主赔偿其各项经济损失，并退还被扣留的银行保函。

（2）属于业主责任引起的终止合同

例如业主不履约、严重拖延应付工程款并被证明已无力支付欠款，业主破产或无力清偿债务，业主严重干扰或阻碍承包商的工作等等，在这种情况下，承包商可能宣布终止与该业主的合同，并要求业主赔偿其因合同终止而遭受的严重损失。

(3) 不属于任何一方责任引起的终止合同

例如由于不可抗力使任何一方履约合同规定的义务不得不终止合同，大部分政治因素引起的履行合同障碍都属于此类。尽管一方可以引用不可抗力宣布终止合同，但是如果另一方对此有不同看法，或者合同中没有明确规定这类终止合同的后果处理办法，双方应通过协商处理，若达不成一致则按争议处理方式申请仲裁或诉讼。

(4) 任何一方由于自身需要而终止合同

例如业主因改变整个设计方案、改变工程建设地点或者其他任何原因而通知承包商终止合同，承包商因其总部的某种安排而主动要求终止合同等，这类由于一方的需要而非对方的过失而要求终止合同，大都发生在工程开始的初期，而且要求终止合同的一方通常会认识到并且会同意给予对方适当补偿，但是仍然可能在补偿范围和金额方面发生争议。例如，在业主因自身的原因要求终止合同时，可能会承诺给承包商补偿的范围只限于其实际损失，而承包商可能要求还应补偿其失去承包其他工程机会而遭受的损失和预期利润。

6. 工程质量及保修争议

质量方面的争议包括工程中所用材料不符合合同约定的技术标准要求，提供的设备性能和规格不符，或者不能生产出合同规定的合格产品，或者是通过性能试验不能达到规定的产量要求，施工和安装有严重缺陷等。这类质量争议在施工过程中主要表现为，工程师或业主要求拆除和移走不合格材料，或者返工重做，或者修理后予以降价处置。对于设备质量问题，则常见于在调试和性能试验后，业主不同意验收移交，要求更换设备或部件，甚至退货并赔偿经济损失。而承包商则认为缺陷是可以改正的，或者业已改正；对生产设备质量则认为是性能测试方法错误，或者制造产品所投入的原料不合格或者是操作方面的问题等，质量争议往往变成为责任问题争议。在保修期的缺陷修复问题往往是业主和承包商争议的焦点，特别是业主要求承包商修复工程缺陷而承包商拖延修复，或业主未经通知承包商就自行委托第三方对工程缺陷进行修复。在此情况下，业主要在预留的保修金扣除相应的修复费用，承包商则主张产生缺陷的原因不在承包商或业主未履行通知义务且其修复费用未经其确认而不予同意。

二、工程合同争议的解决方式

1. 协商

协商是指合同争议的双方当事人通过谈判的方式自愿达成协议从而解决纠纷的一种方式。

(1) 协商的基本原则和正确态度

1) 要求双方惜守合同、尊重事实；

2) 公平合理、平等互利；

3) 讲究方式、多种准备。

(2) 协商前的准备工作

1) 认真做好现场工程师或甲方代表的工作；

2) 充分准备协商解决争议所需的证明材料；

3) 准备有妥协余地的预备方案。

（3）协商的方式

承包商应采用多种和灵活的协商方法，力争尽量不放弃或少放弃自身权利的同时使得协商成功。协商解除争议的方法主要如下：

1) 多层次谈判；

2) 会外协商；

3) 利用中间人进行说服工作。

2. 调解

调解是指合同争议的双方当事人在第三人主持下通过对双方当事人进行说服劝导，促使双方当事人自愿达成协议从而解决纠纷的活动。调解是在第三方的主持下进行的，第三方在调解活动中只是说服、劝说而不是作出裁决。

（1）调解解决建筑合同纠纷应遵循下列原则：

1) 尊重当事人意愿原则；

2) 公平原则；

3) 合法原则；

（2）调解的方式：

1) 行政调解；

2) 法院调解或仲裁调解；

3) 民间调解。

（3）调解应注意的若干问题：

1) 调解人的资格；

2) 调解人的中立、客观和公正；

3) 调解人必须是双方都能接受。

3. 争端评审

争端评审，是指争议双方通过事前的协商，选定独立公正的第三人对其争议作出决定，并约定双方都愿意接受该决定的约束的一种非正式的解决争议的程序。争端评审不同于调解。调解人往往只提出一种调解处理争议的方案，而由争议双方自行签订和解协议；而争端评审则是由争端评审人根据自己的判断作出一项决断。争端评审也不同于仲裁和诉讼。仲裁机构和法院进行裁决的权力是法律赋予的，其结论具有法律的强制力。争端评审人决断的权力不是法律赋予的，也不是某一政府的行政部门授予的，而是争议双方在接受以争端评审方式解决争议对共同赋予争端评审人的。

争端评审的效力如何，在我国尚无讨论。如果争议双方愿意采取该方式解决争议，而又考虑到它将受到某些法律的限制，可以采取一些措施以加强争端评审约有效性。例如，双方可以在其解决争议的协议中，约定争议双方不能在以后的仲裁程序或诉讼程序中对争端评审人作出的事实调查提出异议；甚至可以约定，如当事各方不执行争端评审人的决定，即为不履行合同规定的义务等。

争端评审一般应有较具体的程序。由于我国缺乏具体的争端评审人主持争端评审的程序规定，如果争议双方愿意采用争端评审的方式解决争议，最好在合同中作出某些规定，特别是对如何指定争端评审人、争端评审的范围、争端评审人作出决断的有效性等应有明确的规定。争端评审的程序规则，可以参考某些仲裁规则，并力求简化。选择争端评审人可能较为困难，一些组织如监理工程师协会、律师协会等可以联合提供有资格的争端评审人名单和其他服务。

4. 仲裁

仲裁是指根据有关仲裁法律的规定及争议双方约定的仲裁条款，一方当事人向约定仲裁机构对相对方提出权益主张并要求仲裁机构予以解决和保护的请求。

(1) 仲裁的特点

1) 仲裁属于法律程序；
2) 仲裁是争议双方自愿选择的解决争议方式；
3) 仲裁具有灵活性；
4) 仲裁程序的保密性；
5) 仲裁程序效率较高和费用较低。

(2) 仲裁活动的两项基本制度。

我国《仲裁法》对仲裁活动规定了两项基本制度：或裁或审制和一裁终局制。

1) 或裁或审制

《仲裁法》第五条规定："当事人达成仲裁协议，一方向人民法院起诉的，人民法院不予受理，但仲裁协议无效的除外。"《民事诉讼法》第一百一十一条第(二)款规定："依照法律规定，双方当事人对合同纠纷自愿达成书面仲裁协议向仲裁机构申请仲裁、不得向人民法院起诉的，告知原告向仲裁机构申请仲裁。"这两部法律的相应规定，明确了合同纠纷实行或裁或审制度。因为仲裁或诉讼都是解决合同纠纷的方法，既然合同纠纷当事人双方自愿选择了仲裁方法解决合同纠纷，仲裁委员会和人民法院都要尊重合同纠纷当事人的意愿。一方面仲裁委员会在审查当事人申请仲裁符合仲裁条件时，就应予受理。另一方面人民法院则依法告知因双方有有效的仲裁协议，应当向仲裁机构申请仲裁，人民法院不受理起诉。仲裁活动贯彻或裁或审制度，可以充分体现仲裁的自愿原则和发挥独立仲裁的作用。

2) 一裁终局制

《仲裁法》第九条规定："仲裁实行一裁终局制的制度。"仲裁实行一裁终局制是由仲裁委员会组成性质决定的。仲裁委员会具有民间性质和独立行使仲裁权，它与行政机关没有任何隶属关系。各个仲裁委员会之间也没有任何隶属关系，不存在级别管辖和地域管辖。仲裁委员会完全按照《仲裁法》赋予的仲裁权依法独立进行仲裁活动并作出公正的裁决，从而决定了仲裁必须实行一裁终局制。

(3) 仲裁的一般程序

仲裁活动除了要遵循仲裁原则和仲裁制度外，还必须依据《仲裁法》规定的程序进行。

1) 仲裁申请和受理
① 仲裁协议；
② 仲裁申请；
③ 仲裁受理。

2) 组成仲裁庭

仲裁委员会受理仲裁申请后，应组成仲裁庭进行仲裁活动，仲裁庭可以由下列两种方式组成：

① 仲裁庭由三名仲裁员组成。采用这种方式，应当由当事人双方各自选择或者各自委托仲裁委员会主任指定一位仲裁员。第三名仲裁员由当事人共同选定或者共同委托仲裁委员会主任选定，共同组成仲裁庭，第三名仲裁员是首席仲裁员。

② 仲裁庭由一名仲裁员成立。这名仲裁员由当事人共同选定或者共同委托仲裁委员会主任指定仲裁员。

仲裁庭组成后，仲裁委员会应当将仲裁庭组成人员书面通知当事人。组成仲裁庭的仲裁员，符合《仲裁法》规定需要回避的应当回避，当事人也有权提出回避申请。

3）开庭和裁决

仲裁应当开庭进行。当事人协议不开庭的，仲裁庭可以根据仲裁申请书、答辩书以及其他材料作出裁决。仲裁不公开进行。当事人协议公开进行的，可以公开进行但涉及国家秘密的除外。当事人在仲裁过程中有权进行辩论。辩论终结时，首席仲裁员或者独任仲裁员应当征询当事人的最后意见。仲庭庭在作出裁决前，可以先行调解。当事人不愿调解或调解不成的，应当及时作出裁决。

仲裁裁决应当按照多数仲裁员的意见作出，少数仲裁员的不同意见可以记入笔录；仲裁庭不能形成多数意见时裁决按照首席仲裁员的意见作出。裁决应当制作裁决书，裁决书应当写明仲裁请求、争议事实、裁决结果、仲裁费用的负担和裁决日期。裁决书由仲裁员签名加盖仲裁委员会印章，仲裁书自作出之日起发生法律效力。

4）裁决的撤消或执行

当事人提出证据证明裁决有下列情形之一的，可以向仲裁委员会所在地的中级人民法院申请撤消裁决：

① 没有仲裁协议的；

② 裁决的事项不属于仲裁协议的范围或者仲裁委员会无权仲裁的；

③ 仲裁庭的组成或者仲裁的程序违反法定程序的；

④ 裁决所根据的证据是伪造的；

⑤ 对方当事人隐瞒了足以影响公正裁决的证据的；

⑥ 仲裁员在仲裁该案时有索贿受贿、徇私舞弊、枉法裁决行为的。

人民法院认定该裁决违背社会公共利益的应当裁定撤消。当事人申请撤消裁决的应予自收到裁决书之日起六个月内提出。人民法院应当在受理撤消裁决申请之日起两个月内作出撤消裁决或者驳回申请的裁定。人民法院裁定撤消裁决的，应当裁定终止执行；撤消裁决的申请被裁定驳回的，人民法院应当裁定恢复执行。当事人应当履行裁决，一方当事人不履行的，另一方当事人可以依照民事诉讼法的有关规定向人民法院申请执行，受申请的人民法院应当执行。

5. 诉讼

诉讼是指按照民事诉讼程序向人民法院对一定的人提出权益主张并要求人民法院予以解决和保护的请求。

（1）诉讼的基本特征：

1）提出诉讼请求的一方，是自己的权益受到侵犯和他人发生争议；

2) 该权益的争议，应当适用民事诉讼程序解决；
3) 请求的目的是为了使法院通过审判，保护受到侵犯和发生争议的权益。

(2) 根据我国现行法律规定，选择诉讼方法解决合同纠纷来自以下四个方面：
1) 合同纠纷当事人不愿和解或调解的，可以直接向人民法院起诉；
2) 合同纠纷当事人经过和解或调解不成的，可以向人民法院起诉；
3) 当事人没有订立仲裁协议或者仲裁协议无效的，可以向人民法院起诉；
4) 仲裁裁决被人民法院依法裁定撤消或者不予执行的，可以向人民法院起诉。

(3) 诉讼参加人

诉讼参加人是指与案件有直接利害关系并受法律判决约束的当事人以及与当事人地位相似的第三人及其他们的代理人。诉讼参加人可以是自然人，也可以是法人或其他组织。

1) 当事人（原告、被告）

是指因建筑合同纠纷而以自己的名义进行诉讼，并受人民法院裁判约束，与案件审理结果有直接利害关系的人。在第一审程序中，提起诉讼的一方称为原告，被诉的一方称被告。

2) 第三人

第三人是指对他人争议的诉讼标的有独立请求权或者虽然没有独立请求权，但案件的处理结果与其有法律上的利害关系，因而自己请求或根据法院的要求参加到已经开始的诉讼中进行诉讼的人。有独立请求权的第三人享有原告的一切诉讼权利，无独立请求权的第三人不享有原、被告的诉讼权利，只享有维护自己权益所必需的诉讼权利。

3) 诉讼代理人

诉讼代理人是指在诉讼中，受当事人的委托以当事人名义在其授予的代理权限内实施诉讼行为的人。在建筑合同纠纷诉讼中，诉讼代理人的代理权大多数是由委托授权而产生的。

(4) 执行程序

人民法院作出的判决、裁定发生法律效力后，当事人应自动履行。一方当事人不自动履行义务的，对方当事人可以向人民法院申请执行，也可以由审判员移送执行员执行。申请执行的期限，双方或一方当事人是公民的为一年，双方是法人或其他组织的为六个月，从法律文书规定履行期限的最后一日起计算。

执行中，双方当事人自行和解达成协议的，执行员应当将协议内容记入笔录，由双方当事人签名或盖章。一方当事人不履行和解协议的，经双方当事人申请恢复对原生效法律文书的执行，执行中被执行人向法院提供担保并经申请执行人同意的，法院可以决定暂缓执行及暂缓执行的期限。被执行人逾期仍不履行的，人民法院有权执行被执行人的担保财产或者担保人的财产。

依照《民事诉讼法》有关规定，强制执行措施有：人民法院有权扣留、提取被执行人应当履行义务部分的收入；有权向银行等金融机构查询被执行人的存款情况，冻结、划拨被执行人的存款，但不得超出被执行人应履行义务的范围；查封、扣押、冻结、拍卖、变卖被执行人应当履行义务部分的财产；对被执行人隐匿的财产进行搜查；执行特定行为等。

(5) 审判监督程序

审判监督程序是指人民法院对已经发生法律效力的判决、裁定，发现确有错误需要纠正而进行的再审程序。

1）可以提起再审的，只能是享有审判监督权力的机关和公职人员。具体有以下三种情况：

① 各级人民法院院长对本院已经发生法律效力的判决、裁定，发现确有错误，认为需要提起再审的，应当提交审判委员会讨论决定。决定再审，即作出裁定撤消原判，另组成合议庭再审。

② 最高人民法院对地方各级人民法院已经发生法律效力的判决、裁定，发现确有错误，有权提审或指令下级法院再审。

③ 上级人民法院对下级人民法院已经发生法律效力的判决、裁定，发现确有错误，有权提审或指令下级法院再审。

2）人民法院再审的条件。

按照审判监督程序决定再审的案件，应作出中止执行原判决、原裁定的裁定，通知执行人员中止执行。当事人对已经生效的判决、裁定认为有错误，可以向原审人民法院或上级人民法院申诉，要求再审，但不停止原判决、裁定的执行。

① 有新的证据，足以推翻原判决、裁定的；
② 原判决、裁定认定事实的主要证据不足的；
③ 原判决、裁定适用法律确有错误的；
④ 人民法院违反法定程序、可能影响案件正确判决、裁定的；
⑤ 审判人员在审理该案件时有贪污受贿、徇私舞弊、枉法裁判行为的。

此外，当事人对已经发生法律效力的调解书，提出证据证明调解违反自愿原则或者调解协议的内容违反法律的，可以申请再审，经人民法院查证属实，应当再审。再审的审判程序，适用原判决、裁定作出的程序，即原判决、裁定是第一审程序作出的，按第一审程序进行，所作出的判决、裁定当事人可以上诉；原判决、裁定是第二审程序作出的，按第二审程序进行，所作出的判决、裁定，即为生效的判决、裁定，当事人没有上诉权。

三、工程合同的争议管理

1. 有利有理有节，争取协商调解

施工企业面临着众多争议而且又必须设法解决的困惑，不少企业都参照国际惯例，设置并逐步完善了自己的内部法律机构或部门，专职实施对争议的管理，这是企业进入市场之必须。要注意预防解决争议找法院打官司的单一思维，通过诉讼解决争议未必是最有效的方法。由于工程施工合同争议情况复杂，专业问题多，有许多争议法律无法明确规定，往往造成主审法官难以判断、无所适从。因此，要深入研究案情和对策，处理争议要有理有利有节，能采取协商、调解、甚至争议评审方式解决争议的，尽量不要采取诉讼或仲裁方式。因为，通常情况，工程合同纠纷案件经法院几个月的审理，由于解决困难，法庭只能采取反复调解的方式，以求调解结案。

2. 重视诉讼、仲裁时效，及时主张权利

通过仲裁、诉讼的方式解决建设工程合同纠纷的，应当特别注意有关仲裁时效与诉讼时效的法律规定，在法定诉讼时效或仲裁时效内主张权利。

3. 全面收集证据，确保客观充分

所谓证据，是指能够证明案件真实情况的事实。在民事案件中，所谓事实是指发生在当事人之间的引起当事人权利义务的产生、变更或者消灭的活动。证据具有两个基本特征，其一，证据是客观存在的事实，不以人的意志为转移；其二，证据是与案情有联系的事实，这也是证据之所以能起到证明案件真实情况的作用的原因。

从不同的角度可以将证据划分为不同的类型。根据能够作为证据的客观事实所借以表现的形式，《民事诉讼法》第63条将证据分为7种，即书证、物证、视听资料、证人、证言、当事人的陈述、鉴定结论、勘验笔录。

4. 摸清财务状况，做好财产保全

(1) 调查债务人的财产状况

对建设工程承包合同的当事人而言，提起诉讼的目的，大多数情况下是为了实现金钱债权，因此，必须在申请仲裁或者提起诉讼前调查债务人的财产状况，为申请财产保全做好充分准备。根据司法实践，调查债务人的财产范围应包括：

(2) 做好财产保全

执行难是一个令债权人十分头痛的问题。因此，为了有效防止债务人转移、隐匿财产，顺利实现债权，应当在起诉或申请仲裁成立之前向人民法院申请财产保全。《民事诉讼法》第92条第(1)款规定："人民法院对于可能因当事人一方的行为或者其他原因，使判决不能执行或者难以执行的案件，可以根据对方当事人的申请，作出财产保全的裁定；当事人没有提出申请的，人民法院在必要时也可以裁定采取财产保全措施。"第93条第(1)款同时规定："利害关系人因情况紧急，不立即申请财产保全将会使其合法权益受到难以弥补的损害的，可以在起诉前向人民法院申请采取财产保全措施。"应当注意，申请财产保全，一般应当向人民法院提供担保，且起诉前申请财产保全的，必须提供担保。担保应当以金钱、实物或者人民法院同意的担保等形式实现，所提供的担保的数额应相当于请求保金的数额。因此，申请财产保全的应当先作准备，了解保全财产的情况后，续密做好以上各项工作后，即可申请仲裁或提起诉讼。

5. 聘请专业律师，尽早介入争议处理

施工企业当遇到案情复杂难以准确判断的争议，应当尽早聘请专业律师，避免走弯路。时下，不少施工企业的经理抱怨，官司打赢了，得到的却是一纸空文，判决无法执行，这往往和起诉时未确定真正的被告和未事先调查执行财产并及时采取诉讼保全有关。工程合同争议解决不仅取决于行业情况的熟悉，很大程度上取决于诉讼技巧和正确的策略，而这些都是专业律师的专长。

第五节 综 合 案 例

【例 4-8】 某工程，在施工设计图纸没有完成之前，业主通过招标选择了一家总承包单位承包该工程的施工任务。由于设计尚未完成，承包范围内待实施的工程虽性质明确，但工程量还难以确定，双方商定拟采用总价合同形式签订施工合同，以减少双方的风险。施工合同签订前，业主委托了一家监理单位拟协助业主签订施工合同和进行施工阶段监理。监理工程师查看了业主(甲方)和施工单位(乙方)草拟的施工合同条件，发现合同中有

以下一些条款：

(1) 乙方按监理工程师批准的施工组织设计（或施工方案）组织施工，乙方不应承担因此引起的工期延误和费用增加的责任。

(2) 甲方向乙方提供施工场地的工程地质和地下主要管网线路资料，供乙方参考使用。

(3) 乙方不能将工程转包，但允许分包，也允许分包单位将分包的工程再次分包给其他施工单位。

(4) 监理工程师应当对乙方提交的施工组织设计进行审批或提出修改意见。

(5) 无论监理工程师是否参加隐蔽工程的验收，当其提出对已经隐蔽的工程重新检验的要求时，乙方应按要求进行剥露，并在检验合格后重新进行覆盖或修复。检验如果合格，甲方承担由此发生的追加合同价款，赔偿乙方的损失并相应顺延工期。检验如果不合格，乙方则应承担发生的费用，工期可以顺延。

(6) 甲方应遵守安全生产的有关规定，严格按安全标准组织施工，采取必要的安全防护措施，消除事故隐患。因乙方采取安全措施不力造成事故的责任和因此发生的费用，由甲方承担。

问题：
(1) 业主与施工单位选择的总价合同形式是否妥当？为什么？
(2) 请逐条指出以上合同条款中的不妥之处，应如何改正？

答案与解析：
(1) 业主与施工单位选择的总价合同形式不妥当。因为该工程的工程量难以确定，双方风险较大，应采用单价合同。

(2) 第 2 条中供"乙方参考使用"提法不当，应改正为保证资料（数据）真实、准确，作为乙方现场施工的依据。

第 3 条内容不妥，不允许分包单位再次分包。

第 5 条内容不妥，应改正为检验如果不合格，乙方则应承担发生的费用，工期不予顺延。

第 6 条内容不妥，应改正为乙方承担因自己采取安全措施不力造成事故的责任和因此发生的费用。

【例 4-9】 一大型商业网点开发项目，为中外合资项目，我国一承包商用固定总价合同承包土建工程。由于工程巨大，设计图纸简单，做标期短，承包商无法精确核算。对钢筋工程承包商报出的工作量为 1.2 万 t，而实际使用量达到 2.5 万 t 以上。仅此一项承包商损失超过 600 万美元。

问题：
(1) 本工程采用固定总价合同是否妥当，为什么？
(2) 合同按计价方式的不同可分为哪几种？
(3) 什么是固定价格合同？采用固定价格合同时，双方需在专用条款中就哪些内容进行约定？

答案与解析：

(1) 本工程采用固定总价合同不妥当。因为本工程工程量大、设计图纸简单，无法精确计算工作量，对于承包商来说存在的风险很大。

(2) 合同按计价方式的不同分为固定价格合同、可调价格合同、成本加酬金合同三种。

(3) 固定价格合同，是指在约定的风险范围内价款不再调整的合同。采用固定价格合同时，双方需在专用条款中约定合同价款包含的风险范围、风险费用的计算方法和承包风险范围以外对合同价款影响的调整方法，在约定的风险范围内合同价款不再调整。

【例 4-10】 某房地产开发公司投资建造一座高档写字楼，该写字楼共14层，地上12层、地下2层，总投资约3000万元人民币。该工程采用钢筋混凝土大空间结构，设计项目已明确，功能布局及工程范围都已确定，业主为缩短建设周期，尽快获得投资收益，施工图设计未完成时就进行了招标，确定了某建筑公司为中标单位。

业主与承包商签订施工合同时，由于设计未完成，工程性质已明确但工程量还难以确定，双方通过多次协商，拟采用总价合同形式签订施工合同，以减少双方的风险。

合同条款中有下列规定：

(1) 本工程采用固定价格合同，乙方在报价时已考虑了工程施工需要的各种措施费用与各种材料涨价等因素。

(2) 乙方不能将工程转包，为加快工程进度，允许将工程主体结构的一部分分包给其他单位。

(3) 付款方式：开工前首付款10%，月进度款支付进度工程量80%，付至总价80%止付，结算后支付至90%，剩余10%自竣工验收后两年一次性付清，业主承担相应的利息。本工程目前正在施工。

在工程实施过程中，发生如下事件：

(1) 本工程由于业主未能按专用条款的约定提供图纸及开工条件，致使工程开工时间推迟了15天。承包商向业主提出顺延工期15天，窝工费5万元的报告。

(2) 钢材价格从报价时的2800元/t上涨到3500元/t，承包方向业主要求追加因钢材涨价增加的工程款。

(3) 施工中业主要求提前竣工，双方协商一致后签订了提前竣工协议，作为合同文件组成部分。

问题：

(1) 在签订施工总承包合同时，业主与施工单位选择总价合同是否妥当？为什么？

(2) 你认为可以选择何种计价方式的合同？为什么？

(3) 合同条款中有哪些不妥之处？应如何修改？

(4) 承包商在事件发生后多少天内递交索赔报告？

(5) 合同执行过程中出现的钢材价格上涨的问题应如何处理？

(6) 提前竣工协议应包括哪些基本内容？

答案与解析：

(1) 选用总价合同形式不妥当。因为施工图设计未完成，虽然工程性质已明确，但工程量还难以确定，工程价格随工程量的变化而变化，合同总价无法确定，双方风险都较大。

(2) 可以采用(单纯)单价合同。因为施工图未完成，不能准确计算工程量，而工程范围与工作内容已明确，可列出全部工程的各分项工程内容和工作项目一揽表，暂不定工作量，双方按全部所列项目协商确定单价，按实际完成工程量进行结算。

(3) 第2条中"允许将工程主体结构的一部分分包给其他单位"不妥，不允许将建设工程主体结构的施工分包给其他单位。

(4) 索赔事件发生后，承包商应在索赔事件发生后的28天内向工程师发出索赔意向通知。索赔意向通知提交后的28天内，或工程师可能同意的其他合理时间，承包商应递交正式的索赔报告。

(5) 钢材涨价，承包商不可以向业主要求追加工程款，因为本工程采用的是固定单价合同，材料涨价的风险应由承包商承担。

(6) 提前竣工协议应包括以下方面的内容：1)提前竣工的时间；2)发包人为赶工应提供的方便条件；3)承包人在保证工程质量和安全的前提下，可能采取的赶工措施；4)提前竣工所需的追加合同价款等。

【例4-11】 某大学根据学校合并规划，在某市开发区建设新校址，投资2亿元，建设4栋教学楼、6栋学生宿舍楼、2栋食堂、1栋浴室、3栋家属楼等一揽子工程。建设周期为2年。该项目进行了招标。其中某市建设工程总公司中标。关于工程施工，双方约定：鉴于该项目是国家投资项目，工程必须保证质量达到优良；其次，必须保证工期，确保工程建设不影响学校的扩大招生并及时投入使用。对于工程施工，承包方可以在自己的下属分公司中选择施工队伍，无须与发包人另行签订合同。

《某大学群楼建设工程承包合同》签订后，作为总包单位，某市建设工程总公司遂安排下属施工能力强、施工工艺水平高的二、三、五、六建设分公司参与工程建设，并分别与这些参建分公司签订了《某单体工程内部承包协议书》，对工程工期和施工质量作了约定，并对施工提前奖励和延期罚款作了说明。

在以后的工程建设过程中，二分公司为了加快施工进度，将其中一栋单体工程转交给了某具有三级施工资质的A施工公司，并收取该单体工程预算造价的20%作为管理费。五分公司，为争取提前奖励，将自己负责的工程部分分包给了临时组织的B农民施工队。

问题：

(1) 请问上述背景资料中二分公司和五分公司的行为是否合法？

(2) 违法分包行为主要有哪些？

(3) 根据我国法律法规的规定，承包单位将承包的工程转包或违法分包应承担什么法律后果？

答案与解析：

(1) 不合法。二分公司的行为属于非法转包行为，五分公司把部分工程分包给临时组织的农民施工队的行为也是违法的。

(2) 违法分包行为主要有：1)总承包单位将建设工程分包给不具备相应资质条件的单位；2)建设工程总承包合同中未规定，又未经建设单位认可，承包单位将其承包的部分建设工程交由其他单位完成的；3)施工总承包单位将建设工程主体结构的施工分包给其他单位的；4)分包单位将其分包的建设工程再分包的。

(3) 根据《建筑法》和《建设工程质量管理条例》规定：承包单位将承包的工程转包或者违法分包的，责令改正，没收违法所得，对勘察、设计单位处合同约定的勘察费、设计费百分之二十五以上百分之五十以下的罚款；对施工单位处工程合同价款百分之零点五以上百分之一以下的罚款；可以责令停业整顿，降低资质等级；情节严重的，吊销资质证书。

工程监理单位转让工程监理业务的，责令改正，没收违法所得，处合同约定的监理酬金百分之二十五以上百分之五十以下的罚款，可以责令停业整顿，降低资质等级；情节严重的，吊销资质证书。

【例 4-12】 某住宅工程位于某市长江东路与光大路交汇（西北角）处，建筑面积 28000m²，24 层框架剪力墙结构。该工程由国内某知名房地产开发公司投资兴建，合同承包范围为土建、安装等项目内容，中标单位为该市一国家大型建筑企业，该工程中标价格为 8000 万元。双方参照 1999 年建设部和国家工商行政管理局制定的建设工程施工合同示范文本的合同条款格式签订了工程承包合同。双方约定的合同价款支付方式如下：

付款方式中没有预付款，付款方式按阶段支付工程进度款，进度付款 80%，在工程通过竣工验收合格后六个月内结算完毕，在竣工结算后三个月内支付到结算总价的 95%，扣留 5% 作为质量保修金，待保修期满后一次付清。

在本合同实施前，承包单位对该合同内容进行了必要的分析。

问题：

(1) 在合同分析时，对于合同约定的承包人的主要任务方面，承包人应掌握哪些内容？

(2) 承包人进行合同分析时，在合同价格方面应注意哪些问题？

答案与解析：

(1) 进行合同分析时，对于合同约定的承包人的主要任务，承包人应注意以下问题：

1) 明确承包人的总任务，即合同标的；

2) 明确合同中的工程量清单、图纸、工程说明、技术规范的含义，工程范围的界限应很清楚；

3) 明确工程变更的补偿范围；

4) 明确工程变更的索赔有效期，由合同具体规定，一般为 28 天。

(2) 承包人进行合同分析时，在合同价格方面应注意以下问题：

1) 合同所采用的计价方法及合同价格所包括的范围；

2) 工程计量程序，工程款结算（包括进度付款、竣工结算、最终结算）方法和程序；

3) 合同价格的调整，即费用索赔的条件、价格调整方法，计价依据，索赔有效期规定。

4) 拖欠工程款的合同责任。

【例 4-13】 某建设单位（甲方）拟建造一栋职工住宅，采用招标方式由某施工单位（乙方）承建。甲乙双方签订的施工合同摘要如下：

一、协议书中的部分条款
(一)工程概况
工程名称：职工住宅楼；
工程地点：市区；
工程规模：建筑面积 $7850m^2$，共 15 层，其中地下 1 层，地上 14 层。
结构类型：剪力墙结构。
(二)工程承包范围
承包范围：某市规划设计院设计的施工图所包括的全部土建，照明配电(含通讯、闭路埋管)，给排水(计算至出墙 1.5m)工程施工。
(三)合同工期
开工日期：2002 年 2 月 1 日；
竣工日期：2002 年 9 月 30 日；
合同工期总日历天数：240 天(扣除 5 月 1~3 日)。
(四)质量标准
工程质量标准：达到甲方规定的质量标准。
(五)合同价款
合同总价为：陆佰叁拾玖万元人民币。
(八)乙方承诺的质量保修
在该项目设计规定的使用年限(50 年)内，乙方承担全部保修责任。
(九)甲方承诺的合同价款支付期限与方式
本工程没有预付款，工程款按月进度支付，施工单位应在每月 25 日前，向建设单位及监理单位报送当月工作量报表，经建设单位代表和监理工程师就质量和工程量进行确认，报建设单位认可后支付，每次支付完成量的 80%，累计支付到工程合同价款的 75% 时停止拨付，工程基本竣工后一个月内再付 5%，办理完审计一个月内再付 15%，其余 5% 待保修期满后 10 日内一次付清。为确保工程如期竣工，乙方不得因甲方资金的暂时不到位而停工和拖延工期。
(十)合同生效
合同订立时间：2002 年 1 月 15 日；
合同订立地点：××市××区××街××号；
本合同双方约定：经双方主管部门批准及公证后生效。
二、专用条款
(一)甲方责任
1. 办理土地征用、房屋拆迁等工作，使施工现场具备施工条件。
2. 向乙方提供工程地质和地下管网线路资料。
4. 负责编制工程总进度计划，对各专业分包的进度进行全面统一安排，统一协调。
6. 采取积极措施做好施工现场地下管线和临近建筑物、构筑物的保护工作。
(二)乙方责任
1. 负责办理投资许可证、建设规划许可证、委托质量监督、施工许可证等手续。
3. 按工程需要提供和维修一切与工程有关的照明、围栏、看守、警卫、消防、安全等设施。

5. 组织承包方、设计单位、监理单位和质量监督部门进行图纸交底与会审，并整理图纸会审和交底纪要。

6. 在施工中尽量采取措施减少噪声及振动，不干扰居民。

（三）合同价款与支付

本合同价款采用固定价格合同方式确定。

合同价款包括的风险范围：

1. 工程变更事件发生导致工程造价增减不超过合同总价 10%；

2. 政策性规定以外的材料价格涨落等因素造成工程成本变化。

风险费用的计算方法：风险费用已包括在合同总价中。

风险范围以外合同价款调整方法：按实际竣工建筑面积 1000 元/m^2 调整合同价款。

三、补充协议条款

钢筋、商品混凝土的计价方式按当地造价信息价格下浮 5% 计算。

问题：

（1）上述合同属于哪种计价方式合同类型？

（2）该合同签订的条款有哪些不妥当之处？应如何修改？

（3）对合同中未规定的承包商义务，合同实施过程中又必须进行的工程内容，承包商应如何处理？

答案与解析：

（1）从甲、乙双方签订的合同条款来看，该工程施工合同应属于固定价格合同。

（2）该合同条款存在的不妥之处及其修改：

1）合同工期总日历天数不应扣除节假日，可以将该节假日时间加到总日历天数中。

2）不应以甲方规定的质量标准作为该工程的质量标准，而应以《建筑工程施工质量验收统一标准》中规定的质量标准作为该工程的质量标准。

3）质量保修条款不妥，应按《建设工程质量管理条例》的有关规定进行修改。

4）工程价款支付条款中的"基本竣工时间"不明确，应修订为具体明确的时间；"乙方不得因甲方资金的暂时不到位而停工和拖延工期"条款显失公平，应说明甲方资金不到位在什么期限内乙方不得停工和拖延工期，且应规定逾期支付的利息如何计算。

5）从该案例背景来看，合同双方是合法的独立法人单位，不应约定经双方主管部门批准后该合同生效。

6）专用条款中关于甲乙方责任的划分不妥。甲方责任中的第 4 条"负责编制工程总进度计划，对各专业分包的进度进行全面统一安排，统一协调"和第 6 条"采取积极措施做好施工现场地下管线和临近建筑物、构筑物的保护工作"应写入乙方责任条款中。乙方责任中的第 1 条"负责办理投资许可证、建设规划许可证、委托质量监督、施工许可证等手续"和第 5 条"组织承包方、设计单位、监理单位和质量监督部门进行图纸交底与会审，并整理图纸会审和交底纪要"应写入甲方责任条款中。

7）专用条款中有关风险范围以外合同价款调整方法（按实际竣工建筑面积 950 元/m^2 调整合同价款）与合同的风险范围、风险费用的计算方法相矛盾，该条款应针对可能出现的除合同价款包括的风险范围以外的内容约定合同价款调整方法。

(3) 首先应及时与甲方协商，确认该部分工程内容是否由乙方完成。如果需要由乙方完成，则应与甲方商签补充合同条款，就该部分工程内容明确双方各自的权利义务，并对工程计划做出相应的调整；如果由其他承包商完成，乙方也要与甲方就该部分工程内容的协作配合条件及相应的费用等问题达成一致意见，以保证工程的顺利进行。

第五章 建筑工程索赔管理

商务经理作为工程项目领导班子的一员，在工程建设全过程中起着十分重要的作用。应该具有编审工程索赔资料的能力。需要商务经理掌握的索赔知识的主要内容包括：索赔的基本理论；工程常见的索赔问题；施工索赔管理；反索赔等等。

第一节 索赔的基本理论

在国际工程承包事业的激烈竞争中，承包商为了中标，往往要降低报价以战胜竞争对手。在这种情况下，承包商如果不善于索赔，以减少自己的损失，就可能无法生存下去。工程索赔在国际建筑市场上是承包商保护自身正当权益、弥补工程损失、提高经济效益的重要和有效手段。"中标靠低标，盈利靠索赔"便是许多国际承包商的经验总结。实践证明，如果善于利用合同条件进行施工索赔，其索赔款收入金额往往要大于投标报价书中的利润款额。因而，施工索赔已成为承包商维护自己合同利益的关键性途径。

为了成功地进行施工索赔，承包商必须具备先进的合同管理、尤其是索赔管理水平。实践证明：索赔成功率最大的承包公司就是合同管理水平最高的公司。为了成功地进行施工索赔，承包商的所有管理人员尤其是商务经理必须严格地进行施工管理，科学地控制工程开支，系统地积累各种资料，正确地编写索赔报告，策略地进行索赔谈判等等。

一、索赔的含义

索赔具有较为广泛的含义，其一般含义是指对某事、某物权利的一种主张、要求、坚持等。建设工程索赔通常是指在工程合同履行过程中，合同当事人一方因非自身因素或对方不履行或未能正确履行合同而受到经济损失或权利损害时，通过一定的合法程序向对方提出经济或时间补偿的要求。索赔是一种正当的权利要求，它是业主方、监理工程师和承包方之间一项正常的、大量发生而且普遍存在的合同管理业务，是一种以法律和合同为依据的、合情合理的行为。

对于施工合同的双方来说，索赔是维护双方合法利益的权利。它同合同条件中双方的合同责任一样，构成严密的合同制约关系。承包商可以向业主提出索赔；业主也可以向承包商提出索赔。不过，在国际工程施工索赔的实践习惯上，工程承包界将承包商向业主的施工索赔简称为索赔；将业主向承包商的索赔称为反索赔。

由于实践中业主向承包商索赔发生的频率相对较低，而且在索赔处理中，业主始终处于主动和有利地位，他可以直接从应付工程款中扣抵或没收履约保函、扣留保留金甚至留置承包商的材料设备作为抵押等来实现自己的索赔要求。因此在工程实践中，大量发生的、处理比较困难的是承包商向业主的索赔，也是索赔管理的主要对象和重点内容。承包商的索赔范围非常广泛，一般认为只要因非承包商自身责任造成其工期延长或成本增加，都有可能向业主提出索赔。有时业主违反合同，如未及时交付施工图纸、合格施工现场、决策错误等造成工程修改、停工、返工、窝工，未按合同规定支付工程款等，承包商可向业主提出赔偿要求；有时业主未违反合同，而是由于其他原因，如合同范围内的工程变更、恶劣气候条件影响、国家法令法规修改等造成承包商损失或损害的，也可以向业主提出补偿要求。

只有实际发生了经济损失或权利损害，一方才能向对方索赔。经济损失是指因对方因素造成合同外的额外支出，如人工费、材料费、机械费、管理费等额外开支；权利损害是指虽然没有经济上的损失，但造成了一方权利上的损害，如由于恶劣气候条件对工程进度的不利影响，承包商有权要求工期延长等。因此发生了实际的经济损失或权利损害，应是一方提出索赔的一个基本前提条件。有时上述两者同时存在，如业主未及时交付合格的施工现场，既造成承包商的经济损失，又侵犯了承包商的工期权利，因此，承包商既可以要求经济赔偿，又可以要求工期延长；有时两者则可单独存在，如恶劣气候条件影响、不可抗力事件等，承包商根据合同规定或惯例则只能要求工期延长，很难或不能要求经济赔偿。

二、索赔的起因

对于规模大、工期长、结构复杂的工程项目，在施工过程中，由于受到水文气象、地质条件的变化影响，以及规划设计变更和人为干扰，在工程项目的工期、造价等方面都存在着变化的因素。因此，超出合同条件规定的事项可能层出不穷，这就为施工索赔提供了众多的机会。作为承包商的商务经理，尤其要善于通过不断发生的工程状态变化，识别索赔的机会，获得应有的经济补偿。

引起工程索赔的原因非常多和复杂，主要有以下方面：

（1）工程项目的特殊性

现代工程规模大、技术性强、投资额大、工期长、材料设备价格变化快。工程项目的差异性大、综合性强、风险大，使得工程项目在实施过程中存在许多不确定变化因素，而合同则必须在工程开始前签订，它不可能对工程项目所有的问题都能作出合理的预见和规定，而且业主在实施过程中还会有许多新的决策，这一切使得合同变更极为频繁，而合同变更必须会导致项目工期和成本的变化。

（2）工程项目内外部环境的复杂性和多变性

工程项目的技术环境、经济环境、社会环境、法律环境的变化，诸如地质条件变化、材料价格上涨、货币贬值、国家政策、法规的变化等，会在工程实施过程中经常发生，使得工程的计划实施过程与实际情况不一致，这些因素同样会导致工程工期和费用的变化。

（3）参与工程建设主体的多元性

由于工程参与单位多，一个工程项目往往会有业主、总包商、监理工程师、分包商、指定分包商、材料设备供应商等众多参加单位，各方面的技术、经济关系错综复杂，相互联系又相互影响，只要一方失误，不仅会造成自己的损失，而且会影响其他合作者，造成他人损失，从而导致索赔和争执。

（4）工程合同的复杂性及缺陷性

建设工程合同文件多且复杂，经常会出现措词不当、缺陷、图纸错误，以及合同文件前后自相矛盾或者可作不同解释等问题，容易造成合同双方对合同文件理解不一致，从而出现索赔。

（5）工期拖延

工程的施工过程中，由于受天气、水文或地基等因素影响，经常出现工期拖延。发生工期延误，在分析拖期原因、明确拖期责任时，合同双方往往产生分歧，使承包商实际支出的计划外施工费用得不到补偿，势必引起索赔要求。如果工期拖延的责任在承包商方面，则承包商无权提出索赔。他应该以自费采取赶工的措施抢回延误的工期；如果到合同规定的完工日期时，仍然做不到按期建成，则应承担误期损害赔偿费。

现代建筑市场竞争激烈，承包商的利润水平逐步降低，大部分靠低标价甚至保本价中标，回旋余地较小。施工合同在实践中往往甲、乙方风险分担不公，把主要风险转嫁于承包商一方，稍遇条件变化，承包商即处于亏损的边缘，这必然迫使他寻找一切可能的索赔机会来减轻自己承担的风险。因此索赔实质上是工程实施阶段承包商和业主之间在承担工程风险比例上的合理再分配，这也是目前国内外建筑市场上，施工索赔无论在数量、款额上呈增长趋势的一个重要原因。

三、索赔的作用

1. 索赔是合同和法律赋予正确履行合同者免受意外损失的权利，索赔是当事人一种保护自己、避免损失、增加利润、提高效益的重要手段。
2. 索赔是落实和调整合同双方经济责、权、利关系的手段，也是合同双方风险分担的又一次合理再分配，离开了索赔，合同责任就不能全面体现，合同双方的责、权、利关系就难以平衡。
3. 索赔是合同实施的保证。索赔是合同法律效力的具体体现，对合同双方形成约束条件，特别能对违约者起到警戒作用，违约有必须考虑违约后的后果，从而尽量减少其违约行为的发生。
4. 索赔对提高企业和工程项目管理水平起着重要的促进作用。承包商在许多项目上提不出或提不好索赔，与其企业内部管理松散混乱、计划实施不严、成本控制不力等有着直接关系；没有正确的工程进度网络计划就难以证明延误的发生及天数；没有完整翔实的记录，就缺乏索赔定量要求的基础。

但是如果承包商单靠索赔的手段来获取利润并非正途。往往一些承包商采取有意压低标价的方法以获取工程，为了弥补自己的损失，又试图靠索赔的方式来得到利润。从某种意义上讲，这种经营方式有很大的风险。能否得到这种索赔的机会是难以确定的，其结果也不可靠，采用这种策略的企业也很难维持长久。因此承包商运用索赔手段来维护自身利益，以求增加企业效益和谋求自身发展，应基于对索赔概念的正确理解和全面认识，既不必畏惧索赔，也不可利用索赔搞投机钻营。

四、索赔的分类

由于索赔贯穿于工程项目全过程，可能发生的范围比较广泛，其分类随标准、方法不同而不同，主要有以下几种分类方法。

1. 按发生索赔原因分类

由于发生索赔的原因很多,这种分类法提出了名目繁多的索赔,可能多达几十种。但这种分类法有它的优点,即明确地指出每一项索赔的原因,使业主和工程师易于审核分析。按发生原因提出的索赔通常有以下几种:

(1) 增加(或减少)工程量索赔;
(2) 地基变化索赔;
(3) 工期延长索赔;
(4) 加速施工索赔;
(5) 不利自然条件及人为障碍索赔;
(6) 工程范围变更索赔;
(7) 合同文件错误索赔;
(8) 工程拖期索赔;
(9) 暂停施工索赔;
(10) 终止合同索赔;
(11) 设计图纸拖交索赔;
(12) 拖延付款索赔;
(13) 物价上涨索赔;
(14) 业主风险索赔;
(15) 特殊风险索赔;
(16) 不可抗拒天灾索赔;
(17) 业主违约索赔;
(18) 法令变更索赔等等。

此外,还会有一些别的原因引起的施工索赔。在这么多不同名目的索赔中,其发生的频率大不相同。根据索赔经验,最常见的主要有:工程范围变更索赔、工程拖期索赔、施工现场变化索赔或称为不利自然条件及人为障碍索赔、加速施工索赔。

2. 按索赔目的分类

(1) 工期索赔

工期索赔就是承包商向业主要求延长施工的时间,使原定的工程竣工日期顺延一段合理的时间。由于合理的工期延长,承包商可以避免承担"误期损害赔偿费"。在国际工程施工合同条件中,这个误期损害赔偿费是用以补偿业主由于工程项目较晚地投入运行使用而受的经济损失,按日计算赔偿金,其款额是相当大的,可以累计达到工程项目合同额的10%。

如果施工中发生计划进度拖后的原因在承包商方面,如实际开工日期较工程师指令的开工日期拖后,施工机械缺乏,物资供应不及时,施工组织不善,等等。在这种情况下,承包商无权要求工期延长,即无工期索赔权,惟一的出路,是自费采取赶工措施(如延长工作时间,增加劳动力和设备,提高工作效率等等),把延误的工期赶回来。否则,必须承担误期损害赔偿费。

(2) 经济索赔

经济索赔也称为费用索赔,就是承包商向业主要求补偿不应该由承包商自己承担的经济损失或额外开支,也就是取得合理的经济补偿。

承包商取得经济补偿的前提是：在实际施工过程中发生的施工费用超过了投标报价书中该项工作所预算的费用；而这项费用超支的责任不在承包商方面，也不属于承包商的风险范围。具体地说，施工费用超支的原因，主要来自两种情况：一是施工受到了干扰，导致工作效率降低；二是业主指令工程变更或额外工程，导致工程成本增加。由于这两种情况所增加的施工费用，即新增费用或额外费用，承包商有权索赔。

按照工程施工索赔的惯例，凡是规模较大的工程项目，承包商的工期索赔应该和经济索赔分开申报索赔文件，最好是先报送工期索赔报告，然后报送经济索赔报告。因为每一种索赔都要进行合同论证和计算工作，并附有大量的证据资料。但是，归根结底，这两种索赔最后都会反映到经济补偿问题，为承包商维护自己合法合理的经济利益服务。

3. 按索赔合同依据分类

（1）合同规定的索赔

合同规定的索赔是指承包商所提出的索赔要求，在该工程项目的合同文件中有文字依据，承包商可以据此提出索赔要求，并取得经济补偿。这些在合同文件中有文字规定的合同条款，在合同解释上被称为明示条款或称为明文条款。总之，凡是工程项目合同文件中有明示条款的，这种索赔都属于合同规定的索赔。这种索赔一般不容易发生争端，办起来比较容易。

（2）非合同规定的索赔

非合同规定的索赔亦被称为超越合同规定的索赔，即承包商的该项索赔要求，虽然在工程项目的合同条件中没有专门的文字叙述，但可以根据该合同条件的某些条款的含义，推论出承包商有索赔权。这一种索赔要求，同样有法律效力，有权得到相应的经济补偿。这种有经济补偿含义的合同条款，在合同管理工作中被称为默示条款或称为隐含条款。

默示条款是一个广泛的合同概念，它包含合同明示条款中没有写入、但符合合同双方签订合同时设想的愿望和当时的环境条件的一切条款。这些默示条款，或者从明示条款所表述的设想愿望中引申出来，或者从合同双方在法律上的合同关系中引申出来，经合同双方协商一致，或被法律或法规所指明，都成为合同文件的有效条款，要求合同双方遵照执行。

（3）道义索赔

这是一种罕见的、属于经济索赔范畴内的索赔形式。所谓道义索赔是指通情达理的业主目睹承包商为完成某项困难的施工，承受了额外费用损失，因而出于善良意愿，同意给承包商以适当的经济补偿，虽然在合同条款中找不到此项索赔的规定。这种经济补偿，称为道义上的支付，或称优惠支付。道义索赔俗称为通融的索赔或优惠索赔。这是施工合同双方友好信任的表现。

4. 按索赔当事人分类

每一项索赔工作都涉及两方面的当事人，即要求索赔者和被索赔者。由于每项索赔的提出者和对象不同，常见的有以下3种不同的索赔。

（1）工程承包商同业主之间的索赔

这是承包施工中最普遍的索赔形式。在国际工程施工索赔中，最常见的是承包商向业主提出的工期索赔和经济索赔；业主也向承包商提出经济补偿的要求，即反索赔。

（2）总承包商同分包商之间的索赔

总承包商是向业主承担全部合同责任的签约人,其中包括分包商向总承包商所承担的那部分合同责任。总承包商和分包商,按照他们之间所签订的分包合同,都有向对方提出索赔的权利,以维护自己的利益,获得额外开支的经济补偿。

分包商向总承包商提出的索赔要求,经过总承包商审核后,凡是属于业主方面责任范围内的事项,均由总承包商汇总后向业主提出;凡属总承包商责任的事项,则由总承包商同分包商协商解决。有的分包合同规定:所有的属于分包合同范围内的索赔,只有当总承包商从业主方面取得索赔款后,才拨付给分包商。这是对总承包商有利的保护性条款,在签订分包合同时,应由签约双方具体商定。分包商向总承包商提出的、属于总承包商责任范围的索赔要求,总承包商通常有反驳、拒绝或者部分承认的权利,这就是对分包商的索赔进行辩护,也可以说是一种反索赔行为。

(3) 承包商同供货商之间的索赔

承包商在中标以后,根据合同规定的机械设备和工期要求,向设备制造厂家或材料供应商询价订货,签订供货合同。供货合同一般规定供货商提供的设备的型号、数量、质量标准和供货时间等具体要求。如果供货商违反供货合同的规定,使承包商受到经济损失时,承包商有权向供货商提出索赔,反之亦然。

5. 按索赔的对象分类

索赔对象是指被索赔的一方,是相对于索赔者一方而言的。根据每个工程项目的合同条件,被索赔的一方有责任向索赔者提供合同条款规定的经济补偿。按照索赔的对象不同,在国际工程承包的施工索赔实践中,把索赔分成两类:索赔和反索赔。

(1) 索赔

在工程施工索赔的实践中,通常把承包商向业主提出的、为了取得经济补偿或工期延长的要求,称为索赔;把业主向承包商提出的、由于承包商违约而导致业主经济损失的补偿要求,称为反索赔。分包商可以向总承包商提出索赔,总承包商可以针对此项索赔进行反索赔。承包商可以向供货商提出索赔,供货商也可以反驳此项索赔,即进行反索赔,等等。

(2) 反索赔

由被索赔一方发起的对该项索赔坚持进行检查和处理的行动。它不仅是对该项索赔的防卫和反驳,而且是对索赔者提出实质性索赔的一个独立的行动。

1) 对承包商提出的损失索赔要求,业主采取的立场有两种可能的处理途径:

① 就(承包商)施工质量存在的问题和拖延工期,业主可以对承包商提出反要求,这就是业主通常向承包商提出的反索赔。此项反索赔就是要求承包商承担修理工程缺陷的费用。

② 业主也可以对承包商提出的损失索赔要求进行批评,即按照双方认可的生产率和会计原则等事项,对索赔要求进行分析,这样能够很快地减少索赔款的数量。对业主方面来说,成为一个比较合理的和可以接受的款额。

2) 业主对承包商的反索赔包括两个方面:

① 是对承包商提出的索赔要求进行分析、评审和修正,否定其不合理的要求,接受其合理的要求;

② 是对承包商在履约中的其他缺陷责任,如某部分工程质量达不到施工技术规程的要求,或拖期建成工程等,独立地提出损失补偿要求。

6. 按索赔的业务范围分类

（1）施工索赔

凡是涉及施工条件或施工技术、施工范围等变化引起的索赔，称为施工索赔。承包施工的索赔工作中，发生频率高、索赔款额大的，首推施工索赔。

（2）商务索赔

凡是涉及承包商与供货商、运输商和保险公司的索赔事项，统称为商务索赔。主要是指实施工程项目过程中的物资采购、运输、保管等方面活动引起的索赔事项。由于供货商、运输商等在物资数量上短缺、质量上不符合要求、运输途中损坏或不能按期交货等原因，给承包商造成经济损失时，承包商向供货商、运输商等提出索赔要求；反之，当承包商不按合同规定付款时，则供货商或运输商向承包商提出索赔等等。商务索赔的法律依据，是双方签订的供货合同、运输合同或保险合同。商务活动所依据的资料是有关的发票、账单、运输单据、保险单，以及相应的检验凭证。

商务索赔的主要内容，有以下几种：

1）货物数量短缺索赔：主要指物件丢失短缺，数量少于合同及有关单据中的规定。

2）货物质量不合格索赔：主要指货物不符合合同中规定的质量标准，如以劣代优、变形变质、规格不符等等。

3）货物损坏索赔：主要指货物在运输途中由于包装不妥、堆放不当等原因引起的破碎、锈蚀或变形等等。

4）违约索赔：主要指违反合同，使对方受到经济损害时的索赔要求。

5）保险索赔：主要指向保险公司提出保险范围内的事故损失。

7. 按索赔的处理方式分类

（1）单项索赔

单项索赔就是采取一事一索赔的方式，即在每一件索赔事项发生后，报送索赔通知书，编报索赔报告书，要求单项解决支付，不与其他的索赔事项混在一起。单项索赔是施工索赔通常采用的方式。它避免了多项索赔的相互影响制约，所以解决起来比较容易。

（2）综合索赔

综合索赔又称总成本索赔，俗称一揽子索赔。即对整个工程（或某项工程）中所发生的数起索赔事项，综合在一起进行索赔。采取这种方式进行索赔，是在特定的情况下被迫采用的一种索赔方法。有时，在施工过程中受到非常严重的干扰，以致承包商的全部施工活动与原来的计划大不相同，原合同规定的工作与变更后的工作相互混淆，承包商无法为索赔保持准确而详细的成本记录资料，无法分辨哪些费用是原定的，哪些费用是新增的。在这种条件下，无法采用单项索赔的方式。承包商应该注意，采取综合索赔的方式应尽量避免，因为它涉及的争论因素太多，一般很难成功。

第二节 工程常见的索赔问题

一、施工现场条件变化索赔

施工现场条件变化也称不利的自然条件或障碍。是指在施工过程中，承包商遇到了一个有经验的承包商不可能预见到的不利的自然条件或人为障碍，因而导致承包商为完成合同要花费计划外的额外开支。按照国际工程承包惯例，这些额外开支应该得到业主方面的补偿。

施工现场条件变化的含义，主要是指施工现场的地下条件（即地质、地基、地下水及土壤条件）的变化，给项目实施带来严重困难。这些地基或土壤条件，同招标文件中的描述差别很大，或在招标文件中根本没有提到。至于水文气象方面原因造成的施工困难，如暴雨、洪水对施工带来的破坏或经济损失，则属于投标施工的风险问题，而不属于施工现场条件变化的范畴。在施工索赔中处理的原则是：一般的不利水文气象条件，是承包商的风险；特殊反常的水文气象条件，即通常所谓的"人力不可抵御的"自然力，则属于业主的风险。

（1）不利的施工现场条件分类

1）第一类不利的现场条件。是指招标文件描述现场条件失误。即在招标文件中对施工现场存在的不利条件虽然已经提出，但严重失实，或其位置差异极大，或其严重程度差异极大，从而使承包商误入歧途。这一类不利的现场条件主要是指：

① 在开挖现场挖出的岩石或砾石，其位置高程与招标文件中所述的高程差别甚大；

② 招标文件钻孔资料注明系坚硬岩石的某一位置或高程上，出现的却是松软材料；

③ 实际的破碎岩石或其地下障碍物，其实际数量大大超过招标文件中给出的数量；

④ 设计指定的取土场或采石场开采出来的土石料，不能满足强度或其他技术指标要求，而要更换料场；

⑤ 实际遇到的地下水在位置、水量、水质等方面与招标文件中的数据相差悬殊；

⑥ 地表高程与设计图纸不符，导致大量的挖填方量；

⑦ 需要压实的土壤的含水量数值与合同资料中给出的数值差别过大，增加了碾压工作的难度或工作量，等等。

2）第二类不利的现场条件。是指在招标文件中根本没有提到，而且按该项工程的一般施工实践完全是出乎意料地出现的不利现场条件。这种意外的不利条件，是有经验的承包商难以预见的情况，主要是指：

① 在开挖基础时发现了古代建筑遗迹、古物或化石；

② 遇到了高度腐蚀性的地下水或有毒气体，给承包商的施工人员和设备造成意外的损失；

③ 在隧洞开挖过程中遇到强大的地下水流，这是类似地质条件下隧洞施工中罕见的情况，等等。

（2）对不利的施工现场条件的处理原则

上述两种不同类型的现场不利条件，不论是招标文件中描述失实的，或是招标文件中根本未曾提及的，都是一般施工实践中承包商难以预料的，给承包商的施工带来严重困难，从而引起施工费用大量增加或工期延长。从合同责任上讲，不是承包商的责任，因而应给予相应的经济补偿和工期延长。

【例5-1】 某拟建工程建设场地原为农田。按设计要求进行建造时，建筑物地坪范围内的耕植土应清除，基础必须在老土层下2m处。为此，建设单位在前期就委托土方施工公司清除了耕植土并用好土回填压实至一定设计标高,故在施工招标文件中指出,承包商无须再考虑清除耕植土问题。然而。开工后,承包商在开挖基坑时发现,相当一部分基础开挖深度虽然已经达到设计标高,但仍未见老土,而且在基础和场地范围内仍有一部分深层的耕植土和池塘淤泥必须清除。

问题:
1) 在工程中遇到地质条件与原设计所依据的地质资料不一致时,承包商应该怎么办?
2) 根据修改的设计图纸,基础开挖要加深加大。为此承包商提出了变更工程价格和延长工期的要求。请问承包商的要求是否合理?为什么?
3) 对于工程施工中出现变更工程价款和工期的事件之后,双方需要注意哪些时效性问题?
4) 对合同中未规定的承包商义务而在合同实施过程中又必须要进行的工作,应如何处理?

答案与解析:
1) 当在工程中遇到地质条件与原设计所依据的地质资料不一致时,承包商应该:
① 根据我国《建设工程施工合同(示范文本)》的规定,在工程中遇到地质条件与原设计所依据的地质资料不符合时,承包商应及时通知建设单位,要求对原设计进行变更;
② 在《建设工程施工合同(示范文本)》的规定期限内,向建设单位提出设计变更价款和工期顺延的要求。建设单位如果确认,则调整合同;建设单位如果不同意,应由建设单位在合同规定的期限内,通知施工单位就变更价格进行协商,协商一致后,修改合同。如果协商不一致,则按工程承包合同纠纷处理方式解决。
2) 承包商提出的要求是合理的。因为工程地质条件的变化,不是一个有经验的承包商能够合理预见到的,属于建设单位应承担的风险。基础开挖要加深加大,必然会引起费用增加,工期延长。
3) 在工程施工中出现变更工程价款和工期的事件之后,双方需要注意:
① 施工单位提出变更工程价款和顺延工期的时间;
② 建设单位确认的时间;
③ 双方对变更工程价款和工期不能达成一致意见时的解决办法和时间。
4) 对合同中未规定的承包商义务,合同实施过程中又必须要进行的工作:
① 一般情况下可以按工程变更处理。在《建设工程施工合同(示范文本)》的规定期限内,向建设单位提出设计变更价款和工期顺延的要求。建设单位如果确认,则调整合同;建设单位如果不同意,应由建设单位在合同规定的期限内,通知施工单位就变更价格进行协商,协商一致后,修改合同。如果协商不一致,则按工程承包合同纠纷处理方式解决。
② 可以另行委托施工。

二、工程范围变更索赔

工程范围变更索赔是指业主和工程师指令承包商完成某项工作,而承包商认为该项工作已超出原合同的工作范围,或超出他投标时估计的施工条件,因而要求补偿其附加开支即新增开支。超出原合同规定范围的新增工程，在合同语言上被称为额外工程。这部分工程是承包商在投标报价时没有考虑的工作。它在招标文件的工程量表中及其施工技术规程中都没有列入，因而承包商在采购施工设备和制定施工进度计划时都没有考虑。因此，对这种额外工程，承包商虽然应遵照业主和工程师的指令必须予以完成，但承包商理应得到报酬，包括得到经济补偿以及工期延长。

1. 附加工程

附加工程是指那些该合同项目所必不可少的工程，如果缺少了这些工程，该合同项目便不能发挥合同预期的作用。或者说，附加工程就是合同工程项目所必需的工程。是承包商在接到咨询工程师的工程变更指令后必须完成的工作，无论这些工作是否列入该工程项目合同文件中。

2. 额外工程

额外工程是指工程项目合同文件中工作范围中未包括的工作。缺少这些工作，原订合同工程项目仍然可以运行，并发挥效益。额外工程乃是一个新增的工程项目，而不是原合同项目工程量表中的一个新的工作项目。如果属于附加工程，即使工程量表中没有列入，它也可以增列进去；如果是额外工程，便不应列入工程量表中去。

【例 5-2】 某工程施工中，业主对原定的施工方案进行变更，尽管采用改进后的方案使工程投资大为节省，但同时也引发了索赔事件。在基础施工方案专家论证过程中，业主确认使用钢栈桥配合挖土施工，承包商根据设计图纸等报价 139 万人民币。在报价同时，承包商为了不影响总工期，即开始下料加工，共发生费用 20 万元。后业主推荐租用组合钢栈桥施工方案，费用为 72 万元，共节约费用 67 万元。承包商提出费用索赔 20 万元。

问题：请问承包商提出的费用索赔是否成立？

答案与解析：因为是由于施工方案变更造成承包商材料运输、工料等损失。承包商即向业主提出费用索赔应当成立。承包商应获得费用索赔 20 万元。

三、工程拖期索赔

工程拖期索赔的原因，是承包商为了完成合同规定的工程花费了较原计划更长的时间和更大的开支，而拖期的责任不在承包商方面。工期拖期索赔的前提，是拖期的原因或由于业主的责任，或由于客观影响，而不是承包商的责任。

工程拖期索赔通常在下列情况下发生：

（1）由于业主的原因：如未按规定时间向承包商提供施工现场或施工道路；干涉施工进展；大量地提出工程变更或额外工程；提前占用已完工的部分建筑物，等等。

（2）由于咨询工程师的原因：如修改设计；不按规定时间向承包商提供施工图纸；图纸错误引起返工，等等。

（3）由于客观原因，而且是业主和承包商都无力扭转的：如政局动乱，战争或内乱，特殊恶劣的气候，不可预见的现场不利自然条件，等等。

对承包商来说，以上三类情况的工期延误不是承包商的责任，承包商是可以得到原谅的。如果拖期的责任者是业主或咨询工程师，即第(1)、(2)种情况，承包商不仅可以得到工期延长，还可以得到经济补偿。如果是由于客观原因造成，即第(3)种情况，但其责任者不是业主时，承包商可以得到工期延长，但得不到经济补偿。

还有一类工期延误是由于承包商的原因而引起的，如施工组织不好，工效不高，设备材料供应不足，以及由承包商担任风险的工期延误(如一般性的天气不好，影响了施工进度)。对于此种情况，由于责任者是承包商，而不是由于业主或客观的原因，承包商不但得不到工期延长，也得不到经济补偿。承包商是无权进行索赔的。

【例 5-3】 中建总公司海外公司在某国承建了某酒店工程，合同总造价 6000 万美元，合同工期为 20 个月。合同规定如果承包商不能按期完成该工程，将承担延期损害赔偿费，按 1000 美元/天计取赔偿费用，赔偿金额的上限为合同总造价的 10%。该工程开工 5 个月后，该国发生了政治动乱战争，迫使工程停工 2 个月。尽管承包商在工程恢复正常后，采取了多种加快工程施工进度的措施，但是实际完工工期为 22 个月。政治动乱战争发生后承包商即向业主提出了工期索赔和费用索赔报告。后经计算，上报工期索赔 2 个月、费用索赔 6 万美元。

问题：请问承包商提出的工期索赔和费用索赔是否成立？

答案与解析：因为在工程施工过程中，该国发生了政治动乱战争，属于客观原因而且是业主和承包商都无力扭转的。所以承包商可以得到工期延长，但得不到经济补偿。因此承包商的工期索赔 2 个月成立，费用索赔不成立。

四、加速施工索赔

当工程项目的施工遇到可原谅的拖期时，采用什么措施则属于业主的决策。这里有两种选择：或者给承包商工期延长，容许整个工程项目的竣工日期相应拖后；或者要求承包商采取加速施工的措施，宁可增加工程成本，也要按计划工期建成投产。

业主在决定采取加速施工时，应向承包商发出书面的加速施工指令，并对承包商拟采取的加速施工措施进行审核批准，并明确加速施工费用的支付问题。承包商为加速施工所增加的成本开支，将提出书面的索赔文件，这就是加速施工索赔。

1. 加速施工的成本开支

采取加速措施时，承包商要增加相当大的资源投入量，使原定的工程成本大量增加，形成了附加成本开支。这些附加开支主要包括以下几个方面：

(1) 采购或租赁原施工组织设计中没有考虑的新的施工机械和有关设备。
(2) 增加施工的工人数量，或采取加班施工(每天两班制，甚至三班连续作业)。
(3) 增加建筑材料供应量，生活物资供应量。
(4) 采用奖励制度，提高劳动生产率。
(5) 工地管理费增加，等等。

由于加速施工必然导致工程成本开支大量增加，因此承包商在采取加速措施以前一定要取得业主和咨询工程师(监理工程师)的正式认可，否则不宜正式开始加速施工。因为有时咨询工程师虽然口头要求承包商加速施工，但他认为这是承包商的责任，要使工程项目按合同规定的日期建成，但不谈论已经形成施工拖期的责任谁属。这就为将来的加速施工索赔埋下了合同纠纷的根子。

2. 加速施工的处理原则

(1) 明确工期延误的责任

在发生工期拖后时,合同双方要及时研究拖期的原因,具体分析拖期的责任,确定该延误是可原谅的或是不可原谅的。有时,合同双方一时难以达成一致的见解,难以确定责任者。在这种情况下,如果业主决心采取加速施工措施,以便工程按期建成时,便应发出加速施工指令,及时扭转施工进度继续拖后的事实。至于加速施工的费用及责任问题,可留待来日解决。

(2) 确定加速施工的持续天数

如果工程拖期是由于施工效率降低引起,而工效降低是由客观原因造成时,业主则应给承包商相应天数的工期延长。由于施工效率降低而导致施工进度缓慢,从而引起工期延长时,可在原计划工期的基础上,根据工效降低的影响程度,计算出实际所需的工期,也就是应该给承包商延长的施工时间,见下式:

$$实际工程 = 计划工期 \times \left(1 + \frac{原定效率 - 实际效率}{原定效率}\right)$$

式中 原定效率——投标文件中所列的施工效率;

实际效率——施工时由于干扰而工效降低,所实际达到的施工效率。它可由施工现场的记录数据计算出来。

由此可见,承包商在投标报价书中必须列入工效数据,在施工现场必须详细记录实际工效数据。否则,他就不能确切地提出工期延长的天数,即加速施工所必须持续的天数。

【例 5-4】 某建筑公司承包建设一栋大型办公楼。按原定施工计划,从基坑挖出的松土要倒运到需要填高的停车场地方。但在开工初期连降大雨,土壤过湿,无法采用这种施工方法。承包商多次发出书面通知,要求业主给予延长工期,以便土壤稍干后再按原计划实行以挖补填的施工方法。

但业主不同意给予工期延长,坚持认为:在承包商提交来自"认可部门"(如国家气象局)的证明文件证明该气候确实是非常恶劣之前,业主不批准拖期。

为了按期完成工程,承包商因此不得不采取在恶劣天气期间继续施工,从大楼基坑运走开挖出的湿土,再从别处运来干土填筑停车场。这样形成了计划外的成本支出,承包商因而向业主提出索赔,要求补偿额外的成本开支。

在承包商第一次提出延长工期要求后的 16 个月,业主同意因大雨和湿土而延长工期,但拒绝向承包商补偿额外的成本开支,原因是在合同文件中并没有要求以挖补填的施工方法是惟一可行的。

承包商认为,自己按业主的要求进行了加速施工,蒙受了额外开支亏损,但业主不同意给予补偿,故提交仲裁。

仲裁机关考察了以下五个方面的实际情况:

1) 承包商遇到了可原谅的延误。承包商在恶劣天气条件下进行施工;业主最终亦批准了工期延长,即承认了气候条件特别恶劣这一事实。

2) 承包商已经及时地提出了延长工期的要求,业主已满足了这一要求。

3）业主未能在合理时间内批准工期延长。既然现场的每个人都知道土质过湿，不能用于回填，就没有必要要求来自"认可部门"的正式文件。

4）业主的行为表明他要求承包商按期建成工程。通过未及时批准延长工期等其他行为，业主有力地表达了希望按期完工的愿望，这实质上已经有效地指令承包商加速施工，按期建成工程，形成了可推定的加速施工指令。

5）承包商已经证明，他实际上已加速施工，并发生了额外成本。以挖补填法是本工程最合理的施工方法，它要比运出湿土、运进干土填筑的办法便宜得多。

根据以上分析，仲裁员同意承包商的申辩，要求业主向承包商补偿相应的额外成本开支。

第三节 施工索赔管理

一、索赔的依据和证据

1. 索赔的依据

索赔的依据主要是法律、法规及工程建设惯例，尤其是双方签订的工程合同文件。由于不同的具体工程有不同的合同文件，索赔的依据也就不完全相同，合同当事人的索赔权利也不同。

2. 索赔的证据

索赔证据是当事人用来支持其索赔成立或和索赔有关的证明文件和资料。索赔证据作为索赔文件的组成部分，在很大程度上关系到索赔的成功与否。证据不全、不足或没有证据，索赔是不可能获得成功的。作为索赔证据既要真实、全面、及时，又要具有法律证明效力。在工程项目的实施过程中，会产生大量的工程信息和资料，这些信息和资料是开展索赔的重要依据。如果项目资料不完整，索赔就难以顺利进行。因此在施工过程中应始终做好资料积累工作，建立完善的资料记录和科学管理制度，认真系统地积累和管理施工合同文件、质量、进度及财务收支等方面的资料。对于可能会发生索赔的工程项目，从开始施工时就要有目的地收集证据资料，系统地拍摄施工现场，妥善保管开支收据，有意识地为索赔文件积累所必要的证据材料。

在工程项目实施过程中，常见的索赔证据主要有：

(1) 各种工程合同文件；
(2) 施工日志；
(3) 工程照片及声像资料；
(4) 来往信件、电话记录；
(5) 会谈纪要；
(6) 气象报告和资料；
(7) 工程进度计划；
(8) 投标前业主提供的参考资料和现场资料；
(9) 工程备忘录及各种签证；
(10) 工程结算资料和有关财务报告；

(11) 各种检查验收报告和技术鉴定报告；

(12) 其他，包括分包合同、订货单、采购单、工资单、官方的物价指数、国家法律、法规等。

【例 5-5】 某公司承包的一幢地下 2 层、地上 30 层的钢筋混凝土高层建筑，合同规定结构施工工期仅为 10 个月，合同规定每拖期一天罚款 6000 美元。开工之初，许多人都预计要拖期一个月。在施工过程中，项目经理部严格管理，设立专职管理人员，及时收集、整理、保存各种资料和来往函件，他们根据合同中不可抗力条款，从当地天文台、气象台取得日降水量超过 25mm，6 小时内风速连续超过 7 级的气候资料，及时与甲方办理了签证，成功地向业主索赔 40 天工期，并在原定的工期内完成了合同范围内的结构施工。

二、索赔工作程序

索赔工作程序是指从索赔事件产生到最终处理全过程所包括的工作内容和工作步骤。由于索赔工作实质上是承包商和业主在分担工程风险方面的重新分配过程，涉及到双方的众多经济利益，因而是一项繁琐、细致、耗费精力和时间的过程。因此，合同双方必须严格按照合同规定办事，按合同规定的索赔程序工作，才能获得成功的索赔。

1. 索赔意向的提出

在工程实施过程中，一旦出现索赔事件，承包商应在合同规定的时间内，及时向业主或工程师书面提出索赔意向通知，亦即向业主或工程师就某一个或若干个索赔事件表示索赔愿望、要求或声明保留索赔的权利。索赔意向的提出是索赔工作程序中的第一步，其关键是抓住索赔机会，及时提出索赔意向。

FIDIC 合同条件及我国建设工程施工合同条件都规定：承包商应在索赔事件发生后 28 天内，将其索赔意向通知工程师。反之如果承包商没有在合同规定的期限内提出索赔意向或通知，承包商则会丧失在索赔中的主动和有利地位，业主和工程师也有权拒绝承包商的索赔要求，这是索赔成立约有效和必备条件之一。因此在实际工作中，承包商应避免合理的索赔要求由于未能遵守索赔时限的规定而导致无效。

2. 索赔资料的准备

从提出索赔意向到提交索赔文件，是属于承包商索赔的内部处理阶段和索赔资料准备阶段。此阶段的主要工作有：

(1) 跟踪和调查干扰事件，掌握事件产生的详细经过和前因后果。

(2) 分析干扰事件产生原因，划清各方责任，确定由谁承担，并分析这些干扰事件是否违反了合同规定，是否在合同规定的赔偿或补偿范围内。

(3) 损失或损害调查或计算，通过对比实际和计划的施工进度和工程成本，分析经济损失或权利损害的范围和大小，并由此计算出工期索赔和费用索赔值。

(4) 收集证据，从干扰事件产生、持续直至结束的全过程，都必须保留完整的当时记录，这是索赔能否成功的重要条件。在实际工作中，许多承包商的索赔要求都因没有或缺少书面证据而得不到合理解决，这个问题应引起承包商的高度重视。

从我国建设工程施工合同示范文本来看，合同双方应注意以下资料的积累和准备：发包人指令书、确认书；承包人要求、请求、通知书；发包人提供的水文地质、地下管网资料，施工所需的证件、批件、临时用地占地证明手续、坐标控制点资料、图纸等；承包人的年、季、月施工计划，施工方案，施工组织设计及工程师批准、认可等；施工规范、质量验收单、隐蔽工程验收单、验收记录；承包人要求预付通知，工程量核实确认单；发包人承包人的材料供应清单、合格证书；竣工验收资料、竣工图；工程结算书、保修单等等。

(5) 起草索赔文件。按照索赔文件的格式和要求，将上述各项内容系统反映在索赔文件中。

3. 索赔文件的提交

承包商必须在合同规定的索赔时限内向业主或工程师提交正式的书面索赔文件。FIDIC合同条件及我国建设工程施工合同条件都规定：承包商应在索赔事件发生后28天内或经工程师同意的其他合理时间内，向工程师提交一份详细的索赔文件，如果干扰事件对工程的影响持续时间长，承包商则应按工程师要求的合理间隔，提交中间索赔报告，并在干扰事件影响结束后的28天内提交一份最终索赔报告。

4. 工程师（业主）对索赔文件的审核

工程师是受业主的委托和聘请，对工程项目的实施进行组织、监督和控制工作。工程师根据业主的委托或授权，对承包商索赔的审核工作主要分为判定索赔事件是否成立和核查承包商的索赔计算是否正确、合理两个方面，并可在业主授权的范围内作出自己独立的判断。

承包商索赔要求的成立必须同时具备如下四个条件：

(1) 与合同相比较已经造成了实际的额外费用增加或工期损失；
(2) 造成费用增加或工期损失的原因不是由于承包商自身的过失所造成；
(3) 这种经济损失或权利损害也不是应由承包商应承担的风险所造成；
(4) 承包商在合同规定的期限内提交了书面的索赔意向通知和索赔文件。

建设工程施工合同条件规定，工程师在收到承包人送交的索赔报告和有关资料后28天内给予答复，或要求承包人进一步补充索赔理由和证据。工程师在收到承包人送交的索赔报告和有关资料后28天内未予答复或未对承包人作进一步要求，视为该项索赔已经认可。

5. 索赔的处理与解决

从递交索赔文件到索赔结束是索赔的处理与解决过程。经过工程师对索赔文件的评审，与承包商进行了较充分的讨论后，工程师应提出对索赔处理决定的初步意见，并参加业主和承包商之间的索赔谈判，根据谈判达成索赔最后处理的一致意见。如果业主和承包商通过谈判达不成一致，则可根据合同规定，将索赔争议提交仲裁或诉讼，使索赔问题得到最终解决。

三、索赔技巧

索赔工作既有科学严谨的一面，又有艺术灵活的一面。对于一个确定的索赔事件往往没有预定的、确定的解，它往往受制于双方签订的合同文件、各自的工程管理水平和索赔能力以及处理问题的公正性、合理性等因素。因此索赔成功不仅需要令人信服的法律依

第三节 施工索赔管理

据、充足的理由和正确的计算方法，索赔的策略、技巧和艺术也相当重要。如何看待和对待索赔，实际上是个经营战略问题，是承包商对利益、关系、信誉等方面的综合权衡。

1. 承包商应防止两种极端倾向

（1）只讲关系、义气和情意，忽视应有的合理索赔，致使企业遭受不应有的经济损失。

（2）不顾关系，过分注重索赔，斤斤计较，缺乏长远和战略目光，以致影响合同关系、企业信誉和长远利益。

2. 合同双方在开展索赔工作时，还要注意索赔技巧和艺术

（1）正确把握提出索赔的时机。索赔过早提出，往往容易遭到对方反驳或在其他方面可能施加的挑剔、报复等；过迟提出，则容易留给对方借口，索赔要求遭到拒绝。因此索赔方必须在索赔时效范围内适时提出。如果老是担心或害怕影响双方合作关系，有意将索赔要求拖到工程结束时正式提出，可能会事与愿违，适得其反。

（2）索赔谈判中注意方式方法。合同一方向对方提出索赔要求，进行索赔谈判时，措词应婉转，说理应透彻，以理服人，而不是得理不让人，尽量避免使用抗议式提法，在一般情况下少用或不用如"你方违反合同"、"使我方受到严重损害"等类词句，最好采用"请求贵方作公平合理的调整"、"请在××合同条款下加以考虑"等，既要正确表达自己的索赔要求，又不伤害双方的和气和感情，以达到索赔的良好效果。

如果对于合同一方一次次合理的索赔要求，对方拒不合作或置之不理，并严重影响工程的正常进行，索赔方可以采取较为严厉的措辞和切实可行的手段，以实现自己的索赔目标。

（3）索赔处理时作适当必要的让步。在索赔谈判和处理时应根据情况作出必要的让步，扔芝麻抱西瓜，有所失才有所得。可以放弃金额小的小项索赔，坚持大项索赔。这样使对方容易做出让步，达到索赔的最终目的。

（4）发挥公关能力。除了进行书信往来和谈判桌上的交涉外，有时还要发挥索赔人员的公关能力，采用合法的手段和方式，营造适合索赔争议解决的良好环境和氛围，促使索赔问题的早日和圆满解决。

四、索赔管理

要顺利地开展索赔工作，必须全面认识索赔，完整理解索赔，端正索赔动机，才能正确对待索赔，规范索赔行为，合理地处理索赔业务。因此承包商尤其是商务经理应对索赔工作的特点有个全面的认识和理解。

1. 索赔工作贯穿工程项目始终

商务经理要做好索赔工作，必须从签订合同起，直至执行合同的全过程中，在项目经理的直接领导下，认真注意采取预防保护措施，建立健全索赔业务的各项管理制度。

（1）在工程项目的招标、投标和合同签订阶段，应仔细研究工程所在国的法律、法规及合同条件，特别是关于合同范围、义务、付款、工程变更、违约及罚款、特殊风险、索赔时限和争议解决等条款，必须在合同中明确规定当事人各方的权利和义务，以便为将来可能的索赔提供合法的依据和基础。

（2）在合同执行阶段，合同当事人应密切注视对方的合同履行情况，不断地寻求索赔

机会；同时自身应严格履行合同义务，防止被对方索赔。

一些缺乏工程承包经验的承包商商务经理，由于对索赔工作的重要性认识不够，往往在工程开始时并不重视，等到发现不能获得应当得到的偿付时才匆忙研究合同中的索赔条款，汇集所需要的数据和论证材料，但已经陷入被动局面，有的经过旷日持久的争执、交涉乃至诉诸法律程序，仍难以索回应得的补偿或损失，影响了自身的经济效益。

2. 索赔是一门融工程技术和法律于一体的综合学问和艺术

索赔问题涉及的层面相当广泛，既要求商务经理具备丰富的工程技术知识与实际施工经验，使得索赔问题的提出具有科学性和合理性，符合工程实际情况，又要求商务经理通晓法律与合同知识，使得提出的索赔具有法律依据和事实证据，并且还要求在索赔文件的准备、编制和谈判等方面具有一定的艺术性，使索赔的最终解决表现出一定程度的伸缩性和灵活性。这就对商务经理的素质提出了很高的要求，他们的个人品格和才能对索赔成功的影响很大。商务经理应当做到头脑冷静、思维敏捷、处事公正、性格刚毅且有耐心，并具有多种综合能力。

3. 影响索赔成功的相关因素较多

索赔能否获得成功，除了上述方面的条件以外，还与承包商的项目管理基础工作密切相关，主要有以下四个方面：

(1) 合同管理

合同管理与索赔工作密不可分，也可以说索赔就是合同管理的一部分。从索赔角度看，合同管理可分为合同分析和合同日常管理两部分。合同分析的主要目的是为索赔提供法律依据。合同日常管理则是收集、整理施工中发生事件的一切记录，包括图纸、订货单、会谈纪要、来往信件、变更指令、气象图表、工程照片等，并加以科学归档和管理，形成一个能清晰描述和反映整个工程全过程的数据库，其目的是为索赔及时提供全面、正确、合法有效的证据。

(2) 进度管理

工程进度管理，不仅可以指导整个施工的进程和次序，而且可以通过计划工期与实际进度的比较、研究和分析，找出影响工期的各种因素，分清各方责任，及时地向对方提出延长工期及相关费用的索赔，并为工期索赔值的计算提供计算依据和各种基础数据。

(3) 成本管理

成本管理的主要内容有编制成本计划，控制和审核成本支出，进行计划成本与实际成本的动态比较分析等，它可以为费用索赔提供各种费用的计算数据和其他信息。

(4) 信息管理

索赔文件的提出、准备和编制需要大量工程施工中的各种信息，这些信息要在索赔时限内高质量地准备好，离开了当事人平时的信息管理是不行的。有条件的企业可以采用计算机进行信息管理。

五、施工索赔需要注意事项

1. 充分论证索赔权

要进行施工索赔，首先要有索赔权。如果没有索赔权，无论承包商在施工中承受了多么大的亏损，他亦无权获得任何经济补偿。索赔权是索赔要求能否成立的法律依据，其基础是施工合同文件。因此，商务经理应通晓合同文件，善于在合同条款、施工技术规程、工程量表、工作范围、合同函件等全部合同文件中寻找索赔的法律依据。

索赔权是合同权利之一，它对合同双方都是同样有效的。无论是承包商提出施工索赔，或者是业主提出反索赔，都有必要论证自己的索赔权，都要有合同或法律依据。在全部施工合同文件中，涉及索赔权的一些主要条款，大都包括在合同通用条件部分中，尤其是涉及工程变更的条款例如：工程范围变更、工作项目变更、施工条件变更、施工顺序变更、工期延长、单价变更、物价上涨、汇率调整等等。对这些条款的含义，要研究透彻，做到熟练地运用它们，来证明自己索赔要求的合理性。

为了论证索赔权，承包商在索赔报告书中要明确地、全文引用有关的合同条款，作为自己索赔要求的根据，使业主和工程师了解该项索赔的合理性。

除了工程项目的全部合同文件以外，承包商还可依据以下两方面的规定或事实，来论证自己的索赔权：

(1) 工程所在国的法律或规定。由于工程项目的合同文件适用于工程所在国的法律，所以，凡是该国的法律、命令、规定中允许承包商索赔的条文，都可引用以证明自己的索赔权。因此，承包商必须熟悉工程所在国的有关法律规定，善于利用它来确立自己的索赔权。为此，对于大型工程或索赔款额巨大的索赔工作，承包商有必要聘雇当地的法律咨询或索赔专家来指导。

(2) 类似情况成功的索赔案例。由于许多国家的工程项目合同文件采用 FIDIC 合同条件、ICE 合同条件，或其他属于世界普通法系的合同条件；这些合同条件均实行案例裁决的原则，即在裁决时可以参照类似的前例。因此，承包商可以通过调查研究或查阅案例选集，寻找已经胜诉的类似案例，来论证自己的索赔权。

在下列情况下承包商是得不到索赔权的：

1) 在本工程项目合同文件和工程所在国法律规定中，均找不到索赔的合同和法律依据，又无类似情况的成功案例可循；

2) 压低报价以求中标，或报价时漏项失误而低价中标，造成施工中的大量亏损，这是承包商自己的责任，属于承包商的风险，无论亏损多么大，也不可能因此而获得索赔权；

3) 属于承包商责任而发生的费用超支或工期延误，承包商不仅没有索赔权，还要自费赶工，以免承担误期损害赔偿。

2. 合理计算索赔款

在确立了索赔权以后，下一步的工作就是计算索赔款额，或推算工期延长天数。如果说论证索赔权是属于定性的，是法律论证部分；则确定索赔款就是定量的，是经济论证部分。这两点，是索赔工作成功与否的关键。

计算索赔款的依据，是合同条件中的有关计价条款，以及可索赔的一些费用。通过合适的计价方法，求出要求补偿的额外费用。

(1) 采用合理的计价方法。最好采用实际费用法，进行单项索赔，合理地计算出有权要求补偿的额外费用。

(2) 不要无根据地扩大索赔款额。在计算中不要有意地大量提高索赔款额，而应尊重事实，有根有据。漫天要价是不严肃的行为，会给索赔带来严重障碍。

(3) 计算数据要准确无误。应该防止任何计算上的数字错误，对计算过程和成果进行反复核算。

3. 按时提出索赔要求

在工程项目的合同文件中，对承包商提出施工索赔要求均有一定的时限。在 FIDIC 合同条件中，这个时限是索赔事项初发时起的 28 天以内，而且要求承包商提出书面的索赔通知书，报送工程师并抄送业主。按照合同条件的默示条款，晚于这一时限的索赔要求，业主和工程师可以拒绝接受。他们认为，承包商没有在规定的时限内提出索赔要求，是他已经主动放弃该项索赔权。

一个有经验的承包商的做法是：当发生索赔事态时，立即请工程师到出事现场，要求他做出指示；对索赔事态进行录像或详细的论述，作为今后索赔的依据；并在时限以内尽早地书面正式提出索赔要求。

4. 编写好索赔报告

在索赔事项的影响消失后的 28 天以内，写好索赔报告书，报送给业主和工程师。对于重大的索赔事项，如隧洞塌方，不可能在编写索赔报告书时已经处理完毕，但仍可根据塌方量及处理工作的难度，估算出所需的索赔款额，以及所必须的工期延长天数。索赔报告书应清晰准确地叙述事实，避免出现潦草、混乱及自相矛盾的情况。在报告书的开始，以简练的语言综述索赔事项的处理过程以及承包商的索赔要求；接着是逐项地详细论述和计算；最后附以相应的证据资料。对于重大的索赔事项，应将工期索赔和经济索赔分别编写，以便工程师和业主核阅和决定。对于较简单、费用较小的索赔事项，可将工期索赔和经济索赔写入同一个索赔报告书中。

5. 提供充分的索赔证据

在确立索赔权、计算索赔款之后，重要的问题是提供充分的论证资料，使自己的索赔要求建立在可靠证据的基础上。证据资料应与索赔款计算书的条目相对应，对索赔款中的每一项重要开支附上收据或发票，并顺序编号，以便核对。证据资料包括图表、信函、变更指令、工资单、设备租赁费收据、材料购货单、照片、录像等等，系根据索赔报告的论述部分和计算部分的需要而提供。无关的或可有可无的证据资料不必附入。

鉴于以上情况，承包商在每项工程施工开始时，就应建立起严密的资料累积制度，以便在出现索赔问题时按需要摘取。在施工过程中应注意积累的证据资料，主要是：施工过程中的记录资料，例如工地施工日志、施工进度记录、质量检查记录、气象水文记录、劳动力设备和材料使用记录、施工过程中出现的技术问题或安全事故记录等等；财务收支记录资料例如施工进度款支付记录、工人工资表、材料设备及配件采购单、会计日（月）报表、贷款利息收据等等；施工过程中的现场会议记录、工程师的变更指令或其他通知、往来函件、电话记录等等。

6. 力争友好协商解决

承包商在报出索赔报告书以后，即可向工程师查询其对索赔报告的意见。对于简单的索赔事项，工程师一般应在收到报告书之日起 28 天以内提出处理意见，征得业主同意后，正式通知承包商。

咨询工程师对索赔报告书的处理建议，是合同双方会谈协商的基础。在一般情况下，经过双方的友好协商，或由承包商一方提供进一步的证据后，工程师即可提出最终的处理意见，经双方协商同意，使索赔要求得到解决。

即使合同双方对个别的索赔问题难以协商一致，承包商亦不应急躁地将索赔争端提交仲裁或法庭，亦不要以此威胁对方，而应寻求通过中间人（或机构）调停的途径，解决索赔争端。实践证明，绝大多数提交中间人调停的索赔问题，均能通过调解协商得到解决。

7. 随时申报，按月结算

正常的施工索赔做法，是在发生索赔事项后随时随地提出单项索赔要求，力戒把数宗索赔事项合为一体索赔。这样做，使索赔问题交织在一起，解决起来更为困难。除非迫不得已，数宗索赔事项纵横交错、难以分解时，才以综合索赔的形式提出。

在索赔款的支付方式上，应力争单项索赔、单独解决、逐月支付，把索赔款的支付纳入按月结算支付的轨道，同工程进度款的结算支付同步处理。这样，可以把索赔款化整为零，避免积累成大宗款额，使其解决较为容易。

在解决索赔问题过程中，对于新单价难以协商一致时，承包商对工程师提出的新单价不满意，要求重新核算确定，而工程师亦不肯轻易让步。在这种情况下，承包商可同意按工程师确定的新单价暂行支付，而保留自己的索赔权，争取新单价有所提高；切不可拒绝暂付款，而坚持按自己的要求一步到位。实践证明，承包商在索赔中采取算总账的办法，是不明智的。

8. 必要时施加压力

施工索赔是一项复杂而细致的工作，在解决过程中往往各执一词，争执不下。个别的工程业主，对承包商的索赔要求采取拖的策略，不论合理与否，一律不作答复，或要求承包商不断地提供证据资料，意欲拖至工程完工，遂不了了之。对于这样的业主，承包商可以考虑采取适当的强硬措施，对其施加压力，或采取放慢施工速度的办法；或予以警告，在书面警告发出后的限期内（一般为 28 天）对方仍不按合同办事时，则可暂停施工。在 FIDIC 合同条款的第四版中，赋予了承包商暂停施工或放慢进度的权利。实践证明，这种做法是相当见效的。但是承包商在采取暂停施工时，要引证工程项目的合同条件或工程所在国的法律，证明业主违约，如：不按合同规定的时限向承包商支付工程进度款；违反合同规定，无理拒绝施工单价或合同价的调整；拒绝承担合同条款中规定属于业主承担的风险；拖付索赔款，不按索赔程序的规定向承包商支付索赔款等等。

索赔既是一门科学，同时又是一门艺术，涉及工程技术、工程管理、法律、财会、贸易、公共关系等在内的众多学科知识，因此商务经理在实践过程中，应注重对这些知识的有机结合和综合应用，不断学习，不断体会，不断总结经验教训，才能更好地开展索赔工作。

第四节　反　索　赔

一、反索赔的基本概念

1. 反索赔的含义

反索赔是指反驳、反击或防止对方提出的索赔，不让对方索赔成功或全部成功。对于反索赔的含义一般有两种理解：第一，认为承包商向业主提出补偿要求即为索赔，而业主向承包商提出补偿要求则认为是反索赔;第二,认为索赔是双向的,业主和承包商都可以向对方提出索赔要求,任何一方对对方提出索赔要求的反驳、反击则认为是反索赔。索赔和反索赔,反映了工程合同条件中的维护合同双方合理利益的原则,使受损害的一方有权得到应有的补偿。

在工程项目实施过程中,当合同一方提出索赔,合同另一方面对对方提出的索赔要求和索赔文件,可能会有如下三种选择:

1) 全部认可对方的索赔,包括索赔值数额;
2) 全部否决对方的索赔;
3) 部分否决对方的索赔。

如果对方提出的索赔依据充分,证据确凿,计算合理,另一方应实事求是地认可对方的索赔要求,赔偿或补偿对方的经济损失或损害,反之则应以事实为根据,以法律(合同)为准绳,反驳、拒绝对方不合理的索赔要求或索赔要求中的不合理部分,这就是反索赔。

2. 索赔与反索赔的关系

索赔表现为当事人自觉地将索赔管理作为工程及合同管理的重要组成部分,成立专门机构认真研究索赔方法,总结索赔经验,不断提高索赔成功率。在工程实施过程中,能仔细分析合同缺陷,主动寻找索赔机会,为己方争取应得的利益;而反索赔在索赔管理策略上表现为防止被索赔,不给对方留下可以索赔的漏洞,使对方找不到索赔机会。在工程管理中体现为签署严密合理、责任明确的合同条款,并在合同实施过程中,避免己方违约。在索赔解决过程中表现为,当对方提出索赔时,对其索赔理由予以反驳,对其索赔证据进行质疑,指出其索赔计算的问题,以达到尽量减少索赔额度,甚至完全否定对方索赔要求的目的。

完整的索赔管理应该包括索赔和反索赔两个方面,两者密不可分,相互影响,相互作用。通过索赔可以追索损失,获得合理经济补偿,而通过反索赔则可以防止损失发生,保证工程项目的经济利益。如果把索赔比作进攻,那么反索赔就是防御,没有积极的进攻,就没有有效的防御;同样,没有积极的防御,也就没有有效的进攻。在工程合同实施过程中,一方提出索赔,一般都会遇到对方的反索赔,对方不可能立即予以认可,索赔和反索赔都不太可能一次成功,合同当事人必须能攻善守,攻守相济,才能立于不败之地。索赔和反索赔是对立的事物,在工程项目实施过程中承包商向业主提出索赔,而业主则反索赔;同时业主又可能向承包商提出索赔,承包商则必须反索赔。业主或承包商不仅要对对方提出的索赔进行反驳,而且要反驳对方对己方索赔的反驳。处理索赔和反索赔要求,是按照合同条款或法律规定使对立事物达到统一的过程。由于工程项目的复杂性,对于干扰事件常常双方都负有责任,所以索赔中有反索赔,反索赔中又有索赔。因此这个过程并不是轻易完成的,它要求合同双方具备丰富的施工经验和合同、索赔管理知识。

3. 反索赔的作用

在合同实施过程中,合同双方都在进行合同管理,都在寻找索赔机会。干扰事件发生后合同双方都企图想推卸自己的合同责任,并向对方提出索赔。因此不能进行有效的反索赔,同样会蒙受经济损失,反索赔与索赔具有同等重要地位,其作用主要表现在:

1) 减少或预防损失的发生。由于合同双方利益不一致,索赔与反索赔又是一对矛盾,如果不能进行有效的、合理的反索赔,就意味着对方索赔获得成功,则必须满足对方的索赔要求，支付赔偿费用或满足对方延长工期、免于承担误期违约责任等要求。因此有效的反索赔可以预防损失的发生，即使不能全部反击对方的索赔要求，也可能减少对方的索赔值，保护自己正当的经济利益。

2) 一次有效的反索赔不仅会鼓舞工程管理人员的信心和勇气，有利于整个工程的施工和管理，也会影响对方的索赔工作，使对方的索赔工作受到合理的打击。相反地，如果不进行有效的反索赔，则是对对方索赔工作的默认，会使对方索赔人员的胆量越来越大，被索赔者会在心理上处于劣势，处于被动挨打地位，丧失工作中的主动权。

3) 做好反索赔工作不仅可以全部或部分否定对方的索赔要求，使自己免于损失，而且可以从中重新发现索赔机会，找到向对方索赔的理由，有利于自己摆脱被动局面，变守为攻，能达到更好的反索赔效果，并为自己索赔工作的顺利开展提供帮助。

4) 反索赔工作与索赔一样，也要进行合同分析，事态调查，责任分析，审查对方索赔报告等项工作，既要有反击对方的合同依据，又要有事实证据，因此离开了企业平时良好的基础管理工作，反索赔同样也是不能成功的。因此有效的反索赔有赖于企业科学、严格的基础管理；反之，正确开展反索赔工作，也会促进和提高企业的基础管理工作的水平。

二、反索赔内容

1. 反索赔的基本内容

反索赔的工作内容可包括两个方面：一是防止对方提出索赔；二是反击或反驳对方的索赔要求。

(1) 防止对方提出索赔

要成功地防止对方提出索赔，应采取积极防御的策略。首先是自己严格履行合同中规定的各项义务，防止自己违约，并通过加强合同管理，使对方找不到索赔的理由和根据，使自己处于不能被索赔的地位。如果合同双方都能很好地履行合同义务，没有损失发生，也没有合同争议，索赔与反索赔从根本上也就不会产生。其次如果在工程实施过程中发生了干扰事件，则应立即着手研究和分析合同依据，收集证据，为提出索赔或反击对手的索赔做好两手准备。再次体现积极防御策略的常用手段是先发制人，首先向对方提出索赔。因为在实际工作中干扰事件的产生常常双方均负有责任，原因错综复杂且互相交叉，一时很难分清谁是谁非。首先提出索赔，既可防止自己因超过索赔时限而失去索赔机会，又可争取索赔中的有利地位，打乱对方的工作步骤，争取主动权，并为索赔问题的最终处理留下一定的余地。

(2) 反击或反驳对方的索赔要求

如果对方提出了索赔要求或索赔报告，则自己一方应采取各种措施来反击或反驳对方的索赔要求。

常用的措施有：

1) 是抓住对方的失误，直接向对方提出索赔，以对抗或平衡对方的索赔要求，达到最终解决索赔时互作让步或互不支付的目的。如业主常常通过找出工程中的质量问题、工程延期等问题，对承包商处以罚款，以对抗承包商的索赔要求，达到少支付或不支付的目的。

2) 第二是针对对方的索赔报告，进行仔细、认真研究和分析，找出理由和证据，证明对方索赔要求或索赔报告不符合实际情况和合同规定，没有合同依据或事实证据，索赔值计算不合理或不准确等问题，反击对方不合理的索赔要求或索赔要求中的不合理部分，推卸或减轻自己的赔偿责任，使自己不受或少受损失。

2. 反击或反驳索赔报告

(1) 索赔报告一般存在的问题

一方向对方提出索赔要求，由于所站立场不同，在其索赔报告中一般会存在以下问题：

1) 不能清楚、客观地说明索赔事实；
2) 不能准确合理地根据合同及法律规定证明自己的索赔资格；
3) 不能准确计算和解释所要求的索赔金额(时间)，往往夸大索赔值；
4) 希望通过索赔弥补自己的全部损失，包括因自己责任引起的损失；
5) 由于自己管理存在问题，不能准确评估双方应负责任范围；
6) 期望留有余地与对方讨价还价等。

因此充分研究和反击对方的索赔报告，是反索赔的重要内容之一。

(2) 反击或反驳索赔报告

反击或反驳索赔报告，即根据双方签订的合同及事实证据，找出对方索赔报告中的漏洞和薄弱环节，以全部或部分否定对方的索赔要求。一般地说，对于任何一份索赔报告，总会存在这样或那样的问题，因为索赔方总是从自己的利益和观点出发，所提出的索赔报告或多或少会存在诸如索赔理由不足、引用对自己有利的合同条款、推卸责任或转移风险、扩大事实根据甚至无中生有、索赔证据不足或没有证据及索赔值计算不合理、漫天要价等问题。如果对这样的索赔要求予以认可，则自己会受到经济损失，也有失公正、公平、合理原则。因此对对方提出的索赔报告必须进行全面地、系统地研究、分析、评价，找出问题，反驳其中不合理的部分，为索赔及反索赔的合理解决提供依据。

对对方索赔报告的反驳或反击，一般可从以下方面进行：

1) 索赔要求或报告的时限性

审查对方在干扰事件发生后，是否在合同规定的索赔时限内提出了索赔要求或报告，如果对方未能及时提出书面的索赔要求和报告，则将失去索赔的机会和权利，对方提出的索赔则不能成立。

2) 索赔事件的真实性

索赔事件必须是真实可靠的，符合工程实际状况，不真实、不肯定或仅是猜测甚至无中生有的事件是不能提出索赔，索赔当然也就不能成立。

3) 干扰事件原因、责任分析

如果干扰事件确实存在，则要通过对事件的调查，分析事件产生的原因和责任归属。如果事件责任是由于索赔者自己疏忽大意、管理不善、决策失误或因其自身应承担的风险等造成，则应由对方自己承担损失，对方的索赔不能成立。如果合同双方都有责任，则应按各自的责任大小分担损失。只有确属是自己一方的责任时，对方的索赔才能成立。

【例 5-6】 某承包商通过投标获得一项工业厂房的施工合同，按招标文件中介绍的地质情况，承包商在标书中的道路基础垫层用料用挖方余土进行计算标价。工程开工后，发现挖出土方十分潮湿易碎，不符合路基垫层要求，承包商怕被指责施工质量低劣而造成返工，不得不将余土外运，并另外运进路基填方土料。为此，承包商提出了费用索赔5万元。但业主工程师经过审核认为：承包商投标报价时承包商承认考察过现场，并已了解现场情况，包括地表以下条件、水文条件等，认为换土纯属承包商自己的事，拒绝补偿任何费用。承包商则认为这是业主提供的地质资料不实所造成。工程师则认为：地质资料是正确的，钻探是在干季进行，而施工时却处于雨期，承包商应当自己预计到这一情况和风险，仍坚持拒绝索赔，认为事件责任不在业主，此项索赔不能成立。

4）索赔理由分析

索赔理由分析，就是分析对方的索赔要求是否与合同条款或有关法规一致，所受损失是否属于不应由对方负责的原因所造成。反索赔与索赔一样，要能找到对自己有利的法律条文或合同条款，才能推卸自己的合同责任，或找到对对方不利的法律条文或合同条款，使对方不能推卸或不能全部推卸自己的合同责任，这样可从根本上否定对方的索赔要求。

5）索赔证据分析

索赔证据分析，就是分析对方所提供的证据是否真实、有效、合法，是否能证明索赔要求成立。证据不足、不全、不当、没有法律证明效力或没有证据，索赔是不能成立的。

6）索赔值审核

如果经过上述的各种分析、评价，仍不能从根本上否定对方的索赔要求，则必须对索赔报告中的索赔值进行认真细致的审核，审核的重点是索赔值的计算方法是否合情合理，各种取费是否合理、适度，有无重复计算，计算结果是否准确等。值得注意的是，索赔值的计算方法多种多样且无统一的标准，选用一种对自己有利的计算方法，可能会使自己获利不少。因此审核者不能沿着对方索赔计算的思路去验证其计算是否正确无误，而是应该设法寻找一种既合理又对自己有利的计算方法，去反驳对方的索赔计算，剔除其中的不合理部分，减少损失。

① 对工期索赔值的审核

对工期索赔值的审核，除了上述有关要求外，还应注意以下几点：

（A）干扰事件是否发生在关键线路上。如果受干扰事件影响的工作项目不在关键线路上，则不会影响工程的竣工日期，工期索赔值即为零。如果受干扰事件影响的工作项目开始不在关键线路上，但由于它的延期而影响了其他工作项目的进度，而使该项工作变成了关键线路上的工作，则应选择合理的计算方法，计算其合理的工期索赔值。因此受干扰事件影响的某项工作的延误时间并不一定即为工期索赔值。

（B）是否有重复计算。有些延误工期可能是多种原因相互重叠造成的，亦即某一原因造成工期延误期间，又发生了影响工程进展的其他原因。如在恶劣气候条件下工程不能施工，此时又正逢附近地区因恶劣气候造成道路中断，施工用的砂、石、水泥等材料不能运入现场也影响了施工，此时承包商不应将气候影响施工天数与道路中断影响施工天数，叠加起来要求延展工期，因为二者是同一因素在同一时段内的影响，因此叠加的天数就含有了重复计算的内容，应予以剔除。

（C）共同或交叉延期。在审核索赔报告时，最容易发生纠纷的是施工中出现的共同或交叉延期，即在同一时间内发生了两种或两种以上的、不同责任的延期。这种共同延期，一般双方都有责任。例如业主本能及时交付施工图纸而影响工程开工，与此同时，承包商的材料与设备亦未能及时运到工地，也影响了按时开工。如果业主坚持认为："工程拖期的责任在承包商方面，因为你的设备、材料未及时到场，即使我方按规定日期提供图纸，你同样也不能按时开工等……"。这样的论述显得论据不足，也必然会遭到承包商的反驳，从而引起纠纷，对于这种共同或交叉延期，如果合同有规定，按合同规定处理。

② 对费用索赔值的审核

费用索赔所涉及的款项较多，如人工费、材料费、设备费、分包费、保函费、保险费、利息、管理费及利润等，内容庞杂。对于一个特定的索赔事件，一般仅涉及其中的某几项。审核费用索赔值时，应首先检查取费项目的合理性，然后审查选用的计算方法、费用分摊方法是否合理、取费费率是否正确、计算是否准确、有无重复取费等。

(A) 在索赔报告中，对方为推卸责任，常常会以自己的全部实际损失作为索赔值的计算基础，在审核索赔报告时，必须扣除两个因素的影响：一是合同规定的对方应承担的风险或我方的免责；二是由对方报价失误或工程管理失误等造成的损失。

(B) 索赔值的计算基础是合同报价，或在合同报价的基础上按合同规定进行调整。而在实际工程中，索赔方常常用自己实际的工程量、生产效率、工资水平、价格水平等作为索赔值的计算基础，而过高地计算了索赔值。例如变更工程的单价，在不超过合同总额一定幅度，如25%内的工程量变化，应以原工程量表中的单价为准，即使原单价报价太低或有失误。

(C) 窝工损失。对窝工损失的计算业主与承包商常常会不一致。承包商对设备的窝工可能会按台班计价，人工的窝工按日工计价。业主或工程师的计算通常是：因窝工而闲置的设置按设备折旧率或租赁费计算，人工的损失则考虑这部分人员调作其他工作时因工作效率降低引起的失误费用，一般用工效乘以一个测算的降效系数来计算这部分生产效率损失，而且只按成本费用计算，不包括利润。

(D) 利润损失。索赔值中是否能包含利润损失，是一个比较复杂的问题，也是业主与承包商经常会引起争议的问题之一。一般来说，在以下三种情况下可允许承包商计算利润损失：第一是合同延期，如果因业主原因（如违约、合同变更等），造成了合同延期，则应允许利润索赔，这是基于承包商对其他工程盈利机会的损失，也就是由于延期承包商不得不继续在本工程保留原已安排用于其他工程的人员、设备和流动资本等，从而失去在其他工程盈利的机会。在这种情况下，承包商可以索赔的利润数与违约或变更引起的额外成本数之间没有逻辑上的必然联系，它不是以本合同额外工作的数量或直接损失的程度为依据，而是以该盈利机构的潜在盈利能力为依据。第二是合同解除，如果因业主违约等造成了工程全部完成之前的合同解除，此时承包商可以就剩余未完合同的利润损失（及总部管理费损失）提出索赔。也就是假定工程全部完工情况下的合同总价值，减去承包商已经收到的付款数，再减去剩余工作的成本，所得出的差数即为承包商可以索赔的利润数。第三是合同变更，对于变更工程通常是以价格为基础计价的，它当然可以包括利润因素。

由于工程实践中大量存在的是承包商向业主的索赔，因此反索赔就成为业主或工程师在索赔管理中的重要任务和工作。归纳起来，业主或工程师可以对承包商的索赔提出质疑的情况有：

① 索赔事项不属于业主或工程师的责任,而是其他第三方的责任;
② 业主和承包商共同负有责任,承包商必须划分和证明双方责任大小;
③ 事实依据不足;
④ 合同依据不足;
⑤ 承包商未遵守合同规定的索赔程序;
⑥ 合同中的开脱责任条款已经免除了业主的补偿责任;
⑦ 承包商以前已经放弃了索赔要求;
⑧ 承包商没有采取适当措施避免或减少损失;
⑨ 承包商必须提供进一步的证据;
⑩ 承包商的损失计算夸大等。

索赔和反索赔都必须遵循以事实为依据,以合同为准绳的原则,离开了这一点,就不是真正意义上的索赔与反索赔。在实际工作中,处理索赔问题时,合同双方不仅要考虑索赔和反索赔本身的合理、合法性,有时可能还需要综合考虑其他一些因素,如对方目前的财务状况,拒绝该项索赔可能会对工程施工产生的不利影响,索赔处理可能带来的派生问题以及今后双方的合作等问题。因此索赔和反索赔处理结果都应有利于工程项目总体目标的实现,有助于工程项目的顺利实施和完成,这是合同双方的根本利益所在。

【例 5-7】 本例摘自《中国建筑业》1996 年第二期中的"中国建筑业追欠索赔第一案"。

案端起由,错综复杂

1993 年 4 月 4 日,中建一局四公司副总经济师圭富才专程从北京飞往上海,到上海市建设(现改名建纬)律师事务所拜访素不相识的朱树英律师,聘请朱律师到北京去承办一个复杂而标的巨大的拖欠工程款索赔案子。案情错综而复杂。

一局四公司于 1988 年 2 月 14 日与北京新万寿宾馆有限公司(下称新万寿宾馆)签订了建筑工程承包合同。合同规定:一局四公司承建新万寿宾馆,建筑面积 36015m^2,1988 年 2 月 15 日开工,1990 年 2 月 15 日竣工。承包总价为 2227.5 万美元,其中 500 万美元折合人民币给付。

工程于 1990 年 8 月 15 日竣工交付使用后,新万寿宾馆拖欠工程尾款 161.28 万美元以及工程签证款 5.9 万美元、106 万人民币,合计 168.8 万美元、106 万人民币;此外还有应签证而未签证确认的索赔款折合人民币 1000 多万元。

一局四公司催讨这笔巨额拖欠款先后花了两年的时间,无数次去函、派人上门催讨,先后找过中国建筑工程总公司、北京市清欠办公室、北京市建委、建设部等各级政府主管部门,均无效果。据介绍,催讨之所以如此艰难,是因为这家宾馆是一家中外合资宾馆,而中方合作者涉及中央某部。

面对如此复杂而困难重重的案情,朱律师并没有畏难或推托的表示,只是平静地问了一句:"那么,我们自己有什么欠缺,或者说对方为什么不付款呢?""对方最主要的理由有两条,一是说我方延误工期。工期确实比合同晚了半年,但施工中遇到'6·4 动乱',而且我们有充分的理由;二是说工程质量有问题,突出的是'红水'问题,即宾馆水管放出的水含铁锈,但这个问题的责任在甲方,我们也有足够的证据。"圭富才副总告诉朱律师，在作了各种努力都无法解决争议的情况下，一局四公司惟一的选择只能是通过法律手段来保护企业的利益。圭富才副总还告知，一局四公司在北京有常年法律顾问，对选择律师已经作了权衡和比较。他希望朱律师万勿推辞，如果答应接案，一局四公司立即可以作决定。

朱律师从圭富才副总带来的一大堆材料中找出了工程合同。合同第二十五条规定："有关本合同的争论，或发生的索赔赔偿，或违反本合同的事项，当无法在互相协商的基础上求得解决时，甲、乙任何一方均可提请在北京的中国国际贸易促进委员会对外经济贸易仲裁委员会仲裁，双方执行该委员会的仲裁。"看到这样的规定，朱树英的眉头又一紧。这无疑在本案的程序问题上又增加了新的复杂性，新万寿宾馆虽为中外合资企业，但属于中国法人。中国法人之间能否适用涉外仲裁？即使贸促会受理仲裁，裁决决定法院是否会执行？

这个案件的办案困难和复杂程度都显而易见，但朱树英仍然当即决定受理。

先易后难，追欠索赔款分段起诉

1993年4月10日晚，朱树英飞抵北京。第二天，朱树英和一局四公司的圭富才副总及有关人员研究案情和案件材料，确定对策。朱律师很快提出了一个完整的方案。

1. 解决纠纷的程序问题，即能否仲裁、仲裁决定能否执行，仲裁条款法院能否受理，这一系列问题由律师负责解决。

2. 案件涉及两个不同性质的诉讼请求，第一部分是拖欠的工程款包括已经签证的部分，属于返还之诉。这部分情况相对比较简单，要求一局四公司迅速整理出有关证据。而应签证而未获签证的索赔款，属于确认之诉，需要有足够、完整的证据材料，这是相当复杂而困难的工作，要求公司就每一项索赔提供详细的原始材料。

3. 先易后难，起诉分段进行。第一部分尽快起诉，第二部分在证据搜集充分后以补充诉讼请求方式提出。

4. 认真分析被告可能提出的答辩理由，提前做好证据的准备工作，对被告可能提出的反诉请求，事先做好对策。

5. 在正式起诉前，由一局四公司向朱律师出具全权委托书，由律师出面向对方作起诉前协商解决争议的最后努力。

一局四公司完全同意律师提出的方针和对策。案件的起诉准备工作有条不紊。4月12日，由一局四公司盖章、法定代表人袁宗旺签名的全权委托书给了朱律师明确的授权："自1993年4月12日起，本公司将有关新万寿宾馆工程款事宜全权委托上海市建设律师事务所朱树英律师处理，律师有权根据法律在授权范围内采取一切必要的措施。"朱树英凭此委托书，以律师事务所的名义及时向新万寿宾馆发出了要求限期还款的律师公函。

经与中国国际贸易促进委员会对外经济贸易仲裁委员会、北京市中级人民法院、北京市高级人民法院、国家最高人民法院联系后了解到：贸促会仲裁委员会可以受理本案，但不能保证裁决结果能够由北京市中级人民法院协助执行。根据《中华人民共和国民事诉讼法》第217条第一款第二项之规定，北京市中级人民法院将不予执行两个中国法人之间的涉外裁决决定。同时，根据本案的具体情况，北京市中级人民法院的态度是：如果当事人向法院起诉，法院可以受理。与此同时，一局四公司经过初步整理，已经把第一部分诉讼的证据搜集齐全，第二部分索赔款一共有167项，正在加紧搜集、整理证据。

第四节 反索赔

4月16日，新万寿宾馆向一局四公司复函，措辞严厉。函称："贵我双方都应以求同存异的态度和实事求是的精神寻求可以导致问题最终解决的切实可行的出路和办法，任何诉诸法律的手法都是不明智的、武断的，对事情的合理解决不会带来积极的影响和任何益处。贵方在此问题上采取何种态度，我方无权干涉。但我方愿在此重申，任何与事实相悖的一厢情意都是不可能实现的。如果问题因此而变得复杂的话，我方不承担任何责任。贵方要通过法律程序解决此问题，我方无异议。"复函中所说的"问题最终解决的切实可能的出路和办法"，是指对方在1993年4月1日在一份函件中提出的归还拖欠工程款168.21万美元和106万元人民币的分三年六期的还款计划。此计划不涉及巨额索赔款。

对方的态度和解决方案均为一局四公司所绝对不能接受。惟一的办法只有提起诉讼。1993年5月15日，原告一局四公司向北京市中级人民法院提起诉讼，要求新万寿宾馆付拖欠工程款168.18万美元、106万元人民币，支付利息41.28万美元、36.22万元人民币。按当时美元和人民币的比价，共计折合人民币约1300万元。原告确定由朱树英律师和圭富才副总担任诉讼代理人，并确定代理方式为特别授权的全权代理，代理人有权决定本案诉讼的一切事宜。

1993年7月14日，原告再次向北京市中级人民法院增加诉讼请求，要求法院确认并判令被告支付工程增加款计美元82.73万元、人民币423.02万元，按当时美元和人民币的比价，合计折合人民币880万元。补充的诉讼请求附"增加工程款一览表"，共有索赔项目102项。原告的诉讼请求和补充诉讼请求共计折合人民币约2200万元。

在案件起诉准备阶段，朱树英先后两次到北京和一局四公司，和有关人员就本案的证据搜集工作和涉及的工程签证和索赔问题统一认识，统一工作步骤，并为此举办了专题讲座。朱律师认为，工程签证和索赔是两个既有区别又互相联系的不同的概念。工程签证是工程合同承发包双方在施工过程中，按合同约定对支付有关费用、顺延工期、赔偿损失所达成的表示双方意见一致的补充协议，经书面确认的工程签证即可成为工程结算或最终增减工程造价的依据。追索工程签证款项在法律上是所有权已经确定的退还之诉。而工程索赔则是工程合同承发包双方中的任何一方因未能获得按合同约定支付的有关费用、顺延工期、赔偿损失的书面确认，因而在约定的期限内向对方提出赔偿请求的一种权利。这种权利在未获得对方确认之前，不能作为工程结算的依据。索赔的权利，在法律上是需要得到确认的、所有权尚未明确的确认之诉。

朱律师强调，本案提出的补充诉讼请求即工程索赔成败的关键完全看证据。因此，案件全部工作的重点在于整理、搜集使索赔能够成立的证据。

一局四公司虽然在新万寿宾馆施工中有严格的、一流的基础资料管理工作，但也存在着某些缺陷。在原告提出补充诉讼请求时，最初的索赔项目共有167项，经朱律师的分析、审查，认为65项缺乏证据不能成立。原先提出索赔项目的第1至第40项全部无法提出，原因是违反了合同规定的时效。原来，原、被告签订的《新万寿宾馆建筑安装工程施工合同书》第十二条设计与设计变更第3款规定："由于本工程采用按初步设计图纸及说明书标准、固定总价一次包死的总承包办法，因此甲方坚持按初步设计标准。乙方在收到施工图及说明书经交底后15天内，如对其所示工程标准有不同意见时，应用书面方式向甲方提出。逾期不提出书面意见，即认为该施工图及说明书设计标准符合初步设计的标准。"索赔项目的前40项全部涉及到施工图与初步设计图纸在工程结构施工的差异，而现有的资料中找不出原告在收到施工图纸后15天内提出的书面异议或有关的证据。因此，根据工程索赔对于证据的基本要求，这40项索赔项目无法确立，无法提出主张。

朱律师要求，一局四公司的有关人员要在现有的、能够成立的索赔项目搜集、整理完整的证据材料的基础上，尽最大努力使之达成经得起检验的程度。搜集、分析、整理索赔项目的证据，是案件全部工作的重点。公司要统一部署，调集有关本案的所有原始材料，分门别类，专人负责。一局四公司完全采纳了律师的意见和要求，组成以圭富才副总为首的、由原承建工程施工的项目经理等人参加的证据整理小组，按索赔得以成立的要求整理提供证据。

一局四公司先后两次提出诉讼请求，一易一难的案情以及被告主体的高层次的诉讼活动，立即引起了受理案件的北京市中级人民法院的高度重视。案件立案时，法院原本已经确定了承办法官，后来调整为由经验丰富、理论功底深厚的崔学锋法官负责审理。经法院审查，本案符合立案条件，并将起诉状副本送达了被告。按我国《民事诉讼法》的规定，该案进入了规范而严格的诉讼程序。

针锋相对，被告反诉请求赔偿

新万寿宾馆方面已经作了原告起诉的准备，对应诉也制定了对策。收到原告的起诉状副本后，被告委托了北京君和律师事务所的资深律师王亚东担任诉讼代理人。王亚东律师工作认真负责、经验丰富，在北京知名度很高，曾办理许多在京城有重大影响的案件。

1993年7月23日，被告新万寿宾馆作出书面答辩。针对原告的起诉，被告认为未支付剩余的工程款是因为"至今不具备支付条件"。理由有二。其一，被告认为"增项、减项部分如何计算，双方仍有异议"，双方在这些项目中虽有交涉，但"至今未达成一致意见，故涉及此方面款项是无法支付的。"其二，原告未按合同规定向被告交付有关资料。被告认为，原告未按合同规定履行交付竣工验收资料、进口设备附件及有关资料。据此，被告认为剩余工程款的支付还缺少必备条件。但被告没有就原告提出的支付数额和利息提出异议。

被告在答辩状中还以延误工期为由提出反诉。答辩状称："合同规定的竣工时间是1990年2月15日。1989年12月28日，答辩人根据被答辩人延长工期的书面申诉，答复同意顺延工期3个月，即1990年5月15日为竣工日期。而被答复人实际竣工期为1990年11月25日，延误工期194天。合同第十八条工程奖罚第2条规定'因乙方原因工期逾期，乙方按对等比例付出罚金，即每天罚款为合同总金额的万分之二，以人民币交纳。'第3条规定：'奖罚金额总数不得超过合同总金额的百分之三，即66.5万美元。'按以上规定，被答辩人应支付罚金66.5万美元。答辩人对被答辩人应支付的以上罚金提出反诉请求。"被告不仅在书面答辩中提出针锋相对的反诉请求，而且还以宾馆水锈严重影响正常营业为理由，向法院提出到宾馆实地勘察的要求。

承办法官来到了地处首都机场附近将台路的高层四星级新万寿宾馆，在现场的确看到了宾馆的水管放出的水是含锈的红水。据被告介绍，由于本工程的一切材料、设备的供应及安装均包含在合同范围内，宾馆热交换器的质量问题导致水管锈蚀的责任应由负责总承包施工的原告负责。被告还介绍，因为新万寿宾馆"有名"的红水问题，使许多客户不愿住宿，严重影响了宾馆的正常营业。

在原告起诉之后，朱树英就不断与法院保持电话联系。当了解到被告正在洽谈宾馆产权转让时，原告又于1993年5月22日向法院提出书面申请："因被告正在着手转让新万寿宾馆产权的洽谈，为保证判决结果的顺利执行，根据民法诉讼第92条之规定，原告请求法院对被告的财产采取保全措施，通知冻结被告开户银行在诉讼期间被告不得实施转让或变卖大楼。"据朱树英分析，被告拖欠巨额工程款并非是有钱而不付，很可能是确实无力支付。现在，被告正在与第三方洽谈大楼转让事宜，对解决本案未必是坏事，只要转让洽谈成功，被告支付我方的钱款也落到了实处。因此，原告并未向法院正式办理保全手续和担保手续，只是要求法院通知被告和银行，在诉讼期间不得实施转让行为。法院也接受了原告的要求，因为法院也认为诉讼期间不能改变涉及诉讼请求的标的物的所有权的状态。

在朱律师又一次与法官电话联系时，崔学锋法官问："我在新万寿宾馆现场看到水管放出的水锈，而热交换器是由你方负责采购和安装的。现在被告提出这完全是你方的责任，对此你们怎样解释？"朱律师回答："我们对这个问题已经准备了充分的证据。事实并非如被告所说的那样。在开庭时，如果被告提出这个问题，我们能够作出负责的解释。"

突出重点，全面完成举证工作

开庭之前，朱树英又一次来到北京。一局四公司的证据整理小组经过1个多月的清理，把102项索赔项目的全部证据材料都准备得十分齐全。原始证据材料有总有分、分门别类。

新万寿宾馆工程是一个建筑面积达 $36015m^2$ 的四星级宾馆，以合同工期交钥匙的总承包方式，由一局四公司承建全部建筑安装工程，日本国鹿岛建设株式会社国际事业本部、北京华盛建筑承发包公司联合进行施工监理。整个工程采取边设计边施工边修改的"三边"方式施工。工程在1988年2月15日开工前，建设单位只能提供初步设计和基础以下部分的施工图，地面施工图纸要等一局四公司将进口设备定型并提供资料后3个月才能供齐。但合同规定的总工期只有14个月，并且不考虑分批提供施工图对工期的影响。这是一个工期紧、责任重的高难工程。在施工过程中，又遇1989年的政治动乱，施工受到严重影响。一局四公司在困难的情况下，不仅在1990年8月15日将工程交付建设单位使用，而且确保了工程质量，新万寿宾馆工程被北京市建设工程质量监督总站评为高优工程和北京市优质工程。

更难能可贵的是，一局四公司在高速优质完成新万寿宾馆工程施工的同时，资料管理工作也体现了与国际接轨的高水平。工程施工过程中实行每周例会制度，建设单位、监理单位、施工单位派代表参加。114次例会纪要的原始书面资料共344页，全部保存完整，而且字迹清晰，很少涂改，真实地再现了工程施工的全过程。这厚厚三大本由与会各方代表签字的例会纪要成为本案的重要证据来源。此外，一局四公司还详细保存了整个施工过程中收受建设单位分批提供的所有施工图纸和设计修改图纸的原始记录及工程洽商记录、双方来往的全部来函、文件、专题会议纪要等书面资料。

因为有这样完整的原始资料，一局四公司的资料整理人员根据律师的要求，将102项索赔项目，分别分为初步设计图纸、施工图或设计变更的图纸、建设单位的书面指令、洽商记录和信函文件或每周例会纪要的记录、增加费用或支出的原始合同、单证以及实物照片等类书面证据，有力地证明了索赔的成立。

一局四公司于1993年8月23日，又将第二批证据材料送交法院。这些材料包括全部索赔项目的证据和有关法规以及利息计算依据和明细共 17 卷计 737 页,连同第一批送交法院的资料,堆放的高度有 1m。

在向法院递交了全部索赔项目的证据后,朱树英又提出,在开庭之前的工作重点要转移到反索赔的证据搜集整理,要针对被告提出的反诉赔偿的事实和理由,准备相应的答辩意见和证据材料。这些准备工作,为原告在整个案件的开庭审理中占据主动创造了条件。

1993 年 9 月 6 日,朱树英再次飞抵北京。9 月 7 日,北京市中级人民法院借用一局四公司的会议室,组织原、被告双方以及代理律师参加的调解开庭。法官告知,鉴于双方曾多次自行协商调解,有调解解决本案的可能,因此在正式开庭审理之前,先由法院主持调解。因为本案工程大,诉讼标的也大,建议双方从大处着眼,算大账,不要纠缠于具体细节。原、被告双方都表示接受法院的调解。调解庭整整开了一天。

原告方面依据充分的证据材料,一步一步摆事实、举证据,要求被告支付工程欠款和全部索赔款。而被告只同意支付工程欠款,以工期拖延和质量问题为由不同意支付索赔款。

工期和质量问题成为双方争执的焦点,关键在于证据。

工期延误,全系被告违约造成

被告以原告延误工期为由提出反索赔 66.5 万美元的事实和理由是,合同规定工期自 1988 年 2 月 15 日至 1990 年 7 月 15 日。施工过程中,双方于 1989 年 12 月 28 日达成一致意见,同意工期顺延 3 个月,即 1990 年 5 月 15 日为竣工期。而原告实际竣工期为 1990 年 11 月 25 日,延误工期 194 天。按工程合同第十八条工程奖罚第 2 款规定,"因乙方(指原告)工期逾期,乙方按对等比例付出罚金,即每天罚款为合同总金额的万分之二,以人民币交纳。"合同第十八条第 3 款规定"奖罚金额总数不得超过合同总金额的百分之三,即 66.5 万美元。"据此,被告认为反索赔请求的证据是充分的、合法的。

原告认为被告的主张和理由根本不能成立。新万寿宾馆的工期延误,完全是因为被告严重违反合同规定而造成。原告首先提出,工程实际竣工期不是 1990 年 11 月 25 日,而是 8 月 15 日,并举出了有关证据。原告曾于 1990 年 8 月 15 日提出书面竣工报告,并交付被告验收。被告在竣工报告单上签字认可的时间是 8 月 15 日。当日,建设单位、监理单位、施工单位三方共计 14 人参加最后一次每周例会;会议纪要表明,工程竣工验收工作已安排总体道路,8 月底宾馆要配合亚运会试营业。同年 8 月 25 日,双方签署《建筑工程保修证书》。8 月 30 日宾馆开始试营业。原告向被告提出两个问题,如果现在要把竣工日期定于 1990 年 11 月 25 日,那么,宾馆从 8 月 30 日开始试营业、正式接待国内外宾客应如何解释?是谁授权允许被告在工程尚未竣工交付使用时就对外营业?

原告继续举证证明工程延误的原因是被告严重违反合同规定,没有履行自己应尽的义务而造成,这些证据一共有 11 个方面。

(1) 被告共有 9 次未按合同规定的期限拖延支付各阶段的工程款。

(2) 被告未按合同完成"三通一平"工作,施工临时供电直到开工后 49 天的 1988 年 4 月 6 日才正式接通。

(3) 被告提供 ±0.000 楼板的施工图出图拖延 4 个月,施工停工待图,有 14 次每周例会纪要对此有原始记录。

(4) 合同规定工程地上建筑应于 1988 年 6 月 10 日开始施工,但被告办理的"地面工

(5) 被告提供的宾馆裙房及主楼的精装修图纸拖延287天，直到1988年9月14日才确定，严重影响该部分工程的正常施工。

(6) 因宾馆第一、二、十七层的机电管道标高设计错误，管道在吊顶之下无法施工，过350天才改正设计。

(7) 由被告供应的487套客房床头柜严重拖期，直到1990年8月8日还缺第17层客房所需部分。因床头柜内应安装客房内的全部电气6个控制系统，因此造成整个工程无法正常安装施工。

(8) 宾馆厨房部分最后设计，出图拖期，图纸反复修改，直到1990年5月16日被告还要求厨房吊顶修改为上人吊顶。

(9) 宾馆中央自控系统设计方案和技术参数，被告直到1990年7月6日才确定，严重影响工期。

(10) 被告单方面将工程合同中的自行车棚修改为抗震8级设防的宾馆附属用房，应增加合同工期152天。

(11) 双方协商一致工期延至1990年5月15日，但此后被告还提出设计修改达70次，原告提供了两份全面记录这70次设计修改的全部原始资料。

原告为证明工程的工期延误全系被告违约所造成，举出了36份证据，证明被告违约的上述11方面问题的客观存在。面对原告在被告据以反索赔的主要理由上的如此完整和充分的证据，被告还有什么话好说呢？

水管锈蚀，被告一意孤行所致

在本案审理过程中，法官对全案印象最深刻的是宾馆"红水"问题。被告在宾馆交付使用半年后，就于1991年4月11日和1991年9月10日先后两次向原告发函，提出8台热交换器因喷铜工艺不过关，造成锈蚀红水现象的严重问题。因此，热交换器和红水问题自然又成为原、被告对工程质量问题争论的主要焦点。

被告认为，按合同第十五条约定：合同要求原告供应国内优质产品。现在由于热交换器的水管锈蚀造成红水，其责任应由原告承担。而原告却举出一系列的原始证据，证明红水问题是因为设计单位和被告不听劝告、一意孤行所致。

根据原、被告工程合同的规定，原告采购的设备必须按照施工图及说明书的设计要求，本工程设计单位在设计要求上规定热交换器选用的标准图为已作废的标准图。原告发现设计不合理，即于1989上4月22日向被告提出书面请求，建议采用新标准图。但设计院坚持采用原设计，并为建设单位和监理单位所同意。

在建议未被采纳的情况下，原告按工程合同的规定，通过北京市设备成套局安排，组织被告、中外监理单位和设计院共同到设计指定的北京市向阳环保设备厂进行考察。经被告、设计院和监理单位于1989年7月11日开会研究获得一致意见后，向原告发来书面的《关于设备研究结果通知书》，决定"有条件"地认可采用北京向阳厂产品。该通知书明确通知："收到贵公司（指原告）1989年4月22日发来的关于设备请予研究的通知书，及6月17日到北京向阳厂参观，经我们研究，结果如下：有条件认可。"

条件是设计院提出的，共有5条。"第一条为，热交换器内壁的铜喷涂0.3厚，喷涂时存在不均匀，为安全起见，改为0.5厚。"通知书有设计院、监理单位有关人员和被告筹建处负责人的签名，被告负责人的签名处还签了一段意见。按 7 月 11 日会议记录，浅海先生（指日方监理负责人）已与李工、季工、满工研究，采用北京向阳环保设备厂设备，在技术上没有问题，请按李工第 1 条意见办"。在经过严密的确认程序之后，原告按要求采用北京向阳环保设备厂生产的热交换器。但是设备在投入运行半年之后就出现了红色锈水，几经寻找，最后查出原因是热交换器容器内壁喷铜表面剥落，造成锈蚀。

根据上述事实和证据，原告认为，设计单位的意见代表了建设单位的意见。原告事先已明确要求采用新标准图，而被告不听建议，一意孤行听信错误设计，造成现在的局面。原告在设备选型问题上必须服从设计要求是合同规定的，不听原告劝阻执意选用作废的热交换器的型号及标准图是被告确定的，说技术方面没有问题是被告和监理、设计单位共同认定的。现在，实践已经证明宾馆红水是由被告选定设备的工艺落后造成的质量问题，这怎能怪罪原告？怎能由原告来承担责任？

调解庭还涉及其他的矛盾和争议，但在原告方面井井有条、丝丝入扣的大堆证据面前，辩论似乎是多余的。

调解庭虽然没有结果，但原告在法庭上占据了主动，这一点各方都不持异议。

管理过硬，更兼律师专业见长

此后，原告的证据整理小组又有条有理地将开庭时涉及的所有问题整理了厚厚一叠有关的证据。

朱树英在离京返沪之前，又和一局四公司眭总和其他有关人员再次开会，讨论案件的下步工作安排和做好正式开庭的准备工作。鉴于法官提出的国庆节前开庭的初步意见，决定了二条：

（1）整理反索赔问题的有关原始证据的工作，在 9 月 23 日之前递交法院。

（2）朱树英于 9 月 22 日左右再到北京作审核证据和开庭准备。

原告的行动一步紧跟一步。9 月 22 日，朱树英按时来到北京。9 月 23 日，原告按时将有关反索赔的第三批证据送到法院。此时，被告对案件的态度却发生了重要的变化。崔学锋法官转告了被告方面的意见：为表示解决问题的诚意，可在问题未解决之前先支付 50 万美元；同意支付所有的工程欠款，利息按合同规定从 1990 年 8 月 15 日计算；增加工程款部分，当时没有签证的，只要是客观存在的，可协商支付。质量有问题的设备由原告负责调换，设备购置费用可以协商；工期延误期限可减少到 3 个月。

法官建议，在国庆节前再调解两次，同时提请原告认真考虑具体方案，要求原告也作出相应的姿态，促使调解成功。

得知被告的态度和要求，原告的公司领导和证据整理小组的同志群情振奋，两年半悬而未决的、可以完全纳入公司纯利润的新万寿宾馆工程拖欠款的彻底解决，终于有了转机和希望。经过深入研究，原告一局四公司也调整了诉讼策略，确定了调解让步的范围和步骤。

在法院主持下，9 月 29 日，在又一次调解中，原被告双方终于达成如下调解协议：

（1）新万寿公司于本调解书送达后十日内给付中建一局四公司工程款，美元 1439118 元，人民币 5019105 元，利息美元 176947 元、人民币 528295 元。

（2）中建一局四公司给付新万寿公司所有机器配件，技术资料及全部图纸。

（3）中建一局四公司负责更换整流器并解决有关技术问题；负责使冷冻机正常运转，

由新万寿公司购置热交换器，一局四公司负责免费拆装。

1993年10月8日，北京市中级人民法院下发(1993)中经初字第453号《民事调解书》。同年12月18日，被告按调解书的规定付清了全部款项。原告也按调解书的约定，免费拆装了8台热交换器。

这是一起成功的索赔案例，其中也涉及业主方的反索赔。这例中国建筑业第一案证明，只有注重企业内部的专业管理，同时注重法律手段运用，施工企业才能从经常遇到的巨额工程款拖欠的困境中解脱，从而更好地在竞争激烈的建筑市场中生存发展。

第五节 综 合 案 例

【例5-8】 某宿舍楼工程，地下1层，地上9层，建筑高度31.95m，钢筋混凝土框架结构，基础为梁板式筏板基础，钢门窗框、木门，采用集中空调设备。施工组织设计确定，土方采用大开挖放坡施工方案，开挖土方工期15天，浇筑基础底板混凝土24小时连续施工，需3天。施工过程中发生如下事件：

事件一：施工单位在合同协议条款约定的开工日期前6天提交了一份请求报告，报告请求延期10天开工，其理由为：

1) 电力部门通知。施工用电变压器在开工4天后才能安装完毕。

2) 由铁路部门运输的3台属于施工单位自有的施工主要机械在开工后8天才能运到施工现场。

3) 为工程开工所必须的辅助施工设施在开工后10天才能投入使用。

事件二：工程所需的100个钢门窗框是由业主负责供货，钢门窗框运达施工单位工地仓库，并经入库验收。施工过程中进行质量检验时，发现有5个钢窗框有较大变形，甲方代表即下令施工单位拆除，经检查原因属于使用材料不符合要求。

事件三：由施工单位供货并选择的分包商将集中空调安装完毕，进行联动无负荷试车时需电力部门和施工单位及有关外部单位进行某些配合工作。试车检验结果表明，该集中空调设备的某些主要部件存在严重质量问题，需要更换，分包方增加工作量和费用。

事件四：在基础回填过程中，总包单位已按规定取土样，试验合格。监理工程师对填土质量表示异议，责成总包单位再次取样复验，结果合格。

问题：

(1) 对于事件一，施工单位请求延期的理由是否成立？应该如何处理？

(2) 对于事件二、事件三、事件四属于哪个责任方？应如何处理？

答案与解析：

(1) 对于事件一，其中理由1)成立，应批准顺延工期4天。理由2)、3)不成立，施工主要机械和辅助设施未能按期运到现场投入使用的责任应由施工单位承担。

(2) 对于事件二，责任方属于业主，业主供料中的质量缺陷，拆除返工费用由业主负责，并顺延工期。

对于事件三，分包方损失应由施工单位负责费用补偿。因为是由施工单位供货并选择的分包商。如果是由业主方供货并选择的分包商，出现质量问题时，增加工程量等发生的费用则由业主方承担。

对于事件四，责任方属于甲方，对已检验合格的施工部位进行复检仍合格由业主负责相关费用。如果复检不合格的费用应由施工单位承担。

【例5-9】 某项工程建设项目，业主和施工单位按《建设工程施工合同文本》签订了工程施工合同，工程未进行投保。在工程施工过程中，遭受罕见暴风雨的袭击，造成了相应的损失，施工单位及时向监理工程师提出索赔要求，并附有索赔有关的资料和证据。索赔报告的基本要求如下：

（1）遭罕见暴风雨袭击是施工方不可遇见的不可抗力事件，由此造成的损失是因非施工单位原因引起的，故应由业主承担赔偿责任。

（2）给已建部分工程造成损坏，损失计18万元，应由业主承担修复的经济责任，施工单位不承担修复的经济责任。施工单位人员因此灾害数人受伤，处理伤病医疗费用和补偿金总计3万元，业主应给予赔偿。

（3）施工单位现场的使用机械、设备受到损坏，造成损失8万元，由于现场停工造成台班费损失4.2万元，业主应承担赔偿和修复的经济责任。工人窝工费3.8万元，业主应予支付。

（4）因暴风雨造成现场停工8天，要求合同工期顺延8天。

（5）由于工程破坏，清理现场需费用2.4万元，业主应予支付。

问题：

（1）监理工程师对施工单位提出的索赔要求如何处理？

（2）发生不可抗力，对于承发包双方风险分担的原则是什么？

（3）发生索赔后，承包人应注意的索赔时效问题是什么？

答案与解析：

（1）对已建部分工程造成损坏的损失18万元应由业主承担；施工单位处理伤病医疗费和补偿金3万元，应由施工单位自己负责；施工单位机械、设备损坏及停工损失由施工单位承担，业主不负责赔偿；因暴风雨造成现场停工8天，业主应给予工期顺延；工程破坏、清理现场费用2.4万元，业主应予支付。

（2）因不可抗力事件导致的费用和延误的工期由双方按以下原则分别承担：

1）工程本身的损害、因工程损害导致第三方人员伤亡和财产损失以及运至施工场地用于施工的材料和待安装的设备的损害，由发包人承担；

2）承包人双方人员的伤亡损失，分别由各自负责；

3）承包人机械设备损坏及停工损失，由承包人承担；

4）停工期间，承包人应工程师要求留在施工场地的必要的管理人员及保卫人员的费用由发包人承担；

5）工程所需清理、修复费用，由发包人承担；

6）延误的工期相应顺延。

（3）当出现索赔事项时，承包人应在事项发生后的28天内，以书面的索赔通知书形式向工程师（或业主）提出索赔意向通知。在索赔通知书发出后的28天内，向工程师提出延长工期和（或）补偿经济损失的索赔报告及有关资料。工程师在收到承包人送交的索赔报告的有关资料后28天未予答复或未对承包人作进一步要求，视为该项索赔已经认可。

【例 5-10】 某建筑公司(乙方)于某年 4 月 20 日与某厂(甲方)签订了修建建筑面积为 3000m^2 工业厂房(带地下室)的施工合同。乙方编制的施工方案和进度计划已获监理工程师批准。该工程的基坑施工方案规定：土方工程采用租赁一台斗容量为 1m^3 的反铲挖掘机施工。甲、乙双方合同约定 5 月 11 日开工，5 月 20 日完工。在实际施工中发生如下几项事件：

事件一：因租赁的挖掘机大修，晚开工 2 天，造成人员窝工 10 个工日；

事件二：基坑开挖后，因遇软土层，接到监理工程师 5 月 15 日停工的指令，进行地质复查，配合用工 15 个工日；

事件三：5 月 19 日接到监理工程师于 5 月 20 日复工令，5 月 20 日～5 月 22 日，因下罕见的大雨迫使基坑开挖暂停，造成人员窝工 10 个工日；

事件四：5 月 23 日用 30 个工日修复冲坏的永久道路，5 月 24 日恢复正常挖掘工作，最终基坑于 5 月 30 日挖坑完毕。

问题：

(1) 简述工程施工索赔的程序。

(2) 建筑公司对上述哪些事件可以向厂方要求索赔，哪些事件不可以要求索赔，并说明原因。

(3) 每项事件工期索赔各是多少天？总计工期索赔是多少天？

答案与解析：

(1) 我国《建设工程施工合同(示范文本)》规定的施工索赔程序如下：

1) 索赔事件发生后 28 天内，向工程师发出索赔意向通知；

2) 发出索赔意向通知后的 28 天内，向工程师提出补偿经济损失和(或)延长工期的索赔报告及有关资料；

3) 工程师在收到承包人送交的索赔报告和有关资料后，于 28 天内给予答复，或要求承包人进一步补充索赔理由和证据；

4) 工程师在收到承包人送交的索赔报告和有关资料后 28 天内未给予答复或未对承包人作进一步要求，视为该项索赔已经认可；

5) 当该索赔事件持续进行时，承包人应当阶段性向工程师发出索赔意向，在索赔事件终了后 28 天内，向工程师提供索赔的有关资料和最终索赔报告。

(2) 事件一：索赔不成立。因此事件发生原因属承包商自身责任。

事件二：索赔成立。因该施工地质条件的变化是一个有经验的承包商所无法合理预见的。

事件三：索赔成立。这是因特殊反常的恶劣天气造成工程延误。

事件四：索赔成立。因恶劣的自然条件或不可抗力引起的工程损坏及修复应由业主承担责任。

(3) 事件一：索赔工期为 0 天；

事件二：索赔工期 5 天(5 月 15 日～5 月 19 日)；

事件三：索赔工期 3 天(5 月 20 日～5 月 22 日)；

事件四：索赔工期1天（5月23日）；
共计索赔工期为：5＋3＋1＝9（天）。

【例5-11】 某师高校新建1栋办公楼，建筑面积20000m²，开工日期为2001年6月20日，竣工日期为2003年11月20日。工程按照合同约定顺利开工，在结构工程施工到1/2时，甲方与承包商协商，并达成如下协议：甲方将该楼外墙的玻璃幕装修项目、室内隔墙砌筑项目，单独发包给专业公司施工，并支付承包商分包项目价格的1.5%作为管理配合费使用，专业公司承包商管理要求的日期进场，有关工程款由甲方直接支付给专业公司。

承担外墙玻璃幕装修项目的专业公司根据有关承包商的要求，于2002年4月20日进场施工，但是在进场后的2002年6月10日，该专业公司因甲方未按其双方签署的合同约定支付工程款而停工，承包商因外墙装修停工，原计划2002年10月20日开始的其他外墙施工项目无法进行。

外墙装修项目在2003年6月份才恢复施工。

在2002年5月20日，承包商按进度计划安排，要求室内隔墙砌筑项目的施工单位进场，要求完工日期为2002年11月20日。该项目的施工单位按合同约定准时进场。在施工过程中，因施工质量不合格，多次返工，致使承包商的机电施工受到影响。直到2003年3月20日才合格地完成砌筑任务，致使机电项目施工拖延了5个月。

问题：
（1）承包商是否可以因外墙装修项目停工，向发包人提出工期索赔、经济损失索赔？
（2）发包人是否可以向外墙玻璃幕装修单位因停工提出经济损失的索赔？为什么？
（3）因室内砌筑进展缓慢，承包商是否可以向发包人提出工期索赔和窝工索赔？

答案与解析：
（1）承包商可以向发包人提出工期索赔和经济索赔，因为工期的延长和因工期延长引发的费用增加不是承包人自身原因造成的。

（2）发包人因自身原因未能按合同约定支付工程款，给外墙玻璃幕装修项目的施工单位造成了经济损失，故不能对该施工单位进行索赔，而且该项目的施工单位可以向发包人提出工期索赔和经济损失索赔。

（3）室内隔墙砌筑项目是由业主单独发包给专业公司施工的，属于业主直接分包。因室内砌筑进展缓慢，承包商可以向发包人提出工期索赔和窝工费用损失索赔。

【例5-12】 某公路项目业主与某承包商按《建设工程施工合同（示范文本）》签订了施工合同，合同中约定，一座立交桥实施分包，由某桥梁专业分包单位施工。该工程在施工过程中，陆续发生了如下索赔事件。

事件一：施工期间，承包方发现施工图纸有误，需设计单位进行修改，由于图纸修改造成停工20天。承包方提出工期延期20天与费用补偿2万元的要求。

事件二：施工期间由于强台风的影响，遭遇了50年一遇的特大暴雨的袭击，使得工程被迫停工10天，承包方提出工期延期10天与费用补偿2万元的要求。

事件三：施工过程中，现场周围居民称承包方施工噪声对他们有干扰，阻止承包方的混凝土浇筑工作。承包方提出工期延期5天与费用补偿1万元的要求。

事件四：由于某路段路基基底是淤泥，根据设计文件要求，需进行换填，在招标文件中已提供了地质的技术资料。承包方原计划使用隧道出碴作为填料换填，但施工中发现隧道出碴级配不符合设计要求，需要进一步破碎以达到级配要求，承包方认为施工费用高出合同单价，如仍按原价支付不合理，需另行给予延期20天与费用补偿20万元的要求。

事件五：由于业主要求，立交桥设计长度增加了5m，业主的工程师向承包方下达了变更指令，承包方收到变更指令后及时向分包单位发出了变更通知。分包单位接到变更通知后向承包方提出了需增加费用20万元和分包合同工期延期30天的索赔要求。承包方以此向分包单位支付索赔款20万元的凭证为索赔依据，向业主的工程师提出要求补偿该笔费用20万元和延长工期30天的要求。

问题：

(1) 承包方提出的上述索赔要求，能否得到业主工程师批准？

(2)《建设工程施工合同(示范文本)》中关于合同约定工期内发生不可抗力事件的合同责任是如何规定的？

(3) 分包商向承包商提出索赔要求后，承包商应该怎样处理？

答案与解析：

(1) 事件一是由于图纸修改造成的停工，是业主的原因造成的，故业主的工程师应批准工期补偿和费用补偿。

事件二是由于异常恶劣气候造成的10天停工，是承包方不可预见的，应签证给予工期补偿10天，而不应给费用补偿。

事件三是承包方自身原因造成的，故不应给予费用补偿和工期补偿。

事件四的发生是承包方应合理预见的，故业主的工程师不应签证给予费用补偿和工期补偿。

对于事件五，业主的工程师应批准由于设计变更导致的费用补偿20万元和工期补偿30天，因其属于业主责任造成的。

(2) 因不可抗力事件导致的费用及延误的工期由承发包双方按以下办法分别承担：

1) 工程本身的损害、因工程损害导致第三方人员伤亡和财产损失以及运至施工场地用于施工的材料和待安装的设备的损害，由发包人承担；

2) 承发包双方人员的伤亡损失，分别由各自负责；

3) 承包人机械设备损坏及停工损失，由承包人承担；

4) 停工期间，承包人应工程师要求留在施工场地的必要的管理人员及保卫人员的费用由发包人承担；

5) 工程所需清理、修复费用，由发包人承担；

6) 延误的工期相应顺延。

(3) 分包商向承包商提出索赔后，承包商应首先分析事件的起因和影响，并依据总包合同和分包合同两个合同判明责任。如果认为分包商的索赔要求合理，且原因属于总包合同约定应由业主承担风险责任或行为责任的事件，要及时按照总包合同规定的索赔程序，以承包商的名义就该事件向监理工程师递交索赔报告。承包商应定期将该阶段为此项索赔所采取的步骤和进展情况通报分包商。如果发生的索赔事件是应由承包商承担责任的事件，分包商按规定提出索赔后，承包商要客观地分析事件的起因和产生的实际损害，然后依据分包合同分清责任。

【例5-13】 某建设单位与某施工单位按照《建设工程施工合同(示范文本)》签订了某宾馆大楼的装饰装修施工合同。合同价款为1600万元，合同工期为130天。在合同中，建设单位与施工单位约定，每提前或延误工期一天，按合同价款的万分之二进行奖罚。石材由业主提供，其他材料由承包方采购。施工进行到22天时，由于设计变更，造成工程停工9天，施工方8天内提出了索赔意向通知；施工进行到36天时，因业主方挑选确定石材，使部分工程停工累计达16天(均位于关键线路上)，施工方10天内提出了索赔意向通知；施工进行到73天时，该地遭受罕见暴风雨袭击，施工无法进行，延误工期2天，施工方5天内提出了索赔意向通知；施工进行到135天时，施工方因人员调配原因，延误工期3天；最后，工程在150天后竣工。工程结算时，施工方向业主要求索赔，提出了索赔报告并附索赔有关的材料和证据。

问题：
(1) 以上哪些索赔要求能够成立？哪些不能成立？
(2) 上述工期延误索赔中，哪些应由业主方承担？哪些应由施工方承担？
(3) 施工方应获得的工期补偿和工期奖励各是多少？

答案与解析：
(1) 能够成立的索赔有：
1) 因设计变更造成工程停工的索赔；
2) 因业主方挑选确定石材造成工程停工的索赔；
3) 因遭受罕见暴风雨袭击造成工程停工的索赔。
因施工方人员调配造成工程停工的索赔不能成立。

(2) 应由业主方承担的有：
1) 因设计变更造成工程停工，按合同补偿，工期顺延；
2) 因业主方挑选确定石材造成工程停工，按合同补偿，工期顺延；
3) 因遭受罕见暴风雨袭击造成工程停工，承担工程损坏损失，工期顺延。

应由施工方承担的有：
1) 因遭受罕见暴风雨袭击造成的施工方损失；
2) 因施工方人员调配造成的停工，自行承担施工方损失，工期不予顺延。

(3) 由第(1)问可以知道施工方可以获得的索赔事件是：设计变更；业主供石材；罕见暴风雨。而且事件均位于关键线路上。由此可以计算出工期的补偿天数。对于工期奖励的计算主要是注意要将索赔的工期加在原工期上，然后与实际完成的工期进行比较，得出奖励或惩罚的费用。

则施工方应获得的工期补偿为：$9+16+2=27$ 天；

工期奖励为 $[(130+27)-150]\times 1600\times 0.02\%=2.24$(万元)。

【例5-14】 业主与施工单位对某工程建设项目签订了施工合同，合同中规定，在施工过程中，如因业主原因造成窝工，则人工窝工费和机械的停工费可按工日费和台班费的

50%结算支付。业主还与监理单位签订了施工阶段的监理合同,合同中规定监理工程师可直接签证、批准5天以内的工期延期和5000元人民币以内的单项费用索赔。工程按下列网络计划进行。其关键线路为A—E—H—I—J。在计划实施过程中,发生以下事件,使得一些工作暂时停工(同一工作由不同原因引起的停工时间都不在同一时间)。

(1) 因业主不能及时供应材料,使E延误3天,G延误2天,H延误3天。
(2) 因机械发生故障检修,使E延误2天,G延误2天。
(3) 因业主要求设计变更,使F延误3天。
(4) 因公网停电,使F延误1天,I延误1天。

上述事件发生后,施工单位及时向监理工程师提交了一份索赔申请报告,并附有有关资料、证据和下列要求:

(1) 工期顺延

E工作停工5天,F工作停工4天,G工作停工4天,H工作停工3天,I工作停工1天,总计要求工期顺延17天。

(2) 经济损失索赔

1) 机械设备窝工费

E工序吊车:(3+2)台班×240元/台班=1200元;
F工序搅拌机:(3+1)台班×70元/台班=280元;
G工序小型机械:(2+2)台班×55元/台班=220元;
H工序搅拌机:3台班×70元/台班=210元;
合计:机械设备窝工费1910元。

2) 人工窝工费

E工序:5天×30人×28元/工日=4200元;
F工序:4天×35人×28元/工日=3920元;
G工序:4天×15人×28元/工日=1680元;
H工序:3天×35人×28元/工日=2940元;
I工序:1天×20人×28元/工日=560元;
合计:人工窝工费13300元。

3) 间接费增加(1910+13300)×16%=2433.6元。
4) 利润损失(1910+13300+2433.6)×5%=882.18元。

总计经济索赔额1910+13300+2433.6+882.18=18525.78元。

问题:

(1) 施工单位索赔申请书提出的工序顺延时间、停工人数、机械台班数和单价的数据等,经审查后均属实。监理工程师对所附各项工期顺延、经济索赔要求,如何确定认可?为什么?

(2) 监理工程师对认可的工期顺延和经济索赔金如何处理?为什么?

(3) 索赔事件发生后,施工单位应如何向业主进行索赔?

答案与解析:

(1) 关于工期顺延和经济索赔

1) 工期顺延

由于非施工单位原因造成的并位于关键线路上的工序工期延误，应给予补偿；

因业主原因：E工作补偿3天，H工作补偿3天，G工作补偿2天；

因业主要求变更设计：F工作补偿3天；

因公网停电：F工作补偿1天，I工作补偿1天；

应补偿的工期：7天。

监理工程师认可顺延工期7天。

2) 经济索赔

机械闲置费：$(3×240+4×70+2×55+3×70)×50\%=660$元；

人工窝工费：$(3×30+4×35+2×15+3×35+1×20)×28×50\%=5390$元；

因属暂时停工，间接费损失不予补偿；

因属暂时停工，利润损失不予补偿；

经济补偿合计：$660+5390=6050$元。

(2) 关于认可的工期顺延和经济索赔处理因经济补偿金额超过监理工程师5000元的批准权限，以及工期顺延天数超过了监理工程师5天的批准权限，故监理工程师审核签证经济索赔金额及工期顺延证书均应报业主审查批准。

(3) 施工单位应按下列程序进行索赔：

1) 索赔事件发生后28天内，向工程师发出索赔意向通知；

2) 发出索赔意向通知后的28天内，向工程师提出补偿经济损失和(或)延长工期的索赔报告及有关资料；

3) 工程师在收到承包人送交的索赔报告和有关资料后，于28天内给予答复，或要求承包人进一步补充索赔理由和证据；

4) 工程师在收到承包人送交的索赔报告和有关资料后28天内未给予答复或未对承包人作进一步要求，视为该项索赔已经认可；

5) 当该索赔实践持续进行时，承包人应当阶段性向工程师发出索赔意向，在索赔事件终了后28天内，向工程师提供索赔的有关资料和最终索赔报告。

【例5-15】 某院校基建管理处，于2002年10月份，将校建一住宅项目的招标文件委托一家咨询公司编制。在招标文件中说明，由发包人提供工程量计算规则，分部分项工程单价组成原则，合同文件内容及工程量清单，要求投标人以固定单价的形式投标，工程量清单中的工程量由发包人提供，工程量在投标时不允许调整，投标人只需填写工程量清单中给定项目的综合单价。某承包商通过正规招投标程序，以工程造价9000万元，合同工期14个月，质量为合格的条件获得此工程。

双方参照1999年12月国家建设部和国家工商行政管理局制定的《建设工程施工合同》范本签订了合同，在合同专用条款中明确了组成本合同的文件及优先解释顺序如下：(1)本合同协议书；(2)中标通知书；(3)投标书及附件；(4)本合同专用条款；(5)本合同通用条款；(6)标准、规范及有关技术文件；(7)图纸；(8)工程量清单；(9)工程报价单或预算书；(10)合同履行中，发包人、承包人有关工程的洽商、变更等书面协议或文件视为本合同的组成部分。

在正常的施工过程中，发生了如下情况：

事件一：2002年12月份，钢筋价格由原来的2600元/t，上涨到3600元/t，承包商经过计算，认为中标的钢筋制作安装的综合单价每吨亏损1000元，承包商在此情况下向发包人提出索赔，希望发包人考虑市场因素，给予酌情补偿。

事件二：在2003年的4~5月份出现了"非典"疫情，使本工程停止施工2个月。按合同文件约定，该疫情不能作为不可抗力因素，工期不得顺延。在10月份，甲乙双方多次磋商，发包人认为工期耽误不是施工单位原因造成的，并对现场的实际损失进行了详细的调查和计算，故书面同意将工期延长2个月，但费用不予补偿。

问题：
(1) 承包商就事件一提出的索赔能否成立？为什么？
(2) 在事件二中，发包人对工期的延长，是否符合本合同文件的内容约定？

答案与解析：
(1) 不能成立。根据合同文件中招标文件和合同专用条款的有关约定，本工程属于固定综合单价包干合同，所有因素的调整将不予考虑。
(2) 符合。根据合同文件中第10项的约定，合同履行中，发包人、承包人有关工程的洽商、变更等书面协议或文件视为本合同的组成部分。

【例5-16】 某高校拟建造一栋职工住宅楼，采用招标投标方式选中德明建筑公司为施工单位。双方签订的施工合同协议条款摘要如下：

1 工程概况
1.1 工程名称：某高校职工住宅楼
工程内容：砖混结构住宅楼，建筑面积4570m^2。
工程范围：某建筑设计院设计的施工图纸所包括的土建、装饰、水电工程。
1.4 合同价款：合同总价为365.5万元，按每平方米建筑面积800元包干。
1.5 合同价款风险范围：当工程变更、材料价格涨落等因素造成工程造价增减幅度不超过合同总价的15%时，合同总价不予调整。
19 工程价款调整
19.1 调整条件：建筑面积增减变化。
19.2 调整方式：按实际竣工建筑面积和每平方米建筑面积800元包干调整。

在上述施工合同协议条款签订后，双方又接着签订了补充施工合同协议条款。摘要如下：

补1. 木门窗均用水曲柳包门窗套。
补2. 铝合金窗90型系列改用60型系列某铝合金厂家产品。
补3. 挑阳台均采用60型系列某铝合金厂家产品封闭。

问题：
(1) 上述合同属于哪种计价方式合同类型？该合同签订的条款是否妥当？
(2) 如果执行上述合同会发生哪些工程合同纠纷？应该如何处理？

答案与解析：
(1) 从双方签订的合同条款来看，该工程的施工合同既可以属于固定价格合同，又可以属于可调价格合同。该合同签订的条款不妥当，因为合同价款的风险范围(条款1.5)与工程价款调整条款(条款 19.1、19.2)自相矛盾,建筑面积的增减也是属于工程变更的一种,前后说法矛盾,故条款签订不妥当。

(2) 如果执行上述合同有可能会发生的纠纷:

1) 当实际竣工建筑面积与原设计建筑面积不同的时候应否调整合同价款?

2) 补充施工合同协议条款中的工程价款是否包括在合同总价中?还是另行计取?

3) 如果补充施工合同协议条款中的工程价款不包括在合同总价中,应该如何调整增加门窗套、60 型系列某铝合金厂家产品封闭阳台等项目的工程价款?

4) 60 型系列铝合金窗与 90 型系列铝合金窗的价差如何调整?

5) 挑阳台封闭必然增加建筑面积,因此会必然增加合同价款。此价款与铝合金门窗封闭挑阳台的价款如何处理?

按照上述有可能出现的工程合同纠纷,处理办法如下:

1) 双方将合同价款修改成可调价格合同;

2) 就可能发生的工程合同纠纷友好协商,明确补充施工合同协议条款的 1、2、3 项工程内容与施工合同协议条款之间的关系以及价款调整的方式;

3) 重新签订补充工程施工合同协议条款。

【例 5-17】 某国际大酒店工程属于外资贷款项目,业主与承包商按照 FIDIC《土木工程施工合同条件》签订了施工合同。施工合同《专用条件》规定:钢材、木材、水泥由业主供货到现场仓库,其他材料由承包商自行采购。在工程进行过程中出现了以下事件:

事件一:当工程施工至第五层框架柱钢筋绑扎时,因业主提供的钢筋未到货,使该项作业从 7 月 3 日至 7 月 16 日停工(该项作业的总时差为零);

事件二:7 月 7 日至 7 月 9 日因现场停水、停电使第三层的砌砖停工(该项作业的总时差为 4 天);

事件三:7 月 14 日至 7 月 17 日因砂浆搅拌机发生故障使第一层抹灰开工推迟(该项作业的总时差为 4 天);

承包商针对以上事件于 7 月 20 日向工程师提交了一份索赔意向书,并于 7 月 25 日提交了一份工期、费用索赔计算书和索赔依据的详细资料。其计算书如下:

(1) 工期索赔:

1) 框架柱绑扎:14 天(7 月 3 日~7 月 16 日);

2) 砌砖:3 天(7 月 7 日~7 月 9 日);

3) 抹灰:4 天(7 月 14 日~7 月 17 日)。

工期索赔共计 21 天。

(2) 费用索赔:

1) 窝工人工费用:

① 钢筋绑扎:45 人×20.15 元/工日×14 天=12694.5 元;

② 砌砖:40 人×20.15 元/工日×3 天=2418 元;

③ 抹灰:45 人×20.15 元/工日×4 天=3627 元。

2) 窝工机械费用:

① 塔吊一台:600 元/天×14 天=8400 元;

② 混凝土搅拌机一台：65 元/天×14 天＝910 元；
③ 砂浆搅拌机一台：35 元/天×(3＋4)天＝245 元。
3）保函费延期补偿：
(2000 万元×10%×6‰/365 天)×21 天＝690.41 元
4）增加管理费：
(12694.5＋2418＋3627＋8400＋910＋245＋690.41)元×15%＝4373.74 元
5）增加利润：
(12694.5＋2418＋3627＋8400＋910＋245＋690.41＋4373.74)元×7%＝2335.11 元
费用索赔总计：12694.5＋2418＋3627＋8400＋910＋245＋690.41＋4373.74＋2335.11
　　　　　　＝35693.76 元

问题：
(1) 承包商提出的工期索赔是否正确？应予批准的工期索赔为多少天？
(2) 假定双方协商一致，窝工机械设备费用索赔按台班单价的 65% 计取；考虑对窝工工人应该合理安排从事其他作业后的降效损失，窝工人工费用索赔按 10 元/工日计取，保函费用计算方式合理；管理费用和利润不补偿。请计算费用索赔额。

答案与解析：
(1) 对于承包商提出的工期索赔第一条正确；第二、三条不正确：
1）框架柱绑扎停工的计算日期为：7 月 3 日～7 月 16 日，共计 14 天。因为是由于业主提供的钢筋没有到货造成的；而且该项作业的总时差为 0 天，说明该作业在关键线路上。因此应该给予 14 天的工期补偿。
2）砌砖停工的计算日期为 7 月 7 日～7 月 9 日，共计 3 天。因为虽然此项作业是由于业主的原因造成的，但该项作业的总时差为 4 天，停工 3 天并没有超出总时差。因此不应该给予工期补偿。
3）抹灰停工的计算日期为 7 月 14 日～7 月 17 日。共计 4 天。因为是由于承包商自身原因造成的。因此不应该给予工期补偿。
综上可知，应该批准的工期索赔为 14 天。
(2) 费用索赔额：
1）窝工人工费用：
① 钢筋绑扎：此事件是由于业主原因造成的，但是窝工工人已安排从事其他作业，所以只考虑降效损失，题目已经给出人工索赔按 10 元/工日计取。
　　　　　　45 人×10 元/工日×14 天＝6300 元
② 砌砖：此事件是由于业主原因造成的，但是窝工工人已安排从事其他作业，所以只考虑降效损失，题目已经给出人工索赔按 10 元/工日计取。
　　　　　　40 人×10 元/工日×3 天＝1200 元
③ 抹灰：此事件是承包商自身原因造成的，所以不给予任何补偿。
2）机械费用：
① 塔吊一台：按照惯例闲置机械只计取折旧费用。
　　　　　　600 元/天×14 天×65%＝5460 元
② 混凝土搅拌机一台：按照惯例闲置机械只计取折旧费用。

$$65 \text{元/天} \times 14 \text{天} \times 65\% = 591.5 \text{元}$$

③ 砂浆搅拌机一台：按照惯例闲置机械只计取折旧费用。

$$35 \text{元/天} \times (3+4) \text{天} \times 65\% = 159.25 \text{元}$$

3）保函费延期补偿：

$$(2000 \text{万元} \times 10\% \times 6‰ \div 365 \text{天}) \times 14 \text{天} = 460.27 \text{元}$$

4）管理费与利润不计取。

则费用索赔总计：6300＋1200＋5460＋591.5＋159.25＋460.27＝14171.02 元。

第六章 建筑工程施工阶段的造价控制

商务经理作为工程项目领导班子的一员,在工程建设全过程中起着十分重要的作用,应该具有在工程项目建设全过程中对工程造价实施控制和管理,编审工程结(决)算书的能力。需要商务经理掌握的建筑工程施工阶段的工程控制的主要内容包括:工程变更与合同价款调整;工程索赔费用的确定;建设工程价款结算、资金使用计划的编制和应用、竣工决算的编制和竣工后保修费用的处理等等。

第一节 工程变更与合同价款调整

一、工程变更概述

1. 工程变更的概念

在工程项目的实施过程中,由于多方面的情况变更,经常出现工程量的变化、施工进度的变化以及承发包方执行合同的变化,这些就产生了工程变更。工程变更包括设计变更、进度计划变更、施工条件变更以及出现原招标文件和工程量清单中未包括的"新增工程"等的变更。

按照《建设工程施工合同》有关规定,承包方按照工程师发出的变更通知及有关要求,需要进行下列变更:
1) 更改工程有关部分的标高、基线、位置和尺寸;
2) 增减合同中约定的工程量;
3) 改变有关工程的施工时间和顺序;
4) 工程变更所需要的其他附加工作。

2. 工程变更的产生原因

在工程项目的实施过程中,经常碰到来自业主方对项目要求的修改,设计方由于业主要求的变化或现场施工环境、施工技术的要求而产生的设计变更等。由于这些多方面变更,经常出现工程量变化、施工进度变化、业主方与承包方在执行合同中的争执等问题。这些问题的产生,一方面是由于主观原因,如勘察设计工作粗糙,以致在施工过程中发现许多招标文件中没有考虑或估算不准确的工程量,因而不得不改变施工项目或增减工程量;另一方面是由于客观原因,如发生不可预见的事故自然或社会原因引起的停工和工期拖延等,致使工程变更不可避免。

二、工程变更的程序

1. 发包人变更

施工中发包人如需对原设计变更,应不迟于变更前14天以书面形式向承包人发出通知。承包人对于发包人的变更通知没有拒绝的权利。变更超过原标准或批准规模时,须经原规划部门和其他部门审批,并由原设计单位提供变更图纸说明。

2. 承包人变更

承包人应当严格按图纸施工,不得随意变更设计。施工中承包人提出的合理化建议涉及对设计图纸或者施工组织设计的更改及对原材料、设备的更换,须经工程师同意。工程师同意变更后,也须经原规划管理部门和其他有关部门审查批准,并由原设计单位提供变更的相应的图纸和说明。

3. 设计变更事项

能够构成设计变更的事项包括以下变更:更改有关部分的标高、基线、位置和尺寸;增减合同中约定的工程量;改变有关工程的施工时间和顺序;其他有关工程变更需要的附加工作。

三、工程变更的处理

1. 工程变更的确认

由于工程变更会带来工程造价和工期的变化,为了有效地控制造价,无论任何一方提出工程变更,均需由工程师确认并签发工程变更指令。当工程变更发生时,要求工程师及时处理并确认变更的合理性。

一般过程是:提出工程变更→分析提出的工程变更对项目目标的影响→分析有关的合同条款和会议、通信记录→初步确定处理变更所需的费用、时间范围和质量要求(向业主提交变更评估报告)→确认工程变更。

2. 工程变更的处理程序

工程变更常发生于工程项目实施过程中,一旦处理不好常会引起纠纷,损害投资者或承包商的利益,对项目目标控制很不利。首先是投资容易失控,因为承包工程实际造价=合同价+索赔额。承包方为了适应日益竞争的建设市场,通常在合同谈判时让步而在工程实施过程中通过索赔获取补偿;由于工程变更所引起的工程量的变化、承包方的索赔等,都有可能使最终投资超出原来的预计投资,所以应密切注意对工程变更价款的处理,其次,工程变更容易引起停工、返工现象,会延迟项目的动用时间,对进度不利;再次,变更的频繁还会增加项目管理的组织协调工作量(协调会议、联系会的增多);另外对合同管理和质量控制也不利。因此对工程变更进行有效控制和管理就显得十分重要。

(1) 施工中发包方需对原工程设计进行变更

根据《建设工程施工合同》的规定,应提前14天以书面形式向承包方发出变更通知。变更超过原设计标准或批准的建设规模时,须经原规划管理部门和其他有关部门重新审查批准,并由原设计单位提供变更的相应图纸和说明。发包方办妥上述事项后,承包方根据发包方变更通知并按工程师要求进行变更。因变更导致合同价款的增减及造成的承包方损失,由发包方承担,延误的工期相应顺延。合同履行中发包方要求变更工程质量标准及发生其他实质性变更,由双方协商解决。

(2) 承包商要求对原工程进行变更

1) 施工中承包方不得对原工程设计进行变更。因承包方擅自变更设计发生的费用和

由此导致发包方的直接损失,由承包方承担,延误的工期不予顺延;

2)承包方在施工中提出的合理化建议涉及对设计图纸或施工组织设计的更改及对原材料、设备的换用,须经工程师同意。未经同意擅自更改或换用时,承包方承担由此发生的费用,并赔偿发包方的有关损失,延误的工期不予顺延;

3)工程师同意采用承包方合理化建议,发生的费用和获得的收益,发包方、承包方另行约定分担或分享。

对承包商提出工程变更的控制程序见图6-1。

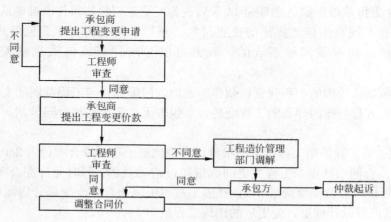

图6-1 变更控制程序

(3)控制好由施工条件引起的变更

工程变更中除了对原工程设计进行变更、工程进度计划变更之外,施工条件的变更往往较复杂,需要特别重视,否则会由此而引起索赔的发生。对于施工条件的变更,往往是指未能预见的现场条件或不利的自然条件,即在施工中实际遇到的现场条件同招标文件中描述的现场条件有本质的差异,使承包商向业主提出施工单价和施工时间的变更要求。在土建工程中,现场条件的变更一般出现在基础地质方面,如厂房基础下发现流砂或淤泥层,隧洞开挖中发现新的断层破碎等,水坝基础岩石开挖中出现对坝体安全不利的岩层走向等。

在施工实践中,控制由于施工条件变化所引起的合同价款变化,主要是把握施工单价和施工工期的科学性、合理性。因为,在施工合同条款的理解方面,对施工条件的变更没有十分严格的定义,往往会造成合同双方各执一词。所以商务经理在工程施工过程中应充分做好现场记录资料和试验数据的收集整理工作,使以后在合同价款的处理方面,更具有科学性和说服力。

四、工程变更价款的计算方法

工程变更价款的确定应在双方协商的时间内,由承包商提出变更价格,报工程师批准后方可调整合同价或顺延工期。造价工程师对承包方(乙方)所提出的变更价款,应按照有关规定进行审核、处理。

1. 承包方在工程变更确定后14天内,提出变更工程价款的报告,经工程师确认后调整合同价变更合同价款可按下列方法进行:

(1) 合同中已有适用于变更工程的价格，按合同已有的价格计算变更合同价款。

(2) 合同中只有类似于变更工程的价格，可以参照类似价格变更合同价款。

(3) 合同中没有适用或类似于变更工程的价格，由承包方提出适当的变更价格，经工程师确认后执行。

2. 承包方在双方确定变更后14天内不向工程师提出变更工程价款报告时，视为该项变更不涉及合同价款的变更。

3. 工程师应在收到变更工程价款报告之日起14天内予以确认。工程师无正当理由不确认时，自变更价款报告送达之日起14天后视为变更工程价款报告已被确认。

4. 工程师不同意承包方提出的变更价款，可以和解或者要求合同管理及其他有关主管部门调解。和解或调解不成的，双方可以采用仲裁或向人民法院起诉的方式解决。

5. 工程师确认增加的工程变更价款作为追加合同价款，与工程款同期支付。

6. 因承包方自身原因导致的工程变更，承包方无权要求追加合同价款。

【例 6-1】 某工程采用工程量清单报价，其中砌筑工程的综合单价为260元/m^3、工程量为1000m^3。合同中约定当工程变更的数量超过清单量的5%时允许综合单价调增2%；超过10%工程量时综合单价调增5%。在施工过程中由于业主改变部分房间功能，砌筑工程按业主要求进行设计变更，变更后的砌筑工程量为1500m^3。

问题：

(1) 请在承包商角度编制此洽商变更上报费用。

(2) 业主是否应应对此变更给予确认？

答案与解析：

(1) 根据题意，可以得出：

1) 未超出清单量5%的工程量为1000m^3×5%＝50m^3；

根据合同约定可以知道此部分综合单价为260元/m^3；

则此部分变更费用为50m^3×260元/m^3＝13000元。

2) 超出清单量5%但是未超出清单量10%的工程量为1000m^3×10%－1000m^3×5%＝50m^3；

根据合同约定可以知道此部分综合单价为260元/m^3×(1+2%)＝265.2元/m^3；

则此部分变更费用为50m^3×265.2元/m^3＝13260元。

3) 超出清单量10%的工程量为1500m^3－1000m^3×(1+10%)＝400m^3；

根据合同约定可以知道此部分综合单价为260元/m^3×(1+5%)＝273元/m^3；

则此部分变更费用为400m^3×273元/m^3＝109200元。

4) 此项变更的费用上报为：

13000元＋13260元＋109200元＝135460元。

(2) 因此项变更是由业主改变部分房间功能造成的，业主应给予确认此项费用。

【例 6-2】 某承包商承建某酒店工程，在施工过程中，承包商从美观角度考虑改变了某分部工程的材料做法，但是并没有通过业主和设计的认可。此项变更发生费用增加1万元，工期延误2天。承包商上报了业主洽商费用1万元，申请工期顺延2天。

问题：

业主是否应对此变更给予确认？

答案与解析：

业主不应给予确认此项费用，并不顺延工期。因承包商擅自变更设计发生的费用和由此导致发包方的直接损失，由承包方承担，延误的工期不予顺延。

【例6-3】 某工程项目，承包商与业主采用单价合同方式签订了施工合同，合同中对于工程变更、工程计量、合同价款的调整及工程款的支付等都作了规定。施工合同约定：施工过程中发生的设计变更，采用以直接费为计算基础的全费用综合单价计价，间接费费率10%，利润率5%，计税系数3.41%。承包商施工到第2个月末，业主要求进行设计变更，该变更增加了一新的分项工程A，A工作的直接费为400元/m³，工程量为3000m³。

问题：

新增分项工程A的全费用综合单价及工程变更后增加的款额是多少？

答案与解析：

全费用综合单价计算如下：

(1) 分项直接费：400元/m³；

(2) 间接费：(1)×10%＝400×10%＝40元/m³；

(3) 利润：[(1)+(2)]×5%＝(400+40)×5%＝22元/m³；

(4) 税金：[(1)+(2)+(3)]×3.41%＝(400+40+22)×3.41%＝15.75元/m³；

(5) 全费用综合单价：(1)+(2)+(3)+(4)＝400+40+22+15.75＝477.75元/m³；

工程变更后新增的款额：477.75元/m³×3000m³＝1433250元＝143.33万元。

第二节 工程索赔与索赔费用的确定

索赔是指在合同履行过程中，对于并非自己的过错，而是应由对方承担责任的情况造成的实际损失向对方提出经济补偿和(或)时间补偿的要求。索赔是工程承包中经常发生的正常现象，由于施工现场条件、气候条件的变化、施工进度、物价的变化，以及合同条款、规范、标准文件和施工图纸的变更、差异、延误等因素的影响，使得工程承包中不可避免地出现索赔。对于索赔的概念和基本理论已经在本书第五章中做了详细的介绍。本章主要介绍如何确定索赔费用。

一、索赔费用的组成

索赔费用的主要组成部分，同建设工程施工承包合同价的组成部分相似。由于我国关于施工承包合同价的构成规定与国际惯例不尽一致，所以在索赔费用的组成内容上也有所差异。按照我国现行规定，建筑安装工程合同价一般包括直接工程费、间接费、计划利润和税金。而国际上的惯例是将建筑安装工程合同价分为直接费、间接费、利润三部分，具体内容见图6-2。

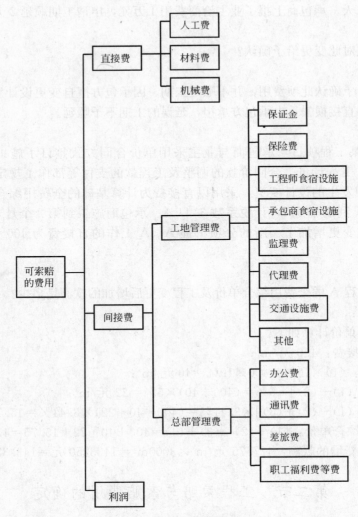

图 6-2 国际索赔费用组成

从原则上说，凡是承包商有索赔权的工程成本增加，都可以列入索赔的费用。但是，对于不同原因引起的索赔，可索赔费用的具体内容则有所不同。哪些内容可索赔，哪些内容不可索赔，则需要具体地分析与判断。这些内容在本书第五章已经详细介绍。

根据国际惯例，索赔费用中主要包括的项目如下：

1. 人工费

人工费是工程成本直接费中主要项目之一，它包括生产工人基本工资、工资性质的津贴、加班费、奖金等。对于索赔费用中的人工费部分来说，主要是指完成合同之外的额外工作所花费的人工费用；由于非承包商责任的工效降低所增加的人工费用；超过法定工作时间的加班费用；法定的人工费增长以及非承包商责任造成的工程延误导致的人员窝工费等。

2. 材料费

材料费的索赔包括：

(1) 由于索赔事项材料实际用量超过计划用量而增加的材料费。
(2) 由于客观原因材料价格大幅度上涨。
(3) 由于非承包商责任工程延误导致的材料价格上涨。
(4) 由于非承包商原因致使材料运杂费、材料采购与储存费用的上涨等。

3. 施工机械使用费

施工机械使用费的索赔包括：
(1) 由于完成额外工作增加的机械使用费。
(2) 非承包商责任致使的工效降低而增加的机械使用费。
(3) 由于业主或监理工程师原因造成的机械停工的窝工费。机械台班窝工费的计算，如系租赁设备，一般按实际台班租金加上每台班分摊的机械调进调出费计算，如系承包商自有设备，一般按台班折旧费计算，而不能按全部台班费计算，因台班费中包括了设备使用费。

4. 工地管理费

索赔款中的工地管理费是指承包商完成额外工程、索赔事项工作以及工期延长、延误期间的工地管理费；包括管理人员工资、办公费、通讯费、交通费等。在确定分析索赔款时，有时把工地管理费具体又分为可变部分和固定部分。所谓可变部分是指在延期过程中可以调到其他工程部位（或其他工程项目）上去的那部分人员和设施；所谓固定部分是指施工期间不易调动的那部分人员或设施。

5. 利息

在索赔款额的计算中，经常包括利息。利息的索赔通常发生于下列情况：
(1) 业主拖延支付工程进度款或索赔款，给承包商造成较严重的经济损失，承包商因而提出拖付款的利息索赔；
(2) 由于工程变更和工期延误增加投资的利息；
(3) 施工过程中业主错误扣款的利息。

至于这些利息的具体利率应是多少，可采用不同标准，主要有以下三类情况：
(1) 按当时银行贷款利率。
(2) 按当时的银行透支利率。
(3) 按合同双方协议的利率。

6. 总部管理费

索赔款中的总部管理费主要指的是工程延误期间所增加的管理费，一般包括总部管理人员工资、办公费用、财务管理费用、通讯费用等。这项索赔款的计算，目前没有统一的方法。在国际工程施工索赔中，常用的总部管理费的计算方法有以下几种：
(1) 按照投标书中总部管理费的比例（3%～8%）计算，其计算公式为

总部管理费＝合同中总部管理费比率×（直接费索赔款额＋工地管理费索赔款额等）

(2) 按照公司总部统一规定的管理费比率计算，其计算公式为

总部管理费＝公司管理费比率×（直接费索赔款额＋工地管理费索赔款额等）

(3) 以工程延期的总天数为基础，计算总部管理费的索赔额，计算步骤如下：

$$对某工程提取的管理费＝同期内公司的总管理费×\frac{某工程的合同额}{同期内公司的总合同额}$$

$$某工程的每日管理费 = \frac{某工程向总部上缴的管理费}{合同实施天数}$$

$$索赔的总部管理费 = 某工程的每日管理费 \times 工程延误的天数$$

7. 分包费用

索赔款中的分包费用是指分包商的索赔款项，一般也包括人工费、材料费、施工机械使用费等。分包商的索赔款额应如数列入总承包商的索赔款总额以内。

8. 利润

对于不同性质的索赔，取得利润索赔的成功率是不同的。一般地说，由于工程范围的变更和施工条件变化引起的索赔，承包商是可以列入利润的，由于业主的原因终止或放弃合同，承包商也有权获得已完成的工程款以外，还应得到原定比例的利润。而对于工程延误的索赔，由于利润通常是包括在每项实施的工程内容的价格之内的，而延误工期并影响削减某些项目的实施，而导致利润减少；所以，一般监理工程师很难同意在延误的费用索赔中加进利润损失。

还需注意的是，施工索赔中以下几项费用是不允许索赔的：

（1）承包商对索赔事项的发生原因负有责任的有关费用；

（2）承包商对索赔事项未采取减轻措施，因而扩大的损失费用；

（3）承包商进行索赔工作的准备费用；

（4）索赔款在索赔处理期间的利息；

（5）工程保险费范围支出的费用。

二、索赔费用的计算方法

1. 分项法

该方法是按每个索赔事件所引起损失的费用项目分别分析计算索赔值的一种方法。这一方法是在明确责任的前提下，将需索赔的费用分项列出，并提供相应的工程记录、收据、发票等证据资料，这样可以在较短时间内给以分析、核实、确定索赔费用，顺利地解决索赔事宜。在实际中，绝大多数工程的索赔都采用分项法计算。

分项法计算通常分三步：

（1）分析每个或每类索赔事件所影响的费用项目，不得有遗漏。这些费用项目通常应与合同报价中的费用项目一致。

（2）计算每个费用项目受索赔事件影响后的数值，通过与合同价中的费用值进行比较即可得到该项费用的索赔值。

（3）将各费用项目的索赔值汇总，得到总费用索赔值。分项法中索赔费用主要包括该项工程施工过程中发生的额外人工费、材料费、施工机械使用费、相应的管理费，以及应得的间接费和利润等。由于分项法所依据的是实际发生的成本记录或单据，所以施工过程中，对第一手资料的收集整理就显得非常重要。

2. 总费用法

又称总成本法，就是当发生多次索赔事件以后，重新计算出该工程的实际总费用，再从这个实际总费用中减去投标报价时的估算总费用，计算出索赔余额，其计算公式为

$$索赔金额 = 实际总费用 - 投标报价估算总费用$$

3. 修正总费用法

修正的总费用法是对总费用法的改进，即在总费用计算的原则上，去掉一些不合理的因素，使其更合理。修正的内容如下：

（1）将计算索赔款的时段局限于受到外界影响的时间，而不是整个施工期。

（2）只计算受影响时段内的某项工作所受影响的损失，而不是计算该时段内所有施工工作所受的损失。

（3）对投标报价费用重新进行核算，按受影响时段内该项工作的实际单价进行核算，以实际完成的该项工作的工作量，得出调整后的报价费用。

按修正后的总费用计算索赔金额的公式如下：

$$\text{索赔金额} = \text{某项工作调整后的实际总费用} - \text{该项工作的报价费用}$$

三、工期索赔的计算方法

1. 在确定拖期索赔的有效期时，应依据下列原则：

（1）首先判别造成延期的哪一种原因是最先发生的，即确定"初始延误"者，它应对工程拖期负责。在初始延误发生作用期间，其他的延误者不承担拖期责任。

（2）如果初始延误者是业主，则在业主造成的延误期内，承包商既可以得到工期延长，又可以得到经济补偿。

（3）如果初始延误者是客观因素，则在客观因素发生影响的时间段内，承包商可以得到工期延长，但很难得到费用补偿。

2. 工期索赔的计算方法

（1）网络分析法。即通过分析索赔事件发生前后的网络计划，对比前后两种工期计算结果，算出索赔值。它是一种科学、合理的分析方法，适用于许多索赔事件的计算，但它要求以计算机网络分析技术进行工期计划和控制作为前提条件。

（2）对比分析法。在实际工程中，干扰事件常常仅影响某些单项工程、单位工程，或分部分项工程的工期，要分析它们对总工期的影响，可以采用较简单的对比分析法。常用的计算公式为：

$$\text{总工期索赔} = \frac{\text{受干扰部分的工程合同价}}{\text{整个工程合同价}} \times \text{该部分受干扰工期拖延期}$$

$$\text{总工期索赔} = \frac{\text{额外或新增加工程量价格}}{\text{原工程合同总价}} \times \text{原工程合同总工期}$$

【例 6-4】 承包商承包了某商业中心工程，在施工过程中，因业主原因推迟了该工程基础施工图纸的批准，使该单项工程整体延期 25 天。基础工程合同价为 600 万元，而整个工程合同价为 5000 万元。

问题：

承包商提出的工期索赔应为多少？

答案与解析：

根据工期的计算公式：

$$\text{总工期索赔} = \frac{\text{受干扰部分的工程合同价}}{\text{整个工程合同价}} \times \text{该部分受干扰工期拖延期}$$

可以知道工期索赔＝(600÷5000)×25＝3 天。

即承包商提出工期索赔应为 3 天。

第三节 建设工程价款结算

一、我国工程价款结算的主要方式

所谓工程价款结算是指承包商在工程实施过程中，依据承包合同中关于付款条款的规定和已经完成的工程量，并按照规定的程序向建设单位（业主）收取工程价款的一项经济活动。

1. 工程价款结算是工程项目承包中的一项十分重要的工作，主要表现在：

（1）工程价款结算是反映工程进度的主要指标；

（2）工程价款结算是加速资金周转的重要环节；

（3）工程价款结算是考核经济效益的重要指标。

2. 工程价款的主要结算方式

我国现行工程价款结算根据不同情况，可采取以下多种方式：

（1）按月结算：实行旬末或月中预支，月终结算，竣工后清算的方法。跨年度竣工的工程，在年终进行工程盘点，办理年度结算。我国现行建筑安装工程价款结算中，相当一部分是实行这种按月结算。

（2）竣工后一次结算：建设项目或单项工程全部建筑安装工程建设期在 12 个月以内，或者工程承包合同价值在 100 万元以下的，可以实行工程价款每月月中预支，竣工后一次结算。

（3）分段结算：当年开工，当年不能竣工，按照工程形象进度，划分不同阶段进行结算。分段结算可以按月预支工程款。划分标准，由各部门、自治区、直辖市规定。

对于以上三种主要结算方式的收支确认有如下规定：

1）实行旬末或月中预支，月终结算，竣工后清算办法的工程合同，应分期确认合同价款收入的实现，即：各月份终了，与发包单位进行已完工程价款结算时，确认为承包合同已完工部分的工程收入实现，本期收入额为月终结算的已完工程价款金额。

2）实行合同完成后一次结算工程价款办法的工程合同，应于合同完成，施工企业与发包单位进行工程合同价款结算时，确认为收入实现，实现的收入额为承发包双方结算的合同价款总额。

3）实行按工程形象进度划分不同阶段、分段结算工程价款办法的工程合同，应按合同规定的形象进度分次确认已完阶段工程收益实现。即：应于完成合同规定的工程形象进度或工程阶段，与发包单位进行工程价款结算时，确认为工程收入的实现。

（4）目标结款方式

将承包工程的内容分解成不同的控制界面，以业主验收控制界面作为支付工程价款的前提条件。将合同中的工程内容分解成不同的验收单元，当承包商完成验收后，业主支付构成单元工程内容的工程价款。目标结款方式实质上是运用合同手段、财务手段对工程的完成进行主动控制。

(5) 结算双方约定的其他结算方式

二、工程预付款及其计算

1. 工程预付款

施工企业承包工程，一般实行包工包料，这就需要有一定数量的备料周转金。在工程承包合同条款中，一般要明文规定发包方在开工前拨付给承包商一定限额的工程预付备料款。此预付款构成施工企业为此承包工程项目储备的主要材料、构配件所需的流动资金。

按照我国有关规定，实行工程预付款的，双方应当在专用条款内约定发包方向承包方预付工程款的时间和数额，开工后按约定的时间和比例逐次扣回。预付时间应不迟于约定的开工日期前7天。发包方不按约定预付，承包方花约定预付时间7天后向发包方发出要求预付的通知，发包方收到通知后仍不能按要求预付，承包方可在发出通知后7天停止施工，发包方应从约定应付之日起向承包方支付应付款的贷款利息，并承担违约责任。

预付备料款限额决定因素主要有：主要材料（包括外购构件）占工程造价的比重；材料储备期；施工工期。在实际工作中，备料款的数额，要根据各工程类型、合同工期、承包方式和供应体制等不同条件而定。一般建筑工程不应超过当年建筑工作量（包括水、电、暖）的30%，安装工程按年安装工作量的10%；材料占比重较多的安装工程按年计划产值的15%左右拨付。对于只包定额工日（不包材料，一切材料由建设单位供给）的工程项目，则可以不预付备料款。

对于施工企业的备料款限额计算公式为：

$$备料款限额 = \frac{年度承包工程总值 \times 主要材料所占比重}{年度施工日历天数} \times 材料储备天数$$

2. 预付款的扣回

发包方拨付给承包方的备料款属于预支性质，到了工程实施后，随着工程所需主要材料储备的逐步减少，应以抵充工程价款的方式陆续扣回。扣款的方法有两种：

(1) 可以从未施工工程尚需的主要材料及构件的价值相当于备料款数额时起扣，从每次结算工程价款中，按材料比重扣抵工程价款，竣工前全部扣清。计算公式为：

$$T = P - \frac{M}{N}$$

式中　T——起扣点的累计完成工作量金额；

　　　P——承包工程价款总额；

　　　M——预付备料款限额；

　　　N——主要材料所占比重。

(2) 扣款的方法也可以在承包方完成金额累计达到合同总价的一定比例后，发包方从每次应付给承包方的金额中扣回工程预付款。

按建设部《招标文件范本》中的规定，在承包方完成金额累计达到合同总价的10%后，由承包方开始向发包方还款，发包方从每次应付给承包方的金额中扣回工程预付款，发包方至少在合同规定的完工期前3个月将工程预付款的总计金额按逐次分摊的办法扣回。当发包方一次付给承包方的余额少于规定扣回的金额时,其差额应转入下一次支付中作为债务结转。发包方不按规定支付工程预付款,承包方可以向发包方发出要求预付的通知,如到期仍不支付,可以提出索赔。

【例 6-5】 某施工单位承包某工程项目,甲乙双方签订的关于工程价款的合同内容有:

(1) 合同总价 1200 万元,建筑材料及设备费用占施工产值的比重为 60%。

(2) 工程预付款为合同总价的 25%。工程实施后,工程预付款从未施工工程尚需的主要材料及构件的价值相当于工程预付款数额时起扣,从每次结算工程价款中按材料和设备占施工产值的比重抵扣工程预付款,竣工前全部扣清。

(3) 工程进度款按月计算。

(4) 工程保修金为合同总价的 3%,从每月的工程款中按 3% 扣留。

(5) 材料和设备价差调整按规定进行(按有关规定材料和设备价差上调 10%,在竣工结算时一次调增)。工程各月实际完成产值见表 6-1。

各月实际完成产值表 表 6-1

月 份	2	3	4	5	6	7
完成产值	150	180	250	250	220	150

问题:

(1) 该工程的预付款、起扣点为多少?

(2) 该工程 2~6 月各月拨付的工程款为多少?

(3) 7 月办理工程竣工结算,该工程结算造价为多少?业主应付工程结算款为多少?

答案与解析:

(1) 工程预付款:1200 万元 × 25% = 300 万元;

起扣点:1200 万元 − 300 万元/60% = 700 万元

(2) 2~6 月各月拨付工程款为:

2 月:工程款 150 万元,累计工程款 150 万元;

3 月:工程款 180 万元,累计工程款 330 万元;

4 月:工程款 250 万元,累计工程款 580 万元;

5 月:工程款 250 万元 − (250 + 580 − 700) 万元 × 60% = 172 万元,累计工程款为 752 万元,因起扣点为 700 万元,故 5 月份开始抵扣工程预付款;

6 月:工程款 220 万元 − 220 万元 × 60% = 88 万元,累计工程款为 840 万元。

(3) 工程结算总造价为:1200 万元 + 1200 万元 × 60% × 10% = 1272 万元;

业主应付工程结算款为:1272 万元 − 840 万元 − 1272 万元 × 3% − 300 万元
= 93.84 万元。

三、工程进度款的支付

施工企业在施工过程中,按逐月(或工程进度、或控制界面等)完成的工程数量计算各项费用,向建设单位(业主)办理工程进度款的支付(即中间结算)。

工程进度款支付过程中,应遵循如下要求:
1. 工程量的确认
(1) 承包方应按约定时间,向工程师提交已完工程量的报告。
(2) 工程师收到承包方报告后 7 天内未进行计量,第 8 天起,承包方报告中开列的工程量即视为已被确认,作为工程价款支付的依据。
(3) 工程师对承包方超出设计图纸范围和(或)因自身原因造成返工,不予计量。
2. 合同收入的组成
(1) 合同中规定的最初商定的合同总金额,合同收入的基本内容。
(2) 因合同变更、索赔、奖励等构成的收入,形成追加收入。
3. 工程进度款支付
(1) 工程进度款在双方确认计量结果后 14 天内,发包方应向承包方支付工程进度款。按约定时间发包方应扣回的预付款,与工程进度款同期结算。
(2) 符合规定范围的合同价款的调整,工程变更调整的合同价款及其他条款中约定的追加合同价款,应与工程进度款同期调整支付。
(3) 发包方超过约定的支付时间不支付工程进度款,承包方可向发包方发出要求付款通知,发包方受到承包方通知后仍不能按要求付款,可与承包方协商签订延期付款协议,经承包方同意后可延期支付。协议须明确延期支付时间和从发包方计量结果确认后第 15 天起计算应付款的贷款利息。
(4) 发包方不按合同约定支付工程进度款,双方又未达成延期付款协议,导致施工无法进行,承包方可停止施工,由发包方承担违约责任。

【例 6-6】 某开发商通过公开招标与某建筑集团公司签订了一份建筑安装工程项目施工总承包合同。承包范围为土建工程和安装工程,合同总价为 5000 万元,工期为 7 个月。合同签定日期为 3 月 1 日,双方约定 4 月 1 日开工,10 月 28 日竣工。

合同中规定:
① 主要材料及构件金额占合同总价的 65%。
② 预付备料款为合同总价的 25%,于 3 月 15 日前拨付给承包商。工程预付款从乙方获得累计工程款超过合同价的 60% 以后的下一个月起,分 3 个月平均扣除。
③ 工程保修金为合同总价的 5%,业主从每月承包商取得的工程款中按 3% 的比例扣留。保修期(一年)满后,剩余部分退还承包商。
④ 工程进度款由乙方逐月(每月末)申报,经审核后于下月 5 日前支付。
⑤ 若施工单位每月实际完成产值不足计划产值的 90% 时,业主可按实际完成产值的 6% 的比例扣留工程进度款,在工程竣工结算时将扣留的工程进度款退还施工单位。
⑥ 业主供料价款在发生当月的工程款中扣回。
⑦ 工程款逾期支付,按每日 1‰ 的利率计息。
⑧ 竣工的次月办理竣工结算。
由业主的工程师代表签认的承包商各月计划和实际完成产值以及业主提供的材料、设备价值见表 6-2。

工程结算数据表（单位：万元） 表 6-2

时间(月)	4月	5月	6月	7月	8月	9月	10月
计算完成产值	600	800	850	850	800	600	500
实际完成产值	600	790	870	860	700	650	530
业主供料价款	5	12	10	10	15	10	8

问题：

(1) 该工程的预付款为多少？

(2) 应从几月份开始回扣工程款？每月应扣工程预付款为多少？

(3) 承包人在基础分部工程完工经质量检查人员自检认为质量符合现行规范后，向业主提出工程量确认的书面报告，7天后，业主的工程师代表仍然没有到现场进行计量。承包人应如何处理？

(4) 各月应拨付的工程款为多少？

答案与解析：

(1) 工程的预付款为：$5000 \times 25\% = 1250$ 万元。

(2) 应从第8月份开始回扣工程款，因为 4~7 月累计工程款为：$600+790+870+860=3120$ 万元 $> 5000 \times 30\% = 3000$ 万元。

平均每月应扣工程预付款为：$1250 \div 2 = 416.67$ 万元。

(3) 工程量的核实确认应由承包人按协议条款约定的时间，向发包人代表提交已完工程量清单或报告。《建设工程施工合同（示范文本）》约定：发包人代表接到工程量清单或报告后7天内按设计图纸核实已完工程量，经确认的计量结果，作为工程价款的计算依据。发包人代表收到已完工程量清单或报告后7天内未进行计量，从第8天起，承包人报告中开列的工程量即视为确认，可作为工程价款支付的依据。

根据上述规定，在承包方提出工程量确认的报告后7天内，业主代表未进行核实，从第8天起，承包方可以将报告中开列的内容向业主发出要求付款的通知，并继续进行工程量清单中其他项目的施工。

(4) 每月工程师代表应签发付款凭证金额：

4月份应签发付款凭证金额为：$600 \times (1-3\%) - 5 = 577$ 万元；

5月份应签发付款凭证金额为：$790 \times (1-3\%) - 12 = 754.3$ 万元；

6月份应签发付款凭证金额为：$870 \times (1-3\%) - 10 = 833.9$ 万元；

7月份应签发付款凭证金额为：$860 \times (1-3\%) - 10 = 824.2$ 万元；

8月份完成产值 700 万元 $< 800 \times 90\% = 720$ 万元，所以应扣除 700 万的 6%，8月份应签发付款凭证金额为：$700 \times (1-3\%-6\%) - 416.67 - 15 = 205.33$ 万元；

9月份应签发付款凭证金额为：$650 \times (1-3\%) - 416.67 - 10 = 203.83$ 万元；

10月份应签发付款凭证金额为：$530 \times (1-3\%) - (1250 - 416.67 \times 2) - 8 = 89.44$ 万元。

四、工程保修金（保留款）的预留

项目总造价中应预留比例尾留款作为质量保修费用（又称保留金），保修期结束后拨付。按照有关规定，工程项目总造价中应预留出一定比例的尾款作为质量保修费用（也称保留金），待工程项目保修期结束后最后拨付。有关保留款应如何预留，一般有两种做法：

（1）当工程进度款拨付累计额达到该建筑安装工程造价的一定比例（一般为95%～97%左右）时，停止支付，预留造价部分作为保留款。

（2）保留金的扣除，可以从发包方向承包方第一次支付的工程进度款开始。在每次承包方应得的工程款中扣留投标书附录中规定金额作为保留金，直至保留金总额达到投标书附录中规定的限额为止。

五、工程竣工结算

1. 工程竣工结算定义

工程竣工结算是指施工企业按照合同规定的内容全部完成所承包的工程，经验收质量合格，并符合合同要求之后，向发包单位进行的最终工程价款结算。在实际工作中，当年开工、当年竣工的工程，只需办理一次性结算。跨年度的工程，在年终办理一次年终结算，将未完工程结转到下一年度，此时竣工结算等于各年度结算的总和。

2. 竣工结算的要求

（1）工程竣工验收报告经发包方认可后28天内，承包方向发包方递交竣工结算报告及完整的结算资料，双方按照协议书约定的合同价款及专用条款约定的合同价款调整内容，进行工程竣工结算。

（2）发包方收到承包方递交的竣工结算报告及结算资料后28天内进行核实，给予确认或者提出修改意见。发包方确认竣工结算报告后通知经办银行向承包方支付工程竣工结算价款。承包方收到竣工结算价款后14天内将竣工工程交付发包方。

（3）发包方收到竣工结算报告及结算资料后28天内无正当理由不支付工程竣工结算价款，从第29天起按承包方同期间银行贷款利率支付拖欠工程价款的利息，并承担违约责任。

（4）发包方收到竣工结算报告及结算资料后28天内不支付工程竣工结算价款，承包方可以催告发包方支付结算价款。发包方在收到竣工结算报告及结算资料后56天内仍不支付的；承包方可以与发包方协议将该工程折价，也可以由承包方申请人民法院将该工程依法拍卖，承包方就该工程折价或者拍卖的价款优先受偿。

（5）工程竣工验收报告经发包方认可后28天内，承包方未能向发包方递交竣工结算报告及完整的结算资料，造成工程竣工结算不能正常进行或工程竣工结算价款不能及时支付，发包方要求交付工程的，承包方应当交付；发包方不要求交付工程的，承包方承担保管责任。

（6）发包方和承包方对工程竣工结算价款发生争议时，按争议的约定处理。

3. 工程竣工结算计算公式

工程竣工结算计算公式为：

竣工结算工程价款＝预算或合同价款＋施工过程中预算或合同价款调整数额
－预付及已结算工程价款－保修金

4. 工程竣工结算的审查

（1）核对合同；

(2) 检查隐蔽验收记录；
(3) 落实变更签证；
(4) 按图核实工程量；
(5) 核实单价；
(6) 注意各项费用计取；
(7) 防止计算误差。

六、工程价款中的价差调整方法

1. 工程造价指数调整法

甲乙方采用当时的预算（或概算）定额单价计算出承包合同价，待竣工时，根据合理的工期及当地工程造价管理部门所公布的该月度（或季度）的工程造价指数，对原承包合同价予以调整，重点调整那些由于实际人工费、材料费、施工机械费等费用上涨及工程变更因素造成的价差，并对承包商给以调价补偿。

$$工程调整价格 = 工程合同价 \times \frac{竣工时的工程造价指数}{签合同时的造价指数}$$

【例6-7】 某承包商承建某商场照明线路及灯饰工程，合同价款为2000万元，2005年5月1日签订合同并开工，按合同要求于2006年8月28日竣工。2005年5月签约时工程造价指数为100.10，2005年8月竣工时工程造价指数为100.15。

问题：
请计算完工时的结算价是多少？价差调整金额是多少？

答案与解析：
根据公式可知：

$$工程调整价格 = 工程合同价 \times \frac{竣工时的工程造价指数}{签合同时的造价指数} = 2000 万元 \times \frac{100.15}{100.1} = 2001 万元$$

则完工时的结算价是2001万元。价差调整金额=2001万元-2000万元=1万元。

2. 实际价格调整法

由于建筑材料需要市场采购的范围越来越大，有些地区规定对钢材、木材、水泥等三大材的价格采取按实际价格结算的方法。工程承包商可凭发票按实报销。地方主管部门要定期发布最高限价，建设单位或工程师有权要求承包商选择更廉价的供应来源。

3. 调价文件计算法

甲乙方采取按当时的预算价格承包，在合同工期内，按照造价管理部门调价文件的规定，进行抽料补差，在同一价格期内按所完成的材料用量乘以价差。也有的地方定期发布主要材料供应价格和管理价格，对这一时期的工程进行抽料补差。

4. 调值公式法

建筑安装工程费用价格调值公式一般包括固定部分、材料部分和人工部分。但当建筑安装工程的规模和复杂性增大时，公式也变得更为复杂。调值公式一般为：

$$P = P_0 \left(a_0 + a_1 \frac{A}{A_0} + a_2 \frac{B}{B_0} + a_3 \frac{C}{C_0} + \cdots \cdots \right)$$

其中　　　P——调值后合同价款或工程实际结算款；

　　　　　P_0——合同价款中工程预算进度款；

　　　　　a_0——固定要素，代表合同支付中不能调整的部分占合同总价中的比重；

a_1、a_2、a_3——代表有关各项费用(如：人工费用、钢材费用、水泥费用、运输费等)在合同总价中所占比重 $a_0+a_1+a_2+a_3\cdots=1$；

A_0、B_0、C_0——基准日期与 a_1、a_2、a_3 对应的各项费用的基期价格指数或价格；

A、B、C——与特定付款证书有关的期间最后一天的 49 天前与 a_1、a_2、a_3 对应的各项费用的现行价格指数或价格。

七、签证工程款

签证工程款是在实际发生的工程款的基础上，进一步扣减质量保修金、由于市场情况发生变化的价格调整以及实际工程量超过或低于估算工程量的价格调整。

签付工程款是在签证工程款的基础上，加上可能存在的低于上月付款最低金额的价款，减去应扣除的各种预付款。

【例 6-8】 某高校新址试验楼工程，建筑面积 38000m²，地上 7 层、地下 2 层，框架结构，箱形基础。业主在招标文件中要求投标人依据《建设工程工程量清单计价规范》(GB 50500—2003)采用工程量清单计价方式报价。省建三公司在公开招标中中标。承包范围包括施工图纸范围内的全部建筑安装工程。合同工期为 720 日历天。工程于当年 5 月 25 日开工。

合同方式为以工程量清单为基础的固定单价合同。合同约定了合同价款的调整因素和调整方法，部分内容摘要如下：

(1) 合同价款的调整因素

1) 分部分项工程量清单

① 工程量清单漏项、错项据实调整。

② 设计变更、施工洽商部分据实调整。

③ 工程量清单与施工图纸之间的工程数量差异幅度在±5%以内的，不予调整；幅度超出±5%的，超出部分据实调整。

④ 清单中暂估价材料和设备：招标中给出暂估价的材料、设备，在施工过程中经过招标人认质认价后，据实调整差价并只计取税金。

⑤ 其他已经约定不做调整的从其相关规定。

2) 措施项目清单

投标报价中的措施费，包含了完成招标范围内全部工作内容的措施费。包干使用，不做调整。

3) 综合单价的调整

出现新增、错项、漏项的项目或原有清单工程量变化超过±8%的调整综合单价。

(其余略)

(2) 合同价款的调整方法

1) 调整综合单价的方法

① 由于工程量清单错项、漏项或设计变更、施工洽商引起新的工程量清单项目，其相应综合单价由承包人根据当期市场价格水平提出，经发包人确认后作为结算的依据。中标人上报新增项目综合单价时遵循的原则：人、材、机的含量及价格根据本地区现行预算定额，其中主材的价格依据施工当期本地区工程造价信息价格水平。

② 由于工程量清单的工程数量有误或设计变更、施工洽商引起工程量增减，幅度在8%以内的，执行原有综合单价；幅度在8%以外的，其增加部分的工程量或减少后剩余部分的工程量的综合单价由承包人根据当期市场价格水平提出，经发包人确认后，作为结算的依据。

2) 调整合同总价的方法

合同总价的调整在工程竣工结算时调整。合同价款的调整必须有原始的文字依据，由承包人上报给监理工程师，经招标人和监理工程师审核并批准后才可调整。

施工过程中发生了以下几项事件：

事件一：工程量清单给出的基础垫层工程量为200m^3，而根据施工图纸计算的垫层工程量为208m^3。

事件二：工程量清单给出的挖基础土方工程量为10060m^3，而根据施工图纸计算的挖基础土方工程量为10670m^3。挖基础土方的综合单价为50元/m^3。

事件三：合同中约定的脚手架使用费为250000元，施工过程中由于脚手架的租赁费增加，实际脚手架使用费为280000元。

事件四：合同中约定的施工排水、降水费用为165000元，施工过程中由于持续降雨，雨量是过去20年平均值的2倍，致使工期延长30天，施工排水、降水费用增加到174000元。

事件五：由施工单位负责采购的塑钢门窗，运达施工单位工地仓库，并经入库验收。施工过程中，进行质量检验时，发现有5个塑钢门窗框有较大变形，甲方代表即下令施工单位拆除，经检查原因属于使用材料不符合要求。由此发生误工损失及材料损失10000元，工期延长3天。

事件六：施工过程中，业主提出设计变更，原设计的耐酸瓷板地面由原来的1200m^2增加到1450m^2，合同确定的综合单价为185元/m^2。施工时市场价格水平已经发生上涨，施工单位根据当时的市场价格水平，确定综合单价为196元/m^2，并上报给监理工程师，经过业主和监理工程师的审核并得到了批准。

问题：

(1) 该工程采用的是固定单价合同，合同中却又约定了综合单价的调整方法，该约定是否妥当？为什么？

(2) 该项目施工过程中所发生的以上事件，是否可以进行相应合同价款的调整？如可以调整，应当如何调整？

答案与解析：

(1) 该约定妥当。固定单价合同属于固定价格合同，固定价格合同并不是价格不可以调整。根据《建设工程施工合同（示范文本）》，固定价格合同是指双方在约定的风险范围内合同价款不再调整。风险范围以外的合同价款调整方法，在专用条款内约定。

本案例综合单价在风险范围内不再调整,专用条款约定的调整范围,是指风险范围以外的合同价款调整。

(2) 本案例中所发生的各项事项,应按如下方法处理:

1) 事件一:不可调整。

工程量清单的基础垫层工程量与按施工图纸计算工程量的差异幅度为:
$$(208-200)\div 200=4.0\% < 5\%$$

根据本案例合同条款,工程量清单与施工图纸之间的工程数量差异幅度在±5%以内的,不予调整。因此依据合同不予调整。

2) 事件二:可以调整。

工程量清单的挖基础土方工程量与按施工图纸计算工程量的差异幅度为:
$$(10670-10060)\div 10060=6.06\% > 5\%$$

该工程量差异幅度已经超过5%,因此依据合同可以进行调整。

依据合同,超出5%部分可以调整,即可以调整的挖基础土方工程量为:
$$10060\times(6.06\%-5\%)=107m^3$$

或
$$10670-10060\times(1+5\%)=107m^3$$

由于工程量差异幅度为6.06%,未超过合同约定的8%,因此按合同约定执行原有综合单价,应调整的价款为:
$$50\times 107=5350 元$$

3) 事件三:不可调整。合同约定措施费包干使用,不做调整。脚手架费用属于措施费,因此不能调整。

4) 事件四:不可调整。合同约定措施费包干使用,不做调整。施工排水、降水属于措施费,因此不能调整。

5) 事件五:不可调整。施工单位负责采购的塑钢门窗出现质量问题属于承包商的问题。施工单位应该对自己购买的材料质量和相应的施工质量负责。

6) 事件六:可以调整。因为该事件是由于设计变更引起的工程量增加。合同约定由于设计变更、施工洽商部分引起工程量增减据实调整。本案例工程量增加的幅度为:
$$(1450-1200)\div 1200=20.8\%$$

增加幅度已经超过8%,按合同可以进行综合单价调整。根据合同约定,幅度在8%以外的,增加部分的工程量的综合单价由承包人根据市场价格水平提出,并已经过发包人确认。

应结算的价款为:

按原综合单价计算的工程量为:
$$1200\times(1+8\%)=1296m^3$$

按新的综合单价计算的工程量为:
$$1450-1296=154m^3$$

调整后的价款为:
$$185\times 1296+196\times 154=239760+30184=269944(元)$$

或
$$1200\times(1+8\%)\times 185+[1450-1200\times(1+8\%)]\times 196=269944 元$$

【例6-9】 某工程业主采用固定单价合同方式招标，有甲、乙两个主要分项工程，清单量分别为甲分项工程2500m³，乙分项工程3500m³。某建筑承包商据此报出了各分项工程的综合单价：甲分项工程320元/m³，乙分项工程280元/m³，其报价中现场管理费率为10%，企业管理费率为8%，利润率为6%。施工合同中约定：若累计实际工程量比计划工程量增加超过10%，超出部分不计企业管理费和利润；若累计实际工程量比计划工程量减少超过10%，其综合单价调整系数为1.2；其余分项工程按中标价结算。该承包商各月完成的且经监理工程师确认的各分项工程工程量见表6-3。

分项工程工程量表   表6-3

月 份	1	2	3	4
甲分项工程(m³)	700	800	700	600
乙分项工程(m³)	850	750	700	700

问题：
(1) 该施工单位报价中的综合费率为多少？
(2) 甲分项工程结算工程款为多少？
(3) 乙分项工程结算工程款为多少？

答案与解析：
(1) 该施工单位报价中的综合费率为：
现场管理费率：1×10%＝10%
企业管理费率：(1＋10%)×8%＝8.8%
利润率：(1＋10%＋8.8%)×6%＝7.13%
综合费率：10%＋8.8%＋7.13%＝25.93%
(2) 甲分项工程结算工程款为：
甲分项工程实际完成工程量合计：700＋800＋700＋600＝2800m²
(2800－2500)/2500＝12%＞10%

甲分项工程实际完成工程量超过计划完成量的10%，所以，根据施工合同规定，应调整甲分项超出部分工程综合单价。
甲分项工程需调整单价的工程量为：
$$2800－2500×(1＋10\%)＝50m²$$
甲分项工程超出部分工程综合单价调整系数为1/(1＋8%＋6%)＝0.877
甲分项工程实际结算工程款为：
2500×(1＋10%)×320＋50×320×0.877＝880000＋14032＝894032元
(3) 乙分项工程结算工程款为：
乙分项工程实际完成工程量合计：850＋750＋700＋700＝3000m²
(3500－3000)/3500＝14.3%＞10%

乙分项工程实际完成工程量小于计划完成量的10%，所以，根据施工合同规定，应调整乙分项工程综合单价。
则乙分项工程结算工程款为：(850＋750＋700＋700)×280×1.2＝1008000元。

第四节 资金使用计划的编制和应用

一、编制施工阶段资金使用计划的相关因素

总进度计划的相关因素为：项目工程量，建设总工期，单位工程工期，施工程序与条件，资金资源和需要与供给的能力与条件。总进度计划成为确定资金使用计划与控制目标，编制资源需要与调度计划的最为直接的重要依据。

二、施工阶段资金使用计划的作用与编制方法

1. 按不同子项目编制资金使用，做到合理分配，须对工程项目进行合理划分，划分的粗细程度根据实际需要而定。

2. 按时间进度编制的资金使用计划，通常利用项目进度网络图进一步扩充后得到。按时间进度编制资金使用计划用横道图形式和时标网络图形式。资金使用计划也可采用S型曲线与香蕉图的形式，其对应数据的产生依据是施工计划网络图中时间参数（工序最早开工时间，工序最早完工时间，工序最迟开工时间，工序最迟完工时间，关键工序，关键路线，计划总工期）的计算结果与对应阶段资金使用要求。利用确定的网络计划便可计算各项活动的最早及最迟开工时间，获得项目进度计划的甘特图。在甘特图的基础上便可编制按时间进度划分的投资支出预算，进而绘制时间—投资累计曲线（S形图线）。

3. 施工阶段投资偏差分析

施工阶段投资偏差的形成过程，是由于施工过程随机因素与风险因素的影响形成了实际投资与计划投资，实际工程进度与计划工程进度的差异，这些差异是称为投资偏差与进度偏差，这些偏差是施工阶段工程造价计算与控制的对象。

投资偏差指投资计划值与实际值之间存在的差异，即

$$投资偏差＝已完工程实际投资－已完工程计划投资$$
$$进度偏差＝已完工程实际时间－已完工程计划时间$$
$$进度偏差＝拟完工程计划投资－已完工程计划投资$$

所谓拟完工程计划投资是指根据进度计划安排在某一确定时间内所应完成的工程内容的计划投资。

在投资偏差分析时，具体又分为：

(1) 局部偏差和累计偏差；
(2) 绝对偏差和相对偏差。

常用的偏差分析方法有横道图法、时标网络图法、表格法和曲线法。

【例 6-10】 某建筑公司通过公开招标中标某商务中心工程。合同工期 10 个月，合同总价 4000 万元。项目经理部在第 10 个月时对该工程前 9 个月各月费用情况进行了统计检查，有关情况见表 6-4。

项目费用情况统计表 表6-4

月份	计划完成工作预算费用(万元)	已完成工作量(%)	实际发生费用(万元)
1	220	100	215
2	300	100	290
3	350	95	335
4	500	100	500
5	660	105	680
6	520	110	565
7	480	100	470
8	360	105	370
9	320	100	310

问题：
(1) 简述挣值法中三个参数(费用值)的代号及含义。
(2) 计算各月的 BCWP 及 9 个月的 BCWP。
(3) 计算 9 个月累计的 BCWS、ACWP。
(4) 计算 9 个月的 CV 与 SV，并分析成本和进度状况。
(5) 计算 9 个月的 CPI、SPI，并分析成本和进度状况。

答案与解析：
(1) 挣值法的三个参数(费用值)为：

1) BCWS：计划完成工作预算费用，是指根据进度计划安排，在某一时刻应当完成的工作(或部分工作)，以预算为标准所需要的资金总额。

2) BCWP：已完成工作预算费用，是指在某一时间已经完成的工作(或部分工作)，以批准认可的预算为标准所需要的资金总额。

3) ACWP：已完成工作实际费用，是指到某一时刻为止，已完成的工作(或部分工作)所实际花费的总金额。

(2) 计算结果见表 6-5：

BCWP 计算结果 表6-5

月份	计划完成工作预算费用(万元)	已完成工作量(%)	实际发生费用(万元)	挣得值(万元)
1	220	100	215	220
2	300	100	290	300
3	350	95	335	332.5
4	500	100	500	500
5	660	105	680	693
6	520	110	565	572
7	480	100	470	480
8	360	105	370	378
9	320	100	310	320
合计	3710		3735	3795.5

(3) 9个月累计的计划完成工作预算费用 BCWS 为 3710 万元，已完成工作实际费用 ACWP 为 3735 万元。

(4) 9个月的 CV 与 SV

1) 费用偏差：$CV=BCWP-ACWP=3795.5-3735=60.5$ 万元，
   因为 CV 为正值，说明费用节支。

2) 进度偏差：$SV=BCWP-BCWS=3795.5-3710=85.5$ 万元，
   因为 SV 为正值，说明进度提前。

(5) 9个月的 CPI、SPI

1) 费用绩效指数：$CPI=BCWP/ACWP=3795.5\div3735=1.016$，
   因为 $CPI>1$，说明费用节支。

2) 进度绩效指数：$SPI=BCWP/BCWS=3795.5\div3710=1.023$，
   因为 $SPI>1$，故进度提前。

【例 6-11】 某工程计划进度与实际进度如表 6-6 所示，表中粗实线表示计划进度（进度线上方的数据为每周计划完成工作预算费用），粗虚线表示实际进度（进度线上方的数据为每周实际发生的费用），假定各分项工程每周计划进度与实际进度均为匀速进展，而且各分项工程计划实际完成的总工程量与计划完成总工程量相等。

工程计划进度与实际进度表（单位：万元）　　　　表 6-6

分项工程	进度计划（周）									
	1	2	3	4	5	6	7	8	9	10
A	6　6	6　6	6　5							
B		5	5	5　4	5　4	5	5			
C					8	8　8	8　8	8　7	7	
D							3	3　4	3　4	3　3

问题：

(1) 计算每周费用数据，并将结果填入表 6-7 中。

(2) 绘制该工程三种费用曲线，即①拟完工程计划费用曲线；②已完工程实际费用曲线；③已完工程计划费用曲线。

(3) 分析第 5 周和第 9 周末的费用偏差和进度偏差。

项目费用数据表　　　　　　　表6-7

项　目	费用数据									
	1	2	3	4	5	6	7	8	9	10
每周拟完工程预算费用										
拟完工程预算费用累计										
每周已完工程实际费用										
已完工程实际费用累计										
每周已完工程预算费用										
已完工程预算费用累计										

答案与解析：

（1）计算每周费用数据结果，见表6-8。

项目费用数据表　　　　　　　表6-8

项　目	费用数据									
	1	2	3	4	5	6	7	8	9	10
每周拟完工程预算费用	6	11	11	13	13	11	11	3	3	
拟完工程预算费用累计	6	17	28	41	54	65	76	79	82	
每周已完工程实际费用	6	6	5	4	12	13	16	11	3	3
已完工程实际费用累计	6	12	17	21	33	46	62	73	76	79
每周已完工程预算费用	6	6	6	5	13	13	16	11	3	3
已完工程预算费用累计	6	12	18	23	36	49	65	76	79	82

（2）绘制该工程三种费用曲线，如图6-3所示。图中：①拟完工程预算费用曲线；②已完工程预算费用曲线；③已完工程实际费用曲线。

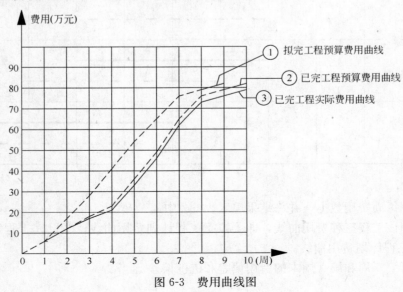

图6-3　费用曲线图

(3) 第 5 周末的费用偏差＝已完工程预算费用－已完工程实际费用＝36－33＝3 万元，说明费用节约 3 万元。

第 5 周末的进度偏差＝已完工程预算费用－拟完工程预算费用＝36－54＝－18 万元，说明进度拖后 18 万元。

或进度偏差＝已完工程计划时间－拟完工程计划时间＝3＋(36－28)/(41－28)－5＝－1.38，即进度拖后 1.38 周。

第 9 周末的费用偏差＝已完工程预算费用－已完工程实际费用＝79－76＝3 万元，说明费用节约 3 万元。

第 9 周末的进度偏差＝已完工程预算费用－拟完工程预算费用＝79－82＝－3 万元，说明进度拖后 3 万元。

或进度偏差＝已完工程计划时间－拟完工程计划时间＝7＋(79－76)/(82－76)－9＝－1.5，即进度拖后 1.5 周。

4. 偏差形成原因的分类及纠正方法

(1) 偏差形成原因有四个方面：客观原因、业主原因、设计原因和施工原因。

(2) 偏差的类型分为四种形式：

1) 投资增加且工期拖延；

2) 投资增加但工期提前；

3) 工期拖延但投资节约；

4) 工期提前且投资节约。

(3) 通常把纠偏措施分为组织措施、经济措施、技术措施、合同措施四个方面。

第五节　竣工决算的编制和竣工后保修费用的处理

一、竣工验收

1. 建设项目竣工验收是指由建设单位、施工单位和项目验收委员会，以项目批准的设计任务书和设计文件，以及国家或部门颁发的施工验收规范和质量检验标准为依据，按照一定的程序和手续，在项目建成并试生产合格后(工业生产性项目)，对工程项目的总体进行检验和认证、综合评价和鉴定的活动。

2. 建设项目竣工验收的内容

(1) 工程资料验收包括工程技术资料、工程综合资料和工程财务资料。

(2) 工程内容验收内容包括建筑工程验收、安装工程验收。

3. 建设项目竣工验收的条件和依据

(1) 竣工验收的条件

1) 完成约定的各项内容；

2) 完整的技术和施工资料；

3) 主要建筑材料、建筑构配件和设备的进场试验报告；

4) 勘察、设计、施工、工程监理等单位分别签署的质量合格文件；

5) 施工单位签署的工程保修书。

(2) 竣工验收的标准
1) 生产性和辅助性公用设施；
2) 主要工艺符合要求，能生产出规定的产品；
3) 必要的生产设施，已按设计要求建成；
4) 生产准备工作能适应投产的需要；
5) 环境、安全设施、消防设施已按设计要求与主体工程同时建成使用；
6) 生产性投资项目，须按照国家和行业施工及验收规范执行；
7) 决算。

(3) 竣工验收的范围

凡新建、扩建、改建的基本建设项目和技术改造项目，已按国家批准的设计文件所规定的内容建成，符合验收标准。

(4) 竣工验收的依据
1) 上级主管的文件；
2) 可研报告；
3) 施工图设计文件及设计变更记录；
4) 国家颁布的各种标准和规范；
5) 工程承包合同文件；
6) 技术设备说明书；
7) 建安工程统一规定及主管部门的规定；
8) 引进的技术和设备，合资项目，按合同和进口国的设计文件等进行验收；
9) 利用世界银行贷款的建设项目，按时编制《项目完成报告》。

二、竣工决算

1. 竣工决算的含义

建设项目竣工决算是指所有建设项目竣工后，建设单位按照国家有关规定在新建、改建和扩建工程建设项目竣工验收阶段编制的竣工决算报告。

2. 竣工决算的内容
1) 竣工决算报告情况说明书。
2) 竣工财务决算报表：
① 财务决算审批表；
② 概况表；
③ 竣工财务决算表；
④ 交付使用资产总表；
⑤ 交付使用资产明细表；
⑥ 竣工财务决算总表。
3) 建设工程竣工图。
4) 工程造价比较分析。

3. 竣工决算的编制

(1) 竣工决算的编制依据：

1) 可研究报告、投资估算书、初步设计或扩大初步设计、修正总概算及批复文件；
2) 设计变更记录、施工记录或施工签证单及其他施工发生的费用记录；
3) 经批准的施工图预算或标底造价、承包合同、工程结算等有关资料；
4) 历年基建计划、历年财务决算及批复文件；
5) 设备、材料调价文件和调价记录；
6) 其他有关资料。
(2) 竣工决算的编制步骤：
1) 收集、整理和分析有关依据资料；
2) 清理各项财务、债务和结余物资；
3) 填写竣工决算报表；
4) 编制建设工程竣工决算说明；
5) 做好工程造价对比分析；
6) 清理、装订好竣工图；
7) 上报主管部门审查。

三、保修费用的处理

1. 建设项目保修是项目竣工验收交付使用后，在一定期限内由施工单位到建设单位或用户进行回访，对于工程发生的确实是由于施工单位施工责任造成的建筑物使用功能不良或无法使用的问题，由施工单位负责修理，直到达到正常使用的标准。
2. 保修费用及其处理
(1) 保修费用是指对保修期间和保修范围内所发生的维修、返工等各项费用支出。
(2) 保修费用的处理(谁的原因谁负责)：
1) 承包单位原因，造成的质量缺陷，由承包单位负责返修并承担经济责任；
2) 由于设计方面的原因造成的质量缺陷，由设计单位承担经济责任，费用按有关规定通过建设单位向设计单位索赔，不足部分由建设单位负责协同有关方解决；
3) 因建筑材料、构配件和设备质量不合格引起的质量缺陷，属于承包单位采购的或经其验收同意的，由承包单位承担经济责任；属于建设单位采购的，由建设单位承担经济责任；
4) 使用不当造成的损坏问题，由使用单位自行负责；
5) 不可抗力原因造成的损坏问题，由建设单位负责处理。

【例 6-12】 某开发商通过公开招标与某建筑集团公司签订了一份建筑安装工程项目施工总承包合同。承包范围为土建工程和安装工程，合同总价为 5000 万元，工期为 7 个月。合同签订日期为 2006 年 3 月 1 日，双方约定 2006 年 4 月 1 日开工，2006 年 10 月 28 日竣工。工程按时交工后，发生事件如下：

事件一：2006 年 12 月份发生了卫生间漏水事件，开发商多次催促建筑公司进行维修，建筑公司始终未到现场解决问题，开发商只能另请其他施工单位修理，共发生费用 1 万元。

事件二：2007 年 3 月份，由于开发商对屋面进行了改造，致使屋面防水遭到了破坏，发生了漏水事件，开发商多次催促建筑公司进行维修，建筑公司拒绝维修，开发商只能另请其他施工单位修理，共发生费用2万元。

问题：

对于以上两种事件，发生的费用应该如何处理？

答案与解析：

对于事件一，由于在保修期范围内发生的，而且是由于建筑公司施工质量原因造成的漏水。维修费用应由建筑公司承担。维修费应从建筑公司的保修金中扣除。开发商可以在给付建筑公司保修金时直接扣除。

对于事件二，虽然是在保修期范围内发生的，但是是由于开发商自身进行改造时破坏了屋面防水造成了漏水事件。与建筑公司的施工质量无关。此费用2万元应由开发商自行承担。

参 考 文 献

[1] 中华人民共和国建设部. 建设工程工程量清单计价规范 GB 50500—2003. 北京：中国计划出版社，2003
[2] 建设部标准定额研究所.《建设工程工程量清单计价规范》宣贯辅导教材. 北京：中国计划出版社，2003
[3] 中华人民共和国建设部. 全国统一建筑工程基础定额 GJD—101—95. 北京：中国计划出版社，1995
[4] 中华人民共和国建设部. 全国统一建筑装饰装修工程消耗量定 GYD—901—2002. 北京：中国建筑工业出版社，2002
[5] 全国造价工程师执业资格考试培训教材编审委员会. 工程造价管理基础理论与相关法规. 北京：中国计划出版社，2003
[6] 李启明、朱树英、黄文杰. 工程建设合同与索赔管理. 北京：科学出版社，2001
[7] 王俊安. 招标投标案例分析. 北京：中国建材工业出版社，2005
[8] 翟云岭. 合同法总论. 北京：中国人民公安大学出版社，2003
[9] 王利明. 合同法研究. 北京：人民大学出版社，2003
[10] 梁鑑. 国际工程施工索赔. 北京：中国建筑工业出版社，2002
[11] 刘晓君. 工程经济学. 北京：中国建筑工业出版社，2003
[12] 徐蓉. 工程造价管理. 上海：同济大学出版社，2005
[13] 黄有亮、徐向阳等. 工程经济学. 南京：东南大学出版社，2006
[14] 陈代华、岳秀芬. 新编建筑工程概预算与定额. 北京：金盾出版社出版，2003
[15] 李慧民、贾宏俊等. 建设工程技术与计量. 北京：中国计划出版社，2003
[16] 丛培风、孙刚、林毅辉、杨国兴等. 全国统一建筑工程基础定额应用百例图解. 济南：山东科学技术出版社，2003
[17] 张允明、兰剑、曹仕雄等. 工程量清单的编制与投标报价. 北京：中国建材工业出版社，2003
[18] 潘全祥. 预算员必读. 北京：中国建筑工业出版社，2005
[19] 计富元. 工程量清单计价基础知识与投标报价. 北京：中国建材工业出版社，2005
[20] 袁建新. 袖珍建筑工程造价计算手册. 北京：中国建筑工业出版社，2003
[21] 全国造价工程师执业资格考试培训教材编审委员会. 工程造价案例分析. 北京：中国计划出版社，2003
[22] 全国造价工程师执业资格考试培训教材编审委员会. 工程造价计价与控制. 北京：中国计划出版社，2003
[23] 刘允延. 建设工程造价管理. 北京：机械工业出版社，2006